全国高等院校水利水电类精品规划教材

发电厂计算机监控

主　编　陈德新

副主编　李延频　王为术

黄河水利出版社

·郑州·

内 容 提 要

本书主要以水电厂和火电厂为对象,全面介绍发电厂计算机监控的基本知识与技术。全书共分为8章,系统地介绍了发电厂计算机监控技术发展、发电厂计算机监控的基本类型及其特点、计算机监控系统数据采集、监控系统中可编程控制器的应用、现场总线技术、水电厂的计算机监控系统、火电厂的计算机监控系统和监控系统常用的自动化装置。

本书可作为高校热能与动力工程专业、电气工程及自动化专业或自动化专业学生的教材或教学参考书,也可供相关专业的工程技术人员参考。

图书在版编目(CIP)数据

发电厂计算机监控/陈德新主编. —郑州:黄河水利出版社,2007.12 (2012.1 重印)
全国高等院校水利水电类精品规划教材
ISBN 978-7-80734-271-7

Ⅰ.发… Ⅱ.陈… Ⅲ.发电厂-计算机监控 Ⅳ.TM62

中国版本图书馆 CIP 数据核字(2007)第 142501 号

组稿编辑:简 群 电话:0371-66026749 E-mail:w_jq001@163.com

出 版 社:黄河水利出版社
地址:河南省郑州市金水路 11 号 邮政编码:450003
发行单位:黄河水利出版社
发行部电话:0371-66026940、66020550、66028024、66022620(传真)
E-mail:hhslcbs@126.com
承印单位:黄河水利委员会印刷厂
开本:787mm×1 092 mm 1/16
印张:16.5
字数:378 千字 印数:1 501—4 500
版次:2007 年 12 月第 1 版 印次:2007 年 12 月第 1 次印刷
2012 年 1 月第 2 次印刷

定价:29.00 元

全国高等院校水利水电类精品规划教材
编审委员会

前　言

目前，中国的电力生产能力已居世界第二位，随着中国经济的高速发展，中国电力工业发展仍有相当大的潜力和市场，但面对越来越激烈的市场竞争、越来越严格的环境保护要求，电力生产自动化水平和管理水平的不断提高将越来越重要。发电厂采用计算机监控是发电厂现代化生产的必然要求，计算机监控使发电厂的自动化程度大大提高，还可以提高发电厂的运行效率，计算机监控还为实现发电厂无人值班或少人值守奠定基础。计算机监控技术已经成为现代化发电厂的核心技术之一，从事各类能源转换与发电的技术人员掌握计算机监控技术是非常重要的。

本书由华北水利水电学院徐维晖编写第一章、第二章、第六章第一节；王为术博士编写第三章、第七章第一节；中国农业大学李小芹编写第四章和第八章第三节～第五节；李延频编写第五章；许昌学院马俊朋编写第六章第二节～第四节；刘清欣编写第七章第二节～第七节；任岩编写第八章第一节、第二节。

本书由陈德新教授担任主编，陈德新、李延频统稿。

本书在编写过程中，查阅了大量的文献、资料，参考和引用了有关书籍的部分内容，并且得到了有关自动化设备生产厂家的指导和大力支持，在此一并表示衷心的感谢！

由于作者水平有限，书中难免存在疏漏或不妥之处，敬请广大读者批评指正。

编　者

2007 年 8 月

目 录

第一章　发电厂计算机监控技术及发展概述

电力是现代社会的必需品。发电厂是电能生产的工厂,发电的过程是把各种不同形式的能量如水能、热能等转换成电能。发电厂可以利用的能源有多种,通常发电使用的能源有煤炭、天然气、石油类化学燃料、原子能、水能、风能、海洋能、地热能、太阳能等,根据发电能源可分为水力发电厂、火力发电厂、原子能发电厂、风力发电厂、太阳能发电厂等。在我国,目前起主导作用的仍是用煤炭作燃料的火力发电厂和用水力作能源的水力发电厂。

截至2006年底,中国发电装机容量达到6.22亿kW,同比增长20.3%,同时首批国产超临界百万千瓦机组相继投运,标志着中国电力工业技术装备水平和制造能力进入新的发展阶段。

2006年,中国发电量达到28 340亿kWh,同比增长13.5%。其中,水力发电量约占全部发电量的14.7%;火力发电量约占全部发电量的83.17%;核发电量约占全部发电量的1.92%;其他发电量约占全部发电量的0.21%。

目前,中国的电力生产能力已居世界第二位,随着中国经济的高速发展,中国电力工业发展仍有相当大的潜力和市场,但面对越来越激烈的市场竞争、越来越严格的环境保护要求,电力生产自动化水平的提高和管理水平的不断提高将越来越重要。发电厂采用计算机监控是发电厂现代化生产的必然要求,同时计算机监控使发电厂的自动化程度大大提高,还可以提高发电厂的运行效率,也为实现发电厂无人值班或少人值守奠定基础。

发电厂是一种特殊的工厂,它的生产系统比一般工厂复杂,各系统之间的联系比一般工厂紧密,发电厂的控制要求不但要求有很高的速动性、精确性,也要求各系统之间有很好的协调性与联合锁定(本专业简称“联锁”)性。因此,研究发电厂计算机监控时,首先要了解发电厂的生成过程及其特点。

第一节　发电厂生产过程自动化的特点及控制要求

不同形式的发电厂,其电能生产的过程不同。这里主要介绍火电厂与水电厂的生产过程。

一、火电厂的生产过程及控制要求

火力发电是电力生产的主要组成部分,是指使用化石燃料(即煤炭、石油、天然气)通过燃烧释放出热能加热工质,再通过热力原动机驱动发电机的发电方式。原动机主要是锅炉和汽轮机,燃汽轮机或内燃机。

现代化的火力发电厂是一座自动化程度较高的电能生产工厂,规模大、系统复杂、设备多。以燃煤火电厂为例,其生产系统可包括燃烧系统、汽水系统和电气系统。

（一）火电厂生产系统的构成

1. 燃烧系统

燃烧系统的主要任务是利用煤的燃烧，将水变成蒸汽，把化学能变为热能。燃烧系统包括燃料制备、燃料输送、通风、烟气和除灰等系统。

2. 汽水系统

汽水系统又称热力系统，是火电厂的动力部分的核心，其主要任务是产生蒸汽推动汽轮机做功，把热能转换为旋转机械能，带动发电机旋转，产生电能。汽水系统包括由锅炉、汽轮机、凝汽器、给水泵等组成的汽水循环系统、冷却系统和水处理系统。

3. 电气系统

电气系统的主要任务是发电机接受汽轮机传递的旋转机械能产生电能，并合理地实现发电、变电、输电和用电。电气系统主要由发电机、变压器、线路、配电装置和各类开关、互感器及电工仪表所组成。

由此可见，火电厂主要由炉、机、电三大部分组成，除了主设备之外，还有很多辅助设备系统与之配合，保证主机安全运行与发电设备的稳定性。

（二）火电厂的控制特点与要求

火电厂生产系统的特点是能量转换的过程比较复杂，系统庞大，炉、机、电三大系统之间相互联系。这就为整个火电厂的控制带来很大的困难。很难设想用一套控制设备把全厂的设备全部控制起来，因此火电厂的控制历来是由几个相对独立又相互联系的控制系统进行控制。火电厂的控制系统一般有燃烧监控系统、送风控制系统、给水监控系统、蒸汽温度监控系统、炉膛压力控制系统等。根据火电厂生产过程的特点，各系统之间的控制需要协调一致，但一个设备调整时，与之相关的设备要跟着调整；另外，当操作一个设备时，要看与之相关的设备受到何种影响，相关设备允许不允许这台设备操作、要不要与这台设备联动等，这要求火电厂的控制系统要具有协调性和联锁性。因此，单元机组的协调控制系统与控制联锁是火电厂控制的一大特点。例如炉、机协调控制系统，要求协调锅炉、汽轮机的运行，在负荷变化较大时，能维持两者间的能量平衡、保证主蒸汽压力的稳定；协调机组内部各子控制系统（燃料、送风炉膛压力、给水、气温等控制系统）的控制作用，在负荷变化过程中使机组的主要运行参数被控制在允许的范围内，以确保机组有较高的效率和可靠的安全性；协调外部负荷请求与主/辅设备的实际能力的关系，在机组主/辅设备受到出力限制的情况下，根据实际情况，限制或强迫改变机组负荷。

二、水电厂的生产过程及其控制要求

（一）水电站的生产过程

水电站是利用水能生产电能的工厂。水电站建成以后，水库中具有一定能量的水通过过流部件（引水管道和蜗壳）流入水轮机，驱动水轮机旋转将水能转变为机械能，再通过发电机将机械能转变为电能，最后通过变电、送电设备将电能送到用户。水电站的生产过程包括四个部分，它们之间的关系如图 1-1 所示。

这四个部分的具体作用如下所述：

（1）集中能量。河川径流是由集水区域、降水量及其他影响径流的因素综合决定的。

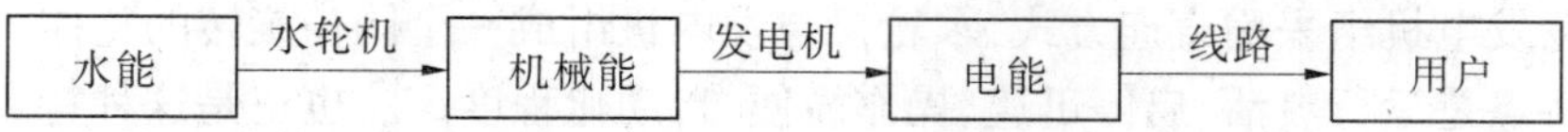

图 1-1　水电站的生产过程方框图

修建相应的水工建筑物可以汇集水量、集中水头，从而达到集中能量的目的。

(2)输入能量。将集中的水能通过引水管道和蜗壳输送到水轮机，使水轮机旋转，从而产生机械能，产生能量的大小与流量和水头有关。

(3)变换能量。水轮机旋转时带动同轴的发电机旋转，将机械能转换为电能。这是水电站生产过程中最重要的一个环节。

(4)输送电能。这是水电站生产的最后一个环节，就是把水电站发出的电能经过变电、配电送到电力系统或用户的过程。在这个环节中没有能量的转换，只是改变电能的参数。

(二)水电厂的动力设备

1. 主机设备

水轮机和发电机是水电厂电能生产过程中最主要的动力设备，因此把水轮机和发动机称为“主机”。水轮机是水电站的“心脏”，水流的能量通过水轮机时，产生旋转机械能，带动发电机旋转产生电能。水电厂的发电机一般采用三相交流同步发电机，它所产生的电能以固定的频率和电压输送到电力系统，再送到各个用户。

2. 水轮机调速器及其系统

水轮发电机运行过程中，必须保证电能的质量，即必须保证稳定的电压和频率。频率与水轮发电机的转速有关，要保持供电频率不变，就必须通过水轮机调速器根据外界负荷的变化自动调整水轮机导水叶的开度，调节进入水轮机的水量。调速器还担负开停水轮发电机组的任务。在水电厂中，调速器是调节水轮发电机组转速或有功功率的重要自动化装置。

3. 水电厂的辅助设备

辅助设备是水电厂必不可少的设备。为了保证主机的正常运行，水电厂设有油、气、水系统，称之为机组的辅助设备系统。油系统又分为透平油系统和绝缘油系统，透平油的作用是油压设备的操作、机组及其他转动设备的轴承的润滑和冷却；绝缘油的作用是变压器等电气设备的绝缘、冷却和油断路器设备的灭弧。

水系统又分为技术供水系统和排水系统。供水系统的任务主要是供给机组运行时所需要的冷却水、润滑水、消防水等；排水系统的任务主要是排出厂房和水系统的漏水和生产用过的水。

气系统即压缩空气系统，压缩空气在水电厂有着广泛的用途，如调速器油压装置中的充气、机组的制动用气、空气断路器的操作和灭弧；此外，还为风动工具、设备清扫供气。

水电厂的电气系统与火电厂的电气系统基本相同，不再赘述。

(三)水电厂的控制特点与要求

水电厂的生产过程是实现水能、机械能与电能的转换。与火电厂的生产过程相比，水电厂的生产过程要简单得多。水流通过水轮机产生旋转机械能，直接带动发电机发电。

大中型水轮发电机组采用直连方式，水轮机与发电机组成一个同步旋转的整体。因此，水力机组的特点是运行灵活、启停迅速、操作简便、自动化程度高。也正是这种特点，使水力机组通常在电力系统中担负调峰、调频的任务，这就使机组的负荷经常变化，而且机组会经常启停，与之相关的控制系统则要求快速、准确。水电机组各系统之间的协调比较容易，各部分的联锁也相对简单，但水电厂控制系统自动化程度要求较高。

第二节 国内外发电厂计算机监控的发展概况

一、水电厂计算机监控的发展概况

从20世纪70年代起，计算机监控在国外一些水电厂已取得了实质性的进展，出现了用计算机控制的水电厂。最初，由于计算机比较贵，全厂只用一台计算机实现对主要工况的监视和操作，通常不实现闭环调节控制。后来，随着计算机性能改善和价格下降，出现了采用多台小型计算机实现闭环调节控制的水电厂，其代表是美国总装机容量达6 150MW的大古力水电厂。随着高性能计算机的出现，微机在水电厂监控系统中得到普通的应用。现在，新投入的水电厂大都采用由多台计算机构成的计算机控制系统。世界各国的发展是不平衡的，目前还缺乏关于水电厂实现计算机监控的完整统计资料。就国家来说，美国、法国、日本和加拿大等国在这方面是比较领先的。

我国水电厂计算机监控系统的研制工作起步较晚。在20世纪70年代末，原水电部就组织了南京自动化研究所（现改为电力自动化研究院）、长江流域规划办公室（现改为长江水利委员会）和华中工学院（现改为华中科技大学）研究葛洲坝水电厂采用计算机监控系统问题。随后，中国水利水电科学研究院（简称水科院）自动化研究所开始了富春江水电厂计算机监控系统的研制工作；天津电气传动设计研究所（简称天传所）也开始了永定河梯级水电厂计算机监控系统的研制工作。这些监控系统于20世纪80年代先后投入运行。

与此同时，也引进了一些国外研制的监控系统。采用GAE公司产品的有葛洲坝大江电厂、隔河岩水电厂和龚嘴梯调；采用西门子公司产品的有鲁布革水电厂、广州抽水蓄能电厂（二期）、龚嘴水电厂；采用ABB公司产品的有潘家口、天生桥二级、溪口、宝兴河梯调和二滩等水电厂；采用贝利公司产品的有十三陵抽水蓄能电厂和天荒坪抽水蓄能电厂；采用法国CEGELEC公司产品的有广州抽水蓄能电厂（一期）、葛洲坝水电厂；采用依林公司产品的有小浪底水电厂。

十多年来，国内的研制工作也取得了很大的成就，已投运的几十个计算机监控系统中大多数是由国内单位研制的。技术水平也有了很大的提高，达到了国外20世纪90年代的水平。许多新技术，如分层分布处理、分布式数据库、开放式系统、网络结构、多媒体、专家系统等，都得到了相应的应用。电力自动化研究院和水科院自动化研究所还推出了自己的系列产品，不仅在国内有广泛的应用，而且还出口国外。

目前的大中型水电站几乎都实现了计算机监控，已有超过40座大型水电厂实现了计算机监控，详见表1-1。根据DL/T5065—1996《水力发电厂计算机监控系统设计规定》，今后设计的“总装机容量为250MW及以上的大型水电厂应采用计算机监控系统,有条件按集中控制设计的梯级水电厂或水电厂群宜采用计算机控制系统”。

表1-1 我国大型水电厂(250MW以上)计算机监控系统投运情况

序号	电厂名称	装机容量(MW)	供货单位	投运年份
1	二滩水电厂	6×550=3 300	ABB公司	1998
2	李家峡水电厂	5×400=2 000	电力自动化研究院	1996
3	天荒坪抽水蓄能电厂	6×300=1 800	Bailey(贝利)公司	已投运
4	葛洲坝大江水电厂一期、二期	14×125=1 750	CAE公司 电力自动化研究院	1992 1998
5	白山水电厂	5×300=1 500	中国水利水电科学研究院	1997
6	水口水电厂	7×200=1 400	SI公司、电力自动化研究院	1997
7	天生桥二级水电厂	6×220=1 320	ABB(SC)公司	已投运
8	龙羊峡水电厂一期、二期	4×320=1 280	中国水利水电科学研究院	1992 1996
9	五强溪水电厂	5×250=1 250	Landis和Gyr公司	1994
10	漫湾水电厂	5×250=1 250	电力自动化研究院	1993
11	刘家峡水电厂	3×225+1×300+1×250=1 225	哈尔滨电力自动化研究所	已投运
12	隔河岩水电厂	4×300=1 200	CAE公司	1994
13	天生桥一级水电厂	4×300=1 200	电力自动化研究院	1997
14	岩滩水电厂	4×300=1 200	电力自动化研究院	1997
15	广州抽水蓄能电厂(一期)	4×300=1 200	CEGELEC公司	1995
16	万家寨水电厂	6×180=1 080	电力自动化研究院	1998
17	葛洲坝二江电厂一期、二期	2×170+5×125=965	电力自动化研究院	1989 1994
18	丹江口水电厂	6×150=900	电力自动化研究院	1990
19	丰满水电厂	约800(10台)	东北勘测设计研究院	1995
20	安康水电厂(二期)	4×200=800	中国水利水电科学研究院	1999
21	新安江水电厂	约800	华东电力试验研究院	1992
22	十三陵抽水蓄能电厂	4×200=800	Bailey(贝利)公司	1997
23	乌江渡水电厂	3×210=630	电力自动化研究院	1993
24	鲁布革水电厂一期、二期	4×150=600	西门子公司 电力自动化研究院	1990 1998
25	铜街子水电厂一期、二期	4×150=600	电力自动化研究院	1992 1997

续表 1-1

序号	电厂名称	装机容量(MW)	供货单位	投运年份
26	莲花水电厂	4×130=520	电力自动化研究院	1996
27	托溪水电厂	447.5	华中理工大学	1998
28	潘家口水电厂	1×150+3×90=420	ABB 公司、电力自动化研究院	1998
29	凤滩水电厂	4×100=400	中国水利水电科学研究院	1994
30	大东江水电厂	4×100=400	中国水利水电科学研究院	1997
31	三门峡水电厂	2×75+5×50=400	电力自动化研究院	1995
32	万安水电厂	4×100=400	电力自动化研究院	1997
33	大峡水电厂	4×75+24=324	电力自动化研究院	1996
34	新丰江水电厂	2×85+2×75=320	电力自动化研究院	1994
35	沙溪口水电厂	4×75=300	电力自动化研究院	1992
36	江垭水电厂	3×100=300	电力自动化研究院	1998
37	宝珠寺水电厂	4×75=300	中国水利水电科学研究院	1996
38	富春江水电厂一期、 二期、 三期	5×60=300	中国水利水电科学研究院	1984 1990 1998
39	紧水滩水电厂	6×50=300	中国水利水电科学研究院	1997
40	太平驿水电厂	4×65=260	电力自动化研究院	1997

二、火电厂计算机监控的发展概况

计算机在火电厂中的应用，开始于 20 世纪 50 年代末。1958 年 9 月，美国斯特林(Sterling)电厂安装了第一套计算机安全监测系统，1962 年美国小吉普赛电厂进行了第一次计算机控制的尝试。从那时起，火电厂开始了计算机监控的发展历程。

20 世纪 70 年代初期，微电子技术的重大突破，大规模集成电路的发展，微型计算机和微处理器的出现，为数字控制提供了体积小、功能强、可靠性高、价格低廉的各类半导体芯片和计算机系统，为发展分散控制系统奠定了坚实的物质基础。另外，CRT 显示技术和数字通信技术的进一步发展，也为分散控制系统的研究提供了更加完备的条件。在控制论、信息论、系统工程等理论的指导下，以综合自动化为目标，按照分解自治和综合协调的设计原则，经过数年努力，美国霍尼威尔(Honeywell)公司于 1975 年率先研制出世界上第一套计算机分散控制系统 TDC-2000。此后，各种分散控制系统如雨后春笋般不断涌现。

20 世纪 80 年代，超大规模集成电路集成度的提高、微处理器运算能力的增强、计算机网络技术的进步以及市场需求的推进，给分散控制系统的发展带来新的生机，分散控制系统的第二代产品替代第一代产品正是这一成长阶段的具体表征。第二代分散控制系统,有的是新设计开发的,有的是在第一代产品的基础上引进新技术、扩展新功能、提高可靠性升级而成的。代表产品有:霍尼威尔(Honeywell)公司的TDC-3000,泰勒(Tylor)公司的MOD300,日立公司的HIACS-3000,西屋(Westing House)公司的WDPF,横河公司的YEWTTORIA,I&N公司的MAX-1,西门子(Siemens)公司的Teleperm-ME,等等。

20世纪80年代中后期,分散控制系统不断完善,这一时期的代表产品有:霍尼威尔公司的TDC-3000/PM,贝利公司的INFI-90,福克斯渡(Foxboro)公司的I/A Series,横河公司的Centum-xl,西门子公司的Teleperm-XP,ABB公司的Procontrol-P,德国Hartman and Braun公司的Contronic-E,等等。

我国火电厂热工过程自动化方面的计算机应用起步于1964年,之后的发展大体经过以下三个阶段:

(1)研究试点阶段。1964年,国家科委下达在上海南市电厂的12MW燃煤机组上进行计算机应用试验的指令。与此同时,水电部确定在北京市石景山高井电厂100MW的3号燃煤机组上进行计算机应用的试点研究,当时采用的计算机是国产电子管小型计算机,平均无故障运行时间仅50h,计算机系统的主要功能是数据采集,也做了一些闭环控制方面的试验。之后,又在陕西秦岭电厂、辽宁清河电厂进行了一些试验,由于计算机与自动化元件的原因,都未取得理想的效果。

(2)工程试验阶段。1984年,在唐山都河电厂8号机(200MW)进行了计算机的工程试点,计算机系统的功能主要是数据采集,计算机是华南计算机公司引进技术的Solar-16,系统的无故障运行时间MTBF可提高到2 160h,主机为4 320h。1985年,在江苏望亭电厂分散控制系统的工程试验,所用DCS系统是西屋公司的WDPF,实现了数据采集和模拟量控制。

(3)应用推广阶段。20世纪80年代中期后,计算机在我国火电厂的应用得到了逐步扩大和推广。1986年以来,我国一批大型火力发电机组陆续采用了分散控制系统,例如:江苏望亭电厂和广东黄埔电厂的300MW机组采用了Wdpe系统;上海石洞口电厂的300MW和600MW机组、江苏利港电厂的350MW机组以及大坝电厂的300MW机组都采用了Net-work-90系统;安徽平圩电厂600MW机组采用了Spectrum系统;华能福州电厂350MW机组采用了MIDAS-8000系统;湖北阳逻电厂300MW机组采用了HIACS-3000系统;深圳蚂湾电厂300MW机组采用了INFI-90系统;沙岭子电厂300MW机组和漳泽电厂200MW机组采用了TDC-3000系统;外高桥电厂300MW机组采用了MAX-1系统。这些系统的应用,在不同程度上提高了单元火力发电机组的数据采集与处理、生产过程控制、逻辑控制、监视报警、联锁保护及操作、管理的能力和水平,加速了我国火力发电生产自动化的发展。

目前,国内新建的大型火力发电机组普遍采用分散控制系统,以适应我国电力工业发展的现状。但除了一些中小型火电机组采用我国自行研制的分散控制系统外,许多大型火力发电厂分散控制系统的设备来源主要靠国外进口。一方面,在国际市场众多的产品,应当选择那些具有先进性、可靠性、适用性,具有火力发电机组控制经验和实绩,并具有国内合作实体与技术支撑的分散控制系统,将有利于我国电力工业自动化的健康发展。另一方面,应当加快开发研制我国自己的大中型系列火力发电机组分散控制系统。

“LN2000 分散控制系统”是我国鲁能控制公司与华北电力大学联合完成的火电厂控制系统。LN2000 分散控制系统融计算机、网络、控制以及现场总线技术于一体,具有开放的结构、分散的 I/O 模块、方便的人机界面、灵活的控制组态和其他强大的软件功能,功能涵盖机,炉,电,辅机 MCS、SCS、BMS、ETS、ECS、DAS 等,特别适用于各种容量机组的电厂控制,也适用于一般工业过程的自动控制。其系统结构合理,技术先进、稳定可靠,技术指标达到甚至部分超过国内同类产品,拥有全部自主知识产权。截至 2004 年 11 月底,LN2000 分散控制系统已成功推广应用了 15 套,有 6 套正在实施,用户反映良好。

第三节　发电厂计算机监控系统的功能

一、水电厂计算机监控系统的功能

水电厂计算机监控系统需要实现的功能与水电厂的装机容量、机组台数、在电力系统中的重要性及承担任务的复杂性(如发电、航运、防洪、灌溉等因素)有关。以下介绍它可能实现的功能,具体需要的功能要根据上述因素来确定,不能一概而论。

(一)数据的采集与处理

水电厂各运行设备的参数需要经常进行巡回检测,校核它们是否异常(越限),还要对数据库进行更新。这些参数有电量和非电量之分。电量包括 SDJ 9—87《电测量仪表装置设计技术规程》中规定的应在中控室监视的参数;非电量包括机组各轴承的油温及部分瓦温,机组的部分定子绕组和铁芯温度,机组冷却器的部分冷风和热风温度,机组的流量、振动、摆度,主变压器油温,上、下游水位和需监视启闭过程或位置的闸门开度等。

(二)开关量监视记录和事件顺序记录(Sequence of Events,简称 SOE)

监控系统需要监视记录的开关量有机组运行工况(停机、发电、调相、抽水等)、各断路器和隔离开关的位置信号、主要设备的事故和故障信号、监控系统的故障信号。事故、故障信号及重要位置状态信号一般采用带中断的输入,一旦这些信号发生变化,立即进行采集处理,并对断路器的位置信号、继电保护和安全自动装置的动作进行顺序记录,以便事后对事故进行分析。

(三)事故追忆和故障录波

发生事故时,对一些与事故有关的参数的历史值和事故期间的采样值进行显示和打印,主要有重要线路的电压、电流、频率和机组的电压、电流等。

(四)正常的控制和操作

对全厂主要机电设备和油、气、水、厂用电等辅助系统的各种设备进行控制和操作。它们是机组工况的转换(如开机、停机、发电转调相、调相转发电、发电转抽水、抽水转发电等)、机组的同步并列、断路器和隔离开关的分合、机组辅助设备的操作、机组有功功率和无功功率的调整、变压器分接头有载调节等。

(五)紧急控制和恢复控制

机组发生事故和故障时应能自动跳闸和紧急停机。电力系统发生故障或失去大量负荷时(如频率过低或过高),能迅速采取校正措施和提高稳定措施,如增加机组出力、投入备用机组、将机组转入调相运行、切除机组等,使电力系统及时回到安全状态。当系统稳定后,进行恢复控制,使电厂恢复到事故前的运行工况。

(六)自动发电控制(Automatic Generation Control,**简称** AGC)

水电厂自动发电控制的任务是,在满足各项限制条件的前提下,以迅速、经济的方式控制整个水电厂的有功功率来满足电力系统的需要。控制整个水电厂的有功功率应包括机组的合理启停,它包含了实现水电厂的经济运行。其主要内容如下:

(1)根据给定的水电厂需发功率,考虑调频和备用容量的需要,计算当前水头下水电厂的最佳运行机组数和组合。

(2)根据水电厂供电的可靠性、设备(特别是机组)的实际安全和经济状况确定应运行机组的台号。

(3)在应运行机组间实现负荷的经济分配。

(4)校核各项限制条件,如机组空蚀振动区、下游最小流量、下游水位变化等,不满足时进行各种修正。

(七)自动电压控制(Automatic Voltage Control,**简称** AVC)

自动电压控制是在满足水电厂和机组各种安全约束条件下,比较高压母线电压实测值和设定值,根据不同运行工况对全厂的机组做出实时决策(改变励磁),或改变联络变压器分接头有载调节位置,以维持高压母线电压的设定值,并合理分配厂内各机组的无功功率,尽量减少水电厂的功率消耗。

(八)人机接口

人机接口是运行人员对全厂生产过程进行安全监控,维修人员对监控系统进行管理、维修、开发的必需手段。它包括以下内容:①系统控制权的设置和切换;②机组及重要设备的状态设置;③测点和设备的投运;④参数整定值和限值的修改;⑤电厂运行方式的设置和切换;⑥显示各种画面;⑦各类打印和报表;⑧操作票显示和在线修改;⑨机组启停和工况转换操作;⑩断路器及隔离开关的开断、关合操作;⑪机组有功功率和无功功率的调整;⑫AGC 和 AVC 功能设置及参数设定;⑬故障和事件报警处理。

(九)通信

监控系统应能与网调、梯调、水情测报系统、溢洪闸门控制系统、大坝安全监测系统、航运管理系统、厂内技术管理系统等实现通信。

监控系统内部通信,包括电厂级与现地控制单元级之间及现地控制单元与调速器、励磁调节器、同步并列装置之间的通信。

(十)自诊断

应具备完善的自诊断能力,及时发现自身故障,并指出故障部位;还应具备自恢复功能,即当监控系统出现程序死锁或失控时,能自动恢复到原来正常运行状态。

(十一)仿真培训

正常情况下,水电厂均由计算机监控系统进行监控,运行人员一般不进行什么操作,久而久之,他们对操作变得生疏,一旦需要,如监控系统发生故障,往往会不知所措,因此需要定期进行仿真培训,新来人员更需如此。

仿真培训功能是在不涉及水电厂生产设备的情况下,对水电厂运行和检修人员进行基本知识技能、模拟操作和事故处理等方面的培训，以提高水电厂人员的素质，保证水电厂安全运行。利用计算机仿真技术作为培训手段在水电厂日益获得重视，在不少水电厂中得到应用，如委内瑞拉的古里水电厂、中国的葛洲坝水电厂等。

（十二）自动处理水电厂事故

自动处理水电厂事故是一项难度极大、目前尚处于研究探讨阶段，但潜在意义极大的功能。

水电厂发生事故后往往需要在极短时间（几秒或几十秒）内对事故情况做出正确判断，及时采取有效措施，防止事故扩大，并转入安全工况运行。目前，这些均由运行人员进行人工处理。但人的反应能力有一定的局限性，不可能在这么短的时间内掌握并处理大量信息，并对事故情况做出正确的判断，更谈不上采取及时有效的处理对策了。而事故处理的好坏在很大程度上又取决于运行人员的经验和临场控制的能力。特别是在发生重大事故时，运行人员处于高度紧张的状态下，很容易产生失误，结果导致事故的进一步扩大，造成极其严重的后果，许多事例说明了这一问题的严重性。即使不发生失态，运行人员采取各项措施不一定都是最合适的。因此，需要建立一套科学的自动处理事故的手段，它是以科学规则和准则为基础的，自动寻找最佳的处理策略，以期达到最佳的效果。这样的手段无疑将受到水电厂广大人员的极其欢迎。

计算机的人工智能专家系统正是解决这类问题的良好帮手。它可以迅速地对收集到的每一个报警信息，根据其对事故的重要性和紧急程度进行相关处理和排除，把一些无关紧要的信息屏蔽掉，再对剩下的信息进行综合分析。根据存在计算机内的操作规程、事故处理规程、过去处理事故的经验和实例以及一些准则，推出相应的事故处理对策。

水电厂的事故是千变万化的，有关的信息量是很大的，时间又那么紧迫，因此进行自动处理事故工作的难度也是很大的，可以分几步走，先易后难，逐步取得经验，进一步加以完善。可以先对一些较常见的事故，事先拟定一些处理对策，存在计算机内。当出现这类事故时，自动推出对策，揭示给运行人员，由他们采取相应的行动，实现所谓的开环指导。我国葛洲坝二江电厂已经开始实现这种部分事故的开环指导处理，这项工作有待今后进一步深入研究和实践。

二、火电厂计算机监控系统的功能

火电单元机组计算机监控系统的主要功能是控制（Control）、报警（Alarm）、监测（Monitoring）和保护（Protect）四个方面，简称为 CAMP。具体应包括下列功能系统：

（1）数据采集系统 DAS（Data Acquisition System）。通过各种测量元件、传感器、变送器、开关触点或继电器等将生产过程的模拟量或开关量信号采集处理，供系统监视、保护和调节、控制时使用。

（2）机组协调控制系统 CCS（Coordinated Control System），又称模拟量控制系统 MCS（Modulating Control System）或闭环控制系统。指机炉闭环控制系统总体，包括燃烧控制、给水控制、汽温控制、辅机控制等，使锅炉、汽机之间的能量保持平衡外，也对主辅设备异常工况进行联锁保护。

（3）顺序控制系统 SCS（Sequence Control System），主要对电厂的各个辅机子系统设备进行顺序控制，包括对送引风系统、制粉系统、锅炉给水系统、机组蒸汽系统设备等进行启停控制与联锁保护。目前，单元机组的顺序控制可分为三级，即机组级、功能级和设备级。

（4）锅炉炉膛安全监控系统 FSSS（Furnace Safeguard Supervisory System）或称燃烧管理系统 BMS（Burner Management System）。其主要功能是炉膛火焰监测、炉膛压力保护、炉膛自动吹扫、燃料点火及投粉的顺序控制，以及锅炉的主燃料跳闸、自动减负荷等。

（5）汽轮机数字电液控制系统 DEH（Digital Electric Hydraulic Pressure Control）。该系统除了实现汽轮发电机组的转速和负荷控制外，还对汽轮机设备提供安全保护，能够完成机组从盘车、冲转、暖机、升速、并网、代负荷等系列功能，并在机组出现异常时自动进行必要的操作处理和控制，保证机组安全。

（6）旁路控制系统 BCS（Bypass Control System）。该系统是指大型中间再热机组的一个控制系统。

（7）汽轮机监视仪表 TSI（Stem Turbine Supervisory Instrumentation）和汽轮机紧急跳闸系统 ETS（Exigency Tread System）。该系统通过各种仪表对汽轮机组的运行状态进行监视，在机组出现异常并超越运行限制值时关闭汽轮机的相关阀门，使发电机主开关跳闸，以保护机组安全。

（8）电气控制系统 ECS（Electrical Control System）。该系统对发变机组、厂用电、励磁系统和同期装置进行操作、调节和控制。

与水电厂的计算机监控系统类似，火电厂的监控系统也具有报警分析、事故追忆处理、生产报表打印与生产管理等功能。

第四节　发电厂实行计算机监控的意义与效益

发电厂实行计算机监控是发电厂自动化和现代化里程中的一项具有划时代意义的技术革命，计算机监控系统强大的数据与信息处理功能、自动显示功能、智能控制功能以及网络化功能，不仅大幅度提高了控制的速度、精度，而且作为对一个或数个复杂系统的综合控制，是其他控制系统所不可比拟的。其意义可归结为下面几个方面。

一、提高安全运行水平

安全运行是发电厂最重要的任务。为保证发电厂的安全运行，必须对发电厂的运行工况和设备进行严密的监测。

发电厂需要经常监测的信息量可以多达数千个甚至数万个。如葛洲坝水电厂约有2 027个模拟量、3 132 个开关量和 134 个脉冲量；美国大古里水电厂 20 世纪 70 年代采用的计算机监控系统需监测的有 3 500 个模拟量和 11 000 个开关量。火电厂的系统更加复杂，一台 600MW 火电机组的 I/O 总点数就有 7 160 个以上。因人的反应能力有限，靠人工监视不能及时发现问题，结果导致事故的发生。

计算机能迅速采集和处理大量信息，弥补了人的能力局限性，因而能迅速发现异常，以便及时采取措施，防止事故的发生，大大提高了发电厂安全运行的水平。这些是难以用量化的数据来表达的。

二、实现经济运行

发电厂实现计算机监控后，一方面可以使各种设备和系统运行在最佳工作状态，而且可以通过状态监测，使事故发生率大大降低，这都会直接或间接地提高发电厂的运行效益。水电厂实现自动发电控制之后，可以使水电厂经常处于优化工况下运行，达到多发电、少耗水的目的。梯级水电厂实现全梯级优化运行后，可以进一步节约宝贵的水电资源，提高经济效益。苏联学者曾对可获得的经济效益进行了计算，结果表明可提高水能利用率约4%。我国的一些计算表明，平均效益约为1%。具体效益的大小随水电厂的类型而异，调节性能强的水库和负荷曲线变化大的水电厂的经济效益尤为显著。梯级水电厂实现经济运行后的效益更大，可达百分之几。

三、减少运行值班人员

发电厂采用计算机监控以后，监测和操作大多由计算机系统进行，运行值班人员只是在旁进行监视以及进行少量的键盘和鼠标操作，工作量大大减少，劳动强度大大减弱。因此，可以大大减少运行值班人员，有的水电厂甚至可以实现无人值班。主厂房一般可不设人值班，中控室只留一两人值班。大型水电厂完全没有人值班在现阶段还是不合适的。

法国罗讷河梯级电站由12个水电厂组成，总容量2 200MVA，原有运行维修人员700人，实现计算机监控后，减为150人。美国石河段水电厂，总容量1 300MW，实现计算机控制后，每次值班只需1人。我国沙田水电厂，总容量54MW，原来职工总数为300人，实现计算机控制后，减为40人，其中运行人员不到20人；广州抽水蓄能电厂（一期）中控室值班人员仅1人，全厂定员88人。

运行值班人员减少后，相应的生活建筑和社会文化设施也可减少，从而大大节约投资。此外，减少值班人员不仅具有经济效益，而且有一定的社会效益。我国目前正在大力推行"无人值班，少人值守"的方式。

发电厂实行计算机监控后的效益是多方面的，包括直接经济效益与间接经济效益。直接经济效益包括由于发电厂实行经济运行、提高能源的转化效率所带来的发电效益，减少运行管理人员所节省的工资及管理费，提高机组安全性减少事故停机所造成的发电损失等。间接经济效益包括通过发电设备的状态监测预防事故的发生、延长设备寿命等所得到的经济效益。中华人民共和国电力行业标准 DL/T 5065—1996《水力发电厂计算机监控系统设计规定》的条文说明中指出，采用计算机监控系统实现全厂综合自动化的技术经济效益显著。仅经济运行一项，大多数水电厂采用计算机实现经济运行的效益不少于1%，梯级水电厂的效益则更高，据有关资料介绍，法国罗讷河梯级电站改为计算机监控后，效益提高4%，杜郎斯河－维尔登河电厂群集中监控的效益达16%。我国几座水电厂采用计算机监控的效益如表1-2所示。

表1-2　我国几座水电厂采用计算机监控的经济效益

电厂名称	丹江口水电厂	大东江水电厂	新丰江水电厂	富春江水电厂	葛洲坝二江电厂
节水或增发电量（%）	4.03	5.56	1.00	2.02　(1.13)	0.26

复习思考题

1-1 水电厂的控制有何特点与要求？

1-2 火电厂的控制有何特点与要求？

1-3 发电厂有哪几种监控方式？

1-4 水电厂计算机监控系统应具备哪些功能？

1-5 火电厂计算机监控系统有哪些功能系统？

第二章　发电厂计算机监控系统的基本分类

本章主要了解电厂计算机监控系统的各种分类方法,各自的特征、适用范围,以及对计算机监控系统的基本要求。

第一节　发电厂计算机监控的基本类型及其特点

在生产过程自动化领域中,计算机的应用已十分广泛。从计算机监控系统发展的实践情况来看,其应用目的、应用方式、实现方式是多种多样的。因此,计算机监控系统的分类方法也很多,一般可按系统的结构模式、使用计算机的种类、控制方式、控制规律、控制层次、冗余备置、系统的功能及操作方式等不同原则来划分,具体情况见表 2-1。

表 2-1　计算机监控系统分类

序号	分类原则	Ⅰ	Ⅱ	Ⅲ	Ⅳ
1	计算机作用	计算机辅助监控系统(CASC)	计算机与常规监控相结合系统(CASC)	计算机为基础的监控系统(CBSC)	
2	计算机系统结构	集中式计算机监控系统(Centralized C. M. C. S.)	分散式计算机监控系统(Decentralized C. M. C. S.)	分布处理式计算机监控系统(Distributed C. M. C. S.)	开放式环境下全分布系统(Open System)
3	计算机配置	单计算机系统(Single C. S.)	双计算机系统或双计算机带双前置机系统(Dual C. S.)	基于常规连接的多计算机系统(Multi C. S.)	基于 LAN 连接的多机(工作站)系统
4	软件平台	非跨平台操作系统		跨平台操作系统	
5	计算机字长	4~8 位字长计算机	16 位字长计算机	32 位字长一体化机或工作站	64 位字长工作站
6	指令系统	复杂指令系统计算机		精减指令系统计算机	
7	网络结构	低速单级网络	中速单级网络	高速单级网络	高速多级网络
8	网络介质	双绞屏蔽电缆	同轴电缆	光缆	光缆等多种介质
9	人机接口	常规信号系统	半图形彩色 CRT 显示系统	全图形高密度彩色显示系统	X-Window/Motif 或 MS-Window
10	视声应用	独立设置的工业电视系统	语音报警及电话语音报警	语音报警及电话语音事故查询	多媒体技术应用

续表 2-1

序号	分类原则	Ⅰ	Ⅱ	Ⅲ	Ⅳ
11	上位机冗余方式	双机主、从冗余方式	双机主、备冗余方式	三机功能重组冗余方式	带镜像硬驱容错冗余方式
12	LCU 配置	以单板机加总线为基础的结构	以可编程序控制器为基础的结构	以网络和智能模件为基础的结构	
13	LCU 冗余方式	非冗余系统	异构型冗余系统	同构型冗余系统	交叉型冗余系统
14	现地控制与通信	接点输出	串口通信		现场总线
15	控制的方式	经典控制	现代控制		智能控制
16	控制的层次	直接控制		分层(级)控制(Hierarchicale)	
17	操作方式	按键、操作把手等电厂常规方式	功能键盘与鼠标、屏幕的计算机方式	键盘、鼠标、屏幕的计算机方式	
18	实现功能	监测	控制及顺控	集中控制	遥控遥调及智能控制
19	顺控流程	常规顺控流程	具唯一性且执行失败可返回顺控流程	可视化顺控流程	大步显示细节隐藏顺控流程
20	诊断能力	无自诊断及故障定位能力	机柜级故障诊断及定位	模件级故障诊断及定位	测点级故障诊断及定位
21	诊断类型	现场诊断	中控室诊断	远程诊断	远程诊断及远程修复

表 2-1 中各项自左至右,技术水平是由低级到高级,或说从当前水平到更先进的水平;同时各栏之间也可按用户的不同要求可交叉选用。

一、按计算机在发电厂监控系统中执行的功能分类

按照计算机在电厂监控系统中所执行的主要不同功能来分类,计算机监控系统有数据采集与处理系统、直接数字控制系统、操作指导控制系统、监督控制系统、多功能分级控制系统。

(一)计算机数据采集监视系统(DAS)

计算机数据采集监视系统常称 DAS(Data Acquisition System)。计算机在数据采集处理时,主要对电厂生产过程大量的物理参数(包括电量和非电量)进行巡回检测、数据记录、数据计算、数据统计和处理、参数的越限报警及对大量的数据进行积累和实时分析,并将结果以表格或图形形式显示在显示屏(CRT)上,定时通过打印机打印一些重要参数(如图 2-1所示)。同时,还可以根据提取的事故发生前的运行数据,指出机组运行的发展趋势。此外,通过数据采集建立起来的数据库还可以进行自动操作和作为控制的依据。

严格地说,DAS 不属于计算机控制的范畴,这种应用方式中,计算机不直接参与电厂的生产过程控制。但是,任何计算机控制系统都离不开数据的采集和处理,它是计算机监

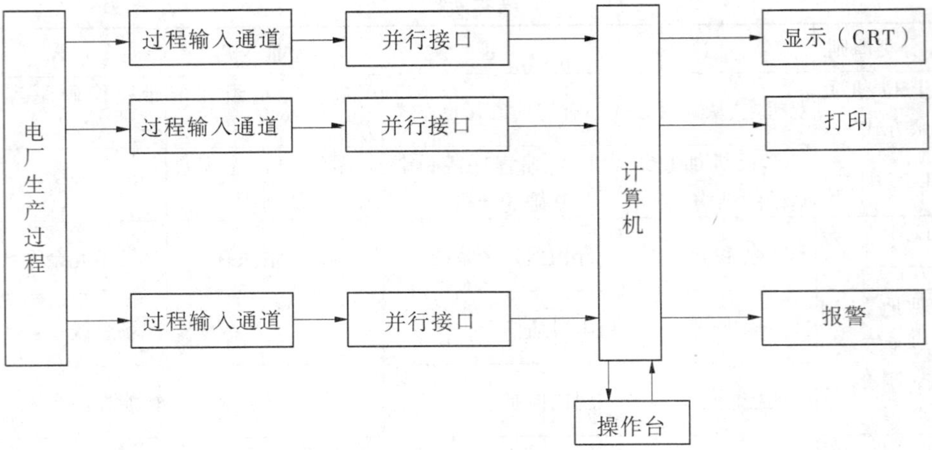

图 2-1　计算机数据采集监视系统

控系统的基本功能，应用计算机对生产过程运行参数进行采集和必要的处理，是计算机在工业生产过程中应用的一种最初级、最为普遍的形式。DAS 是计算机控制系统的基础和先决条件。

如图 2-1 所示，DAS 系统对电能生产过程中的各种参数进行收集、巡回检测，并将所测参数经过程输入通道采入计算机。然后，计算机根据预定的要求对输入信息进行判断、处理和运算，需要时以易于接受的形式向运行人员屏幕显示或打印出各种数据和图表。当发现异常工况时，系统可发出声光报警信号，运行人员可据此对设备运行情况集中监视，并根据计算机提供的信息去调整和控制生产过程。系统还具备大量参数的存储积累和实时分析功能，可保存有关运行的历史资料，通过研究各种不同情况下的生产过程，还可以建立或改善电能生产过程的数学模型。例如水电厂水情测报、大坝观测、梯级水电站的经济调度等过程，可以通过 DAS 系统进行采集参数、集中监视、逻辑判断、分析运算、加工处理，最后显示表达和储存，计算机再根据所采集到的有关功率和频率等信息，按最优准则，实时地计划应开机组台数，提出各台机组负荷最佳分配的数据。再如报警，它可根据有事件发生前的某一瞬间对运行在一段时间的变化规律进行自动分析，来预测未来发展趋势，提出预防性措施，如安排停机检修等。

计算机数据采集监视系统的一个优点是比较灵活和安全，它使运行人员能随时了解电厂生产过程的状态，并可根据自己的判断对计算机系统提供的操作信息有选择地采纳，对保证生产过程的安全、经济运行，简化仪表系统的设计与布置，减轻运行人员的劳动强度等有着重要的指导意义，其应用极为广泛。

（二）直接数字控制系统（DDC）

计算机直接数字控制（Direct Digital Control，简称 DDC）系统，是由计算机或以微处理为基础的数字控制器取代常规模拟控制器，直接对生产过程进行闭环控制的系统，如图 2-2所示。

直接数字控制系统是计算机在工业应用中最普遍的一种方式。它是以对生产过程的实际测量值与给定值相比较的偏差值作为计算机的输入，计算机按照规定的控制规律

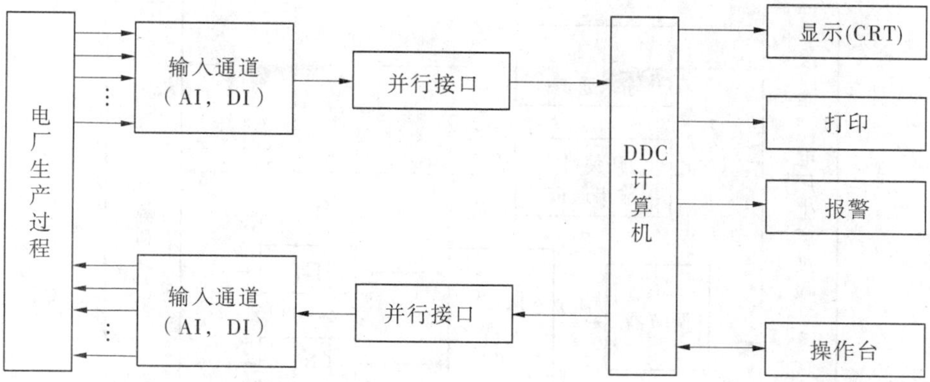

图 2-2 直接数字控制系统

（如 PID 控制规律）所描绘的数学模型进行运算，计算出控制量后输出作用在执行元件上。

在 DDC 系统中，计算机不仅可完全取代模拟调节器，实现对生产过程的控制，还可以实现最优化控制和多回路的 PID 调节，并具有结构简单的优点，而且不需要改变硬件，只需通过改变软件就可以有效地实现较复杂的控制算法。一般的 DDC 系统有一个功能齐全的运行操作台，给定显示、报警等集中在此控制台上。例如水电站自动化采用 DDC 系统可以用来完成如下的功能：①作为调速器，对水轮发电机组进行有功和频率的调节；②作为励磁调节器，对机组无功和励磁电流进行调节；③进行同期并列操作；④对运行设备进行保护。

为了充分发挥计算机的利用率，DDC 系统中的计算机通常用来代替多台模拟控制器，控制几个或几十个控制回路。生产过程的变化速度相对于计算机的运算速度是很慢的，计算机在一个运算周期内已将各回路的运算工作做完后，生产过程的被控参数还不会发生显著变化，所以各控制回路都可定时地分享计算机的各种资源。但是，计算机系统一旦发生故障，将影响所有控制回路的正常工作，会给生产带来严重后果。因此，这种系统要求计算机不仅具有良好的实时性、适应性，而且还应有很高的可靠性。为确保安全生产，可设置备用计算机或常规仪表控制系统，这势必又会增加系统的复杂性和系统的投资。

随着微处理器技术的高速发展及其性价比的大幅度提高，用一个微处理器控制一个被控回路已成为现实，这使得 DDC 系统的危险性得到了分散，系统的可靠性大大提高，促进了 DDC 系统的广泛应用。

（三）操作指导控制系统

操作指导控制系统（Operational Information System，简称 OIS）又称计算机开环监督控制系统。该系统不仅具有数据采集和处理的功能，而且能够为操作人员提供反映生产过程工况的各种数据，并相应地给出操作指导信息，供操作人员参考。该控制系统属于开环控制结构。计算机根据一定的控制算法（数学模型），依赖测量元件测得的信号数据，计算出供操作人员选择的最优操作条件及操作方案。操作人员根据计算机的输出信息，如 CRT 显示图形或数据、打印输出等去改变调节器的综合给定值或直接操作执行机构。操作指导控制系统原理框图如图 2-3 所示。

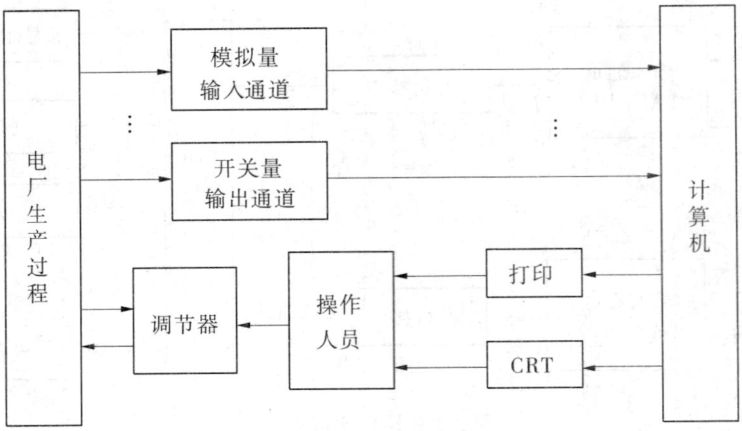

图 2-3　运行指导控制系统

操作指导控制系统还可以将一些复杂操作过程的操作条件、操作步骤、操作方法等，预先存入计算机中，计算机则根据生产工艺流程和生产状态输出相应的操作指导信息。例如火力发电厂锅炉、汽轮机、发电机的启动或停止阶段的操作，可以采用这种方式进行操作指导。水电站的负荷发生变化时，计算机通过计算可给出在此工况下运行机组间的最佳负荷经济分配；然后，由运行人员去完成有关的操作，以实现水电站的经济运行。由此可见，这种控制方式的计算机控制系统只起到一种运行指导的作用。实际上，越限或事故报警也是运行指导的一部分工作。用于运行指导控制方式的计算机，同时要完成数据采集与处理等功能。显然，在这种控制方式中，电站的各种常规自动装置仍然是不可缺少的。

操作指导控制系统的优点是结构简单，控制灵活和安全；其缺点是要由人工操作，速度受到限制，不能控制多个对象。因此，这种控制方式一般用于设置计算机监控的初期阶段，或用来调试新的控制程序和试验新的数学模型。对于一些已建成的老水电站，可以用这种控制方式实现经济运行。采用运行指导控制系统，不仅可以对运行人员进行培训指导，而且可以较安全地进行新方案、新模型、新程序、新设备等的试验工作。

（四）监督控制系统（SCC）

监督控制系统（Supervisory Computer Control，简称 SCC）是在 DDC 和运行指导控制系统基础上发展起来的。监督控制系统是一个闭环控制系统。它不是直接控制生产过程，而是完成最优工况及其设定值的计算。它对生产过程的控制作用是通过改变模拟量或数字控制器的设定值来体现的。

监督控制方式是通过输入通道对被控对象的有关参数进行采集之后，根据运行过程的数学模型由计算机计算出控制的最佳给定值，并通过输出通道直接改变前一状态的控制给定值。控制是否合理，取决于过程的数学模型和算法是否合理。生产过程的数学模型往往是很复杂的，但要实现闭环控制必须解决过程的数学模型和算法问题。

监督控制系统的两种结构型式：

（1）SCC + 模拟/数字调节器的控制系统。该系统是由计算机系统对各物理量进行巡回检测，并按一定的数学模型对生产工况进行分析、计算后，得出控制对象各参数最优给定值送给调节器,使工况保持在最优状态。当 SCC 计算机出现故障时,可由模拟/数字调节器独立完成操作。

(2)SCC + DDC 的分级控制系统。这实际上是一个二级控制系统,上级是以微型机或中、小型机为主体的监督控制级,下级是以模拟控制器或微处理器为主体的直接控制级。SCC 可采用高档计算机,它与 DDC 之间通过通信接口进行通信联系。SCC 计算机可完成工段、车间高一级的最优化分析和计算,并给出最优给定值,送给 DDC 级执行过程控制。当 DDC 级计算机出现故障时,可由 SCC 计算机完成 DDC 的控制功能,使系统可靠性得到提高。系统构成原理如图 2-4 所示。

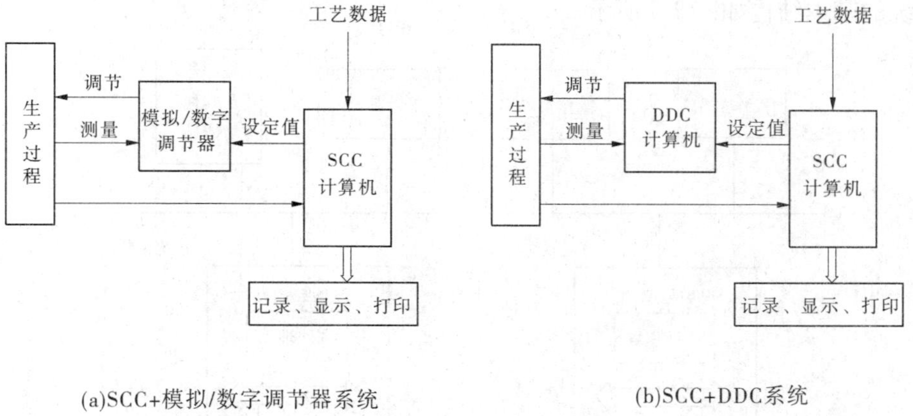

图 2-4 监督控制系统构成原理

SCC 系统主要实现生产过程的最优化。要使生产过程达到最优控制,常常要求某些过程变量的设定值在一定范围内改变或使生产过程在给定的约束条件下从某一状态过渡到另一新状态的时间最小。SCC 系统控制效果主要取决于数学模型的精度。若水电厂生产过程的数学模型能使其达到最优状态,则 SCC 控制方式就能实现最优控制。当然若数学模型不理想,控制效果则会变差。

SCC 系统执行的控制任务主要有以下几方面:

(1)正常运行控制。如自动发电控制(AGC)、自动电压控制(AVC),控制发电机组的启动和停机操作,以及运行方式改变的操作(如发电转调相、调相转发电等)。

(2)紧急控制。当系统和设备发生异常情况时,监控计算机能做出判断,并采取相应的处理措施;当系统发生扰动时,能迅速采取校正对策,以保证运行的稳定。

(3)恢复控制。当事故发生后能尽快地处理,恢复到正常运行的状态,以尽可能地缩小事故的范围和损失。如调整机组的出力、将解列的机组重新并列等。迅速和正确地恢复控制对安全和经济运行都是很必要的。

在有的系统中,SCC 系统在执行监督控制的同时兼有直接数字控制功能。这样可进一步提高系统的可靠性,即当模拟/数字控制器所在的直接控制级发生故障时,监督计算机可以代为完成控制任务。而在监督控制级发生故障时,直接控制级仍可独立完成控制操作,只不过此时的设定值不能按优化的要求自动修改而已。

（五）多功能分级控制系统

随着生产的发展，被控对象不断趋于复杂化、大型化，生产中的过程控制、管理和决策任务日益繁重，且要求也越来越高，现代工业生产已不仅仅满足于生产过程自动控制的单一自动化方式，而随着科学技术的发展、时代进步的冲击、市场竞争的加剧、管理观点的更新，来自社会、技术、经济等环境的激励和保障生产体系优良运作的客观需求，迫切需要对一些大型的、复杂的生产过程的物质流、信息流、决策流进行全面而有效的控制和协调。分级控制系统（Hierarchical Control System，简称 HCS）正是适应这一要求，在控制、计算机、通信、CRT 显示等技术飞速发展的基础上应运而生的多功能控制系统。多功能分级控制系统的基本结构如图 2-5 所示。

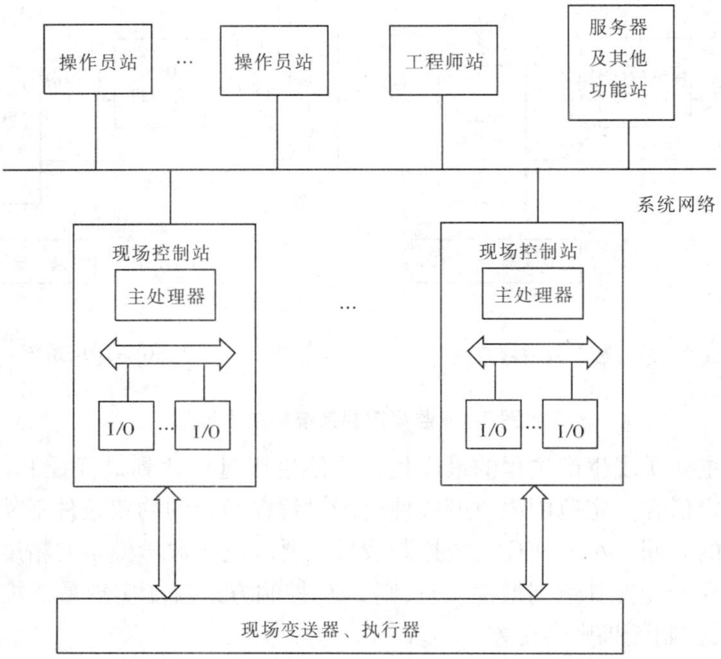

图 2-5　多功能分级控制系统的基本结构

分级控制系统是一个集控制和管理为一体的工程系统。它所要求解决的不仅是局部过程控制的优化问题，而且是全局总目标和总任务的优化问题。分级控制系统采用纵向分层、横向分散的处理方法，体现了系统工程中“分散”与“协调”的概念，能有效地解决大型工业生产过程的控制、管理及其优化的问题。

图 2-5 所示分级控制系统由四级计算机系统组成，各级采用不同类型、不同功能的计算机，构成具有一定相对独立性的子系统，承担指定的任务，各系统之间使用高速通信线路向上连接，相互沟通信息，协调一致地工作。直接控制级是分级控制系统的最低层次，一般由 DDC 系统实现，也可由模拟控制器实现。它与被控生产过程直接相连（如给水泵的调速机构、送风挡板的执行机构等），可对生产过程实现数据采集、过程控制（如 PID、比值、前馈、串级等控制）、设备监测、系统测试和诊断、报警及冗余切换等功能。

集中操作监控级除完成各生产过程的优化控制计算和最佳设定值的设定外，还负责各直接控制级工作的协调管理,以及与上位生产管理级计算机的联系。同时还可实现综合显示、操作指导、集中操作、历史数据存储、定时报表打印、控制回路组态和参数修改、故障报告和处理等功能。在火力发电厂的控制中,监督控制级往往对应着某一单元机组或某一主要热力设备。

生产管理级负责全厂的生产协调、指挥和控制生产的全局。包括制定生产计划、实现生产调度、协调生产运行、安排设备检修、组织备品备件、收集生产信息、监督生产工况、调整生产策略、分析生产数据、进行生产评估等。它还可以与上一级控制层相互传递数据,接受上级生产指令,报告全厂生产状况。

经营管理级负责企业的经营方向和决策,它全面收集来自各方面、各部门以及用户、市场和相关企业的经济信息和技术、管理要求,按照经济规律、组织原则、整体优化和全面协调的要求以及实际具备的能力,进行全方位大范围的综合决策,并及时将决策结果通知它的上一级管理计算机,必要时也可向上级主管部门传输有关信息。经营管理级涉及范围很广,它包括工程技术、生产、经济、资源、商务、质量、后勤、人事、教育、档案、环境等许多方面,是企业的最高管理层次。

应当指出,分级控制系统并非全是以上固定模式,它的层数以及各层的功能,是根据生产实际需要和实际条件而设置的。

(六)现场总线控制系统

现场总线控制系统(Fieldbus Control System,简称 FCS),是新一代分布式控制结构,目前还处在发展阶段,各种不同的现场总线控制系统层出不穷,其系统结构形态各异,有的是按照现场总线体系结构的概念设计的新型控制系统,有的是在现有的 DCS 系统上扩充了现场总线的功能。如果重点放在监控级、控制级和现场级,而监控级之上的管理级、决策级等暂不予考虑,则可将 FCS 分为三类:一类是由现场设备和人 - 机接口组成的二层结构的 FCS;一类是由现场设备、控制站和人 - 机接口组成的三层结构的 FCS;另一类是由 DCS 扩充了现场总线接口模件所构成的 FCS。

这里以具有二层结构的 FCS 为例,如图 2-6 所示。它是由现场设备和人机接口两部

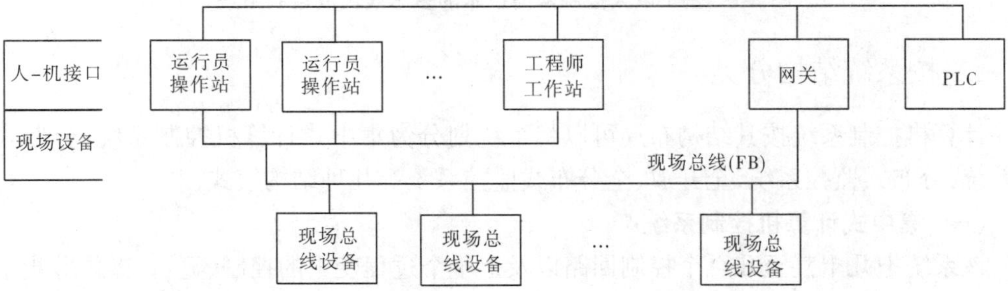

图 2-6　具有二层结构的现场总线控制系统

分所组成。现场设备包括符合现场总线通信协议的各种智能仪表,如现场总线变送器、转换器、执行器和分析仪表等。由于系统中没有单独的控制器,系统的控制功能全部由现场设备完成,如常规的 PID 控制算法可以在现场总线变送器或执行器中实现。人 - 机接口设备一般有运行员操作站和工程师工作站。运行员操作站或工程师工作站通过位于机内

的现场总线接口卡和现场总线与设备之间的信息交换，并通过高速以太网（HSE）实现。高速以太网上还可以连接需要高速通信的现场设备，如可编程逻辑控制器（PLC）等。低速现场总线还可以通过网关连接到高速现场总线上，通过高速现场总线与人－机接口设备或其他高层设备交换信息。

这种现场总线控制系统结构在系统结构上取消了传统意义上的控制站，控制站的控制功能下放到现场，简化了系统结构。但同时不便于处理控制回路之间的协调问题。

（七）以太控制网络系统

图2-7是基于以太控制网络技术的多总线集成控制系统的典型结构。目前，以太控制网在工业自动化和过程控制领域得到了迅猛的发展。以太网与其他控制网络相比具有很多优点：开放性——采用公开的标准和协议；平台无关性——可以选择不同厂家、不同类型的设备和服务；远程化——能提供E-mail、www、FTP等多种信息服务；图形用户界面统一、友好、规范化、易学易用；多现场总线的集成能力、多系统集成能力、多技术集成能力。

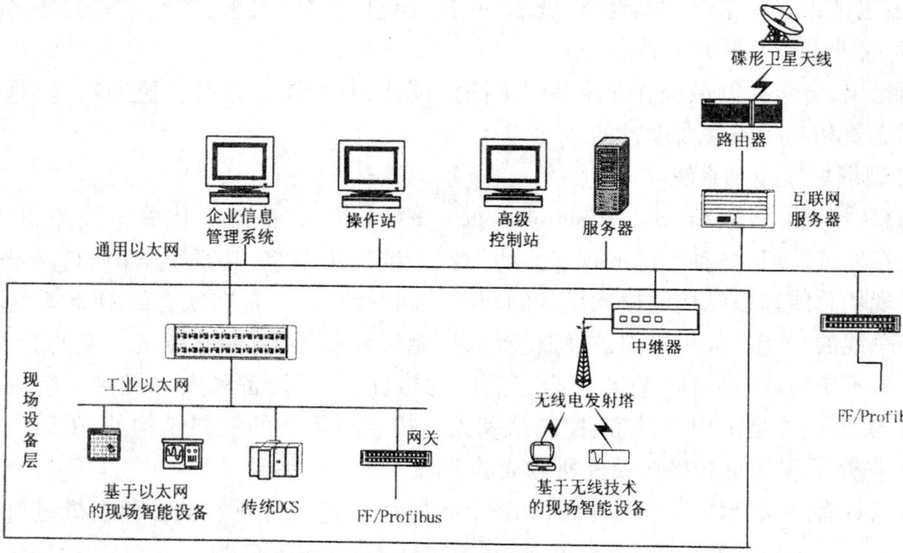

图2-7　基于以太控制网络技术的多总线集成控制系统

二、按系统结构分类

计算机控制系统按其结构布局可以将系统划分为集中式计算机控制系统，分散式控制系统，分布式监控系统，全开放、全分布式监控系统等几种结构模式。

（一）集中式计算机控制系统

该系统把几十甚至几百个控制回路以及上千个过程变量的控制、显示、操作等集中在单一的计算机上实现，即在一台计算机上实现数据采集、数据处理、数据存储、过程监视、过程控制、参数报警、故障检测、生产调度、生产协调、生产管理等众多功能。系统基本结构如图2-8所示。集中式计算机控制系统在计算机控制的早期阶段应用较多，鉴于它自身的优缺点，大型工业生产过程已基本上不采用这类结构的控制系统，而对于那些小型生产过程或生产设备的控制，这类系统仍可应用。

（二）分散式控制系统

分散式计算机控制系统（Distributed control System，简称DCS），是由以微处理器为核心的基本控制单元、数据采集站、高速数据通道、上位监控和管理计算机以及CRT（阴极射线显示器）显示操作站等组成，对生产过程进行分散控制、集中操作、分级管理、分而自治和综合协调的系统。系统的基本构成如图2-9所示。

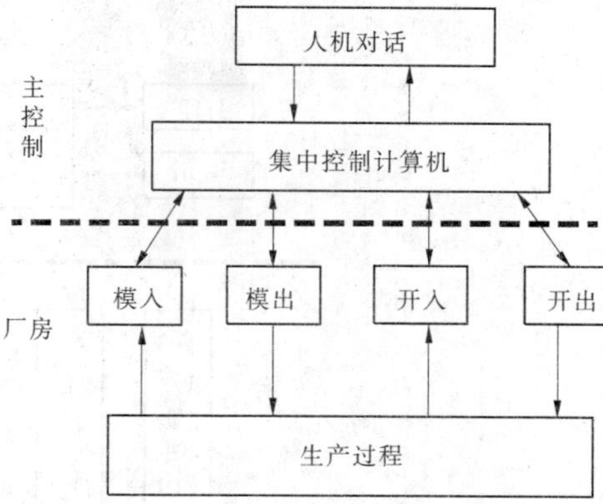

图2-8　集中式控制系统结构图

分散式控制系统是指以功能分散为主要特征，使控制系统实现负载分散、危险分散、功能分散、地域分散。就电厂生产过程监控系统的功能而言，主要是数据采集、控制调节和事件记录等功能，因此可以按照这些功能设立多套相应的设备，独立完成各自的功能。功能分散式控制系统并未解决信息过于集中的问题，某个单功能装置计算机故障，则全厂有关这部分的功能将全部丧失，影响较大。因此，近年来分散式控制系统多被分布式控制系统所代替。

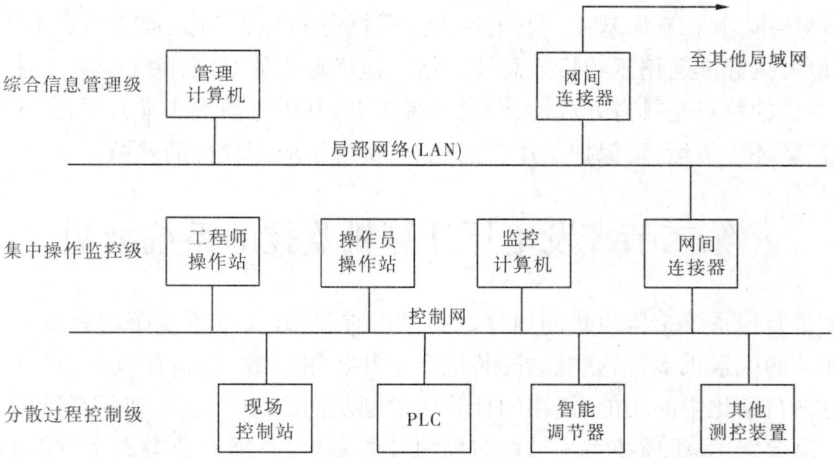

图2-9　DCS结构示意图

（三）分布式监控系统

分布式计算机监控系统如图2-10所示，是指以控制对象分散为主要特征，就电厂而言控制对象主要是发电机组、开关站、公用设备等。按控制对象为单元设置多套相应的装置，构成电厂的现地控制单元，完成控制对象的数据采集和处理、机组等主要设备的控制和调节及装置的数据通信等功能。电厂采用分布式处理一般与电厂分层控制结合起来，形成电厂分层、分布式控制系统。这种模式在国内外电厂得到日益广泛的应用。

（四）全开放、全分布式监控系统

这是近年来发展并得到广泛采用的一种工业控制系统。开放系统概念的形成经历过

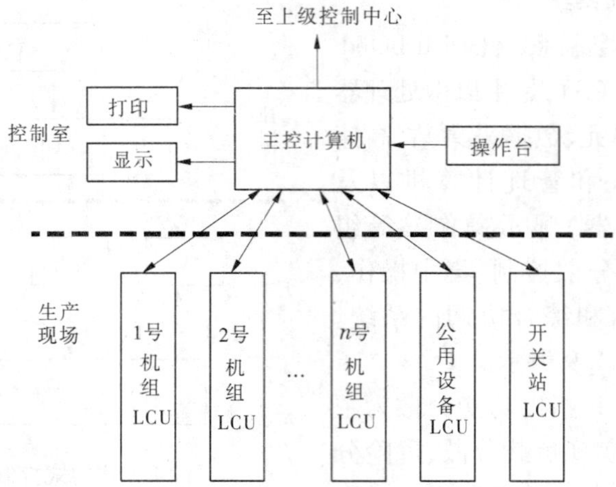

图 2-10 分布式计算机监控系统

不少阶段,计算机硬件的飞速发展,致使应用系统面临淘汰的危险。为此,广大计算机用户提出了全新的开放系统观念,即:①应用软件可移植性;②不同系统之间的相互操作性;③用户的可移植性。这种新系统是围绕着应用软件接口标准、网络通信接口标准和用户操作接口标准,遵循国际组织 IEEE、ISO、IEC 等的有关标准组成一个开放式的总线网络,采用以 UNIX 操作系统为基础的操作系统;根据分布控制对象而设置的现地控制单元(LCU),也可按标准通用规约接入总线网络。这样形成的系统,除了具有上述各类模式的优点外,最大的特点是具有开放性,同时系统扩展、升级更新都非常方便,其应用软件可以在新设备、新环境下运行,保护了用户的利益,实现了应用软件的移植。

第二节 发电厂计算机监控的系统结构

计算机监控系统结构模式的划分,主要与其控制方式或者说布局有关。在电厂计算机监控涉及的因素很多,诸如电站的装机容量和机组台数、电站在电力系统中的地位、计算机在电站自动化中的功能、选用的计算机机型及性能等,都会对监控系统的布局方式产生影响。因此,计算机监控系统结构布局的具体实现,必须充分考虑多方面的因素,进行科学的分析论证,以保证系统运行的安全经济、管理维护方便。

从国内外电厂计算机监控系统几十年应用过程的实际情况看,计算机监控系统经历了一个从简单到复杂、从低级到高级、从单项到全面、从简陋到完善的发展过程,如从集中式控制向分布式发展、从单计算机系统向多计算机系统发展、从单层网络向多层网络发展等,以下分别进行讨论。

一、集中式计算机监控系统

(一)概况

在集中式计算机监控系统中,一般是将采集到的数据全部集中到计算机来进行处理,然后根据计算机计算和处理的结果传送到各测控点进行控制和调节。通常采用的计算机系统配置有如下几种：

（1）单计算机系统；

（2）双计算机系统；

（3）双主计算机带双前置计算机系统；

（4）以数据库为核心的多计算机系统。

以上四种计算机系统配置的列举顺序反映了集中式监控系统的发展历程。

（二）集中式监控系统的发展

早期使用的集中式监控系统是指整个电站依赖一台计算机实现整个电站的各项自动化功能；几乎电厂的全部运行参数和状态信号、被控回路及执行继电器等都集中到计算机及其外围设备的输入/输出接口；全厂的数据采集和处理、运行参数和状态的监控、机组启停和负荷调整、运行状态的显示和记录、异常状态报警等任务均由计算机分时执行。这种系统结构较简单，较易于实现。我国电厂在应用计算机的初期曾使用单计算机系统，这是因为当时计算机价格昂贵，计算机在水电厂监控中的功能还处于研究和探索阶段，充分发挥一台计算机的潜力，要把其能力用尽是当时较流行的设计思想。

20 世纪 70 年代中期，双计算机系统和双主计算机带双前置计算机系统在瑞士 BBC 公司提供的产品中曾经使用过，而以数据库为核心的多计算机系统曾在加拿大 CAE 公司为委内瑞拉的古里电厂提供的监控系统中使用过。随后，大规模集成电路工艺中用多个处理器来满足系统性能的要求，它的出现改进了系统的性能、提高了系统的可靠性、改善了系统的实时响应特性，还能加入模件化的方式来扩充系统能力。

20 世纪 80 年代后，历经二三十年的发展，集中式控制系统采用多台小型计算机方案。以 ABB、L&G、Bailey、SNC – LAVAN（原 CAE）等公司的产品最为代表的，其主要特点是采用多台小型机、微型机或工作站来构成一个多机系统。多机集中监控系统的优点是：微型机的生产成本和维护费用比以往要小得多，所以多级系统比单机具有很高的性能价格比；多机系统包含有大量同类型计算机，因而具有很高的冗余度，系统维护方便，从整体上提高了系统的可维护性和可用性；多机系统的多台处理器能同时工作，这样的并行工作方式能成倍地提高整个系统的运算速度和吞吐量；每台处理机构成一个模块，整个系统的模块化大大改善系统的性能。

二、分散式处理计算机监控系统

分散式控制系统是继直接作用式气动仪表、气动单元组合仪表、电动单元组合仪表和组件组装式仪表之后的新一代控制系统。分散式控制系统是以大型工业生产过程及其相互关系日益复杂的控制对象为前提，从生产过程综合自动化的角度出发，按照系统工程中分解与协调的原则研制开发出来的新型控制系统。

“分散控制系统”一词，是人们根据外国公司的产品名称意译而得的。由于产品生产厂家众多，系统设计不尽相同，功能和特点各具千秋，所以对产品的命名也各显特色。国内在翻译时，也有不同的称呼，最常见的有：①分散式控制系统（Distributed Control System，简称 DCS）；②集散式控制系统（Total Distributed Control System，简称 TDCS 或 TDC）；③分布式计算机控制系统（Distributed Computer Control System，简称 DCCS）。

名称的不同只是命名意图和翻译上的差异，其系统本质基本相同，内在含义是一致的。我国电力行业习惯称其为分散控制系统。

（一）分散式控制系统的定义

分散式控制系统的含义着重体现在“分散”上，而“分散”的含义有两个方面：一是强调各种被控的生产设备的地理位置是分散的，系统相应的控制设备也在地理位置上分散布置；二是指控制系统所具有的功能是分散的，即计算机控制系统的数据采集、过程控制、运行显示、监控操作等按功能进行分散，这种功能上的分散同时意味着整个系统的危险性分散。功能分散是分散式控制系统的主要内涵。在功能分散的基础上，分散式控制系统又可将运行的操作与显示集中起来，即操作管理集中，所以又称它为集散式控制系统。

分散式控制系统一个比较完整的定义：

（1）以回路控制为主要功能的系统。

（2）除变送和执行单元外，各种控制功能及通信、人机界面均采用数字技术。

（3）以计算机的 CRT、键盘、鼠标和轨迹球代替仪表盘形成系统人机界面。

（4）回路控制功能由现场控制站完成，系统可有多台现场控制站，每台控制一回路。

（5）人机界面由操作员站实现，系统可有多台操作员站。

（6）系统中所有的现场控制站、操作员站均通过数字通信网络实现连接。

上述定义的前三项与 DDC 系统无异，而后三项则描述了 DCS 的特点，也是 DCS 之间最根本的不同。

（二）分散式控制系统的结构

分散式控制系统是纵向分层、横向分散的大型综合控制系统。它以多层计算机网络为依托，将分布在全厂范围内的各种控制设备和数据处理设备连接在一起，实现各部分的信息共享和协调工作，共同完成各种控制、管理及决策功能。

分散式控制系统是一种能对机组运行进行集中监视和管理，控制功能分离，物理位置分散，以微型计算机为基础，用数据通信相连的新型自动控制系统。它是计算机技术、通信技术、控制技术、CRT 显示技术竞相发展并紧密结合的产物，各种类型的分散式控制系统尽管形式不同，但都采用了分级分散式的体系结构，包括以下几个部分：具有不同功能的基本控制站；具有管理功能的人机接口装置，通常是以 CRT 为基础的操作员站、连接设备站的数据高速公路以及通信接口和扩展接口。

分散式控制系统的典型配置如图 2-11 所示。以微处理器为核心的控制站，采用模块化和标准化的硬、软件，实现复杂的控制。每个站只控制少量或单个回路，一旦发生故障，只影响少数控制回路，使危险分散。显示操作集中，采用 CRT 显示和键盘操作技术，可实现多种画面、参数和变量的显示，运行人员在 CRT 上既能监视又能对任一回路进行操作。有高速通信系统，各站之间信息传递速度高且安全可靠，可实现整体化运行控制，系统易扩展。软件可以生成采用面向用户的图形语言，通过工程站的键盘在 CRT 画面上画上系统方框图，或以梯形图的方式、或以填表和回答问题的方式生成所需要的应用软件。采用了冗余或容错冗余技术，有自诊断功能，系统可靠性高。

1. 基本控制单元

基本控制单元简称工作站，主要设备是以微处理器为核心的控制器。挂在高速数据

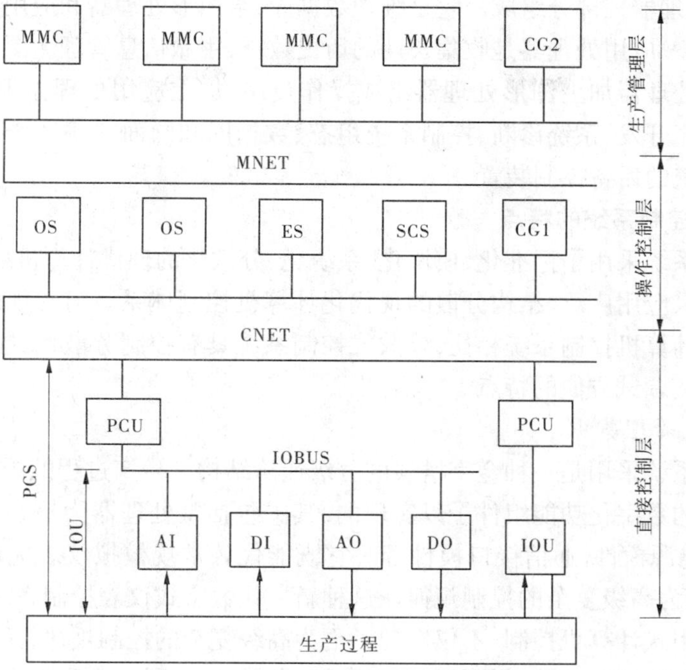

PCS:过程控制站；　PCU:过程控制单元；　IOU:输入输出单元；
AI:模拟量输入；　AO:模拟量输出；　OS:操作员站；
DI:数字量输入；　DO:数字量输出；　ES:工程师站；
SCS:监控计算机站；　CG:计算机网关；　MNET:生产管理网络；
IOBUS:输入输出总线；　CNET:控制网络；　MMC:生产管理计算机

图 2-11　分散式控制系统典型配置

公路上具有不同功能的工作站，通过 I/O 模件采集的过程信息，实现对生产过程的控制。控制站有单回路的也有多回路的，一般是把闭环控制和逻辑顺序控制结合在一起，完成所要求的控制功能。控制方案的实现则利用程序软件。

2. 通信网络

通信网络称之为数据高速公路，把分散的控制站、输入/输出模件、人机接口和系统外设联为一体，以适当的通信方式保证信息可靠高速地传递。通信网络的结构主要有三种：总线型结构、环型结构和星型结构。大型分散控制系统常把几种网络结构合理地用于一个系统中，以充分利用各网络的优点。各系统网络通信的存取控制方式主要有两种类型：存储转发式和广播式。广播式又分为自由竞争、令牌和时间片等几种方式，用得较多的是令牌和自由竞争广播式。通信介质多采用双绞线、同轴电缆或光导纤维。

3. 人机接口

人机接口包括以 CRT 即键盘组成的操作员站、手动/自动操作器和工程师站。操作员站用来完成各种操作命令，并至标准画面或用户组态画面上会集和显示有关运行信息，供运行人员对机组的运行工况进行监视和控制。它可以通过工程师站对控制器进行组态，调整回路参数，通过数据高速公路与其他各站交换信息。操作员站由实时处理器、图形处理器、应用处理器三部分组成。它是维护数据库,给图形处理器和应用处理器提供数据,用做数据管理。应用处理器是收集长期的历史数据,用做信息管理。图形处理器用做操作管理。实时处理器加上图形处理器组成操作员站,加上应用处理器组成工程师站。工程师站用于程序开发、系统诊断、控制系统组态、数据库和画面的编译修改。手动诊断操作器是控制系统的后备控制装置。

(三)分散式控制系统的特点

分散式控制系统采用了标准化、模块化、系统化、分散化的现代计算机控制体系,是技术先进、功能全面、应用广泛、结构分散的现代化计算机控制体系。与常规的模拟仪表控制系统和集中式计算机控制系统相比,分散式控制系统具有控制分散、功能全面、危险分散、综合管理集中、调试方便的特点。

1. 控制分散、管理集中

分散式控制系统采用是一种金字塔式的分级递阶结构。生产过程的控制是通过一系列承担指定任务的数字化功能组件予以实现的,其中包括微处理器为核心的控制与信息模件、I/O 模件、电源模件、通信接口模件等。它既能代替常规模拟仪表完成规定的控制任务,又能实现更为高级复杂的控制规律。这种新一代数字式仪表控制系统,相对于模拟式组装仪表和集中式计算机控制,不仅实现了更为高级复杂的控制规律,而且提高了各功能模件的相对独立性和自主性,保证局部故障时不危及整个系统,大大提高了系统的可靠性。分散系统利用系统的通信网络、存储设备和软件系统等,可实现整个系统的监视和操作集中以及综合信息集中,有利于全面了解和有效操纵生产过程以及系统的运行。

2. 功能全面、算法多样

分散式控制系统是一个多功能分级控制系统,按功能可以分为经营管理、生产管理、过程管理、直接控制等四个层次,从而满足生产过程的各种控制要求。分散式控制系统由硬件系统和软件系统组成,其中软件系统包括操作系统、数据库系统、功能软件、管理软件、应用软件以及开发软件等。软件系统是任何计算机系统的灵魂,分散式控制系统通过软件的开发,吸收众多控制算法,从而实现了许多如前馈、解耦等复杂的控制方式和最优、智能化等更高级更先进的控制技术。硬件系统是任何计算机系统的骨干,分散式控制系统的硬件系统包括所有的应用模件、功能单元、物理设备等。DCS 硬件系统设计灵活、组合分散、功能全面,从而实现了全面、丰富的控制功能。

3. 自治性和协调性兼顾

DCS 的自治性是指系统中的各台计算机均可独立地工作,例如,过程控制站能自主地进行信号输入、运算、控制和输出;操作员站能自主地实现监视、操作和管理;工程师站的组态功能更为独立,既可在线组态也可离线组态,甚至可以在与组态软件兼容的其他计算机上组态,形成组态文件后再装入 DCS 运行。

DCS 的协调性是指系统中的各台计算机用通信网络互联在一起,相互传送信息、相互协调工作,以实现系统的总体功能。DCS 的分散和集中、自治和协调不是互相对立,而是互相补充的。DCS 的分散是相互协调的分散,各台分散的自主设备是在统一集中管理和协调下各自分散独立地工作,构成统一的有机整体。正因为有了这种分散和集中的设计思想及自治和协调的设计原则,才使 DCS 获得进一步发展,并得到广泛的应用。

4. 灵活性和扩展性好

DCS 硬件采用积木式结构，类似儿童积木那样，可灵活地配置成大、中、小各类系统；另外，还可根据企业的财力或生产要求，逐步扩展系统，改变系统的配置。DCS 软件采用模块式结构，提供各类功能模块，可灵活地组态，构成简单、复杂的各类控制系统；另外，还可根据生产工艺和流程的改变，随时修改控制方案。在系统容量允许的范围内，只需通过组态就可以构成新的控制方案，而不需要改变硬件配置。

5. 先进性和继承性兼顾

DCS 综合了“4C”（计算机、控制、通信和屏幕显示）技术，随着这“4C”技术的发展而发展。也就是说，DCS 硬件上采用先进的计算机、通信网络和屏幕显示；软件上采用先进的操作系统、数据库、网络管理和算法语言；算法上采用自适应、预测、推理、优化等先进控制算法，建立生产过程数学模型和专家系统。

DCS 自问世以来，更新换代比较快。当出现新型 DCS 时，老 DCS 作为新 DCS 的一个子系统继续工作，新、老 DCS 之间还可互相传递信息。这种 DCS 的继承性，给用户消除了后顾之忧，不会因为新、老 DCS 之间的不兼容而给用户带来经济上的损失。

6. 可靠性和适应性高

DCS 的分散性带来系统的危险分散，提高了系统的可靠性。DCS 采用了一系列冗余技术，如控制站主机、I/O 板、通信网络和电源等均可双重化，而且采用热备份工作方式，自动检查故障，一旦出现故障立即自动切换。DCS 安装了一系列故障诊断与维护软件，实时检查系统的硬件故障和软件故障，并采用故障屏蔽技术，使故障影响尽可能小。

DCS 采用高性能的电子元器件、先进的生产工艺和各项抗干扰技术，使 DCS 能够适应恶劣的工作环境。DCS 设备的安装位置可适应生产装置的地理位置，尽可能满足生产的需要。DCS 的各项功能可适应现代化大生产的控制和管理需求。

7. 友好性和新颖性

DCS 为操作人员提供了友好的人机界面（MMI）。操作员站采用彩色 CRT 和交互式图形画面。常用的画面有总貌、组、点、趋势、报警、操作指导和流程图画面等。由于采用图形窗口、专用键盘、鼠标或球标器等，操作简便。DCS 的新颖性主要表现在人机界面，采用动态画面、工业电视、合成语音等多媒体技术，图文并茂，形象直观，使操作人员有如身临其境之感。

三、分布式计算机监控系统

分布式计算机控制系统（Distributed Computer Control System，简称 DCCS）发展初期的基本思想是：用当时新开发的性能价格比极高，但绝对性能还嫌不足的微小型处理器来完成大型计算机所具有的功能。为此，要求把硬件和相应的软件，在大量重复的大规模集成电路芯片之间分布开来，构成统一的计算机系统。这就是 20 世纪 80 年代特别引起重视的分布式处理系统。

（一）分布系统的定义

一个分布数据处理系统必须同时满足下列 5 个条件：

（1）包含有多个通用的资源文件，这里可以是指物理资源或逻辑资源。

(2)这些物理资料或逻辑资源是在物理上分布的,并经过一个通信网络相互作用。

(3)有一个高级操作系统,对各个分布的资源进行统一和整体的控制。

(4)系统对用户是透明的,即用户发出使用请求时,无须具体指明要哪些资源为其服务。

(5)所有资源,不论是物理资源或是逻辑资源,都必须高度自治地工作,而又相互配合,即系统内部不存在层次控制。

以上定义分别在一些条件的规定上各有其自己严格的一面,而其共同点或说最基本的要求是:多个分布的资源;统一的操作系统;资源独立而又相互作用。

(二)分布式计算机控制系统的特点

分布式计算机控制系统具有如下的特点:

(1)具有多个分布的资源。这里的分布是指物理上的分布和地理上的分布,这里的资源是指计算机硬件、外部设备、各种程序以及数据库等。

(2)具有统一的操作系统。全系统要求有一个高级操作系统,对整个分布式计算机系统进行统一的控制和管理,指导各分布资源完成共同的任务。整个系统以尽可能少地使用系统集中资源的方式工作,从而有一个统一的操作系统管理。

(3)分布的资源独立而又相互作用。分布的各资源独立地完成其被指定的功能,同时相互间又以一定的方式配合,相互间协调地工作。

(4)在分布式系统中没有明显的主从关系,各资源之间以较平等的方式工作,系统内部不存在层次控制。

在此还须补充说明的是,以上讨论的集中式、分散式和分布式三种概念仅是就计算机系统的结构而言,并未涉及控制方式。从电厂值班员的角度看,三种方式中控制地点在地理上都是集中的。

(三)分布式系统的类型

分布式系统大体上可以分为三种类型,即按功能分布、对象分布以及按上述两种方式的结合分布。

按功能分布的结构目前多用于电厂监控系统的全厂级设备或上位机部分,它一般有一台或两台计算机(或工作站)构成单个或冗余系统,完成指定的功能,例如操作员工作站(或称为Console,即控制台)、通信工作站以及在某些情况下配置的事件顺序记录工作站等。在这些功能群的内部,可以单机独立运行、双机冗余运行或三机冗余运行的方式工作,而在这些功能群之间一般是相对独立的,在功能上不能替代。但也有例外,如操作员工作站故障时,可用工程师工作站来顶替其工作,使监控系统仍维持正常运行。

按对象分布的系统,特别强调在产生数据的地方,就近分析和处理数据,其目的是减少通信传送的信息量,充分利用现场能采集到的各种信息进行综合分析后,再向上级传送最终结果或中间结果,即所谓“熟数据”。这种方式通常适用于机组级控制终端,其具备的功能含有综合的特征,如包括数据采集、分析处理、事件分辨、机组顺控、有功功率和无功功率调节以及与上位机之间进行通信等。按被控对象分布的优点是:各控制终端相互独立,一个现地子系统或控制终端(LCU)故障只影响一台发电机组,从而提高了全系统的可用性及可靠性。此外,由于现地子系统或控制终端具有相当大的独立性,本身又具备较完整的处理功能,即使上位机部分或全部故障,它亦能维持被控对象的安全运行,也很适合于水电厂机组分期安装的情况。

复合型分布处理有如下两种情况。一种可说是上述两种分布方式的结合,即上位机采用按功能分布的方式,下位机采用按被控对象分布的方式,这样结合起来的系统就是复合型分布式系统,实际上这种系统在电厂的应用是比较多的;另一种是在电厂级控制中心和机组级控制终端均采用按功能分布处理的结构,即指 LCU 也采用了多微机(多单片机或嵌入式微机)的按功能分布结构,而上位机也采用了远程值守站、厂长、总工终端等配置,因此整个系统可以说既是按被控对象分布、又是按功能分布。

在开放系统出现以后,又出现了"全分布"的概念。这可以解释成以往在谈分布的时候,往往是着重在"处理"上的分布;而开放系统出现的同时也强调了"数据库"等的分布,可以说这是一种更完全的分布,而这些正是符合前述的分布系统定义的。

分散式计算机控制系统与分布式计算机控制系统两者的主要区别是,分散式计算机控制系统也是在多计算机系统出现后得到应用的一种系统。其控制对象的特点是:①地理上分散在一定的范围内;②相互之间的联系较薄弱,很少存在处理或计算上的因果关系,即某子系统 A 的计算 P 要等另一子系统 B 的计算 Q 的结果出来后才能进行处理。在讨论"分散"的时候,是相对于"集中"而言的,主要是强调了位置上的分散,而并未强调前节所述关于"分布"所必须具备的各种条件(定义)。这可以说就是"分散式系统"与"分布式系统"的主要区别。

四、分层控制系统

分层控制(Distributed System)理论也是 20 世纪 80 年代发展起来的一种新理论,它是控制系统理论的一个分支,是从控制论的角度来研究多个互相影响的系统的控制方法。它把"中央的控制中心"对"各子系统的控制中心"的监视,以及确定"各子系统控制中心"的控制方向问题提高到理论上来,这种理论可用于电力系统问题的分析和调度控制中。对于大型发电厂,其发电、输电生产是一个综合复杂的过程,从控制论的角度,按其命令的产生、命令执行结果、信息的反馈流向、被采集的信息上送关系、各级的操作权限等来看,是一个典型的正置三角形的中央—地方式的、带有一定程度中央集权性质的系统,因此将电厂的监控系统构成一个分层控制结构是合理的。从电厂必须执行的操作,如执行网调的调度命令、正常及事故时电厂操作员的操作控制、全厂各台机组的成组控制以及现地闭环控制等来看,采用分层控制结构是符合电厂的生产特点的。与电厂控制相应的层次可以分为梯级调度层、厂站监控层、机组操作层、辅设控制层等,其中梯级调度层仅适用于梯级电厂,一般电厂仅有后三个层次。

从以上分析可知,"分层"与"分布"实际上说的是一个事物的两个方面。从计算机系统结构来分析,强调了一个"分布"的概念;从控制理论的角度,是强调一个"分层"的概念。两者完美地在电厂计算机监控系统这个实体中结合起来了。例如,在上述实现"分层"控制的电厂计算机监控系统中,其中控室的控制台、计算机室的厂级计算机或服务器、工程师工作站以及作为现场控制节点的机组控制工作站等就构成了分布式系统结构。

这就是为什么"分层"和"分布"这两个看来相互矛盾的概念能用来共同说明电厂计

算机监控系统结构模式的原因。

采用分层结构后使多台计算机便于管理,不同层次不同任务的计算机的容量、规模可配置得比较合理,如在全厂控制一级常采用规模相对较大一些的计算机,而在控制第一线的计算机可采用规模相对较小,但抗干扰能力强、可靠性高的微机等。

五、开放系统

(一)开放系统的产生

由于计算机技术的更新换代速度越来越快,特别是硬件产品的生命周期越来越短,往往一个技术刚出现不久就有更先进的技术出现。计算机生产厂家也在不断变更,一个新技术的出现,往往会造就一批有实力的新公司,淘汰一批老的技术落后的厂家。为了保护用户的利益,在新技术、新系统出现时,不损失原来的巨额投资,开放系统的概念应运而生。

(二)开放系统的发展

为了解决上述问题,就出现了这样的设想:不同品牌、型号的计算机能否使用相同的指令系统,使用户能像开汽车一样,学会驾驶富康车以后,不用培训就会开捷达、桑塔纳,甚至进口的福特、卡迪拉克;又如能否将已开发的应用程序用较简单的方法,在较短的时间移植到新上市的计算机上,使原先开发的软件成果能在最先进的计算机上发挥作用等。

在这方面实际上做了不少探索,如 20 世纪 80 年代提出的"系列计算机"、"向上兼容计算机"、"计算机优选系列"就是例子,如电力部门用得较多的 VAX 系列就是在这种思想下产生的。这样做的结果是使上述思想在某一厂商的某一系列计算机上发挥了作用,但这还远远没有达到"开放"的要求。另一项有意义的探索是在 IBM 公司,它在 20 世纪 80 年代初公开了个人计算机的 BIOS 技术,使用 MS - DOS 操作系统,于是出现了一大批各种各样的兼容机,为它们的用户提供了一个基本一致的标准运行环境,在一定程度上实现了程序的可移植性,其结果应该说是向"开放"又迈进了一步。

20 世纪 80 年代中期以来,计算机硬件发展极其迅速,短短几年,计算机产品无论是处理能力、运算速度,还是存储量、集成度,都呈现出几何级数的增长趋势,特别是 RISC 指令系统的出现,更加速了硬件的发展,于是各厂家、各型号的计算机产品层出不穷,同时软件技术也得到很大的发展。这里应特别提到 1969 年在美国 Bell 实验室问世的 UNIX 操作系统,经过 7 年的潜心研究,到 1976 年才首次公开发表了第六个版本的 UNIX 操作系统,首次由 UNIX 操作系统支持的商业配置是根据 1978 年的第七版设计的,真正具有可移植性的操作系统初貌是 1983 年发表的 UNIX V 版,而真正具有开放性的是 1989 年发表的 UNIX V4.0 版等。

(三)开放系统的定义

根据用户的需要,国际上一些著名的计算机公司组成了 UI(UNIX International)组织,以 UXIN System V 为蓝本制定了非强制性的标准。1984 年成立的 IEEE 的 PL003 委员会对开放系统下了严格的定义,即开放系统是"按照开放的接口、服务和支持格式规范而实现的系统"。它使应用软件能以最少修改,实现在不同系统中的移植;能同本地的或远程系统中的应用实现互操作;能以方便用户迁移的方式实现用户间的交互。即开放系统是指一个综合性的有关信息方面的国际标准集,考虑数据、人员互操作性及可移植性而描述的对接口、格式、功能所作的规定。PL003 委员会称这种操作系统标准为 POSIX(Portable Operating System Interface - X),其具体标准包括系统接口服务、命令语言和实用程序、测试和验证、实时扩充、语言装配、安全扩充、系统管理和文件传送访问。开放的计算机系统结构如图 2-12 所示。

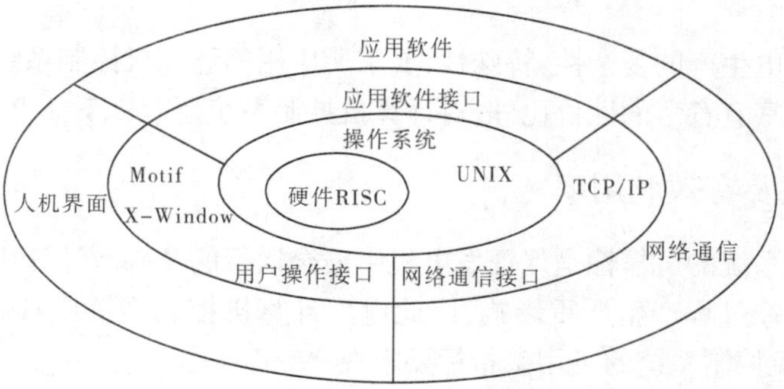

图 2-12　开放的计算机系统结构

X/OPEN 集团给出了另一个开放系统的定义:指建立在"正式的标准"和"事实上的标准"基础之上的有关计算机和通信系统的公用协议。它不为某个生产厂家所独有,能提供互操作性。

(四)操作系统和接口标准

由于上述的 POSIX 是一种并不存在的操作系统,而与该标准最接近的是 UNIX,它可以在不同的硬件环境上实现,适应性强,因此 UNIX 成为事实上的开放环境操作系统标准。

开放系统所具有的特性使电厂用户享受实惠,这些特性是由开放系统所遵循的标准来保证的。由于应用程序、网络通信、人机界面都有按 UNIX 标准定义的接口,因而完全可以实现上述开放系统的可移植性、可集成性以及可互操作性等性能。

操作系统与其他计算机系统的接口标准,实际上就是计算机之间的网络接口标准。国际标准化组织 ISO(International Standard Organization)提出了一个"开放系统互连"OSI(Open System Interconnection)的参考模型,共分 7 个层次。目前只在物理层和数据链路层两个基本层次上具有普遍的约束力,而在较高层次协议上存在着以几个厂家为主导的不具普遍约束力的标准,如 DEC 的 DNA、IBM 的 SNA 和 TCP/IP。目前应用比较广泛的是 TCP/IP 协议,该协议采用的 4 层网络协议基本上被认为是计算机开放系统互连的标准。

(五)开放系统人机界面

目前人机界面广泛使用的软件是 X - Window 和 Motif,X - Window 是由美国麻省理工学院(MIT)开发的一个窗口系统,后来成为 X - OPEN(以美国 SUN 公司为代表)和开放软件基金会 OSF(Open Software Foundation,支持的厂家有原美国 DIGITAL 公司和 HP 公司等)两个组织的标准。它属于人机交互的基本层次,提供了丰富的窗口功能的软件支持,如 Xlib、Stoolkits 等。Motif 是 OSF 制定的一种与 X - Window 类似的"视觉系统”标准,它更多地规定了用户操作界面,如交互风格的详细描述。由于美国麻省理工学院 MIT 以源代码的方式发布 X,鼓励 X 环境下的软件开发,并且 X 具有网络透明、与硬件无关等特点,因而其成为用户界面产品中最具竞争力的标准。

第三节　计算机控制系统的基本要求

由于电厂发电生产的复杂性、特殊性,要求所应用的计算机控制系统除了具备卓越的数据处理能力和富有竞争的性价比外,对计算机控制系统还有以下几点基本要求。

一、可靠性及有效利用率

计算机控制系统的可靠性是保证发电机组安全运行的基础。计算机控制系统一旦发生故障都会对生产过程产生严重影响,因此电厂计算机控制系统应具有较高的可靠性。通常,电厂计算机控制系统的可用率指标要求在 99.6% 以上。

计算机系统及设备的可靠性,是指在给定条件下系统和设备能够持续保持正确工作的能力或正确的功能可维持的时间,它常用“平均故障间隔时间”来衡量,单位为 h。除了可靠性外,衡量一个计算机系统和设备还应考虑当出现故障后的可维护性。所谓可维护性,是指系统和设备进行维护、修理的难易程度,它是用“平均故障修复时间”来衡量的,单位为 h。综合以上两方面的因素,计算机系统的有效利用率 A 可用下式来表征:

$$A = 平均故障时间/(平均故障间隔时间 + 平均故障修复时间)$$

提高计算机可靠性及有效利用率的方法很多,如采用高可靠性器件和部件、应用冗余技术以及系统的重构技术等;采用分散结构的计算机控制系统;对系统的关键部件采取冗余措施,增强系统的容错能力和诊断能力;加强对系统的设计、选型、安装、调试、维护等各环节的把关。这些都是提高和保证计算机控制系统可靠性的有效措施。

国外对工业控制机的有效利用率提出 99.95% 的指标,即要求一年中停机时间不得超过 4h。例如,我国在 1995 年 12 月制定的 DL/T 578—95《水电厂计算机监控系统基本技术条件》中对可靠性和可维修性指标也有明确规定:

(1)系统中任何设备的单个元件故障不应造成关键性故障(或使外部设备误动作)。

(2)系统设备的 MTBF 应满足如下要求:主控计算机(含磁盘)>8 000h;现地控制单元装置 >16 000h。

(3)可维修性参数平均修复时间(MTTR)由制造单位提供,当不包括管理辅助时间和运送时间时,一般可取 0.5 ~ 1h。

(4)系统在电厂验收的可用性指标(或有效利用率)分为 99.9%、99.7% 和 99.5% 三档。

二、实时响应性

所谓实时响应性即实时性,是指计算机系统完成生产过程指定任务的及时性。任一生产过程和计算机都有其自身的运动规律,发电生产严格要求计算机控制系统的采样、运算和操作速度必须与它所控制的生产过程的实际运行速度相适应,能对生产过程的微小变化及时察觉,并及时地进行计算和控制,以保证系统良好的实时性。系统的实时性依赖于系统的硬件和软件两个方面,系统的实时时钟和时钟管理程序、中断优先级处理电路和中断处理程序、实时操作系统等皆是实时性的基本保证。

电厂控制系统对实时性要求非常高,特别是直接数字控制系统担负着过程调节的功能,关系到过渡过程的品质。此外,作为监控系统的一个重要指标,在发生事故的情况下,也要求其对事件记录的分辨率能够达到5ms以下。为了满足实时性的要求,计算机必须有足够高的时钟频率、品质优良的操作系统和丰富的指令、多级的优先中断、合理的控制系统布局等。对系统实时性要求一般如下:

(1)状态和报警点采集周期:1s或2s。

(2)模拟点采集周期:电量1s或2s;非电量1~30s。

(3)事件顺序记录点(SOE)分辨率:1级<20ms;2级<10ms;3级<5ms。

(4)现地控制单元级装置接受控制命令到开始执行的时间应小于1s。

(5)供事件顺序记录使用的时钟同步精度应高于所要求的事件分辨率。

(6)电站级的响应能力应该满足系统数据采集、人机接口、控制功能和系统通信的时间要求。

三、适应性要求强

工业过程计算机控制系统的工作环境一般不如科学计算所用的计算机工作环境那样完善,在不同程度上处于高温、潮湿、粉尘、振动、腐蚀、磁场等不利条件下,因此要求所采用的计算机控制系统能适应现场环境,并在环境条件有所恶化的情况下仍能正常进行。另外,计算机控制系统应具备与过程设备连接的良好接口,能适应构成实用硬件系统的需要。

火力发电厂应按《火力发电厂分散控制系统运行检修导则》和其他有关规程的要求,满足分散控制系统外部环境的要求,以确保分散控制系统的正常工作。

水电厂依赖于自然条件和电力系统的结构,不同电厂其自动化系统都可能有一些不同,甚至是很大的差别。一个成熟的计算机监控系统,不仅体现在对电站实现控制及有良好的工作特性,而且能够在做少量的软、硬件加工后就能适应另一类水电厂的开发应用,这会给设计者和用户带来很大的方便,并且能节约资金,缩短投运的周期。

另外,要求计算机系统无论在硬件和软件上都有可能方便地进行功能和性能扩展。有些工作,如画面重构、控制功能的增减等,甚至可由用户自己来完成。对控制计算机定型化和系列标准化,我国有关部委主管部门和研制单位已做了一定的工作。尽管如此,目前一些成果和产品,已充分考虑到用户的需要,采用总线制、硬件和软件的模块化等,以便于计算机系统的形成和扩展。

四、人机联系要求完善

在以CRT为中心的监控模式下,人机对话显得十分重要。发电生产要求计算机控制系统必须具备完善的人机接口和人机界面,能及时有效地进行参数监视、运行操作、系统组态,以及异常情况下的故障诊断和处理等,同时又能随时接受运行人员的各种命令,而且要求人机联系方式简单、直观、明确、方便、快捷、规范、安全。这就要求计算机系统有完善的硬件配置和相应的软件支持。

电厂因设备和对象不同对计算机控制系统的要求是不一样的，应该以保证实现其基本功能为主要目的，系统结构应以满足功能要求为前提，力求简单实用。不应该盲目地追求各方面的高标准要求，因为这会过分增加系统的复杂程度和资源的浪费。一般来说，根据实际情况应有所侧重。

五、软件配备要求齐全

计算机控制系统除应具备驱动计算机系统各组成部分正常运转的常规系统软件外，还应具备完善的实时操作系统、数据库管理系统、文件管理系统软件，以及满足大型工业生产过程控制需要的各种应用软件，例如控制策略和控制算法软件、系统的组态软件、系统的通信软件、图形显示软件、历史数据记录软件、图符库软件、用户操作键定义软件等。性能优良的计算机控制系统需要功能齐全的软件系统支持，这要求计算机控制系统厂商能根据实际过程控制的需要配套提供丰富的软件，用户在系统选型时对此应予以高度重视；同时，用户也应重视有关应用软件的开发与完善。

六、良好的抗干扰和防振性能

电厂计算机监控系统处在一个不良的环境条件下工作，一般都存在有强电磁场干扰。整个厂房，包括中控室和计算机房均有明显的机械振动，机械传感设备所处环境温度较高等，这些环境条件对计算机提出了附加要求，在系统设计和装置技术上必须妥善处理，稍稍疏忽都会带来严重后果。

复习思考题

2-1 什么是计算机监控系统？

2-2 计算机监控系统的分类原则及主要分类形式？

2-3 计算机监控系统的系统结构组成及常用模式？

2-4 集中式控制系统的结构及特点？

2-5 分散式控制系统的结构及特点？

2-6 分布式控制系统的结构及特点？

2-7 分层控制系统的结构及特点？

2-8 计算机监控系统的基本要求？

2-9 水电厂和火电厂各举例一个计算机监控系统的应用实例。

第三章　计算机监控系统数据采集

在现代工业生产过程的监测与控制系统中,数据的采集与处理是非常重要的一个环节,各种设备的参数通过传感器与仪表进行测量,然后输入计算机系统,才能进行分析处理,并在此基础上进行设备的控制与管理。

计算机所采集的数据有几种不同的形式,根据传感器与测量仪表的输出,可以是模拟量,也可以是开关量(数字量)。

第一节　发电厂测试技术概述

一、水电厂的非电量与电量监测

水电厂测量技术是对电厂发电机组有关参数检测的方法与技术的研究,它可以为电厂安全、经济运行提供可靠的数据。通过对测量数据的分析,对电厂中各种设备的性能、状态进行评价、监督,进而对设备的运行状态进行跟踪,对设备的安全状态进行诊断,以便及时地对设备进行必要的维护。此外,设备各种状态参数的测量也是对设备进行自动控制与保护的基础。

水电厂有其自身的特点,它是一个集水力、机械、电气、控制设备四方面于一体的生产过程,因此其测量技术也必然包括水、机、电、控等方面。水电厂主、辅机测量的项目很多,水力方面包括力、流量、流速、水位等;机械方面包括力、力矩、位移、振动、机械损伤、转速、轴功率等;电气方面包括电压、电流、功率、频率、相位等;控制设备方面包括控制系统的工作状态、故障、开关或阀门的位置、主备用设备切换等。

通常把水电厂的测量分为电量测量与非电量测量两部分。电量测量包括发电机,母线,线路的电压、电流、功率、频率等因素。非电量测量包括水位、流量、水头、流速等水力参数以及力、力矩、振动、位移、转速等机械因素;此外,还有发电机与辅助设备(例如空压机)的温度,冷却水、润滑油、绝缘油、压缩空气的温度等。

二、火力发电厂监测技术的特点与对象

火力发电厂是将燃料(煤或油)的化学能转变为热能和电能的工厂。主要有热力设备和电气设备等。热力设备主要是锅炉和汽机,两者均配有相应的辅机设备,构成了许多系统,如输煤、煤粉、燃油、风烟、除尘、除渣、除灰、蒸汽(主蒸汽、再热蒸汽、旁路、加热器等)真空、补给水、化学水处理、除氧水、给水、凝结水、循环水、减温减压、发电机冷却、汽轮机油系统等,其上均装设有大量的热工测量和控制仪表。电气设备,如发电机、电动机、变压器等,也装设了热工测量和控制仪表,或与热力设备进行联动。

火力发电厂检测技术是对火力发电厂中的锅炉、汽轮机、发电机、控制等有关参数的

监测方法与技术的研究。它可以为火电厂的锅炉及辅助设备、汽轮机及辅助设备、电气设备及有关的辅助设备的安全经济运行提供可靠的数据，通过对测量数据的分析，对火力发电厂中的各种设备的性能、状态进行评价、监督，进而对设备的运行状态进行跟踪，以便及时地对设备进行必要的保护。同时，对有关设备各种状态参数的测量，是对设备实现自动控制和保护的基础。

在火力发电厂系统中，被测量的项目很多，测点则更多。锅炉方面主要是主蒸汽和再热蒸汽压力、温度，给水压力、温度、流量，汽包水位，炉膛压力，烟气含氧量，排烟温度，一、二次风温、风压，燃料量，以及反映汽水系统各受热段工质状况的压力、温度等参数。汽轮机方面主要有蒸汽压力、温度、真空度，凝汽器水位，高、低压加热器水位，除氧气水位，润滑和调速油压，转速，振动，转子轴向位移，转子与汽缸的相对膨胀（胀差），主轴偏心度，轴承温度，润滑油温度，推力瓦温度等。电气方面有功率、电压、电流、周期、相位等。控制设备方面有控制系统的工作状态、故障、开关或阀门的位置、主备用设备的切换，还包括机组各主要辅机和各辅助系统几乎所有可控制操作设备的工作状态。

当机组在启、停或运行过程中发生危及设备和人身安全的工况时，为防止事故发生和避免事故扩大，热工监控设备必须自动采取保护措施。现代化的大型火力发电厂，热工保护可大致分为锅炉热工保护，汽机热工保护和机、炉、电大联锁保护三部分。锅炉热工保护的主要内容是锅炉主蒸汽压力保护、汽包锅炉水位保护、直流锅炉断水保护、再热器保护、炉膛安全监视主燃料跳闸保护等；汽轮机热工保护主要包括汽轮机轴向位移保护、汽缸胀差保护、超速保护、振动保护、主轴挠度保护和给水加热器保护等；机、炉、电大联锁保护是指锅炉、汽轮机、发电机三大主机之间及给水泵、送风机、引风机等主要辅机之间的联锁保护。

三、现代测试技术在电厂中的应用

在电力生产过程中，经常需要检测各种参数和物理量，获取被测对象的定量信息，以便进行监视和控制，使设备或系统处于最佳运行状态，并保证生产的安全、经济及高质量。

在被测物理量中，非电量占了绝大部分，例如压力、温度、湿度、流量、液位、力、应变、位移、速度、加速度、振幅等。虽然对它们的测量可以用机械、气动等方法，但是电测技术具有一系列明显优点，尤其随着微电子技术和计算机技术的飞速发展，更显示出其突出的优势，所以许多非电量的测量广泛应用电测技术。

电测技术具有下列主要优点：

（1）测量的准确度和灵敏度高，测量范围广。

（2）由于电磁仪表和电子装置的惯性小，测量的反应速度快，具有比较宽的频率范围，不仅适用于静态测量，亦适用于动态测量。

（3）能自动连续地进行测量，便于自动记录，并能根据测量结果，配合调节装置，进行自动调节和自动控制。

（4）采用微处理器组成智能化仪器，可与微型计算机一起构成测量系统，实现数据处理、误差校正、自监视和仪器校准等功能。

（5）可以进行远距离测量，从而能实现集中控制和远程控制。

（6）从被测对象取用功率小，甚至完全不取用功率，并可以进行无接触测量，从而减少对被测对象的影响,提高测量精度。

(一)非电量电测系统的组成

非电量电测技术的任务,就是把待测的非电量通过一种器件或装置,把非电量变换成与它有关的电信号(电压、电流、频率等),然后利用电气测量的方法对该电信号进行测量,从而确定被测非电量的值。

非电量电测系统的结构如图 3-1 所示。它由传感器、信号调节、信号分析与处理和微计算机等环节组成,或经信号调节环节后,直接显示和记录。

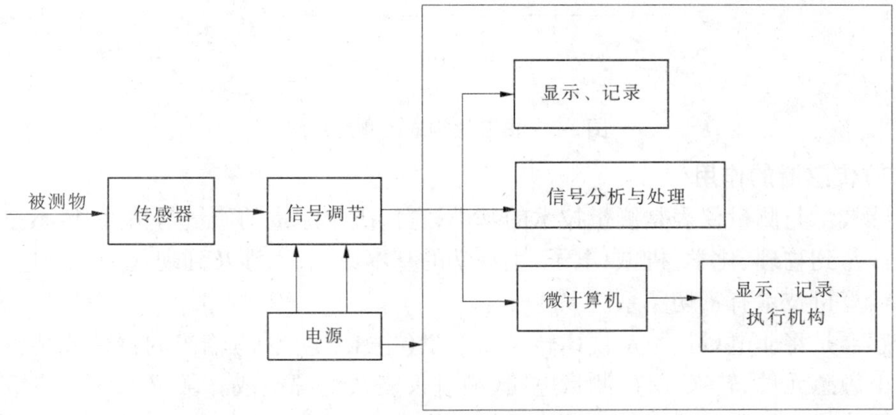

图 3-1　非电量电测系统的结构

传感器是将外界信息按一定规律转换成电量的装置,它是实现自动检测和自动控制的首要环节。目前,除利用传统的结构型传感器外,大量物性型传感器被广泛采用。结构型传感器是以物体(如金属膜片)的变形或位移来检测并被测量的;物性型传感器是利用材料固有特性来实现对外界信息的检测,它有半导体类、陶瓷类、光纤类及其他新型材料等。

信号调节环节是对传感器输出的电信号进行加工,如将信号放大、调制与解调、阻抗变换、线性化、将电阻抗变换为电压或电流等,原始信号经这个环节处理后,就转换成符合要求,便于输送、显示、记录、转换以及可作进一步后续处理的中间信号。这个环节常用的模拟电路有电桥电路、相敏电路、测量放大器、振荡器等,常用的数字电路有门电路、各种触发器、A/D 和 D/A 转换器等。信号调理环节有时可能是许多仪器的组合,有时也可能仅有一个电路,甚至仅是一根导线。

对于动态信号的测量,即动态测试,在现代测试中已占了很大的比重。它常常需要对测得的信号进行分析、计算和处理,从原始的测试信号中提取表征被测对象某一方面本质信息的特征量,以利于对动态过程作更深入的了解。在这个领域中采用的仪器有频谱分析仪、波形分析仪、实时信号分析仪、快速傅里叶变换仪等,但计算机技术在信号处理中已被广泛应用。

整个测试系统中还必须包括电源,在一些便携式仪器中,一般采用电池供电。

图 3-2 所示的测量系统是目前常用的。图 3-2(a)所示的是由两块芯片组成的测试系统,一块芯片是传感器件与信号调理电路为一体的集成敏感器件,另一块芯片是带 A/D 转

换的微处理器。图 3-2(b)所示是包括上述全部功能的单一芯片测试系统,这是今后的发展方向。

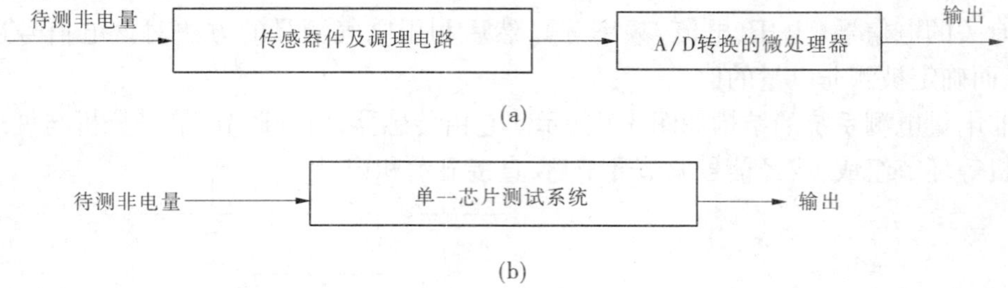

图 3-2　由芯片构成的测量系统

(二)传感器的作用

传感技术与测量仪表是测量技术的基础,它们决定测量的质量与精度,传感技术与测量仪表涉及到物理、化学、机械、电子、生物学的基本原理,也涉及到现代加工制造技术,尤其是与计算机技术有密切关系。

传感器是将非电量按一定规律转换成电量(电压、电流等)输出的器件或装置。传感器通常由敏感元件、转换元件、测量电路、测量仪表及电源组成。敏感元件是非常敏感地直接感受或响应被测量的元件。转换元件是将敏感元件测到的量转换为适合于传输或显示的信号的部件。

在工程上,又提出了变送器的概念,二者在本质上是相同的,但变送器输出的信号一般为标准电压(0 ~ 10V,0 ~ ±5V)或标准电流(0 ~ 20mA,4 ~ 20mA),这样变送器输出的信号更适合于计算机数据采集。而一般的传感器所输出的电气信号较弱,需通过专用的放大电路才便于显示(或指示)。因此,二者相比,变送器是在一般传感器的基础上又增加了处理放大电路部分。

(三)电站常用的传感器

目前已形成以半导体传感器为中心的固态传感器系列,并向集成化、多功能化、智能化方向迅速发展。下面介绍几种电站常用的传感器。

(1)电感式传感器。这种传感器多用于远距离的液位、压力测量。它是由一个可动衔铁、一个带铁芯的线圈组成的。可动衔铁由液位或压力控制。当液位或压力发生变化时,改变了衔铁与带铁芯线圈的距离,从而引起线圈电感的变化,电感的变化又进一步引起线圈中电压的变化。因此,只要找出位移的变化与线圈中电压变化的关系,便可实现非电量向电量的变换。

(2)热电偶传感器。这种传感器多用于温度测量。它是利用传感元件的接触电势与温差电势随温度的变化而变化的特点来测量温度的。

(3)电阻式传感器。这种传感器多用于液位测量。它的工作原理是把液位的直线位移转变成为与电位器相连的连杆的移动,从而改变电位器的电阻值,使输出的电压与液位的位移成比例,即把液位的变化变换为电压的变化。

(4)霍尔传感器。这种传感器可以用来测量磁感应强度、有功功率、无功功率、电能、相位、位移以及压力等。霍尔传感器是利用霍尔效应制成的。所谓霍尔效应，就是一块通有电流的半导体，在外磁场作用下，半导体中的载流子受洛仑兹力的作用，半导体两侧因异性电荷的积累而形成电位差 U_H。霍尔传感器就是利用这一效应制成的，它通常有两个线圈，其中一个线圈给半导体块通入电流、另一个线圈形成磁场，这个线圈的电流受被测非电量的控制，非电量的改变使外磁场也发生改变，半导体中载流子在半导体两侧的积聚也发生改变，测量半导体两侧的电位差值，就能反映相应的非电量值。

(5)热电阻式传感器。这种传感器可以用来测量温度或流量。它是利用铂、铜等材料受热后，其电阻值的变化与温度呈线性关系的特点，制成温度敏感元件。利用这种元件可以制成热电阻温度变送器，用来测量温度；还可以利用这种元件制成热电阻式流量传感器。其基本原理是将热电阻放在被测流量的管道中的适当位置，利用热电阻上热量的耗散与液体流速的关系，来实现对流量的测量。

(6)电容式传感器。这种传感器可用于压力、位移、角度、加速度、荷重等非电量的测量。其工作原理是利用上述这些非电量去改变电容器两极板的距离 d，使电容器的电容量 C 发生变化，进而使电容器上的电压发生变化。这样便将上述非电量的变化转变成为电量的变化，实现对非电量的测量。

(7)光电耦合器。光电耦合器是把发光器件和光敏器件组装在同一蔽光壳体内，或用光导纤维把二者连接起来构成的器件，其主要功能是利用光来实现电信号的传递。工作时，将电信号加至输入端，使发光器件发光。而受光器件在此光辐射的作用下输出光电流，从而实现电—光—电两次转换，即以光为媒介质的电信号传输，并实现输入与输出电流的电气隔离。

(四)信号转换器

信号转换器是指模拟电流与电压之间的相互转换、模拟信号与数字信号之间的转换以及开关量与数字量之间的转换。在实际的检测中，有的传感器是输出电流，而有的是输出电压。在执行元件中，有需要加上电压才能工作的传感器，也有需要通入电流才能工作的传感器，因此就存在电流信号与电压信号的相互转换问题。模拟转换器是一种把模拟信号线性地变换成另一种模拟信号的装置。例如电流—电压转换器可以将 0 ~ 10mA 的直流电流转换为 0 ~ 5V 的直流电压，或者把 0 ~ 20A 的直流电流转换为 4 ~ 10V 的直流电压；而电压—电流转换器则相反，可以将 0 ~ 10V 或 0 ~ 5V 的直流电压转换为 4 ~ 20mA 或 0 ~ 10mA 的直流电流。

在模/数转换中，经常用 0 ~ 5V 或 0 ~ 10V 的模拟电压送入模/数转换器，把模拟量转换为相应的数字量。在数/模的转换中，其过程与模/数转换相反，它把输入的数字信号转换成模拟信号。在开关量与数字量的转换中，要通过转换电路把开关的分断及闭合状态转换成高电平和低电平，并用二进制数 1、0 和高、低电平相对应，以便计算机识别及分析处理。

第二节　计算机监控系统过程通道

在计算机监控系统中，为了实现对电能生产过程的控制，应将生产现场的各种参数送入计算机处理,计算机处理的是数字信息,而生产过程的被控参数是各种连续的物理量。物理量通过传感器、变送器转换成连续的模拟电信号,这些信号与主计算机之间需通过模拟量输入通道进行信息传输。主机由模拟量输入通道获得生产过程的实时信息后,通过执行程序,完成数据处理与控制运算,并输出控制信息。主机输出的控制信息是数字量,在很多情况下,它需通过模拟量输出通道提供执行机构所需的模拟信息。

因此,在计算机和生产过程之间,必须设置信息的传递和变换装置,这个装置就称为过程输入/输出通道,也叫 I/O 通道。换句话说,过程输入/输出通道是计算机和工业生产过程相互交换信息的桥梁。

根据过程信息的性质及传递方向,过程输入/输出通道包括模拟量输入通道(A/D 通道)、模拟量输出通道(D/A 通道)、数字量(开关量)输入通道(DI 通道)和数字量(开关量)输出通道(DO 通道)。

在电站计算机监控过程中,系统的输入/输出信号有数字信号和模拟信号两种。信号的变化范围不尽相同,传送的速率也相差很大,并且控制对象所采用的数据形式和微型机内部的数据形式不同。但是被控对象在与主机交换信息方面有共同特点,即工作速度比主机慢得多,相差几个数量级,所以被控对象和 CPU 处于异步工作状态。可见,计算机监控系统过程通道必须完成的任务有:①输入/输出信号形式的转换;②速度匹配;③两个异步工作的系统之间的同步和通信联络;④必要时,实现串/并转换或并/串转换、电平变换、信号放大等。

一、过程输入、输出通道的控制方式

电站电能生产过程的各种物理参数经过检测、转换和适当的处理,把它们变为计算机所接受的数字形式送到计算机中;计算机经过运算和处理后,把计算结果和各种控制信息通过一定的方式传送到发电机组等被控对象,实现各种控制、显示和打印。在微机系统中所传送的信息可分为 3 种基本类型。

(1)数据信息:反映生产现场的参数及状态的信息,它包括数字量、模拟量和脉冲量。①数字量(开关量)。开关量是指仅有两个状态的量。如电机的运转与停止、开关的闭合与断开、阀门的开启与关闭等,这些量可用一位二进制数“0”、“1”表示,故字长为 8 位的机器一次输出可控制 8 个开关量。又如,传送给 CRT 显示的数据、传送给打印机的数据、由键盘或光电输入的二进制数或 ASCII 等代码都是数字量。②模拟量。当计算机用于生产过程控制时,大量的现场信息包括电压、电流、温度、位移、速度等随时间连续变化的量,这些都是模拟量。模拟量必须经过变换、放大、A/D 转换,变成相应的数字量才能输入计算机;计算机的控制输出必须经过 D/A 转换,变成相应的模拟量才能去控制执行机构。③脉冲量。计数脉冲、定时脉冲和控制脉冲在计算机监控系统中是很常见的。以脉冲形式出现的量称为脉冲量。

(2)状态信息:又叫应答信息、握手信息,它反映过程通道的状态,如准备就绪信号等。

(3)控制信息:用来控制过程通道的启动和停止等信息,如三态门的打开和关闭、触发器的启动等。

在过程输入/输出通道中,必须设置一个与 CPU 联系的接口电路,用于传送数据信息、状态信息和控制信息。

以上各种信息都要在计算机和电能的生产过程之间传送,而这种传送必须通过输入/输出过程通道。根据输入输出信号的不同,过程通道又分为模拟量输入/输出通道、数字量输入/输出通道。

二、过程通道的主要部件

过程通道中涉及到的部件很多,除采样保持器之外,还有 A/D 转换器、D/A 转换器、信号处理装置、多路转换开关、放大器以及大功率输出接口部件等。

(一)信号处理装置

在电厂生产现场,存在多种干扰信号,必须采用滤波器电路来抑制信号通道中的干扰。选择滤波器时,应考虑所测信号的频率和特性以及干扰源的频率和所要求的抑制程度。如因环境引起噪声干扰,可以采取线路补偿或采取屏蔽的措施尽量减少对有用信号的影响。如果有被测参数与转换后的电信号之间呈非线性关系,为提高测量转换的灵敏度,需要对被测参数进行线性化处理,这可采用折线近似法或采用非线性的反馈放大器达到线性化目的。

(二)采样/保持装置

1. 采样/保持电路的原理和结构

A/D 转换是把随时间连续变化的模拟信号转换为离散的数字信号,因此数字信号是原模拟信号在一系列特殊时刻(采样时刻)的值。而 A/D 转换本身从启动转换到转换结束输出数字量,需要一定的转换时间。在这个转换时间内,如果输入模拟信号发生变化,就会产生转换误差。要限制这个误差,就要限制输入信号的变化速率。为了改善这种情况,常在 A/D 转换器之前加一个采样/保持电路,它的功能是:在 A/D 转换开始时将输入信号的电平保持住,以保证在 A/D 转换期间,A/D 转换器的输入不变化。在 A/D 转换结束后跟踪输入信号变化,以保证下次 A/D 转换时,输入 A/D 转换器的是新的采样时刻的输入信号电压。

采样/保持电路的基本结构有串联型和反馈型两种,如图 3-3 所示。图中 A_1 和 A_2 分别是输入和输出缓冲放大器,用以提高采样频率,保持电路的输入阻抗,减小输出阻抗,以便与前级和后级电路连接。S 是模拟开关,它由控制信号电压 U_k 控制其断开或闭合。C_H 是保持电容。

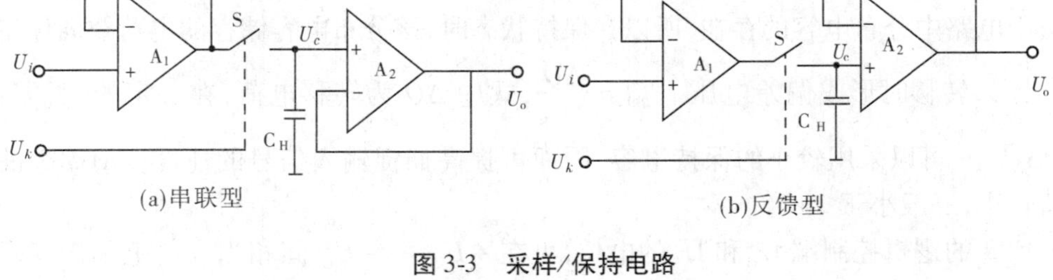

图 3-3 采样/保持电路

当开关 S 闭合时,采样/保持电路为跟踪采样状态。由于 A_1 是高增益放大器,其输出电阻很小,模拟开关 S 的导通电阻也很小,输入信号通过 A_1 对 C_H 的充电速度很快,C_H 的电压将跟踪输入电压 U_i 的变化,而 A_2 也接成电压跟随器,所以在这段时间里 $U_o = U_c = U_i$。

当开关 S 打开时,采样/保持电路为保持状态,C_H 没有放电回路,C_H 的电压将保持 S 在断开瞬间的 U_i 值,输出电压也同样保持不变。

对串联型采样/保持电路而言,影响其精度的因素有运放的失调电压和开关 S 的误差电压两个,而反馈型采样/保持电路,影响其精度的只有运放 A_1 的失调电压,所以其精度要高于串联型采样/保持电路。

2. *采样/保持电路集成芯片*

目前,采样/保持电路大都是集成在单一芯片中,芯片内不包含保持电容,故保持电容须外接,由用户根据需要选择。一般来讲,采样频率越高,保持电容越小。保持电容小时电压衰减快,精度较低;反之,如果采样频率较低,但要求精度较高时可选取比较大的电容。

采样/保持电路集成芯片有以下三类:①用于通用目的的芯片,如 AD583K、AD582、LF398;②高速芯片,如 THS－9025、THC－0300 等;③高分辨率芯片,如 SHA1144 等。

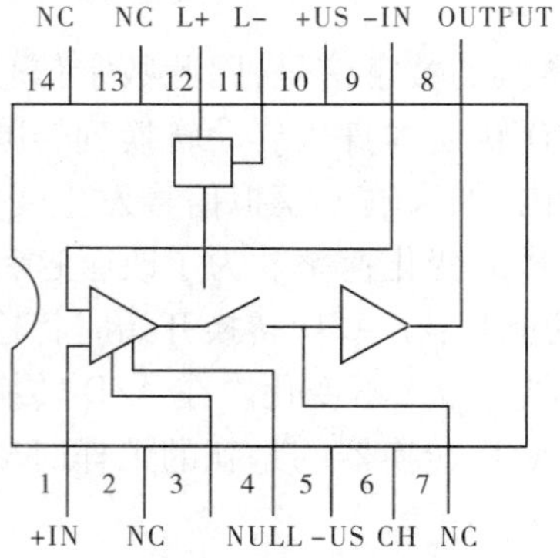

图 3-4　AD582 管脚级结构

现以 AD582 芯片为例作一介绍(见图 3-4)。AD582 由一个高性能的运算放大器、低漏电阻模拟开关和一个由结型场效应管集成的放大器组成。芯片的脚 1 是同相输入端,脚 9 是反相输入端,保持电容 C_H 接在脚 6 与脚 8 之间,脚 11 和脚 12 是逻辑控制端,脚 3 和脚 4 接直流调零电位器。

AD582 供电电源的工作范围为 $\pm 9V \sim \pm 18V$,输入信号电平可达电源电压。

输入阻抗约高达 30MΩ,具有较高的采样/保持电流比,比值可达 1×10^7,该值是存储电容充电电流与保持期的电容漏电流之比值,它也是采样/保持电路质量标志。AD582 捕捉时间较短,最低达 6μs。捕捉时间的长短还与所选择的保持电容值有关,电容越大,捕捉时间越长,它影响采样频率。因此,电容值的选择应综合考虑精度、衰减误差、采样保持偏差及采样频率等,一般保持电容应选取聚苯乙烯电容(环境温度在 +85℃以下)或聚四氟乙烯电容。

由于电路中分布电容的存在,所以在保持状态时,该分布电容储存的电荷要向保持电容 C_H 转移,转移时形成偏差电压 $U_{OPP} = \dfrac{\Delta Q}{\Delta C_H}$,式中 ΔQ 为转移电荷,在一定的 U_{OPP} 条件下,若 ΔQ 小,可以采用较小的保持电容,因而可提高捕捉输入信号的速度。AD582 的转移电荷较小,一般小于 2pC。

AD582 的逻辑控制端 L_+ 和 L_- 的电位,可在 $+U_{CC} \sim -U_{EE}$ 间相当大的范围内偏置工作。L_+ 相对 L_- 输入电压范围是 $+15V \sim -6V$,所以当 L_- 端接地(零电平)时可以用

TTL 输出电平2.4V≤U_{OH}≤0.4V)，直接控制 L_+ 端实现采样或保持，也可以用 COMS 电路控制。

AD582 的典型实用电路如图 3-5 所示，这是一个反馈型采样/保持电路，保持电容 C_H 接在 A_2 的反相输入端和输出端之间可等效为在反相输入端和地之间接有电容 $C'_H=(1+A_2)C_H$ (A_2 为运算放大器的放大倍数)，一般选 $C_H=100\sim1\ 000$pF。

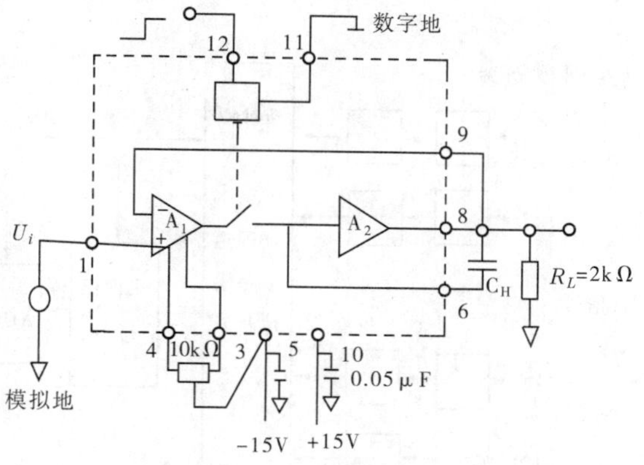

图 3-5 AD582 的典型接法

(三)多路模拟开关

1. 多路模拟开关结构应用举例

在实际的系统中，被测量的回路往往是几路或几十路，不可能对每一个回路的参量配置一个 A/D 转换器，常利用多路开关，轮流切换各被测回路与 A/D 转换器间的通路，以达到各回路分时占用 A/D 转换电路。

图 3-6 表示一个 8 通道的模拟开关的结构，它由模拟开关 $S_0\sim S_7$ 及开关控制与驱动电路组成。8 个模拟开关的接通与断开，通过用二进制代码寻址来指定。从而选择特定的通道。例如当开关地址为 000 时，S_0 开关接通，$S_1\sim S_7$ 均断开，当开关地址为 111 时，S_7 开关接通，其他 7 个开关断开。模拟开关一般采用 MOS 场效应管，如果后级电路具有足够的输入阻抗，可以直接连接。

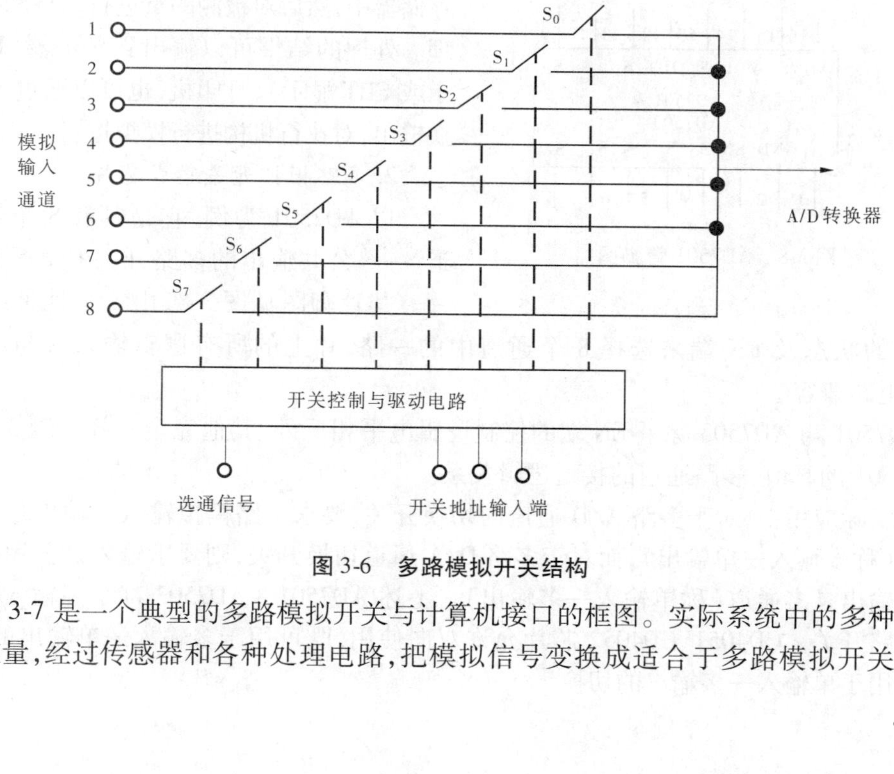

图 3-6 多路模拟开关结构

图 3-7 是一个典型的多路模拟开关与计算机接口的框图。实际系统中的多种被测量或被控量，经过传感器和各种处理电路，把模拟信号变换成适合于多路模拟开关 0~5V

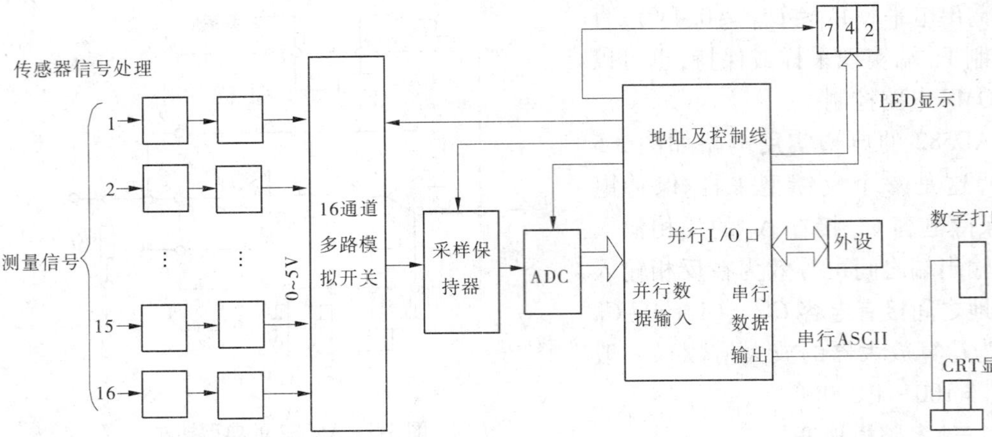

图 3-7　多路模拟开关与计算机接口的框图

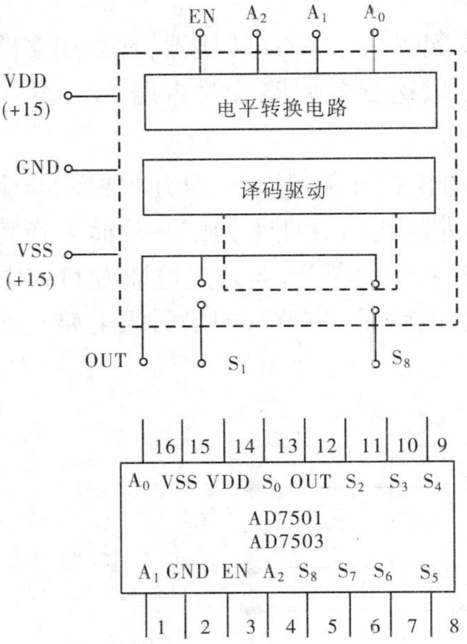

图 3-8　AD7501 管脚图

的电压信号，分别接到多路开关的各输入通道上，计算机通过 PIO 口地址选通信号，使某一路开关接通。然后发出采样命令，采样/保持电路对这一路模拟量采样，当采样命令结束时，模拟量被保持在保持电容上，同时启动 A/D 转换。A/D 转换结束信号送到计算机，计算机测得转换过程结束信号，就可以把数据取入 CPU，并且放在存储器中。重复这一过程，计算机把所有通路的模拟量逐个地采入存储器中，然后对被测的量进行运算和数据处理。处理的结果可以输出到显示器（LED 显示或 CRT 显示）、打印机，也可以通过 D/A 转换输出，对执行机构进行模拟控制。

2. 多路模拟开关集成芯片

以 AD7501 为例，它是具有 8 个输入通道，一路公共输出的多路开关 CMOS 集成芯片。其管脚图见图 3-8，由 3 个地址线（A_0、A_1、A_2）的状态及 EN 端来选择 8 个通道中的一路，片上的所有逻辑输入端与 TTL 及 COMS 电路兼容。

AD7501 与 AD7503 除了 EN 端的控制逻辑电平相反外，其他完全一样。表 3-1 列出了 AD7501 的真值、多路通道的接通逻辑关系。

在实际应用中，对于多路 A/D 通道的切换开关，要求多路模拟输入。输出是公用的一条线（称多输入—单输出），而对于多路 D/A 通道切换开关，则要求输入是公用一条信号线。输出是多通道（称单输入—多输出）。上述 AD7501 ~ AD7503 都是多输入—单输出的多路开关。CD4051、CD4052 芯片允许双向使用，既可用于多输入—单输出的切换，也可以用于单输入—多输出的切换。

表 3-1　AD7501 的真值

A_2	A_1	A_0	EN	"ON"
0	0	0	1	1
0	0	1	1	2
0	1	0	1	3
0	1	1	1	4
1	0	0	1	5
1	0	1	1	6
1	1	0	1	7
1	1	1	1	8
×	×	×	0	×

（四）可编程序放大器

在数据采集系统中，放大器的作用一般是：①对信号幅度放大；②隔离和缓冲前后级单元；③抑制噪声，提高信噪比；④其他作用，如电压、电流变换等。

由于通用数据采集系统均支持多个模拟通道，但是因为每个模拟通道不一致，所以需要引入可编程放大器。可编程放大器的放大倍数随时可由一组数字序列控制，这样在 MUX 改变其通道序号时，放大电路也由相应的一组数字序列控制改变放大倍数，即为每个模拟通道提供最合适的放大倍数。图 3-9 所示为一种单运放可编程放大器。通过加在 $A_0 \sim A_3$ 上的数字信号控制电阻值，就可实现相应放大倍数的控制。可编程放大器是一种通用性较强的高级放大器，可以根据需要用程序改变其放大倍数。通过程序调节放大倍数，使 A/D 转换器信号满量程达到均一化，以提高多路数据采集的精度。

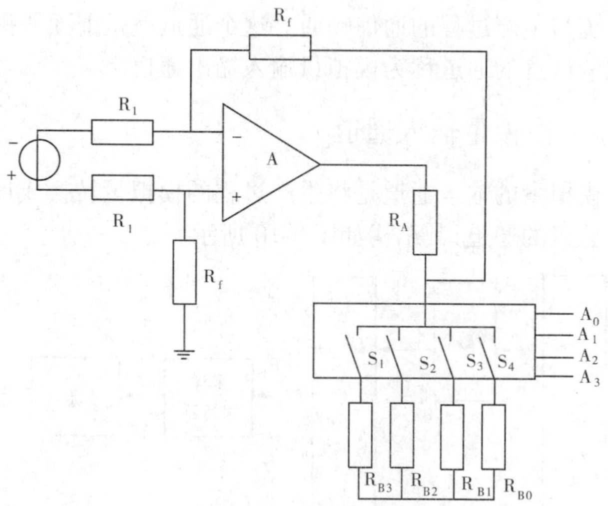

图 3-9　单运放可编程控制器

（五）功率开关接口器件

在输出通道中，常用的功率开关接口器件及电路有功率开关驱动电路、集成驱动芯片、功率型光电耦合器及固态继电器等。在一些大功率开关量控制接口中，采用的功率开关电路有功率晶体管（GTR）驱动电路、可控硅整流器、功率场效应管以及机械继电器等。

在大功率驱动中,接口器件一般不宜直接与数字逻辑电路相连,而应采取隔离措施,如采用光电耦合集成芯片进行隔离。在一些中、小功率开关量驱动中,可使用晶体 ZX 管驱动电路、达林顿驱动电路和小功率场效应管等小功率驱动器。另外,还有具有良好驱动性能的小功率驱动器集成芯片可直接驱动继电器、可控硅、LED 显示等。

在开关频率很高的场合,目前已采用由光电耦合器和双向晶闸管器件组成的固态继电器。它是一种无触点通断功率型电子开关,又称为固态开关。当施加触发信号后,其主回路呈导通状态;无触发信号时呈阻断状态。它利用了分立元件、集成器件及微电子技术实现了控制回路(输入端)与负载回路(输出端)之间的电隔离及信号耦合,没有任何可动部件,具有相当于干电磁继电器一样的特性。

第三节　模拟量输入输出通道

电站生产过程中的模拟量是数据采集系统的主要采集对象,它不仅采集量大、采集点分散,而且模拟量的类型较多。为了实现计算机实时监控,必须对电站生产过程进行连续测量,并且将数据采集系统测得的各模拟量实时地通过 A/D 转换变换成数字量,再输入计算机监控系统,经计算机分析、计算后在向外输出,对运行设备进行实时监控。

因此,必须在计算机与电站生产过程之间设置信息的变换和通信通道,保证计算机监控系统与生产过程的通信畅通。这个通道就是前面所提到的过程通道,而用以变换、传递模拟量信息的通道称为模拟量输入输出通道。

一、模拟量输入通道

模拟量的输入通道是将生产过程的模拟量转换成计算机可以识别的二进制数后传递给计算机的通道,其结构如图 3-10 所示。

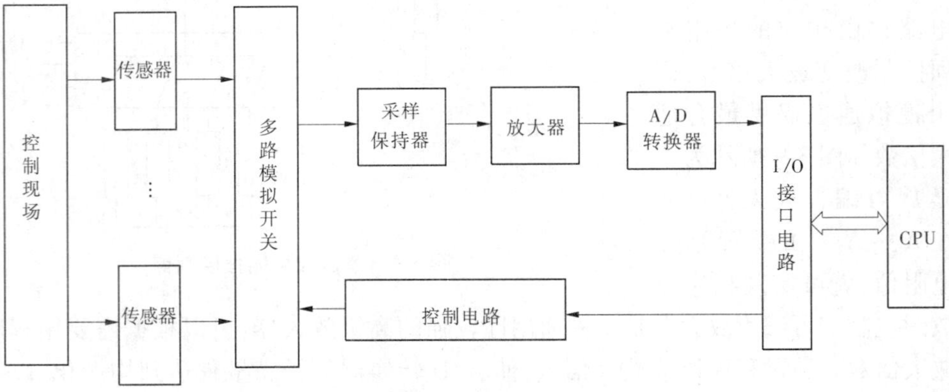

图 3-10　模拟量输入通道的构成

模拟量输入通道一般由传感器、信号处理、多路模拟开关(多路转换开关、多路转换器)、放大器、采样/保持器以及 A/D 转换器等环节组成。由 CPU 发出控制命令向通道中各部件发送控制信号,向多路开关发送通道选通信号、选择采样/保持器处在“采样”或“保持”状态、控制放大器的增益以及启动 A/D 转换器进行转换等。各部分的主要作用如下所述：

(1)传感器能把生产现场的非电量转换为电量，如控制现场的温度、压力、湿度、流量、转速等非电量转换为相应的电信号。

(2)信号处理根据需要可包括信号放大、信号滤波、信号衰减、阻抗匹配、电平变换、非线性补偿、电流/电压转换等功能。

(3)多路转换器实质就是多路模拟开关。多路转换器实质上是一个多路模拟开关。它可以是电子模拟开关，也可以是机械开关(如继电器)。由于生产控制现场需采集的模拟量比较多，多路转换器能依次地或随机地将各输入信号接通到公用的放大器或 A/D 转换器上，便于多个模拟信号共用一个采样保持器和 A/D 转换器进行采样和转换，起到简化电路、节约投资的作用。在计算机监控系统中则是由 CPU 发出信号来切换各测量回路。

(4)保持 A/D 采样期间输入信号不变的电路称为采样保持电路。由于输入模拟信号是连续变化的，而 A/D 转换器完成一次转换是需要时间的，该段时间称为转换时间。不同类型的 A/D 转换芯片具有不同的转换时间。若模拟输入信号变化快而转换器的转换时间慢，则会引起转换误差。转换时间越慢，对同样频率的模拟信号的转换精度影响就越大。为了保证模拟信号的转换精度，需采用采样保持器，以便在 A/D 转换期间保持采样输入信号的大小不变。该电路工作时有两种模式，即采样模式和保持模式。

(5)放大器的作用是将采样得来的模拟信号放大至 A/D 转换器所要求的输入电平。

(6)A/D 转换器是模拟量输入通道的核心元件。其作用是将模拟输入量转换为数字量，以便由计算机读取、计算、分析和处理。一般可设一个 A/D 转换器，利用多路模拟开关使各模拟信号依次接通 A/D 转换器，在主计算机的控制下实现分时的 A/D 转换，并把转换后的数字信号送入计算机。

(7)控制部分是接受 CPU 的命令向通道中各部件发送控制信号的控制接口。其作用是向多路转换器发送通道选通控制信号、控制放大器的增益、使采样保持器能处在“采样”或“保持”工作状态、启动 A/D 转换器进行转换等。

一个输入通道设置一个 A/D 转换器的结构形式如图 3-11 所示。

二、模拟量输出通道

在计算机监控系统中，很多控制对象需要用模拟量控制，因此必须将计算机输出的数字量转换成电压或电流相应的模拟量。模拟量输出通道主要由 I/O 接口、D/A 转换器、多路模拟开关、采样/保持器等组成，用来控制执行机构以驱动电机，模拟记录仪等设备。其中 I/O 接口为 D/A 转换器与计算机之间的接口，起两者之间的连接作用。采样保持器的作用是在新的控制信号到来之前，使本次控制信号维持不变。多路模拟量输出通道的结构形式主要取决于输出保持器的结构形式。根据保持器有数字保持和模拟保持两种方案，模拟量输出通道有两种基本结构形式：一种是一个通道设置一个 D/A 转换器的形式；另一种是多个通道设置一个 D/A 转换器。图 3-12 为一个输出通道设置一个 D/A 转换器的结构图。

多个输出通道设置一个 D/A 转换器的结构如图 3-13 所示。图中的保持电路是将 D/A 转换器输出的离散模拟信号转换成执行机构能够接收的连续信号的装置，即把上一采

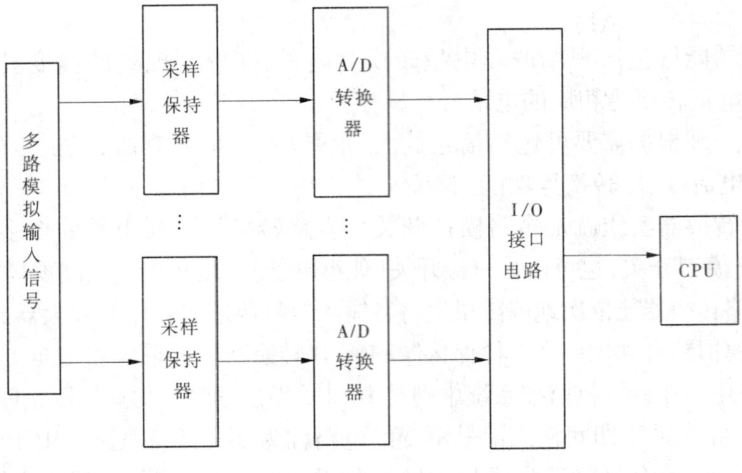

图 3-11　一个输入通道设置一个 A/D 转换器的结构

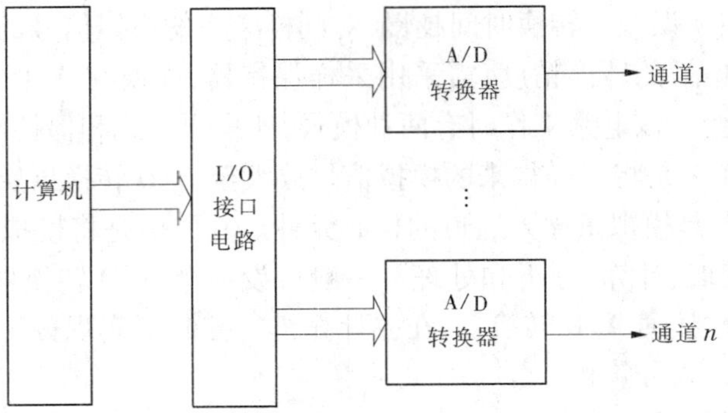

图 3-12　一个输出通道设置一个 D/A 转换器的结构

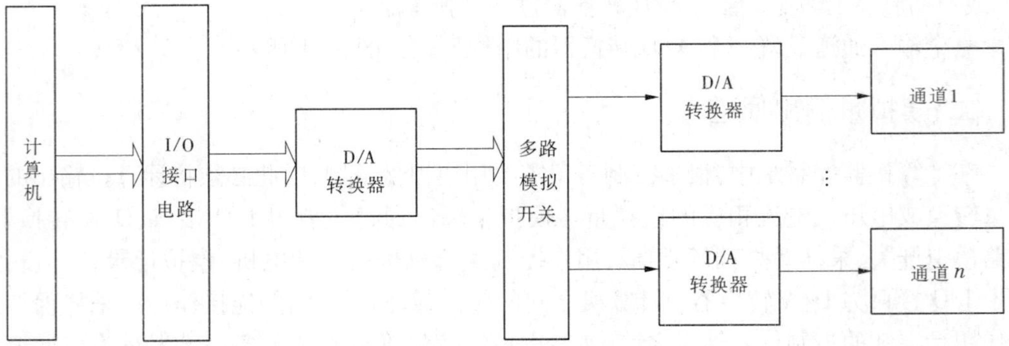

图 3-13　多个输出通道设置一个 D/A 转换器的结构

样时刻的输出值保持到下一次采样输出。由于共用一个 D/A 转换器，故必须在微机控制下分时工作，即 D/A 转换器依次把微机输出的数字量转换成模拟电压（或电流）。通过多路模拟开关传送给各路输出采样保持器。其特点是节省 D/A 转换器的转换时间，但因分时工作，只适用于通道数量多且速度要求不高的场合；缺点是可靠性低。

三、模拟量输入(AI)模块

AI 模块用于将输入的模拟量数字化,工业过程控制的基本 AI 模块有 3 类,如图 3-14 所示。

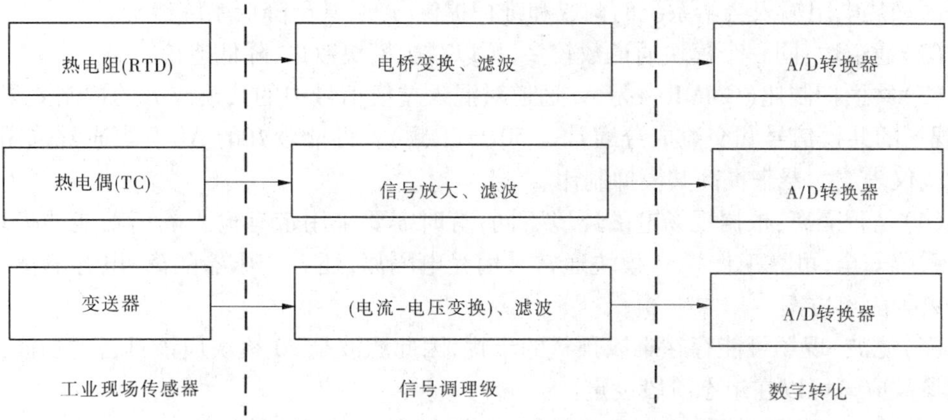

图 3-14 工业过程中的 3 种基本设备的信号流程

(1)热电阻(RTD)输入模块:有直接接收 3 线或 4 线的 PT100 等类型的热电阻能力,并提供热电阻所需的电源。

(2)热电偶(TC)输入模块:能直接接收分度号为 K 和 E、J、T、B、S、R 型热电偶信号。热电偶在整个工作段的线性化是在过程控制站内完成的,而不需要通过数据通信总线。

(3)变送器信号输入模块:用于接收现场设备以连续方式提供的信号。现场的检测传感器连接到变送器上,从而给模件提供模拟量输入信号。这些传感器和变送器将现场的过程参数(压力、温度)转变为能够输入到模拟量接口的电信号(电流或电压)。由于许多种类的传感器都可以将被测参数转变为电信号,因此模拟量输入模件有几种标准的电信号输入值:4 ~ 20mA, 0 ~ 1VDC、0 ~ 5VDC、0 ~ 10VDC、1 ~ 5VDC 等。图 3-15 为变送器信号输入模块输入信号接线。

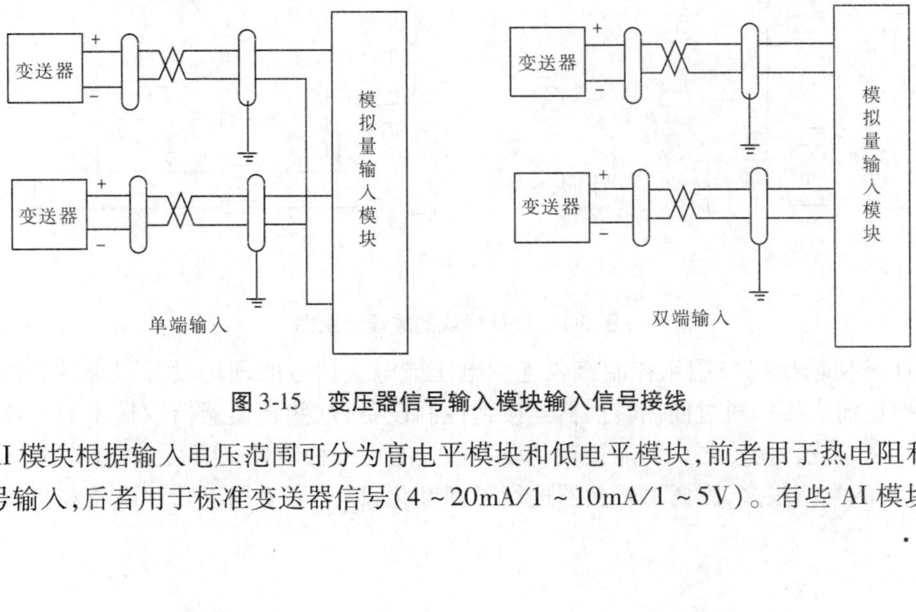

图 3-15 变压器信号输入模块输入信号接线

AI 模块根据输入电压范围可分为高电平模块和低电平模块,前者用于热电阻和热电偶信号输入,后者用于标准变送器信号(4 ~ 20mA/1 ~ 10mA/1 ~ 5V)。有些 AI 模块通过在端子上采用不同接法并在组态时进行相应设定，可同时支持两种或两种以上信号。AI模块的主要技术指标包括以下几个方面。

(1)支持信号种类：根据DCS应用系统的各种信号通道的数量，一个模块支持多种信号在具体系统中可能意义不大，但一般来说，同一个模块支持电流和电压输入，或者支持热电偶和热电阻输入会给系统的构成和维护提供方便，甚至降低系统造价。

(2)通道数：同一个模块通道数较多，可以减少模块数量，降低造价。

(3)共模抑制比(CMMR)：是AI通道对混入差模信号中的共模成分的抑制效果的衡量(现场的共模信号和交流成分通常是50Hz工频)。性能较好的AI模块通常采用输入隔离或仪表放大器来提高共模抑制比。

(4)是否隔离：根据现场电磁环境不同，有时需要采用带有输入隔离功能的模块，以保证系统安全、可靠工作。AI模块通常采用光电隔离，还有变压器隔离、电容隔离、继电器隔离等隔离方案。

(5)滤波：现场可能存在难以预料的干扰，因此滤波是AI模块应该具备的功能，而且滤波参数应该可以在组态阶段设定。

(6)热电偶冷端补偿：通常热电偶信号输入模块都具备冷端补偿功能。

(7)模拟通道位数：位数过低将影响控制精度，通常DCS系统中都采用12位或更多。

(8)端子布置：不同厂家的模块端子布置可能相同，尤其支持多种信号的模块必须注意接入不同信号时的端子定义的变化。

四、模拟量输出(AO)模块

AO模块用于将数字量转换成模拟量输出，控制执行器的动作，其核心为D/A转换电路，通常内部是一个精密的电阻解码网络，如图3-16所示。图3-16(a)为电压输出型(只画出一个通道)，图3-16(b)为电流输出型(只画出一个通道，负载共地型)，电流输出又分为负载共地和负载共电源两种形式。

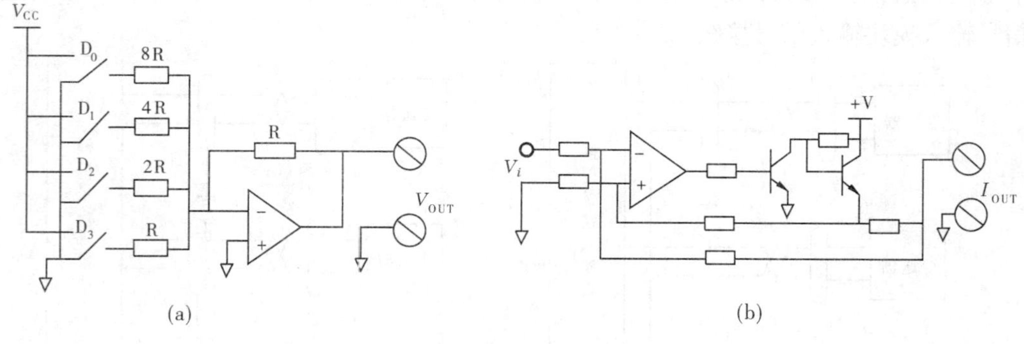

图3-16　AO模块的原理示意图

AO模块输出接口用于控制接收连续电压或电流信号的现场设备，与模拟量输入类似，模拟量输出接口通过使用转换器连接到控制设备，这些转换器拾取输出的电压信号，可放大、衰减或转换使之成为能被现场设备接收的另一种信号，从而控制输出设备。由于控制设备的类型很多，因此对转换器进行了标准化设计，可适用于几种电压和电流值，常用于模拟量输出的标准值有 4 ~ 20mA、10 ~ 50mA、0 ~ 5VDC、0 ~ 10VDC、1 ~ 5VDC 等。

AO 模块主要技术指标包括以下几个方面。

(1)精度:一般 AO 模块的精度要求与执行器一致,即 0.2%,而且输出环节的误差可以通过反馈环节得到校正,因此只要 AO 模块的输出范围能保证执行器满行程即可。

(2)分辨率:即 D/A 的位数,通常为 12 位,即输出电压的最小调整量为满量程电压/4096。

(3)驱动能力:对于电流输出通道,在确保 20mA 输出的前提下,允许的最大负载电阻。一般要求 AO 模块的带负载能力达到 750Ω。

(4)通道数:同一个模块通道数较多,可以减少模块数量,降低造价。

(5)电气隔离:由于执行器的电路结构特点,主体电路与 AO 模块具有天然的电气隔离。AO 模块可以没有隔离措施,当然为了防止局部故障扩大化,有时需要通道间的隔离措施。

(6)建立时间:从数字指令下发到 AO 模块实际输出值与理论输出值之差小于允许误差所需要的时间。响应时间越短,性能越好。

(7)端子布置:不同厂家的模块端子布置可能相同。

第四节　开关量输入输出通道

仅用两种状态来表示的量称为开关量。数字量的输入同样称为开关量。在计算机控制系统中,除了要处理模拟量信号外,还要处理另一种数字信号,包括开关信号、脉冲信号。这类设备的状态只有两种可能,它们是以二进制的逻辑“1”、“0”或电平的高、低出现的,如开关触点的闭合和断开、指示灯的亮和灭、继电器或接触器的吸合和释放、电动机的启动和停止、晶闸管的通和断、阀门的打开和关闭、仪器仪表的 BCD 码以及脉冲信号的计数和定时等。

电厂开关量的种类不多,开关量(数字量)按类型大致可分为三种形式:机械有触点开关量、电子无触点开关量和非电量开关量。

(1)机械有触点开关量。它是工程中遇到的最典型的开关量,它由机械式开关(如继电器、接触器、开关、行程开关、阀门、按钮等)产生,有常开、常闭两种方式。机械有触点开关量的显著特点是无源,开闭时会产生抖动;同时这类开关通常安装在生产现场,在信号变换时应采取隔离措施。

(2)电子无触点开关量。它是指电子开关(如固态继电器、功率电子器件、模拟开关等)产生的开关量。由于无触点开关通常设有辅助机构,其开关状态与主电路没有隔离,因而隔离电路是它的信号变换电路的重要组成部分。无触点开关量的采集可由两种方法实现:第一种方法与有触点开关处理方法相同,即把无触点开关当做有触点开关;第二种方法是从功率开关的负载电路采样法,这种方法直接反映负载电路工作状态,而对开关状态的采样是间接的。

(3)非电量开关量。通过采用磁、光、声等方式反映过程状态,在许多控制领域中得到广泛应用。这种非电量开关量需要通过电量转换后才能以电的形式输出。实现非电量开关量的信号变换电路由非电量/电量变换、放大(或检波)电路、光电隔离电路等组成,非电量/电量变换一般采用磁敏、光敏、声敏等元件,它将磁、光、声的变化以电压或电流形式输出。由于敏感元件输出信号较弱,输出电信号不一定是逻辑量(如可能是交流电压),因此对信号要进行放大和检波后才能变成具有一定驱动能力的逻辑电信号。隔离电路根据控制系统工作环境及信号拾取方式决定是否采用。

此外,开关量按电源可分为有源和无源两种;按状态又分为中断型开关量、非中断型开关量和脉冲量。中断型开关量是指当开关状态(闭合或断开)发生变化时向 CPU 发出中断申请,计算机立即将该状态记录下来并做出相应的处理和反应。一个开关量是归为中断型开关量还是非中断型开关量,应根据实际要求确定。一般来说,状态变化时需要立即通知计算机的开关量应归为中断型开关量,如供电电压消失、设备跳闸等,以便在中断服务程序中对其进行及时处理,如跳闸时间追忆、重要数据保存等,以便事后分析与恢复。除此之外的开关量可归为非中断型开关量,而对于非中断型开关量,计算机通过定期查询来获得其状态信息。

一、开关量输入通道

开关量输入通道又可称为数字量输入通道,该通道将双值逻辑的开关量变换为计算机能够接收的数字量。图 3-17 为开关量输入通道结构示意图。

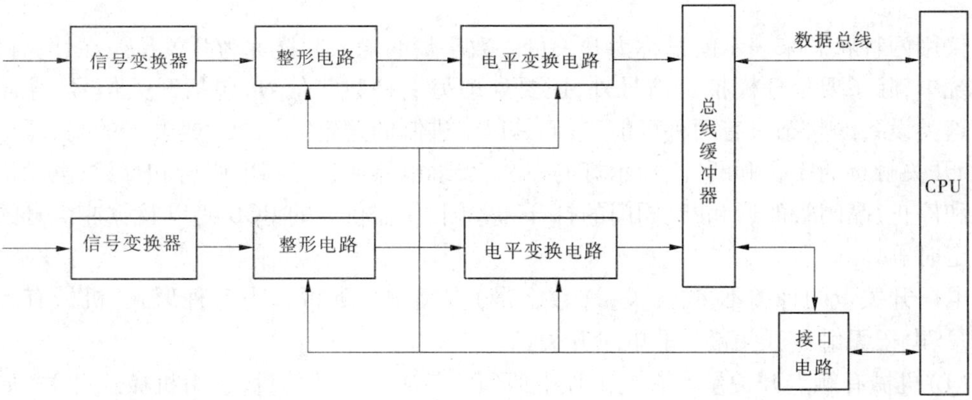

图 3-17　开关量输入通道结构图

(一)开关量输入通道组成

典型的开关量输入通道通常由以下几部分组成。

(1)信号变换器:将过程的非电量开关量转换为电压或电流的双值逻辑值。

(2)整形电路:将混有毛刺之类干扰的输入双值逻辑信号或其信号前后沿不符合要求的输入信号整形为接近理想状态的方波或矩形波,而后再根据系统要求变换为相应形状的脉冲信号。

(3)电平变换电路:将输入的双值逻辑电平转换为与 CPU 兼容的逻辑电平。

(4)总线缓冲器:暂存数字量信息并实现与 CPU 数据总线的连接。

(5)接口电路:协调通道的同步工作,向 CPU 传递状态信息并控制开关量到 CPU 的输入。

（二）整形与电平变换

各种过程开关量经信号变换后转换成逻辑电信号或脉冲信号，但这种信号脉冲宽度、脉冲波形形状、脉冲前后沿陡度及信号电平可能不很理想，通常需进行波形整形及电平变换才能输入到计算机。

1. 波形整形

波形整形的目的是使逻辑信号变为较理想的电信号，并提高抗干扰能力。波形整形包括触点消抖、脉冲定宽、去除尖峰毛刺等。

2. 电平变换

在计算机控制系统中，CPU 一般只接收 TTL 电平信号，当开关量变换后的信号为非 TTL 电平时，则需要进行电平变换。电平变换可采用光电隔离、晶体管或 CMOS - TTL 电子变换芯片，其中光电隔离抗干扰性能好，但反应速度较慢，采用晶体管或 CMOS - TTL 电子变换芯片则速度较快。

（三）常见的输入电路

在电站监控系统中，运行设备的开关量是通过检测其专门设计的辅助接点的位置得知的。把这些辅助接点的位置及时、准确地输入计算机，是保证监控系统实时、准确的条件。开关量输入主要有 TTL 输入、光电耦合器输入、CMOS 标准输入、PLC 开关量输入等。

1. TTL 输入

TTL 是最常使用的输出/输入接线方式。在微机测控系统中，习惯用 TTL 电路作为基本电路元件。其他电路输入和输出的电平与 TTL 是不兼容的，因此必须进行相互间的电子转换。

（1）信号范围。其额定电位是 0 ~ 5V 高电位的范围是 2 ~ 5V，而低电平则是在 0 ~ 7V。高低电平的信号范围的规定是考虑到芯片的可接收范围，例如以 0 ~ 0.7V 表示“关闭”，而以 2 ~ 5V 代表“打开”。

（2）接线方式。输入时接线应如图 3-18 所示。TTL 电平的电流范围必须落在 20mA 以内，超过范围可能会对设备接点后面的 TTL 电子零件造成影响，为了保证电流的范围，通常会在线路上加上限流电阻，以保护 IC。330Ω 和 470Ω 保护都是经常使用的限流电阻，如果在电路中看到这两个电阻，通常就是拿来作限流电阻的。

2. 光电耦合器输入隔离电路

光电耦合器输入隔离电路如图 3-19 所示。图中 LT 为由发光二极管和光敏三极管组成的光电耦合器。当现场开关 Q 闭合时，发光二极管与电源 +24V 接通并发光，光敏三极管导通，经反相器，X 输出高电平；当 Q 断开时，光敏三极管截止，X 输出低电平。R_1、C 的作用是吸收干扰和消除 Q 抖动的影响，发光二极管 V 为输入显示。采用光电耦合器件，隔离效果好，线路简单，体积小，但成本高。

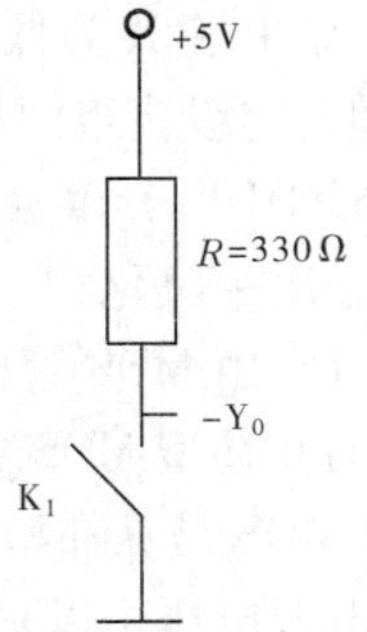

图 3-18　TTL 输入接线

3. 晶体管隔离及电平转换电路

晶体管隔离及电平转换电路如图 3-20 所示。当开关 Q 断开

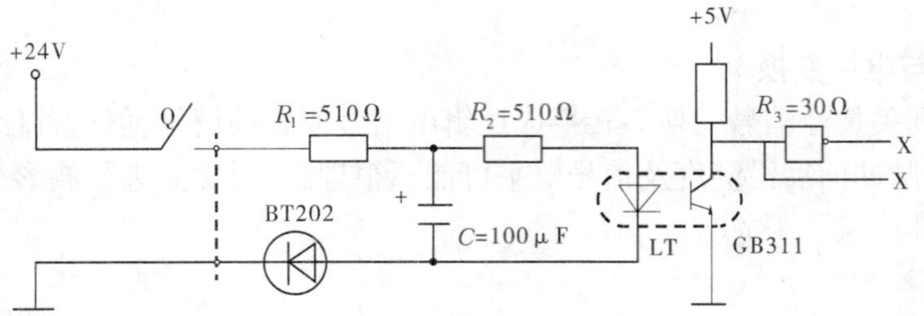

图 3-19　光电耦合器输入隔离电路

时,晶体管 VT 截止,信号输出为“0”;当 Q 闭合时,晶体管 VT 饱和导通,VT 输出为“1”。R_1、R_2、R_3 和稳压管 VZ 组成抗干扰电路。

4. 中间继电器隔离及电平转换电路

由现场的开关 Q 控制中间继电器线圈,通过中间继电器 K 的触点,经电平转换电路,得到 TTL 电平信号再送入计算机输入接口,如图 3-21 所示。

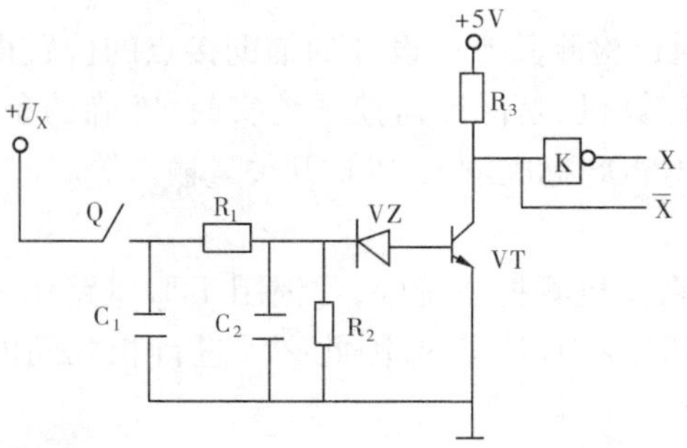

图 3-20　晶体管隔离及电平转换电路

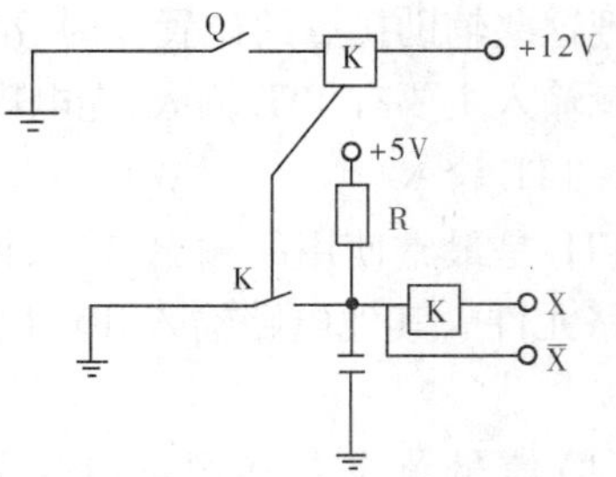

图 3-21　中间继电器隔离及电平转换电路

5. 变压器输入隔离电路

变压器输入隔离电路如图 3-22 所示。激励源 A 为 250kHz、10V 的方波脉冲,经电阻 R_2 接到变压器 T 的初级绕组,并耦合到次级绕组产生交变电压,经 VD_1 整流后加到 C_1 两端。当开关 Q 断开时,C_1 被充电,次级绕组相当于开路,其变换到初级绕组的阻抗很高,初级绕组两端有较高的激励电压,经 VD_2 整流、C_2 滤波后,加到三极管 VT 的基极,使其导通,输出端 X 为低电平;当开关 Q 闭合时,次级绕组近乎短路,其变换到初级绕组的阻抗很低,初级绕组两端电压不足以使 VT 导通,输出端 X 为高电平。

6. CMOS 标准输入

金属 - 氧化物 - 半导体结构的晶体管简称 MOS 晶体管,有 P 型 MOS 管和 N 型 MOS 管之分。由 MOS 管构成的集成电路称为 MOS 集成电路,而由 PMOS 管和 NMOS 管共同构成的互补型 MOS 集成电路即为 CMOS。

CMOS 是互补型金属氧化物半导体的简称,与 TTL 一样,它也是一种半导体的制造工艺。电源电压可以是 3 ~ 15V 不等,对不同的电源电压其高电平和低电平的定义也是有区别的,高逻辑电平电压接近于电源电压,低逻辑电平电压接近于 0V,而且具有很宽的

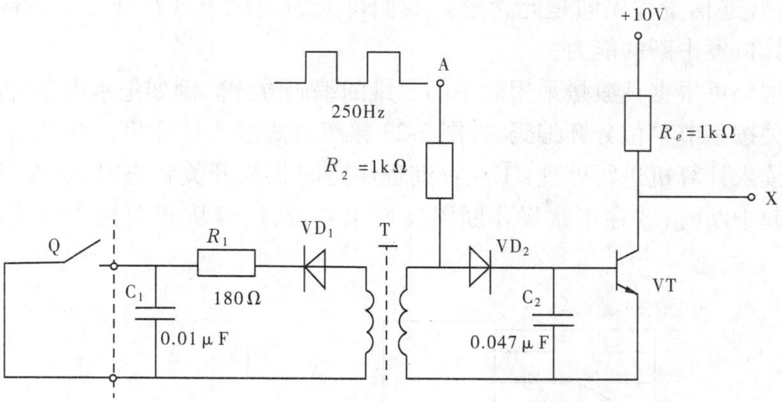

图 3-22　变压器输入隔离电路

噪声容限。CMOS 集成电路,单门静态功耗在毫微瓦(nW)数量级。CMOS 电路的噪声容限一般在 40% 电源电压以上,CMOS 电路的电源电压一般为 1.5 ~ 18V。CMOS 电路的输入阻抗大于 108Ω,一般可达 1 010Ω。

TTL 的 $V_{OH}=2.4V$、$V_{OL}=0.4V$,而 CMOS 的 $V_{IH}=3.5V$、$V_{IL}=15V$ 在 TTL 输出低电平时匹配,输出高电平时不匹配。解决方法是在 TTL 的输出和 CMOS 输入连线处,通过上拉电阻接到 U_{CC}。CMOS 在输出低电平时,输出电流小,不能驱动 TTL。解决办法是 CMOS 门的并联(只有同一芯片的门才可以并联使用)或采用输入电流较大的 CMOS 缓冲芯片。

7. PLC 开关量输入

一般工业控制的场合中,PLC 是经常使用的控制器,其所使用的工作电压几乎都是 24V,此种电压不能直接接到我们所使用卡的输入接点上。为了工业应用,在此情形下通常使用光电耦合器作为输入的中继器,让 24V 的电压信号通过耦合器传送至接点,就可以达到保护接点的目的。

PLC 开关量输入信号种类:直流输入模块、交流输入模块、交直流输入模块。直流输入模块输入信号的电源均可由用户提供,直流输入信号的电源 +24V 也可由 PLC 自身提供,一般 8 路输入共用一个公共端,现场的输入提供一对开关信号:“0”或“1”(有无触点均可);每路输入信号均经过光电隔离、滤波,然后送入输入缓冲器等待 CPU 采样。每路输入信号均有 LED 显示,以指明信号是否到达 PLC 的输入端子。交流输入模块输入信号 100V(AC) ~240V(AC),价格较贵,应用少,可以用中间继电器转换。

(四)开关量输入时的编码

电站生产过程中,需要监控的点很多。为了保证监控准确,每个点应有严格固定的编号,我们称之为开关量的输入地址。由于一个开关量只占用一位即可表示它的开、合状态,因此一般根据现场情况以字节为单位,将 8 个开关量组成一个字节输入计算机,开关量输入装置即可根据程序的要求,把任一个指定地址的开关量(即某一字节的某一位)信息读入计算机,也可以把一个字节的全部开关量的状态送入计算机。另外,对于生产过程中某一重要的中断开关量监控点,它们的状态变化要能实时引起中断并向计算机报告,由计算机紧急处理(遥信量优先即是此含意),我们可人为地赋予这些开关量特殊的编号,使其具备向计算机发中断的能力。

开关量的编码可根据其数量采用简单的一维的编码方式。例如把水电站升压站的断路器及隔离开关按字节单位分开编码,按图3-23接线方式送入计算机。开关输入信号可在下述情况下读入计算机进行处理:①在查询程序定时扫描开关状态时;②在发生事故,断路器跳闸引起中断时;③在正常操作断路器发生变位,信号从开变为合或从合变为开时。

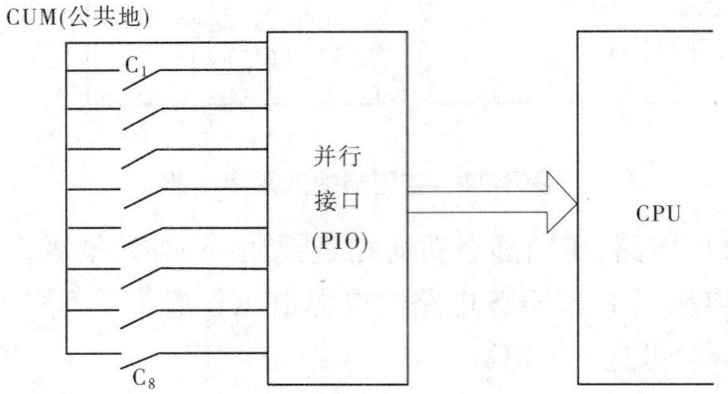

图3-23　开关量输入与计算机的接线

目前现场有采用可编程控制器(PC机,也称PLC)作为集中分散控制系统的分散级。目前PC机均有配套的模入/模出、开入/开出模板。图3-24为一种PC机用的开入模板电路图,此开入模板可输入16个开关信号(直流输入电压为12~24V),采用了光电隔离输入。图3-24并表示出开关量输入与模板端口连接。由于PC机具有高可靠性,因此得到了广泛的应用。

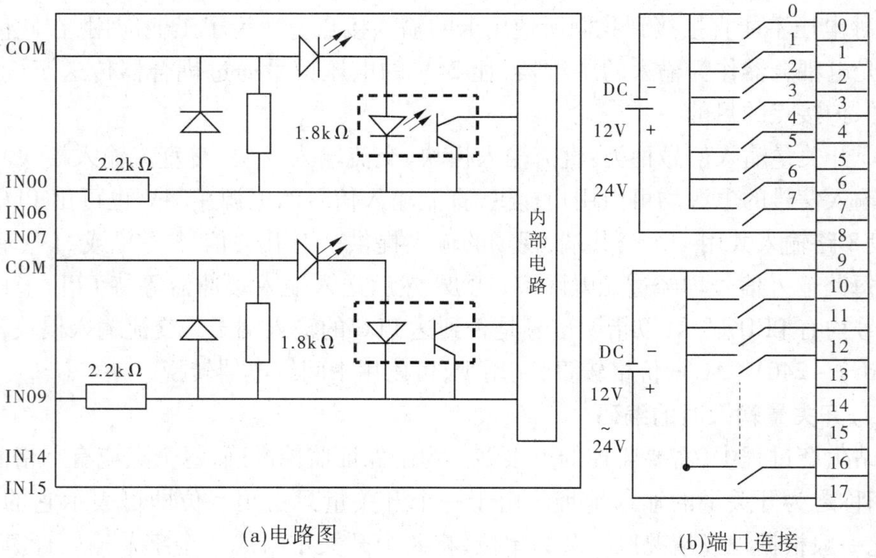

图3-24　PC机开入模板电路

如果现场的开关量输入很多,其输入编码也可采用二维方式,即将开入信号送入开关电路矩阵，通过地址译码器将某开关信号送入计算机。其原理框图如图 3-25 所示。

生产现场的每个开关量，利用输入开关电路矩阵中晶体管开关的状态来记录（现场每个开关状态均与开关矩阵中某个晶体管开关对应）。每 16 个晶体管开关电路构成一组，并给它一个组地址。整个开关量输入装置由 4 个同类型的开入部件组成，每个部件上设 10 组晶体管开关电路，总共可组成一个记录 4 × 10 × 16 = 640 个开关量的输入开关电路矩阵。每当指明一个部件号和组号（即一个开入地址）时，可一次读入该地址的 16 个开关量。当计算机 CPU 需读入开关量时（正常读入或中断读入），就向开入装置发出读命令，并送来开入地址，经译码后，按指定的部件和组地址将 16 个开关量同时读入输入开关电路矩阵，并经控制线路控制送到输入寄存器，再送至计算机进行处理。

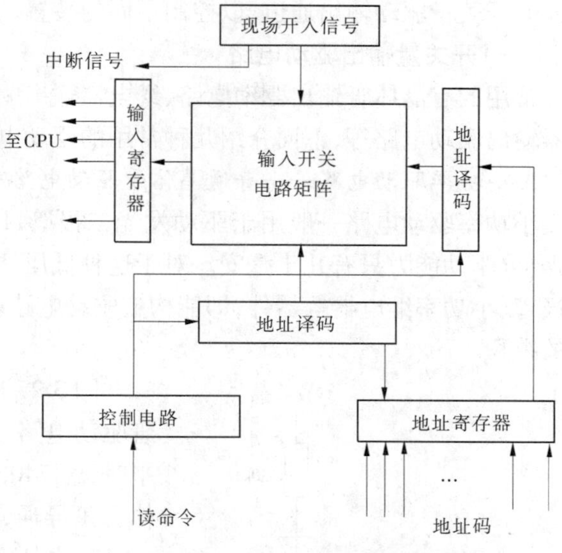

图 3-25　采用开关电路矩阵的开入电路

二、开关量输出通道

开关量的输出实际上就是给生产过程的一些控制机构进出控制信号，以便执行所需要的控制操作。例如，对高压油开关、继电器、接触器、电磁阀门、信号灯的通与断的控制。图 3-26 为开关输出通道示意图。

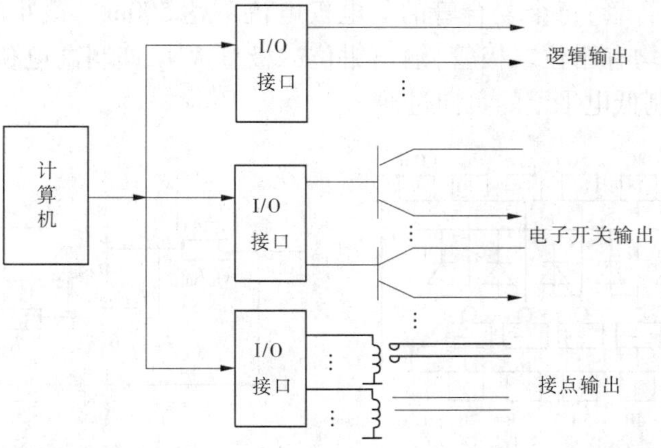

图 3-26　开关量输出通道示意图

开关量输出通道简称 DO 通道，它的任务是把计算机输出的微弱数字信号转换成能对生产过程进行控制的数字驱动信号。在计算机控制系统中，开关量的输出常常要求有一定的驱动能力，输出根据现场负荷功率的大小不同，可以选用不同的功率放大器件构成不同的开关量驱动输出通道，以控制不同的装置。

（一）开关量输出驱动电路

常用的有晶体管输出驱动电路、继电器输出驱动电路、晶闸管输出驱动电路及固态继电器输出驱动电路等，下面介绍几种常用的驱动电路。

1. 小功率驱动电路——普通晶体管驱动电路

小功率驱动电路一般用于驱动发光二极管、LED 显示器、小功率继电器等元件或装置，要求驱动能力只有几十毫安。对于这种低压情况下的小电流开关量，采用小功率发光二极管、小功率继电器等器件，即能构成驱动电路。其输出电流就是输入电流与晶体管增益的乘积。

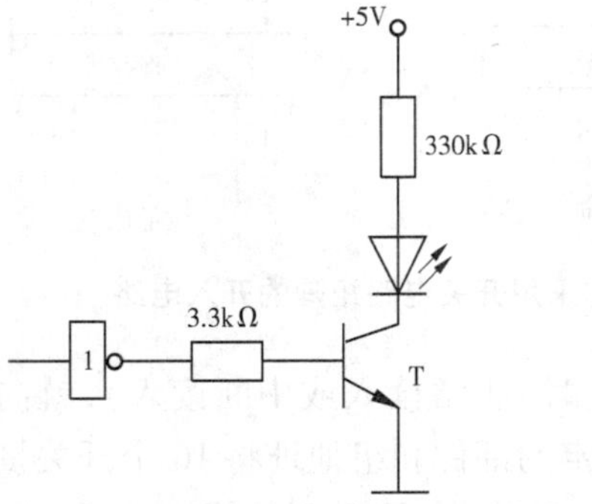

图 3-27　小功率晶体管驱动电路

图 3-27 所示为驱动 LED 数码管的小功率晶体管驱动电路，当 CPU 数据线 D 输出数字“0”即低电平时，经 7406 反相锁存器变为高电平，使 NPN 型晶体管 T 导通，集电极电流驱动 LED 数码管发光。

2. 中功率驱动电路——达林顿驱动电路

中功率驱动电路常用于驱动中功率继电器、电磁开关等装置，一般要求的驱动能力为 50～500mA，输出电路必须采用多级放大或提高晶体管增益的办法来实现。常用达林顿复合晶体管或中功率三极管来驱动。目前，常用达林顿阵列驱动器如 MC1412、MC1413、MC1416 等来驱动中功率负荷。达林顿阵列驱动器是由多对两个晶体管组成的达林顿复合管构成的，它具有高输入阻抗、高增益、输出功率大及保护措施完善等特点，同时多对复合管也非常适用于计算机控制系统中的多路负荷。

图 3-28 给出达林顿阵列驱动器 MC1416 的结构与每对复合管的内部结构，MC1416 内含 7 对达林顿复合管，每个复合管的集电极电流可达 500mA，截止时能承受 100V 电压，其输入/输出端均有钳位二极管，输出钳位二极管 VD_2 抑制高电位上发生的正向过冲，VD_1、VD_3 可抑制低电平上的负向过冲。

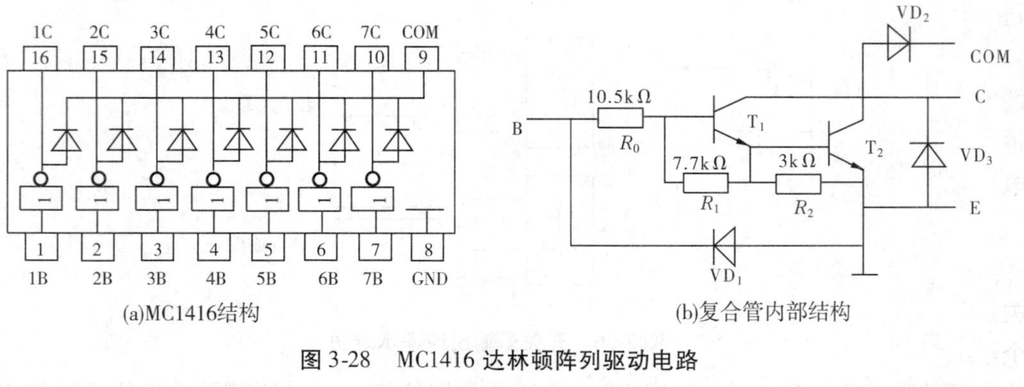

图 3-28　MC1416 达林顿阵列驱动电路

需要指出的是，对于感性负载，在输出端必须加装克服反电动势的保护二极管。对于 MC1416 等，可使用内部的保护二极管。

3. 大功率驱动电路——固态继电器驱动电路

固态继电器(Solid State Relay,简称 SSR)既能实现控制回路与负载回路之间电隔离和信号耦合,又能实现放大驱动作用,很适合于驱动大功率开关式执行器件,是一种全部由固态电子元件组成新型的无触点开关的电子继电器。它利用电子元件(如开关三极管、双向可控硅等半导体器件)的开关特性,可达到无触点、无火花地接通和断开电路的目的,因此又被称为“无触点开关”。图 3-29 为过零型固态继电器的结构。

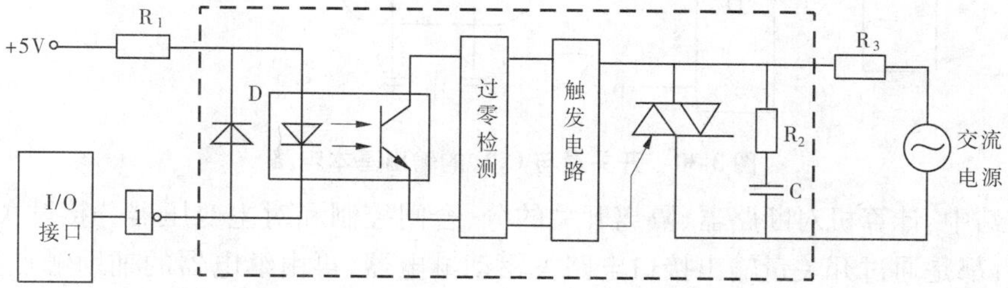

图 3-29 过零型固态继电器的结构

SSR 是一个四端组件,有两个输入端、两个输出端,其内部结构类似于晶闸管输出驱动电路。它由五部分组成:①光耦隔离电路是在输入与输出之间起信号传递作用,同时使两端在电气上完全隔离;②控制触发电路是为后级提供一个触发信号,使电子开关(晶体管或晶闸管)能可靠地导通;③电子开关电路用来接通或关断直流或交流负载电源;④吸收保护电路的功能是防止电源的尖峰和浪涌对开关电路产生干扰造成开关的误动作或损害,一般由 RC 串联网络和压敏电阻组成;⑤零压检测电路是为交流型 SSR 过零触发而设置的。单向直流固态继电器(DC SSR)的输出端与直流负载适配;双向交流固态继电器(AC SSR)的输出端与交流负载适配。输入电路与输出电路之间采用光电隔离,绝缘电压可达 2 500V 以上。

SSR 按使用场合可以分成交流型和直流型两大类,它们分别在交流或直流电源上作负载的开关,不能混淆。直流型 SSR 与交流型 SSR 相比,无过零控制电路,也不必设置吸收电路,开关器件一般用大功率开关三极管,其他工作原理相同。交流型 SSR 由于采用过零触发技术,因而可以使 SSR 安全地用在计算机输出接口上。

需要指出的是,在实际使用中要特别注意固态继电器的过电流与过电压保护以及浪涌电流的承受等工程问题,在选用固态继电器的额定工作电流与额定工作电压时,一般要远大于实际负载的电流与电压,而且输出驱动电路中仍要考虑增加阻容吸收组件。具体电路与参数请参考生产厂家有关手册。

(二)开关量的输出接口电路

图 3-30 为开关量与 CPU 的输出基本电路。计算机通过并行接口可同时输出 8 个开关量,经光电隔离送入复合管,功率放大后驱动一负载。负载的种类是很多的,可以是一个继电器或伺服电机,也可以是报警的铃或显示仪表等。输出 8 个开关量哪个是合(ON)、哪个是开(OFF)由计算机程序指定。输出信号的型式可以有两种,一种为闩锁型(开关型),一种为瞬时型。闩锁型如程序指令为合(ON),则只要不给出断开指令(OFF),就可以一直保持 ON 状态;反之,也是如此。而瞬时型,则是当程序给出合(ON)指令,在

一定时间之后(几毫秒至100毫秒)自动复归变成断开(OFF)状态。

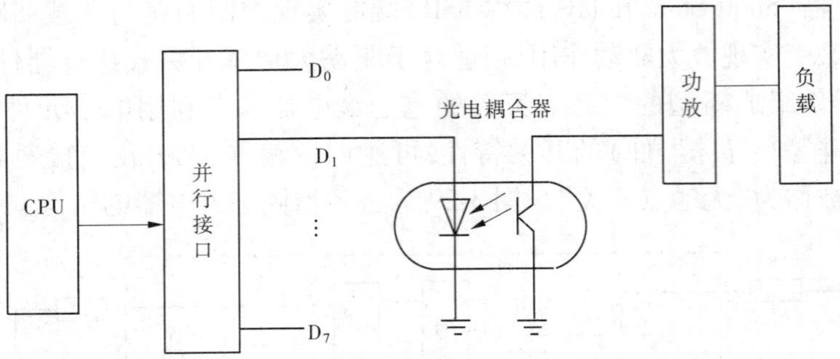

图3-30　开关量与CPU的输出基本电路

在电站中,计算机对断路器、隔离开关的分、合闸控制和对主变压器分接开关位置的调节命令,都是通过开关量输出接口电路去驱动继电器,再由继电器的辅助触点接通跳、合闸回路或主变压器分接开关控制回路而实现的。

计算机的主频很高,输出的命令(以数字形式出现)在计算机系统数据总线上只能存在很短时间,这就要求输出接口电路必须及时将系统数据总线的输出命令接收并保持,直至继电器能可靠动作。因此,输出接口电路常采用锁存器,锁存计算机输出的控制或调节命令。

图3-31是用D触发器作为锁存器控制发光二极管的电路。当微机对此端口进行输出操作(OUT ADR,AL)时,地址译码器输出信号ADR和IOW同时有效,数据(现仅用D_0位)到达数据总线。在LOW的后沿(上升沿),将D_0锁存到D触发器中,再通过反相驱动器74LS06控制发光二极管;若$LX=1$,则发光二极管亮。此外,取LOW的上升沿进行锁存是为了等待数据总线稳定。

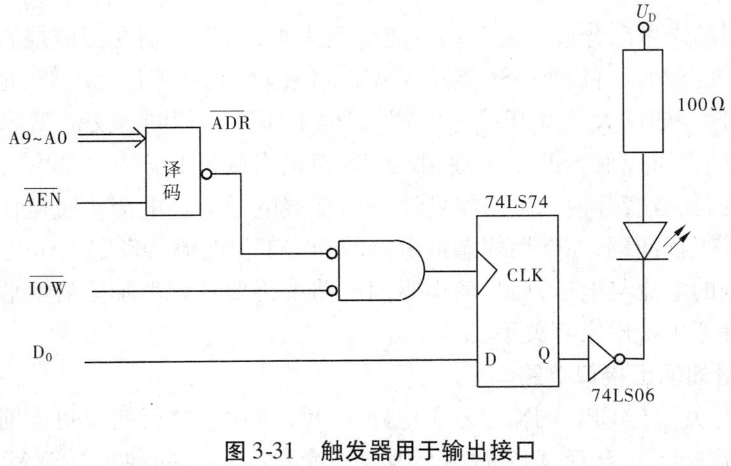

图3-31　触发器用于输出接口

图3-32为利用8D锁存器74LS273构成的8个开关量输出接口电路。该输出接口带三极管驱动,可驱动小型继电器。当CPU的某一位输出为高电平时,相应的位输出OUT便为高电平(近似于U_D);否则输出便为低电平。

通常由计算机控制的开关量输出装置的输出功率均较小,并且与现场设备相隔一定

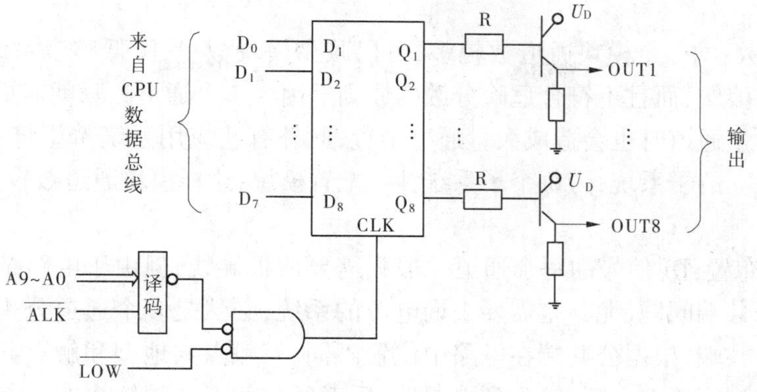

图 3-32　8 个开关量输出接口电路

距离,这可采用中间继电器加以解决。根据被控对象性质的不同,可采用带自保持的中间继电器输出方式,也可采用不带自保持的中间继电器输出方式。

三、开关量输入(DI)模块

DI 模块用于干接点(具有断开、闭合两种状态,本身无电压)、电子开关或电平触点信号的输入,无需转换,系统直接作为逻辑值输入。通常 DI 模块由阻容消抖、保护、光电隔离、施密特触发器消抖等环节组成,如图 3-33 所示。DI 模块的主要技术指标如下:

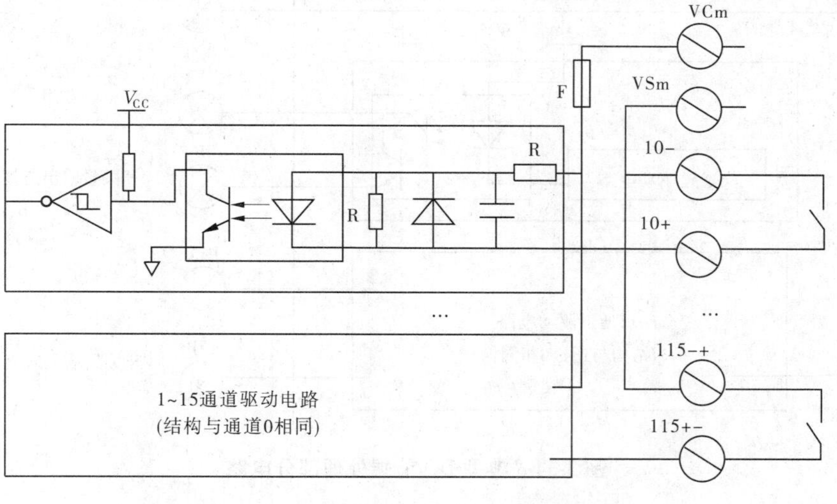

图 3-33　典型 DI 前端处理部分电路原理图

(1)触点类型:通常有机械开关(干接点)、电子开关或电平触发信号,其中电平触发信号主要有 24V 直流、48V 直流、220V 交流、220V 直流等几种。

(2)输入电平:当触点类型为干接点时,需要 DCS 提供触点电源,用来驱动输入级的光电耦合器,所需要的电源电压即为输入电平。

(3)隔离:通常 DI 的输入级采用光电耦合器隔离。

(4)消抖:触点抖动是客观存在的,因此 DI 在光电耦前一般设置滤波电路,在光电耦后设置施密特触发器进一步消除抖动,当然也可以采用软件消抖。消抖会延长 DI 的响应时间。

(5)通道数:同一个模块通道数较多,可以减少模块数量,降低整个系统造价。其缺点是容易造成浪费,而且不符合危险分散的原则。因为单个通道故障就需更换整个模块,同时仅需要少量通道时也会造成大量通道闲置,此外有些应用系统希望将被控对象划分为几个相对独立的子系统,为每个子系统独立配置模块,这样模块通道数较多时也容易造成浪费。

(6)端子布置:DI 信号的每个通道一般只需要两根导线,但由于电路结构的原因,通常存在一个公共端问题,尤其是需要查询电源的系统,必然是多个通道公用查询电源,因此一定存在公共端,根据公共端在电路中位置不同,有触点共地型和触点共源型两种,前者所有触点一端短接在一起,接入到电源地;后者所有触点一端短接在一起,接入到电源正极。有些 DI 模块内部电路设计已经确定了适用哪种类型,用户必须根据模块确定连接方式。

四、开关量输出(DO)模块

DO 模块用于输出闭合或断开指令,输出级通常采用电磁继电器或固态继电器。DO 模块电路结构比较简单,但由于输出信号通常直接送到执行器,其可靠性至关重要。典型的 DO 模块的结构如图 3-34 所示。

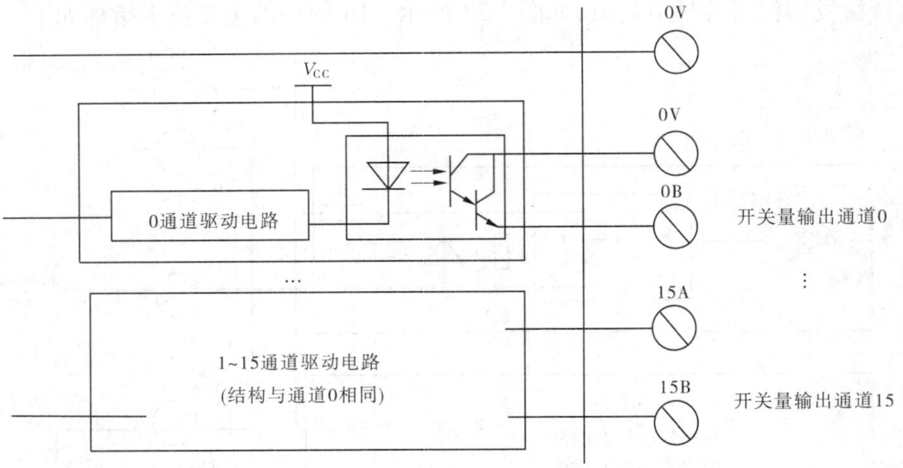

图 3-34　典型 DO 前端处理部分电路

DO 模块的主要技术指标如下:

输出开关类型:电磁继电器、固态继电器(晶闸管为核心),分交流、直流及通用型。

输出电路结构:源电流输出、漏电流输出,前者从模块流出电流到负载,后者从负载流出电流经过开关入地。

开关寿命:主要是电磁继电器型开关,动作寿命应达到规定值,通常在规定条件下动作寿命一般标称 10 万次,该寿命与电流和负载类型关系密切,尤其在感性时,容易出现因电弧导致的触点粘连,使控制功能失效。电子开关一般不存在动作次数寿命问题。

开关容量:一定负载电压条件下允许流过的最大电流值,必须满足负载的要求。

漏电流:对于电子开关,在断开指令条件下,仍然通过一定的电流,称为漏电流,必须根据负载技术指标,确定是否满足要求。

耐压:输出开关的最高允许工作电压,尤其在驱动大感性负载时,必须充分注意。

隔离电压:在保证可靠运行的前提下,输出开关与输出驱动级之间在短时间内允许的最大电位差。具体试验方法及指标在技术手册中有说明。

第五节　计算机数据采集系统

一、数据采集与处理概述

在现代工业生产过程的监测与控制系统中,数据的采集与处理是非常重要的一个环节,各种设备的参数通过传感器与仪表进行测量,然后输入计算机系统,才能进行数据分析与处理,并在此基础上进行设备的控制与管理。

计算机所采集的数据有几种不同的形式,根据传感器与测量仪表的输出,可以是模拟量也可以是开关量或数字量,这里主要介绍模拟量的采集与处理。

数据采集与处理是一个系统工程,涉及到几个方面的关键技术,其中主要包括下面三个方面:

(1)数据采集方法与程序设计。

(2)模数转换(A/D 转换)技术。

(3)信号处理与分析。

(一)数据采集方法

目前,数据采集与处理都使用计算机系统,计算机控制系统的工作过程就是信号的采集、处理和输出的过程。

然而,来自生产过程中的信息大多数是模拟信号,而计算机只能接受和处理数字信号。因此,在计算机控制系统中必须解决这两种信号的相互转换问题。由模拟信号到数字信号的转换以及由数字信号到模拟信号的转换,主要包含信号的采样、量化和保持几个过程。

1. 信号的采样

信号的采样过程是把时间和幅值上均连续的模拟信号,按一定的时间间隔转变为在瞬时 $0,1T,2T,\cdots,kT$ 的一连串脉冲序列信号的过程称为采样过程或离散过程。执行采样动作的装置叫采样器或采样开关,采样开关每次通断的时间间隔称为采样周期,采样开关每次闭合的时间称为采样时间或采样宽度。常把采样开关的输入信号 $y(t)$ 称为原信号,采样开关的输出信号 $y^*(t)$则称为采样信号。

2. 信号的量化

时间上离散而幅值上连续的采样信号仍不能直接进入计算机中,还需要进一步将这种采样信号转换为数字信号,这一转换过程称为量化过程。量化过程由 A/D 转换器实现。连续信号的分辨率是无限高的,也就必须用无限多个数值才能准确表示连续信号。

量化过程实际上是一个用 g 去度量采样信号幅值高低的小数归整过程,如同用单位长度(mm 或其他)去度量人的身高一样。A/D 转换器的字长 n 越大,其最低有效位(LSB)所对应的量化单位 q 就越小,量化误差也就越小。当 A/D 转换器的字长 n 足够大、量化误差足够小时,就可以认为量化后的数字信号近似等于采样信号,这时就可以沿用采样系统理论,来进行数字控制系统的分析。

3. 信号的保持

由于采样信号仅在采样时间有输出幅值,而其余时刻均输出为零。所以,在两次采样的中间时刻,无论是 A/D 转换,还是 D/A 转换,都有一个信号如何保持的问题。

在两次采样的间隔时间内,根据采样信号而复现原信号的装置称为保持器。当用常数函数、线性函数和抛物线函数去逼近两个采样时刻之间的原信号时,分别称为零阶保持、一阶保持和高阶保持。零阶保持器是最常用的一种信号保持器。

(二)采样数据的预处理

在对电厂生产过程进行数据采集和传输时,由于各种原因(如干扰),采集系统所采集的数据可能包含有一些不真实的数据,我们需要对这些数据进行适当的处理,以保证监控系统操作控制的可靠性和准确性。数据的处理常用的有标度变换、有效性检验、线性化处理、数字滤波、二次参数计算、越限报警处理等几项。

(三)数据采集基本原理

电站生产过程中的模拟量主要有三种类型:一是快速变化的交流量,如交流电压、交流电流等;二是变化缓慢的直流量,如控制母线直流电压和操作母线直流电压等;三是变化缓慢的非电流量,如温度、频率、压力、水位、位移等。对这些不同类型的模拟量可以采用不同的采样方式,目前采样方式可分为直流采样和交流采样两种。

直流采样是指将生产现场连续变化的模拟量先转换成直流变化信号,再送至 A/D 转换器进行转换,即 A/D 转换器所采集的模拟信号已是变化缓慢的直流信号。直流采样对 A/D 转换器的转换速率要求不高,软件算法简单,抗干扰能力强,但采样结果实时性差,不适合用于微机保护和故障录波。

交流采样是指对交流电流和交流电压采集时,输入至 A/D 转换器的是与电力系统的一次电流和一次电压同频率、大小成比例的交流电压信号。交流采样的实时性好,采样结果能反映原来信号的实际波形,便于对所测量结果进行波形分析。电站的有功、无功功率可通过采样所得参数(u,i)计算出来,不需设置有功、无功功率变送器。它对 A/D 转换器和采样保持器的要求高,且测量准确性与模拟量输入通道的硬件和软件算法都有关,采样和计算程序较复杂。

随着大规模集成电路技术的提高,A/D 转换器的转换速度和分辨率也不断提高,且采样算法有多种方法可供选择,采用交流采样是发展趋势。

(四)模数转换(A/D 转换)技术

模拟传感器输出的信号一般为连续的电压或电流信号,这种信号一般是时间的函数,在某一时域内是一条连续的曲线,例如压力脉动、温度上升信号。

计算机处理信号时,只能处理离散的数字信号,因此传感器输出的信号必经过 A/D 转换,才能被计算机所采用。担负 A/D 转换的设备称为 A/D 转换器。

（五）信号处理与分析

通过 A/D 转换器及计算机数据采集系统所获得的信号已成为离散的数字信号，这些信号很难直接说明问题，要想了解被测量的规律、特点及影响因素，必须进行信号的分析与处理。

数字信号的分析与处理有很多内容，其中主要有波形检测、峰—峰值计算、有效值计算、相关分析、频谱分析等。一般信号分析有时域分析与频域分析，分别分析信号的时域特点与频域特点。

1. 波形分析

波形分析属于时域分析的范畴，它是对某信号波形随时间的变化特性进行分析，其内容主要有波形的时间分布、幅值分析、振动的周期及周期变化三个方面。

2. 频域分析

频域分析是对波形的频率特性进行的分析，通过分析波形的变化频率，各种频率在全部波形中所占的比重的计算，寻找振动（波动）的原因及各种振动之间的关系。频域分析常包括相关分析（包括自相关分析和互相关分析）、频谱分析等内容。

二、小型计算机数据采集系统

数据采集系统（Data Acquisition System，简称 DAS）是发电机组自动控制系统中一个重要组成部分，特别是微机分散控制系统的广泛应用，更加强调了数据采集系统的工作。数据采集系统经历了模拟显示向数字处理、显示、存储发展的过程，大致可分为单元仪表、组合仪表、组件组装仪表、小型计算机、微机分散控制系统五个阶段。由于以微处理器为基础的微型计算机及数据通信网络的广泛应用，微机分散控制系统进入了机组自动化领域，使得数据采集系统不仅包括了对现场热工参数的数据处理、显示、存储、打印等基本功能，而且在运行操作指导、故障分析、统计报表等方面取得了长足的发展。

随着发电机组的容量增大，发电过程对数据采集系统的依赖性越来越大，传统的热控系统已不能满足机组安全、经济运行的要求。微机分散控制系统顺应了这一电力发展阶段，使数据采集系统不仅满足了机组运行的基本要求，而且其高智能化、高可靠性的优势，为机组安全经济运行提供了可靠的帮助。

数据采集系统通常由数据采集、机组性能计算、顺序事件记录及报警显示等部分组成。大致有两种不同类型的数据采集系统：一类是小型机集中进行数据处理的，其大致由硬盘系统、打印机、历史数据存储站、工程师工作站以及卡件柜、端子柜、CRT 等构成，为提高系统整体可靠性，此类数据采集系统的通信网络、CRT 和打印机作冗余配置；另一类是采用微机分散系统构成数据采集系统，其大致由操作站、CRT、工程师工作站、打印机、计算站、历史数据记录站及机柜、端子柜等组成，冗余配置包括网络通信设备、重要组件（模件）等。

小型计算机构成的典型数据采集系统如图 3-35 所示。

小型计算机数据采集系统采用双总线式结构，即内存总线与 I/O 总线分开。系统中所有的过程变量经过程通道连接在 I/O 总线上，其中包括各种模拟量输入、开关量输入、脉冲量输入、模拟量输出、开关量输出等。在 I/O 总线上还挂有专用接口，用以连接其他

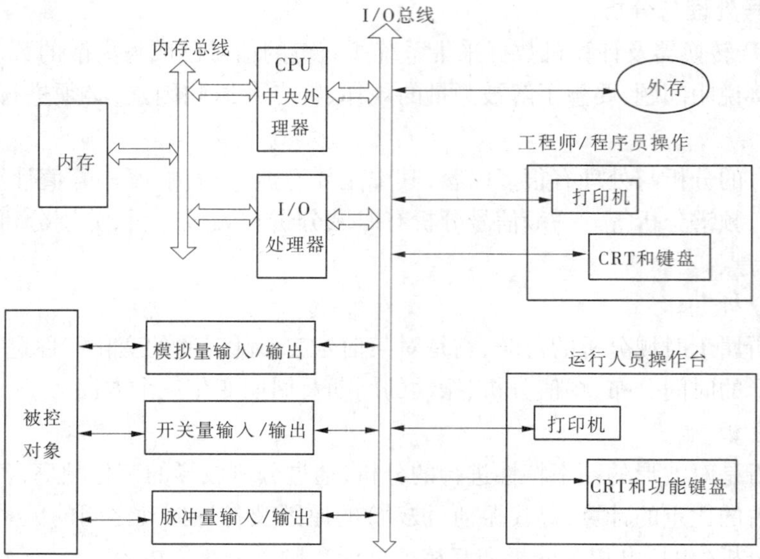

图 3-35　**小型计算机数据采集系统**

计算机装置或系统。在 I/O 总线上挂有硬盘驱动器,用以存储操作系统、各种文件及数据。磁盘由专门的文件管理系统进行管理。主要人机联系设备有运行人员操作台、工程师操作台和程序员操作台,亦挂在 I/O 总线上。小型计算机构成的数据采集系统具有的特点是由于小型计算机一般设有专门的 I/O 总线和 I/O 处理机,可以加快 I/O 处理的速度和提高外围设备与主机之间工作的并行程度。小型计算机具有比较强的外部设备驱动能力,因此可以满足各种不同层次的数据处理要求。

三、微型计算机分散系统数据采集系统

数据采集系统的构成方式主要有集中式、分布式及集散式(DCS)三种,如图 3-36 所示。

集中式数据采集系统由一台或多台数据采集主机以及若干过程输入/输出模件(AI 模板、AO 模板、DI 模板、DO 模板、PI 模板)组成。输入/输出模件实现过程信号的输入与输出,主机完成数据采集与数据处理,并负责与操作网络的数据通信。集中式数据采集系统的特点是:由于相对独立于其他系统,其数据共享的能力较差,进入系统的数据主要是用于监视的过程量,主要、重要数据也相对独立于其他用于控制的过程量,所以这类数据采集系统必须与传统的盘台仪表相互共存;其结构简单,因其完全依赖于主机工作,故对主机性能要求较高,主机故障将使整个系统瘫痪。因此,这种方式一般只用在小系统上。

分布式数据采集系统利用多个数据采集前端(I/O 前端)采集过程参数,I/O 前端通过 I/O 网络以通信方式将数据传送到主机进行分析、存储与处理。一个 I/O 前端一般可接收多路过程信号,且能够安装在现场环境中,节约了大量信号传输电缆;另外,数据采集主机容易实现冗余配置,进一步提高了系统的可靠性。

集散方式的数据采集系统利用 DCS(集散控制系统)进行数据采集,微机分散控制系统具有高度的数据共享能力。此类数据采集系统,尽管从形式上是独立系统,但不再是独

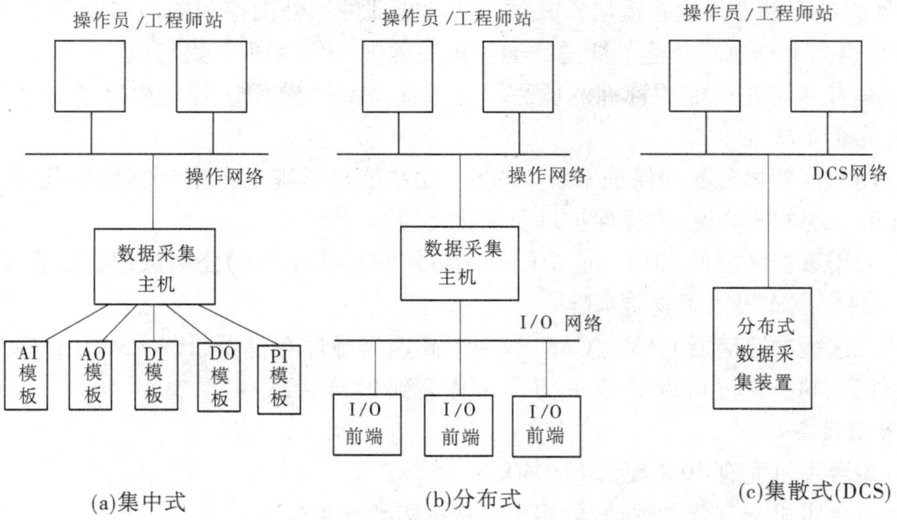

图 3-36　DAS 数据采集系统的构成方式

立于其他系统而获取所有数据。为使数据一致,数据采集系统大量地从其他系统采集各种数据,有的甚至是经过前置处理或计算的中间变量。在这种系统结构下,数据采集包含了机组发电过程中几乎全部非电量测量数据(机组控制系统输入、输出量)的处理、显示、报警、记录、存储等基本内容,还包括数据统计、数据分析、操作指导、故障分析等事务,并与模拟量控制系统、顺序控制系统、调速系统等构成完整的机组监控系统。因其具有可靠性高、数据开放性好、系统维护方便等优点,目前 DCS 为大多数系统所采用。

相比之下,前两种一般适用于小机组或旧机组改造,目前对于大型机组来说,由于本身已经配备了 DCS,DAS 功能都由 DCS 实现。

四、应用实例

(一)火电厂小型计算机数据采集系统

在我国目前投运的众多小型计算机数据采集系统中适用于 300MW 机组的国产机种主要有 HN－3000 计算机(即法国 Solar 机)、PDP11 计算机等。

HN－3000 计算机安全监视系统是我国从国外引进的第一条成套计算机生产线生产的,它有 4 个档次,现在采用的监视系统主机是 HN－3070 高档机,分为 200MW 单机安全监视系统和 300MW 双机安全监视系统两种,以下以某 2×300MW 机组为例进行介绍。

1. 系统硬件配置

系统硬件配置主机采用 HN－3070 型高档机,内存 256MB,字长 16 位,具有以下特点:

(1)双 CPU 系统。采用两套主机,互为备用设备,工作主机发生故障时,通过扩充机将备用设备自动投入,切换时间为 5s。

(2)双总线系统。采用存储总线(M 总线)和 I/O 总线的高性能双总线系统。通过 M 总线与存储器相连的限于各种处理器,包括 CPU、输入输出管理机 IOP、32 位浮点运算器

FFP、高速缓冲存储器及内存模块。其余一切功能部件和外围控制器均与I/O总线相连。同时CPU也与I/O总线相连。M总线通过扩展部件CBX实现双机切换。

(3)具有多任务和资源管理的微程序化系统MTS。它用于管理程序的分层结构系统,优化系统资源。

(4)动态存储再分配和保护系统DAPS。此系统可以满足小型计算机的几项基本运行要求(即系统的安全性、内存保护以及优化使用)。

(5)公用数据区硬件CDA。这个硬件为各用户提供了访问公用数据区的直接指令,为建立实时数据库提供了物质基础。

(6)高速缓冲存储器CAM。CAM为一个高速半导体存储器,HN-3070计算机加上CAM选件后,执行速度可以由67.8万次/s提高到97.1万次/s。

2. 外围设备

(1)每台主机配有40M硬盘FHD40。

(2)每台主机配有软盘驱动器,用户可根据需要配置软盘。

(3)配有一台电传打字机TWK-60,接至2号主机A。

(4)配有两台带键盘的显示终端VDT-15Q,其中一台与1号主机相连,构成工程师站;另一台通过MXR-04接口与扩充机相连,与打字机一起构成程序员站。

(5)通过彩显接口GPL/32接有二台CRT,另有一台CRT备用,每台CRT对应有运行操作键盘COK-00一台,COK-00通过接口MXR-04与扩充机相连,构成二台运行员站。

(6)三台汉字打印机AR2463通过MXR-04与扩充机相连。

3. 过程通道配置

(1)高速工程测量系统LMH20两套,一套加两个IMX-00扩充箱以实现384点模拟量输入,另一套加一个IMX-00扩充箱以实现256点模拟量输入。

(2)4路模拟量输出的模块AOL04共4块,两块输出信号为4~20mA DC,另两块输出信号为0~10V DC。

(3)32路中断型开关量输入模块D1C32共2块,每块可实现32路光电隔离型的开关量输入信号。

(4)48路开关量输入模块DIL48共12块,以实现576点一般开关量输入。

(5)33路开关量输出模块DOC32一块。

(6)4路脉冲量计数器DCT04共2块,用于系统内部时钟和外部脉冲量输入通道。

4. 实际画面应用

该工程的画面设计主要有模拟图、条形图、相关趋势图、中断型相关图、启停曲线图、一览表、成组参数等。其具体数量及主要内容如下:

(1)模拟图32幅,反映主设备系统以及按工艺分类的各子系统运行状态。

(2)条形图20幅,反映再热器壁温、过热器壁温、辅机轴温、线圈温度等。

(3)相关趋势图25幅,反映汽包水位、主蒸汽压力等重要参数为中心的变化趋势画面。

(4)中断型相关图7幅,在汽包水位越限、炉膛灭火、汽机超速等事故状态下自动推出的画面。

(5)锅炉启动曲线2幅,反映热态启动、冷态启动的画面。

(6)启停曲线图5幅,反映锅炉点火准备、汽轮机冲转准备、汽轮机转速保持、并网加负荷、机组正常运行的画面。

(7)曲线图,25个重要模拟量前24h内任一区域的曲线。

(8)趋势图,任意4个模拟量组成的一幅画面。

(9)成组参数14组,按工艺系统分组的成组参数画面。

(10)事故追忆参数2组,共64点。

(11)一览表,包括模拟量一览、开关量一览、模拟量报警一览、开关量报警一览、各种标号一览等。

5. 二次计算及性能计算应用

该工程主要的二次计算项目有辅机运行时间累积、电气参量累积、流量累积、超温时间累积、最大值、温差和温升、平均值、补偿计算、变化率等。

该工程主要的性能计算项目有锅炉效率、汽轮机效率、汽轮机热耗率、发电效率、供电效率、煤耗量等。

(二)水电站的小型计算机数据采集系统实例

水电站计算机监控系统的数据采集系统的任务,就是采集各类传感器输出的模拟信号并转换成计算机能识别的数字信号,然后送入计算机;计算机根据需要进行相应的计算处理并输出,以便实现对水电站生产过程的监控。

为了保证对水电站运行情况进行实时的调节控制,要求水电站计算机监控系统能对水电站运行过程中的各种参数进行连续的测量,并把测量结果及时传送给计算机进行计算分析,以便操作人员能实时掌握、了解水电站的运行状态;同时根据需要,计算机还要将检测结果通过通信网络传送到上一级控制系统,此项工作将由计算机数据采集系统来完成。

目前,水电站的计算机数据采集系统一般采用集中分散控制系统。图3-37为DATASCAN－7000型分散式数据采集系统结构。

该系统结构为集中－分散式水电站数据采集系统。下位机负责数据采集、数据扫描,然后通过RS－485串行总线送至上位机进行处理。它通过RS－485总线经一个网络接口模块与上位机相连。下位机的构成包括测量控制模块、模拟量扫描模块、数字量扫描模块、RS－232总线等。各模块的作用如下:

(1)测量控制模块。它是数据采集系统的核心模块,用以完成测量和控制。测量控制模块的核心是一个微处理器、存储器及高性能的模/数转换器。

(2)模拟量扫描模块。此模块的作用是在测量控制模块控制下,对经过传感器的模拟信号进行采集。输入的信号类型和传感器类型可以是直流电压、直流电流、热电偶、铂电阻温度计、电阻传感器、应变片等。一个扫描模块可接16路模拟信号,通过扫描模块扩展总线进行扩充。此模块通过内部的电源和接口电路与大地隔离,具有很强的抗共模干扰能力。

(3)数字量扫描模块。此模块的作用是监测开关量输入以及低频计数输入信号,也可在测量控制模块控制下输出开关信号,还可进行频率测量、周期测量、事件计数等。

以上是 DATASCAN－7000 型分散式数据采集系统的基本原理,其他类型产品的基本功能是大同小异的。在水电站的实际应用中,这些系统还应根据现场的实际情况进行软件的二次开发。但不论哪种情况,其目的都是向计算机提供足够的信息,便于计算机对其进行分析、计算,以实现实时控制,并随时记录设备运行的数据、状态,保证水电站运行的安全、可靠和高效。

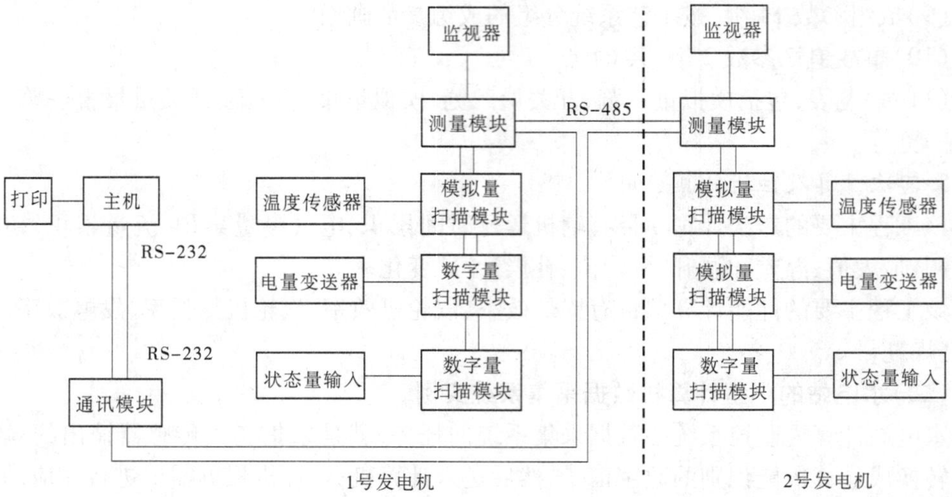

图 3-37　DATASCAN－7000 型分散式数据采集系统结构

复习思考题

3-1　计算机监控系统过程通道的作用?

3-2　计算机监控系统过程通道的结构、组成及各部分的作用?

3-3　水电厂非电量测量和电量测量的对象分别是哪些物理量?

3-4　模拟量输入/输出通道的工作原理? 脉冲量输入/输出通道的工作原理?

3-5　各个功能模块(DI、DO、AI、AO)的工作程序?

3-6　计算机数据采集系统一般由哪几个部分组成?

3-7　传感器输出信号一般通过什么方式输入计算机?

3-8　采样/保持电路的意义及工作原理?

第四章　可编程序控制器的应用

可编程序控制器(Programmable Logic Controller,简称 PLC)是以微处理器为基础,综合计算机技术、自动控制技术和通讯技术发展起来的新型工业控制装置。它使用可以编程的记忆单元来存储指令,执行数字的和逻辑的运算,并通过数字量输入、输出实现对工业生产过程的控制。PLC 结合了传统的继电器技术和计算机信息处理技术的优点,广泛应用于工业自动化领域中。它在各种电站的自动控制中也得到了日益广泛的应用,如水电站机组的开停机控制,辅机控制、调节系统、闸门控制等。

第一节　可编程序控制器概述

一、可编程序控制器的概念

随着电子技术的发展,集计算机、仪器仪表、电器控制"三电"于一体的可编程序控制器改变了原传统的以"硬"接线程序控制方式为存储程序的控制方式,即通过运行事先编制好并存于程序存储器中的用户程序来完成控制功能,在控制要求改变时只需修改存储器中的用户程序即可。图 4-1 为以可编程序控制器为核心的控制系统框图。

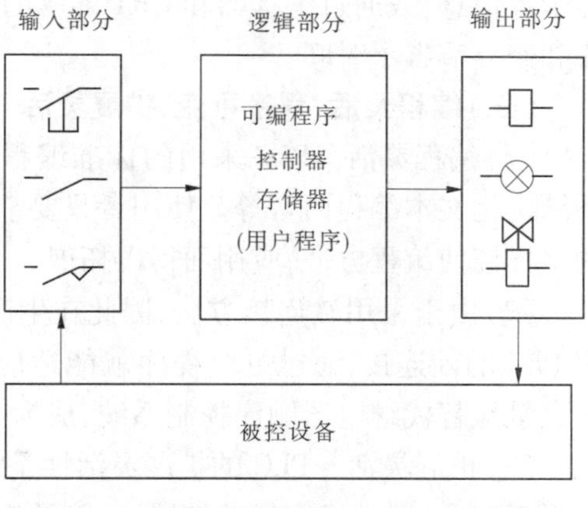

图 4-1　可编程序控制器控制系统框图

可编程序控制器以其高性能、组合灵活、编程简单、维护方便等独特优势,被越来越广泛地应用于国民经济的各个领域。

随着可编程序控制器的不断发展,对它所下的定义也是不断发展的。国际电工委员会(International Electrical Committee)就分别于 1982 年、1985 年和 1987 年颁布了可编程序控制器第一、二、三版定义。1987 年的第三版对可编程序控制器作了如下定义:可编程序控制器是一种专门为在工业环境下应用而设计的数字运算操作的电子装置。它采用可以编制程序的存储器,用来在其内部存储执行逻辑运算、顺序运算、计时、计数和算术运算等操作的指令,并能通过数字式或模拟式的输入和输出,控制各种类型的机械或生产过程。可编程序控制器及其有关的外围设备都应按照易于与工业控制系统形成一个整体,易于扩展其功能的原则而设计。

上述的定义表明,可编程序控制器是一种能直接应用于工业环境的数字电子装置,它可通过编程完成所需的各种运算,能友好地与外部设备连接并进行信息交换,从而能在电站的自动控制中得到适当的应用。

二、可编程序控制器的特点

（一）可靠性高、抗干扰能力强

PLC 用软件代替大量的中间继电器和时间继电器，仅剩下与输入和输出有关的少量硬件，因触点接触不良造成的故障大为减少。

PLC 采取了光电隔离、滤波、Watchdog（“看门狗”）电路、抗震外壳等一系列硬件抗干扰措施和相应的软件抗干扰措施，具有很强的抗干扰能力，平均无故障时间达到数万小时以上，可以直接用于有强烈干扰的工业生产现场，PLC 已被广大用户公认为最可靠的工业控制设备之一。

（二）操作简便、编程简单、维修方便

（1）操作简便。PLC 控制系统采用软件编程来实现控制功能，其外围只需将信号输入设备（按钮、开关等）和接收输出信号执行控制任务的输出设备（如接触器、电磁阀等）与 PLC 的输入/输出端子连接即可，安装简单、工作量小。

（2）编程简单。梯形图是使用最多的 PLC 的编程语言，其电路符号和表达方式与继电器原理图相似。梯形图语言形象直观，对电气技术人员来说，很容易学习和掌握。

（3）维修方便。PLC 具有自诊断功能，所以对维修人员的技能要求低。当系统发生故障时，通过硬件和软件的自诊断，维修人员可根据有关故障代码的显示和故障信号灯的提示等信息，或通过编程器和 CRT 屏幕的显示，直接找到故障所在的部位，为迅速排除故障和修复节省了时间。

（三）编程灵活、程序可变、扩展灵活

（1）编程灵活。PLC 采用的标准编程语言有梯形图、语句表、功能表图、功能模块图和结构化文本编程语言等。使用者只要掌握其中一种编程语言就可进行编程，编程方法的多样性使编程方便，应用面得以拓展。

（2）由于采用软连接方法，因此在生产工艺流程更改或者生产设备更换后，可不必改变 PLC 的硬连接，通过更改程序就能适应生产的需要。正是由于编程的柔性特点，PLC 能大量地替代继电器顺序控制系统，成为当今工业控制领域的重要控制设备。

（3）扩展灵活。PLC 的扩展灵活性是它的一个重要特点。它可根据实际应用的需要而不断扩展，即进行容量的扩展、功能的扩展、应用和控制范围的扩展。它不仅可以通过增加输入、输出卡件增加点数，通过扩展单元扩大容量和功能，也可以通过多台 PLC 的通信来扩大容量和功能，甚至可通过与集散控制系统（DCS）或其他上位机的通信来扩展其功能，并与外部设备进行数据的交换等。这种扩展的灵活性大大方便了用户。

（四）体积小、重量轻、能耗小

由于 PLC 是专为工业控制而设计的，其结构紧凑、坚固、小巧，易于装入机械设备内部，是实现机电一体化的理想控制设备。

三、可编程序控制器的发展和应用

PLC 在国内外已广泛应用于能源、交通、水利、电力、机械、汽车、环保、建筑、冶金、采矿、娱乐等各行各业，已经成为现代工业自动化三大支柱（可编程控制器、机器人、计算机辅助设计与制造)的主导地位,并不断向高性能、高速度、大容量和系列化、通用化方向发展。

PLC 既可用于开关量控制,又可用于模拟量控制;既可用于单机控制,又可用于组成多级控制系统;既可控制简单系统,又可控制复杂系统。其应用大致可分为以下几种类型。

(一)逻辑和顺序控制

这是最基本的应用范围,它的主要功能是完成开关逻辑运算和进行顺序控制。可用 PLC 取代传统继电接触器控制,如机床电气、电机控制等;亦可取代顺序控制,如锅炉上料、电梯控制等。总之,PLC 可用于单机、多机及生产线的自动化控制。

(二)运动控制

运动控制是通过配用 PLC 生产厂家提供的单轴或多轴等位置控制模块、高速计数模块等来控制步进电机或伺服电机,从而使运动部件能以适当的速度或加速度实现平滑的直线运动或圆周运动,可用于机械手、机器人等设备的控制。

(三)过程控制

过程控制是通过 A/D、D/A 转换模块及智能 PID 模块实现对生产过程中的温度、压力、流量、速度等连续变化的模拟量进行单回路或多回路闭环调节控制,使这些物理参数保持在设定值上,在水电生产过程中有着广泛的应用。

(四)数据处理

PLC 具有数学运算、数据的传输、排序、移位以及数制转换、位操作、编码、译码等功能,可以完成数据的采集、分析和处理任务。这些数据可以与存储在数据存储器中的参考值进行比较,也可以传送给其他的智能装置或者输出到打印机打印制表。数据处理一般用于大、中型控制系统,如过程控制系统等。

(五)多级控制

多级控制是指利用 PLC 的网络通信功能模块及远程 I/O 控制模块,实现多台 PLC 之间的链接以及 PLC 与上位机的链接,以达到上位机与 PLC 之间、PLC 与 PLC 之间的指令下达、数据交换和数据共享。这种由 PLC 进行分散控制、计算机进行集中管理的方式,能够完成较大规模的复杂控制,实现整个工厂生产自动化。

第二节　可编程序控制器的工作原理

一、可编程序控制器的一般结构

PLC 是一种适用于工业级控制的专用电子计算机。因此,虽然 PLC 生产厂家众多,产品功能和指令系统存在差异,但其结构和工作原理却非常相似,都采用了典型的计算机结构,主要由中央处理器(CPU)、存储器、输入/输出接口、电源、I/O 扩展接口、编辑器等部分构成。PLC 的硬件系统结构框图如图 4-2 所示。

PLC 内部采用总线结构,外部各种开关信号、模拟信号、数字信号均可作为 PLC 的输入变量,经 PLC 的输入接口输入到内部数据寄存器,然后在 PLC 的内部进行逻辑运算或数据处理后,以输出变量的形式送至输出接口,从而驱动电磁阀、接触器、电机等各种输出设备。可编程序控制器各部分及其作用如下。

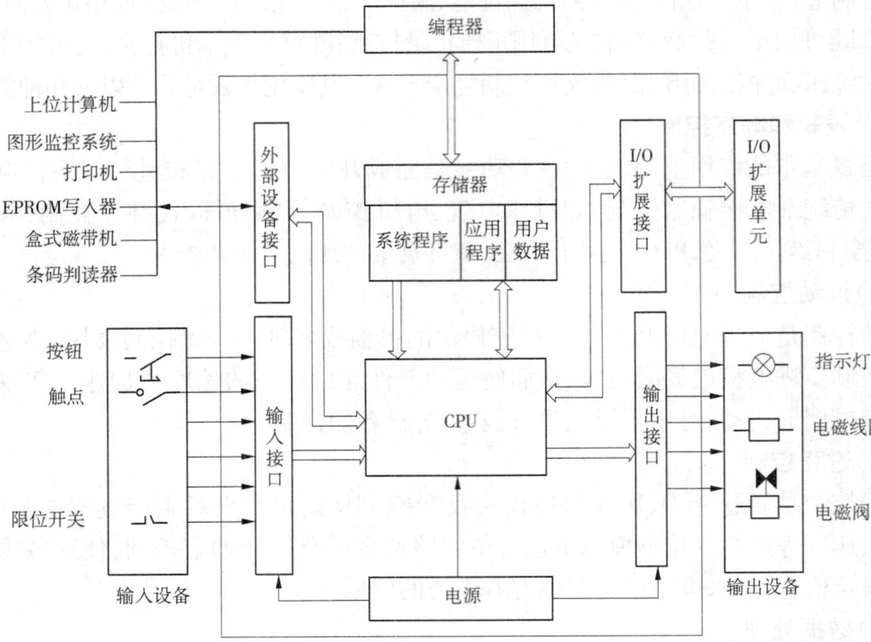

图 4-2　PLC 硬件系统结构框图

(一)中央处理器(CPU)

同一般的微处理机一样,CPU 是整个 PLC 的核心。由控制器和运算器组成,并通过内部总线同存储器及输入/输出接口电路相连。

中央处理器接收并存储用户程序和数据,检查电源、存储器、I/O 以及警戒定时器的状态,并能诊断用户程序中的语法错误。PLC 运行时,首先以扫描的方式接收现场各输入装置的状态和数据,并分别存入存储器中,然后从用户程序存储器中逐条读取用户程序,经过解释后按指令的规定执行逻辑或算术运算,将运算的结果送入输出映像区的各输出状态或送入到输出到寄存器内的数据传送到相应的输出装置,如此周期循环。

(二)存储器

与普通微机系统中的存储功能相似,PLC 的存储器用来存储系统程序和用户程序及数据。用来存放系统管理程序的存储器称为系统程序存储器,常由 EPROM 构成,在使用过程中只能读出不能写入。存放用户应用程序的存储器称为用户程序存储器,常由 RAM 构成,在使用过程中可以随机读出和写入,常用高效的锂电池作后备电源,停电后 RAM 中数据可保存 4 ~ 5 年。

PLC 中已提供了一定容量的存储器供用户使用,但对有些用户可能还不够,因此大部分 PLC 都提供了存储器扩展功能,用户可以将新增的存储器扩展模块直接插入 CPU 模板中,也有的是插入中央基板中。

(三)输入/输出(I/O)单元

输入/输出单元是 PLC 与工业控制进行连接的钮带。PLC 的输入单元用来接收生产过程中的各种参数和各类控制信号。输出口用来送出 PLC 运算后得出的信息,并通过执行机构完成工业现场的各类控制。PLC 的输入/输出单元主要有开关量输入/输出单元、模拟量输入/输出单元、智能输入/输出单元。

从应用的角度来看,开关量输出单元的应用面比较广泛。开关量输出单元的作用是把 PLC 内部的标准信号转换成现场执行机构所需的开关信号。开关量输出单元按 PLC 内使用的器件可分为继电器型、晶体管型、晶闸管型。继电器型的输出单元可用于交流及直流电源,可靠性高,但开关频率最低;晶体管型的输出单元有较高的开关频率,只适用于直流驱动的场合;晶闸管型的输出单元仅适用于交流驱动的场合。

(四)外部设备接口

外部设备接口是 PLC 实现人机对话、机与机联系的通道。外部设备主要有编程器、彩色图形显示器、打印机等。

(五)电源

PLC 的电源是指将外部输入的交流信号经过整流、滤波、稳压等处理后转换成满足 PLC 的 CPU、存储器、输入/输出接口等内部电路工作需要的电流电源电路或电源模块。为减少电源间的相互干扰,输入/输出接口电路间的电源彼此相互独立。

(六)输入/输出扩展单元

若主机(基本单元)的 I/O 点数不能满足输入/输出设备点数的需要,可以通过此接口用扁平电缆线将 I/O 扩展单元与基本单元相连,以增加 I/O 点数。

(七)编程器

编程器是编制、调试、监控用户程序的主要外部设备,是用以实现人与 PLC 联系和对话的工具。它通过 RS-232C 外设通信接口(或 RS-422 接口)与 CPU 连接,实现人机对话。常用的是手持编程器,它须联机编程,可一机多用;同时还可通过 PLC 的 RS-232C 外设通信口与计算机联机,利用计算机进行编程和监控比手持编程器更加直观和方便。

除了上面介绍的这几个主要部分外,PLC 还配有和各种外围设备的接口,均用插座引出到外壳上,可配接编程器、上位计算机、打印机、图形监控系统以及 A/D、D/A、串行模块等,可以十分方便地用电缆和主机的 CPU 进行连接,以完成相应的操作。

二、可编程序控制器的基本工作原理

(一)PLC 的工作方式和工作过程

PLC 虽然以微处理器为核心,具有微机的许多特点,但它的工作方式却与微机有很大不同。微机一般采用等待命令或中断的工作方式,如常见的键盘扫描方式或 I/O 扫描方式,当有键按下或 I/O 动作时,则转入相应的主程序或中断服务程序;若无键按下,则继续扫描等待。PLC 则采用循环扫描的工作方式,即"顺序扫描,不断循环",这种工作方式是在系统软件控制下进行的。当 PLC 运行时,CPU 根据用户按控制要求编制好并存于用户存储器中的程序,按指令序号做周期性的程序循环扫描,如果无跳转指令,则从第一条指令开始逐条顺序执行用户的程序,直到程序结束,然后重新返回第一条指令开始下一轮的循环扫描。在每次扫描过程中,还要完成对输入信号的采样和对输出状态的刷新等工作,如此周而复始。

因此,PLC 的工作过程大致可分为输入处理、程序执行、输出处理三个阶段,并进行周期性循环。PLC 的扫描工作过程如图 4-3 所示。

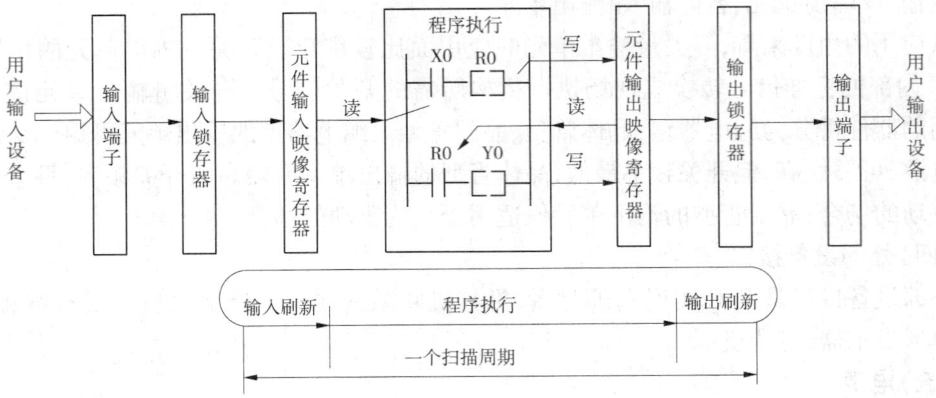

图 4-3　PLC 的扫描工作过程示意图

(1)输入处理(又称输入刷新)。PLC 在输入刷新阶段,首先以扫描方式按顺序从输入锁存器中读入所有输入端子的输入状态或数据,并将其存入内存中为其专门开辟的暂存区——输入状态映像区中,这一过程称为输入采样或输入刷新。随后关闭输入端口,进入程序执行阶段。

(2)程序执行阶段。PLC 在程序执行阶段,按用户程序顺序扫描执行每条指令,从输入状态映像区中逐条读取输入信号的状态,经过相应的运算处理后将结果写入输出状态映像区。即使输入端状态有变化,输入状态映像区中的内容也不会改变。变化了的输入信号的状态只能在下一个扫描周期的输入刷新阶段被读入。

(3)输出处理(又称输出刷新)。同输入状态映像区一样,PLC 内存中也有一块专门的区域,称为输出状态映像区。当程序所有指令执行完毕时,输出状态映像寄存器的通断状态在 CPU 的控制下一次集中送至输出锁存器中,并通过一定的输出方式输出,推动外部相应执行元件工作,这就是 PLC 的输出处理。

经过输入处理、程序执行和输出处理三个阶段,PLC 完成一个扫描周期。这种周而复始的工作方式称为循环扫描工作方式。完成一次扫描(I/O 刷新、程序执行和监视服务)所需的时间称扫描周期。扫描周期的长短主要取决于三个因素:①CPU 执行指令的速度;②每条指令占用的时间;③执行指令条数的多少,即用户程序的长短。扫描周期越长,系统的响应速度越慢。

(二)PLC 的编程方式

PLC 是专为工业环境而设计的工控设备,其显著特点之一就是编程语言面向工业控制,面向用户,并且简单易懂,易于为熟悉继电器控制电路的广大电气技术人员所理解和掌握。PLC 的编程语言常用的有梯形图语言、指令表语言、顺序功能图、功能块图、结构文本等,但普遍使用的则是梯形图语言和指令表语言。下面重点介绍一下梯形图语言。

1. 梯形图中的符号

梯形图语言是一种图形语言,它在形式上沿袭了传统电气控制系统原理图,编程时可直接画出梯形图,形象、直观、易懂,很容易被一般的电气设计人员所接受,是目前用得最广泛的 PLC 语言，也是初学者的首选编程语言。所有生产厂家的 PLC 都支持梯形图语言。它将 PLC 内部的各种编程元件（如输入继电器、输出继电器、定时器、计数器等）和命令用特定的图形符号和标注加以描述，并赋予一定的意义。

梯形图就是按照控制逻辑的要求和连接规则将这些符号进行组合和排列所构成的表示 PLC 输入、输出之间关系的图形。其中，触点代表逻辑输入条件，如外部的开关、按钮和内部条件等；线圈代表逻辑输出结果，用来控制外部的指示灯、交流接触器等。

梯形图语言沿用了继电器接触控制中的触点、线圈、串联、并联等术语，图形的形式与继电器电气原理图相似，只是元件符号有所不同。表 4-1 给出了几个元件的对应图符。

表 4-1　几个元件的对应图符

项目	常开触点	常闭触点	线圈
继电器原理图	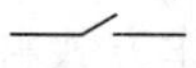		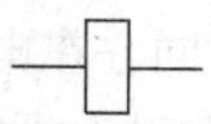
梯形图图符	—| |—	—| |—	—( )

应该注意，梯形图图符并不是物理实体，只有概念上的意义，即只是软件中使用的编程元件。每一个软件继电器实际上仅对应于 PLC 工作数据存储区中的一个存储单元（位），当该单元的状态为逻辑 1 时，相当于该继电器的线圈接通，对应的常开、常闭触点都动作。

以辅助继电器为例，如果该继电器存储单元为逻辑状态 1，对应编程元件的线圈“通电”，其常开触点接通、常闭触点断开，称该编程元件为逻辑 1 状态，或称该编程元件为 ON（接通）状态。如果该存储单元为逻辑 0 状态，梯形图中对应的编程元件的线圈“断电”，其常开触点断开（即复位）、常闭触点闭合（即复位），称该元件为逻辑 0 状态，或称该元件为 OFF（断开）状态。

在梯形图语言中，可以把对数据进行操作处理的命令看成一种特殊、广义的输出元件，用方框或方括号表示。有若干常开或常闭触点组成的逻辑电路与方框串联，作为执行该指令的条件。

2. 梯形图语言的格式与特点

（1）每个梯形图由多层梯级（或称逻辑行）组成，每层梯级起始于左母线，经过触点的适当连接，最后通过一个继电器线圈终止于右母线，但有些 PLC 把右母线省略了。每层梯级实际上代表了一个逻辑方程。

（2）梯形图中左右母线表示假想的逻辑电源，当一梯级的逻辑运算结果为逻辑 1 时，表示有一个假想的“能流”自左向右流动。能流只能自左向右流动，利用能流这一概念可以帮助技术人员更好地理解和分析梯形图。

（3）梯形图中某一编号的继电器线圈一般情况下只能出现一次（除了有跳转指令和步进指令程序以外）；而同一编号的继电器的常开触点、常闭触点则可被无限次地使用，即可重复读取与继电器对应的存储单元的状态。

（4）根据梯形图中各触点的状态和逻辑关系，求出与图中各线圈对应的编程元件的

ON/OFF 状态,称为梯形图的逻辑解算。逻辑解算是按梯形图中从上到下、从左到右的顺序进行的。逻辑解算是根据输入映像区中的值,而不是根据解算时外部输入触点的状态来进行的。简而言之,即梯形图中每一梯级的运算结果,可以立即被其后面的梯级所利用。

(5)输入继电器的状态仅受对应外部输入信号控制,不能由各种内部触点驱动,因此梯形图中只出现输入继电器的触点,而不能出现输入继电器的线圈。

(6)梯形图中输入触点和输出继电器线圈对应的是 I/O 映像区相应的位的状态,而不是物理触点和线圈。现场执行元件只能通过受控于输出继电器状态的接口元件(继电器、晶闸管、晶体管)所驱动。

(7)PLC 的内部辅助继电器、定时器、计数器等的线圈不能用于输出控制。

(8)继电器控制电路图所示的线路只要接通电源,整个电路即处于带电状态,该闭合的继电器触点都同时闭合,不该闭合的都受到某种条件的限制而不能闭合。继电器动作的顺序同它在电路图上的位置和顺序无关,这种工作方式称为并行工作方式。而在梯形图中,并没有真正的能流流动,由于 PLC 以扫描的方式工作,故可以认为在其内部有一个能流在流动,这个能流的流动方向是从左到右,层次是先上后下的。因此,梯形图中的继电器都处于周期性循环扫描接通状态中,各个继电器的动作决定于程序扫描的顺序,同它们在梯形图中的位置有关,这种工作方式称为扫描工作方式。

现以简单的三相交流异步电动机启动、停止控制电路为例说明 PLC 控制系统的基本工作过程。

图 4-4 是用交流接触器控制异步电动机的主电路、控制电路和有关的波形图。按下启动按钮 SB1,它的常开触点接通,电流经过 SB1 的常开触点和停止按钮 SB2 的常闭触点,流过交流接触器 KM 的线圈,接触器的衔铁被吸合,使主电路中 KM 的 3 对常开触点闭合,异步电动机 M 的三相电源接通,电动机开始运行,控制电路中接触器 KM 的辅助常开触点同时接通。放开启动按钮后,SB1 的常开触点断开,电流经 KM 的辅助常开触点和 SB2 的常闭触点流过 KM 的线圈,电动机继续运行。KM 的辅助常开触点实现的这种功能称为“自锁”或“自保持”,它使继电器电路具有类似于 R－S 触发器的记忆功能。

在电动机运行时按停止按钮 SB2,它的常闭触点断开,使 KM 的线圈失电,KM 的主触点断开、异步电动机的三相电源被切断,电动机停止运行,同时控制电路中 KM 的辅助常开触点断开。当停止按钮 SB2 被放开,其常闭触点闭合后,KM 的线圈仍然失电,电动机继续保持停止运行状态。图 4-4 给出了有关信号的波形图,图中用高电平表示 1 状态(线圈通电、按钮被按下),用低电平表示 0 状态(线圈断电、按钮被放开)。

图 4-5 中的热继电器 FR 用于过载保护,电动机过载时,经过一段时间后,FR 的常闭触点断开,使 KM 的线圈断电,电动机停转。

在图 4-5 的 PLC 控制系统中,启动按钮 SB1 和停止按钮 SB2 的常开触点分别接在编号为 0.1 和 0.2 的输入端,接触器 KM 的线圈接在编号为 0.0 的输出端。如果热继电器 FR 动作,其常闭触点断开后须手动复位,可将 FR 的常闭触点与接触器 KM 的线圈串联,这样可以少用一个 PLC 的输入点。

图 4-5 梯形图中的 I0.1 与 I0.2 是输入变量,Q0.0 是输出变量,它们都是梯形图中的编程元件。I0.1 与接在输入端子 0.1 的 SB1 的常开触点和输入映像寄存器 I0.1 相对应,

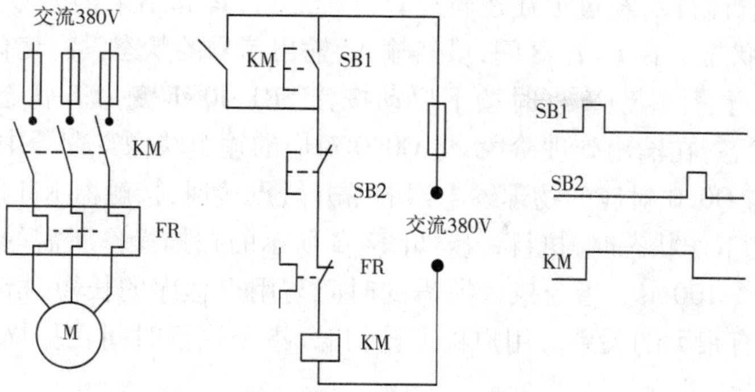

图 4-4　异步电动机控制电路

Q0.0 与接在输出端子 0.0 的 PLC 内的输出电路和输出映像寄存器 Q0.0 相对应。

梯形图以指令的形式储存在 PLC 的用户程序存储器中，图 4-5 中的梯形图与下面的 4 条指令相对应，“//”之后是该指令的注释。

```
LD     I0.1     //接在左侧母线上的 I0.1 的常开触点
O      Q0.0     //与 I0.1 的常开触点并联的 Q0.0 的常开触点
AN     I0.2     //与并联电路串联的 I0.2 的常闭触点
=      Q0.0     //Q0.0 的线圈
```

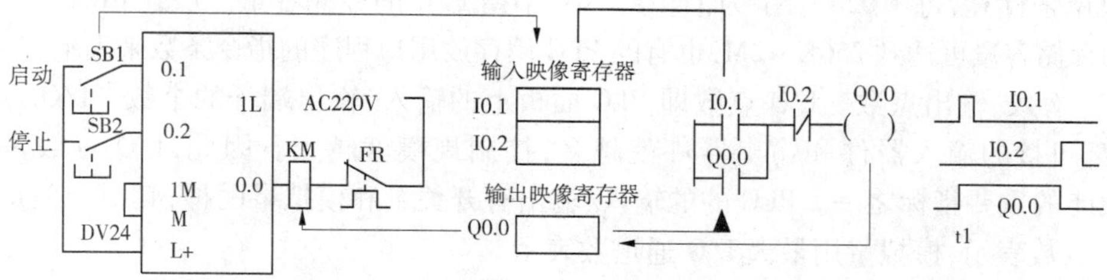

图 4-5　PLC 外部接线图与梯形图

在读取输入阶段，CPU 将 SB1、SB2 的常开触点的 ON/OFF 状态读入相应的输入映像寄存器，外部触点接通时二进制数 1 存入寄存器，反之存入 0。

执行第一条指令时，从输入映像寄存器 I0.1 中取出二进制数并存入堆栈的栈顶，堆栈是存储器中的一片特殊的区域。

执行第二条指令时，从输出映像寄存器 Q0.0 中取出二进制数，并与栈顶中的二进制数相“或”（触点的并联对应“或”运算），运算结果存入栈顶。

执行第三条指令时，取出输入映像寄存器 I0.2 中的二进制数，因为是常闭触点，取反后与前面的运算结果相“与”（电路的串联对应“与”运算），然后存入栈顶。

执行第四条指令时，将栈顶中的二进制数送入 Q0.0 的输出映像寄存器。

在修改输出阶段，CPU 将各输出映像寄存器中的二进制数传送给输出模块并锁存起来，如果输出映像寄存器 Q0.0 中存放的是二进制数 1，外接的 KM 线圈将通电，反之将断电。

I0.1、I0.2 和 Q0.0 的波形中的高电平表示按下按钮或 KM 线圈通电，当 $t < t_1$ 时，读入输入映像寄存器 I0.1 和 I0.2 的均为二进制数 0，此时输出映像寄存器 Q0.0 中存放的

亦为0,在程序执行阶段,经过上述逻辑运算过程之后,运算结果仍为Q0.0=0,所以KM的线圈处于断电状态。在 $t<t_1$ 区间,虽然输入、输出信号的状态没有变化,用户程序仍一直反复不断地执行着。当 $t=t_1$ 时按下启动按钮SB1,I0.1变为1状态,经逻辑运算后Q0.0也变为1状态,在输出处理阶段,将Q0.0对应的输出映像寄存器中的1送到输出模块,输出模块中与Q0.0对应的物理继电器的常开触点接通,接触器KM的线圈通电。

PLC在RUN工作状态时,执行一次如图4-3所示的扫描操作所需的时间称为扫描周期,其典型值为1~100ms。指令执行所需的时间与用户程序的长短、指令的种类和CPU执行指令的速度有很大的关系。用户程序较长时,指令执行时间在扫描周期中占相当大的比例。

三、可编程序控制器的主要技术性能

PLC产品种类众多,型号规格也不统一,按结构形式可分为整体式和模块式两种;按I/O点数和内存容量可分为超小型机、小型机、中型机和大型机;按功能不同可分为高、中、低三档。

PLC的主要性能指标有以下几个方面:

(1)存储容量。系统程序存放在系统程序存储器中。这里说的存储容量指的是用户程序存储器的容量。用户程序存储器容量决定了PLC可以容纳用户程序的长短,一般以字为单位来计算,每1 024个字为1K字。中、小型PLC的存储容量一般在8K以下,大型PLC的存储容量可达到256K~2M,也有的PLC用存放用户程序的指令条数来表示容量。

(2)输入、输出点数。I/O点数即PLC面板上的输入、输出端子的个数。I/O点数越多,外部可接的输入器件和输出器件就越多,控制规模就越大。因此,I/O点数是衡量PLC性能的重要指标之一。PLC的的输入/输出有开关量和模拟量两种,其中开关量用最大I/O点数表示,模拟量用最大I/O通道数表示。

(3)扫描速度。扫描速度是指PLC执行程序的速度,是衡量PLC性能的重要指标。一般以扫描1K字所用的时间来衡量扫描速度。PLC用户手册一般给出执行各条指令所用的时间,可以通过比较各种PLC执行相同的操作所用的时间,来衡量扫描速度的快慢。

(4)扩展能力。扩展能力表现在以下两个方面:大部分PLC可以用I/O扩展单元进行I/O点数的扩展;有的PLC可以使用各种功能模块进行功能扩展等。

(5)内部器件的种类和数量。内部器件包括各种继电器、计数器/定时器、数据存储器等。其种类越多、数量越大,存储及控制各种信息的能力就越强。

(6)智能单元的数量。PLC不仅能完成开关量的逻辑控制,而且利用智能单元可完成模拟量控制、位置和速度控制以及通信联网等功能。智能单元种类的多少和功能的强弱是衡量PLC产品水平高低的一个重要指标。各个生产厂家都非常重视智能单元的开发,近来智能单元的种类日益增多,功能越来越强。

除以上基本性能外,不同PLC还有一些其他指标,如输入/输出方式、特殊功能模块种类、自诊断、通信联网、远程I/O、监控、主要硬件型号、工作环境及电源等级等。

四、常用的可编程序控制器产品及功能简介

在小型 PLC 市场上日本产品约占市场份额的 70%，居垄断地位。如日本三菱电机公司生产的 F1、F2、FX_0、FX_2、FX_{ON} 等系列 PLC 在我国（主要是华东、华南地区）的工业控制领域具有较大的市场占有率；日本 OMRON 公司的 C 系列可编程序控制器有许多机型，以其较好的性能价格比而有广泛的应用，在我国市场上占有较大的份额。而在大、中型 PLC 领域，德国西门子（Siemens）公司与美国 A－B 公司的产品占据着同样重要的地位。最近西门子公司推出了全新的 S7 系列 PLC 产品，在小型 PLC 市场上，向日本产品提出了挑战。S7 系列的两个核心 PLC 网络为工业以太网与 PROFIBUS 现场总线，下一章专门介绍 PROFIBUS 现场总线，它在 S7 系列中普遍使用，也是当前的一种发展趋势。

下面简单介绍一下西门子公司的 S7 系列产品。

（一）S7－200 系列 PLC

西门子公司生产的 SIMATICS7－200 系列 PLC 属具有很高性能价格比的小型 PLC，可用于代替继电器的简单控制场合，也可以用于复杂的自动化控制系统。由于它具有极强的通信功能，在大型网络控制系统中也能充分发挥其作用。

S7－200 的可靠性高，可用梯形图、语句表（即指令表）和功能块图三种语言来编程。它的指令丰富且功能强，易于掌握、操作方便。其内置有高速计数器、高速输出、PID 控制器、RS－485 通信/编程接口、PPI 通信协议、MPI 通信协议和自由方式通信功能，I/O 端子排可以很容易地被拆卸。I/O 点数最大可扩展到 248 点，数字量 I/O 或 35 路模拟量 I/O，最多有 26KB 程序和数据存储空间。

S7－200 有 5 种 CPU 模块，其中 CPU221 无扩展功能，CPU222 有扩展功能，CPU224 是具有较强功能的 PLC，CPU226 和 CPU226XM 适用于复杂的中小型控制系统。

用户可以根据需要选用不同 I/O 点数的数字量扩展模块，以满足不同的控制需要，节约投资费用。系统规模扩大后，增加 I/O 点数也很方便。用户可以选用 8 点、16 点和 32 点的数字量输入/输出模块，除 CPU221 外，其他 CPU 模块均可配接多个扩展模块。

S7－200 有传送、比较、移位、循环移位、字逻辑运算、浮点数运算、开平方、三角函数和 PID 控制指令等，采用主程序、最多 8 级子程序和中断程序的程序结构，用户以使用 1～255ms的定时中断。用户程序可设 3 级口令保护，有监控定时器（看门狗）功能。

S7－200 的 CPU 模块自带的 RS－485 串行通信口支持 PPI、DP/T、自由通信口协议和 PROFIBUS 点对点协议。每个网络最多 126 个站，最多 32 个主站。通信接口可以实现与运行编程软件的计算机、文本显示器 TD200、OP（操作员面板），以及 S7－200 的 CPU 间的通信。通过自由通信口协议，可以与其他厂商的设备进行通信。

（二）S7－300 系列 PLC

S7－300 属于中小型 PLC，常采用模块式结构，用搭积木的方法来组成系统。S7－300 是模块化，适用于中等性能控制要求。S7－300 的 CPU 模块集成了过程控制功能，每个 CPU 都有一个编程用的 RS－485 接口，有的还带有集成的现场总线 PROFIBUS－DP 接口或 PtP（点对点）串行通信接口，S7－300 不需要附加任何硬件、软件和编程，就可以建立一个 MPI（多点接口）网络，如果有 PROFIBUS－DP 接口，可以建立一个 DP 网络。

在通信方面，它具有以下功能：①S7－300 PLC 集成了 MPI 通信协议；②通过通信处理器或集成在 CPU 上的 PROFIBUS－DP 接口连接到 PROFIBUS－DP 网络上；③可以通过 PROFIBUS 或工业以太网 ISO 协议，利用 S7 的通信服务进行数据交换；④使用 CP340、CP341 和 CP441 通信处理模块，或通过 CPU313PtP 和 CPU314C－2PtP 集成的通信接口，可以建立起经济而方便的点对点连接；⑤只传送少量数据时，可以连接有 AS－i（执行器—传感器接口）接口的现场二进制设备，例如开关量的状态。

Flash EPROM，CPU 断电后无需后备电池也可以长时间保持动态数据；同时，S7－300 有很高的电磁兼容性和抗振动冲击能力。通过系统功能块的调用，用户可以使用集成在操作系统内的程序，从而显著地减小所需的用户存储容量。

第三节　可编程序控制器的指令系统

一、可编程序控制器的程序结构

S7－200 CPU 的控制程序由主程序、子程序、中断程序组成。

（一）主程序

主程序（OB1）是程序的主体，每一个项目都必须并且只能有一个主程序。在主程序中可以调用子程序和中断程序。

主程序通过指令控制整个应用程序的执行，每次 CPU 扫描都要执行一次主程序。

（二）子程序

子程序是一个可选的指令和集合，仅在被其他程序调用时执行。同一子程序可以在不同的地方被多次调用，使用子程序可以简化程序代码和减少扫描时间。设计得好的子程序容易移植到别的项目中去。

（三）中断程序

中断程序是指令的一个可选集合，中断程序不能被主程序调用，它们在中断事件发生时由 PLC 的操作系统调用。中断程序用来处理预先规定的中断事件，因为不能预知何时会出现中断事件，所以不允许中断程序改写可能在其他程序中使用的存储器。

二、存储器的数据类型与寻址方式

（一）数据在存储器中存取的方式

1. 位、字节、字、双字

二进制数的 1 位（bit）只有 0 和 1 两种不同的取值，可用来表示开关量（或称数字量）的两种不同的状态，如触点的断开和接通、线圈的通电和断电等。如果该位为 1，则表示梯形图中对应的编程元件的线圈“通电”，其常开触点接通、常闭触点断开，以后称该编程元件为 1 状态或称该编程元件 ON（接通）。如果该位为 0，则对应该编程元件的线圈和触点的状态与上述的相反，称该编程元件 OFF（断开）。位数据的数据类型为 BOOL（布尔）型。

8 位二进制数组成 1 个字节（Byte），其中的第 0 位表示为最低位（LSB），第 7 位表示最高位(MSB)。两个字节组成 1 个字(Word),两个字组成一个双字。

2. 数据的存取方式

位存储单元的地址由字节地址和位地址组成,如 I1.3,其中的区域标识符“I”表示输入(Input),字节地址为 1,位地址为 3。这种存取方式称为“字节.位”寻址方式。输入字节 IB3(B 是 Byte 的缩写)由 I3.0 ~ I3.7 这 8 位组成。相邻的两个字节组成一个字,VW100 表示由 VB100 和 VB101 组成的一个字,VW100 中的 V 为区域标识符,W 表示字(Word),100 为起始字节的地址。VD100 表示由 VB100 ~ VB103 组成的双字,V 为区域标识符,D 表示存取双字(Double Word),100 为起始字节的地址。

(二)不同存储区的寻址

1. 输入映像寄存器(I)寻址

输入映像寄存器的标识符为 I(I0.0 ~ I31.7),在每一个扫描周期的开始,CPU 对输入点进行采样,并将采样值存于输入映像寄存器中。

输入映像寄存器是 PLC 接收外部输入的开关量信号的窗口。PLC 通过光耦合器,将外部信号的状态读入并存储在输入映像中,外部输入电路接通时对应的映像寄存器为 ON(1 状态)。输入端可以外接常开触点或常闭触点,也可以接多个触点组成的串并联电路。在梯形图中,可以多次使用输入位的常开触点和常闭触点。

I、Q、V、M、S、SM、L 均可按位、字节、字、双字来存取。

2. 输出映像寄存器(Q)寻址

输出映像寄存器的标识符为 Q(Q0.0 ~ Q15.7),在扫描周期的末尾,CPU 将输出映像寄存器的数据传送给输出模块,再由后者驱动外部负载。如果梯形图中 Q0.0 的线圈“通电”,继电器型输出模块中对应的硬件继电器的常开触点闭合,使接在标号为 0.0 的端子的外部负载工作。输出模块中的每一个硬件继电器的常开触点闭合,但是在梯形图中,每一个输出位的常开触点和常闭触点都可以多次使用。

3. 变量存储器(V)寻址

在程序执行的过程中存放中间结果,或用来保存与工序或任务有关的其他数据。

4. 位存储器(M)寻址

内部存储器标志位(M0.0 ~ M31.7)用来保存控制继电器的中间操作状态或其他控制信息。虽然名为“位存储器器”,表示按位存取,但是也可以按字节、字或双字来存取。

5. 定时器存储器(T)寻址

定时器相当于继电器系统中的时间继电器。S7 - 200 有三种定时器,它们的时基增量分别为 1ms、10ms 和 100ms,定时器的当前值寄存器是 16 位有符号整数,用于存储定时器累计的时基增量值(1 ~ 32767)。

定时器的当前值大于等于设定值时,定时器位被置为 1,梯形图中对应的定时器的常开触点闭合、常闭触点断开。用定时器地址(T 和定时器号,如 T5)来存取当前值和定时器位,带位操作数的指令存取定时器,带字操作数的指令存取当前值。

6. 计数器存储器(C)寻址

计数器用来累计其计数输入端脉冲电平由低到高的次数,CPU 提供加计数器、减计数器和加减计数器。计数器的当前值为 16 位有符号整数,用来存放累计的脉冲数(1 ~

32767)。当计数器的当前值大于等于设定值时，计数器位被置为1。用计数器地址（C和计数器号，如C20）来存取当前值和计数器位，带位操作数的指令存取计数器位，带字操作数的指令存取当前值。

此外还有模拟量输入（AI）寻址、特殊存储器（SM）标志位寻址、模拟量输出（AQ）寻址、局部存储器（L）寻址、顺序控制继电器（S）寻址、高速计数器（HC）寻址和累加器（AC）寻址等寻址方式。

（三）直接寻址和间接寻址

1. 直接寻址

直接寻址指定了存储器区域、长度和位置，例如VW790指V存储区中的字，地址为790。可以用字节（B）、字（W）或双字（DW）方式存取V、I、Q、M、S和SM存储器区，例如VB100表示以字节方式存取，VW100表示存取VB100、VB101组成的字，VD100表示存取VB100～VB103组成的双字。

取代继电器控制的数字量控制系统一般只用直接寻址。

2. 建立间接寻址的指针

S7－200 CPU允许使用指针对下述存储区域进行间接寻址：I、Q、V、M、S、T（仅当前值）和C（仅当前值），但不能对独立的位（bit）或模拟量进行间接寻址。

使用间接寻址之前，应创建一个指向该位置的指针。指针为双字值，用来存放另一个存储器地址，只能用V、L或累加器AC1、AC2和AC3作指针。为了生成指针，必须用双字传送指令（MOVD）将某个位置的地址移入一个累加器作为指针。指令的输入操作数开始处使用&符号，表示某一存储器位置的地址，而不是存储器里的值。指令的输出操作数是指针的地址，例如：

```
MOVD    &VB200,AC1
MOVD    &C3,VD6
MOVD    &MB4,LD8
```

（四）绝对地址与符号地址

可以用数字和字母组成的符号来代替存储器的地址，符号地址便于记忆，使程序更容易理解。程序编译后下载到可编程控制器时，所有的符号地址被转换为绝对地址。

程序编辑器中的地址显示举例：

I2.1：绝对地址，由内存区和地址组成（SIMATIC程序编辑器用）。

%I2.1：绝对地址，百分号放在绝对地址之前（IEC程序编辑器使用）。

#INPUT1：符号地址，“#”号放在局部变量之前（SIMATIC或IEC程序编辑器用）。

INPUT1：全局符号名（SIMATIC或IEC程序编辑器用）。

??.?或????：红色问号，表示一未定义的地址，在程序编译之前必须定义。

三、位逻辑指令

（一）标准触点指令

触点指令包括标准触点指令和有关堆栈的指令，下面介绍一下有关标准触点指令。

常开触点对应存储器地址位为1状态时，该触点闭合。在语句表中，分别用LD

(Load,装载)、A(And,与)和 O(Or,或)指令表示开始、串联和并联的常开触点。

常闭触点对应的存储器地址位为 0 状态时,该触点闭合。在语句表中,分别用 LDN (Load Not)、AN(And Not)和 ON(Or Not)来表示开始、串联和并联的常闭触点。触点符号中间的“/”表示常闭,触点指令中变量的数据类型为 BOOL 型。图 4-6 是触点与输出指令的例子。

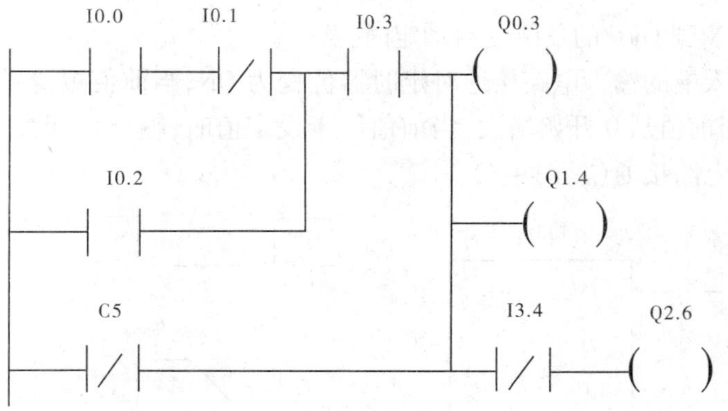


```
LD  I0.0
AN  I0.1
O   I0.2
A   I0.3
ON  C5
=   Q0.3
=   Q1.4
AN  I3.4
=   Q2.6
```

图 4-6 触点与输出指令

(二)输出指令

输出指令(=)与线圈相对应,驱动线圈的触点电路接通时,线圈流过“能流”,指定位对应的映像寄存器为 1,反之则为 0。输出指令将栈顶值复制到对应的映像寄存器。输出类指令应放在梯形图的最右边,变量为 BOOL 型。

输出指令还包括立即输出指令(=I)、置位指令 S(Set,置位或置 1)与复位指令 R (Reset,复位或置 0)。

如果被指定复位是定时器位(T)或计数器位(C),将清除定时器/计数器的当前值。

(三)定时器与计数器指令

1. 通电延时定时器指令

定时器、计数器的当前值、设定值均为 16 位有符号整数(INT),允许的最大值为 32767。通电延时定时器(TON)输入端(IN)的输入电路接通时开始定时。当前值大于等于 PT(Preset Time,预置时间)端指定的设定值时(PT=1~32767),定时器位变为 ON,梯形图中对应定时器的常开触点闭合、常闭触点断开,达到设定后,当前值仍继续计数,直到最大值 32767。

输入电路断开时,定时器被复位,当前值被清零,常开触点断开。第一次扫描定时器位 OFF,当前值为 0。定时器有 1ms、10ms 和 100ms 三种分辨率,分辨率取决于定时器号。定时器的设定时间等于设定值与分辨率的乘积,图 4-7 中的 T37 为 100ms 定时器,设定时间为 100ms×4=0.4s。

定时器和计数器的设定值的数据类型均为 INT 型,除了常数外,还可以用 VW、IW 等作它们的设定值。

2. 断电延时定时器指令

断电延时定时器(TOF)用来在 IN 输入电路断开后延时一段时间,再使定时器位

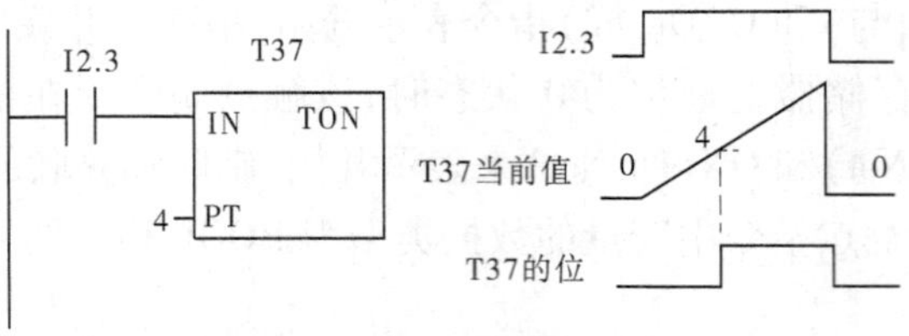

图 4-7　通电延时定时器

OFF。它用来输入从 ON 到 OFF 的负跳变启动定时。

接在定时器 IN 输入端的输入电路接通时定时器位变为 ON,当前值被清零。输入电路断开后,开始定时,当前值从 0 开始增大,当前值等于设定值时,输出位变为 OFF,当前值保持不变,直到输入电路接通(见图 4-8)。

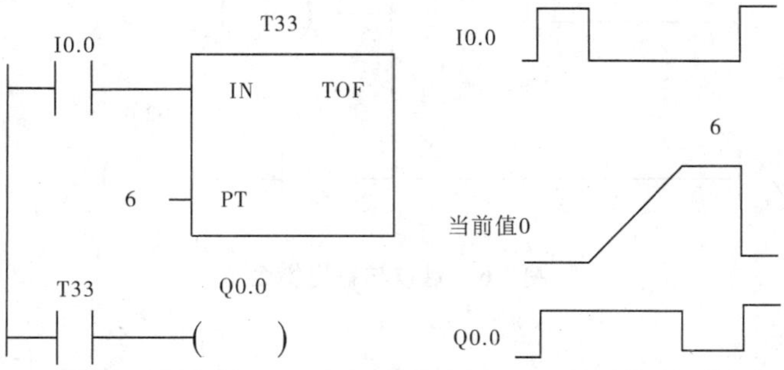

图 4-8　断电延时定时器

TOF 与 TON 不能共享相同的定时器号,例如不能同时使用 TONT 32 和 TOFT 32。

可用复位(R)指令复位定时器。复位指令使定时器位变为 OFF,定时器当前值被清零。在第一个扫描周期,TON 和 TOF 被自动复位,定时器位为 OFF,当前值为 0。

3. 保持型通电延时定时器指令

保持型通电延时定时器(Retentive On - Delay Timer,简称 TONR)的输入电路接通时,开始定时。当前值大于等于 PT 端指定的设定值时,定时器位变为 ON。达到设定值后,当前值仍继续计数,直到最大值 32767。

输入电路断开时,当前值保持不变。可用 TONR 来累计输入电路接通的若干个时间间隔。复位指令(R)用来清除它的当前值,同时使定时器位为 OFF。图 4-9 中的时间间隔 $t_1 + t_2 \geqslant 10$ms 时,10ms 定时器 T2 的定时器位变为 ON。

在第一个扫描周期,定时器位为 OFF,可以在系统块中设置 TONR 的当前值有断电保持功能。

4. 计数器指令

计数器指令包括:①加计数器 CTU;②减计数器 CTD;③加减计数器 CTUD。

计数器的编号范围为 C0 ~ C255,不同类型的计数器不能共用同一计数器号。

定时器指令包括通电延时定时器指令、断电延时定时器指令、保持型通电延时定时器指令;计数器指令包括加计数器 CTU、减计数器 CTD、加减计数器 CTUD 指令,用户使用时,可以查相应的用户手册。

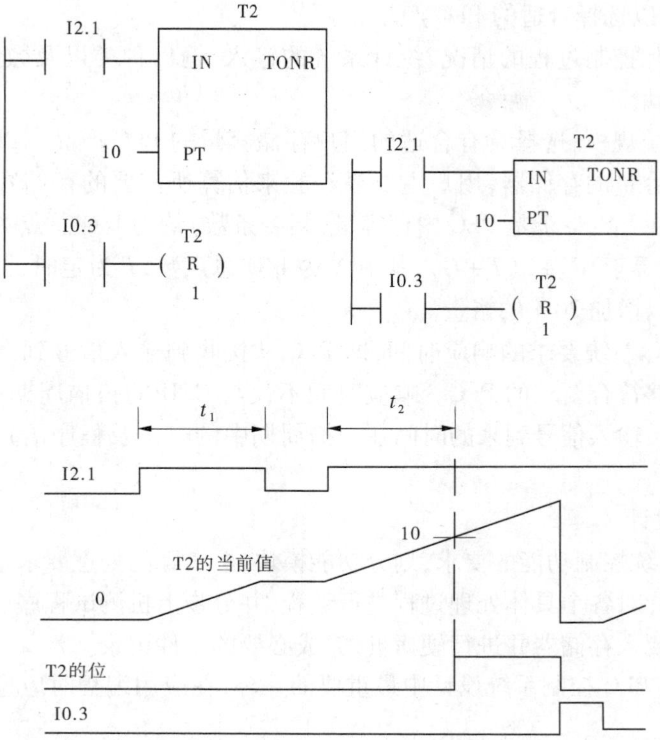

图 4-9　保持型通电延时定时器

第四节　可编程序控制器的编程

一、PLC 控制系统设计步骤

PLC 控制系统的设计包括三个重要的环节：一是通过对控制任务的分析，确定控制系统的总体设计方案；二是根据控制要求确定硬件构成方案；三是设计出满足控制要求的应用程序。

对一个控制问题，假设已经通过了控制类型方案的论证，确定采用 PLC 来完成，设计步骤如下。

（一）总体设计

首先对设计任务及要求进行详细的了解和分析，按任务的大小划分成若干子任务，明确系统对 I/O 模块以及对存储容量的要求。

（二）硬件设计

按总体要求选择 PLC 产品、I/O 模块以及和被控机电设备的连接安装手段。对于 PLC 产品机型的选择主要应依据以下几个方面：

（1）可编程控制器的功能各异，有强弱之分，在选型时，应考虑其扩展能力、处理模拟信号的能力、指令系统是否完善、有无中断和通信联网等功能。选择机型要根据系统的实际需要综合考虑以选择合适的 PLC 产品。

(2)根据实际控制过程的情况,统计系统的输入、输出种类以及数量,从而决定 I/O 模块的种类和数量。

(3)根据系统规模,选择具有合适的用户存储容量的 PLC 产品。PLC 厂商向用户提供了 1 ~ 16K 字容量的存储器,用户主要靠经验来估算所需要的存储容量。估算内存需求的方法主要有两个:一个是 PLC 内存容量(指令条数)约为 I/O 总点数的 10 ~ 15 倍;另一个是指令条数等于 $6N+2(T+C)$,其中 N 为 I/O 总点数,T 为定时器总数,C 为计数器总数,必要时可以增加 20% 的裕量。

(4)根据实际系统要求的响应时间,即 PLC 从接收到输入信号到产生输出信号所需的时间,选择能够符合要求的 PLC。响应时间不仅与 CPU 的扫描周期有关,还与输出继电器的机械滞后、输入信号到来的时间在扫描周期中的时机及程序语句的安排等因素都有密切的关系。

(三)软件设计

深入分析系统控制功能的要求,划分功能模块,按实际的处理要求选择适当的逻辑设计方法。然后,针对各个具体处理过程进行编程,并分步上机测试程序。程序通过仿真测试及修改后,可装入存储器并进行硬拷贝,完成必要的文件记录。

应用编程是 PLC 控制系统设计中最重要的一环,在应用编程时应遵循以下三个基本原则:

(1)所编写的程序合乎所使用的 PLC 的有关技术要求。所谓合乎 PLC 的有关技术要求,是指对指令的准确理解以及正确使用;同时要考虑程序指令的条数与内存的容量,所用的输入、输出点数要在 I/O 点数以内等。

(2)要使所编的程序尽可能简短。这样做既可节省内存、简化调试,又缩短程序执行的时间,提高对输入的响应速度。要使所编的程序简短,就要注意编程方法,用好指令。

(3)要使所编的程序尽可能清晰。这样既便于程序的调试、修改或补充,也便于别人了解和读懂程序。要使程序清晰,就要注意程序的层次,讲究程序的模块化、标准化。

(四)系统调试

把 PLC 应用系统的软件、硬件组织在一起,进行联机功能测试。一般情况下,只要在总体设计中软、硬件功能划分基本正确,那么测试中发现的问题总是软件设计问题。在交付使用时,还会产生与实际要求不相符的地方,或用户对性能提出改进的要求,通常都要返回软件重新设计,直至完全符合控制系统的要求。

二、可编程序控制器的编程语言

IEC(国际电工委员会)是为电子技术的所有领域制定全球标准的世界性组织。IEC 于 1994 年 5 月公布了可编程序控制器标准(IEC1131)。IEC1131. 3 详细地说明了句法、语义和下述 5 种编程语言的表达方式:

(1)顺序功能图(Sequential Function Chart,简称 SFC)。

(2)梯形图(Ladder Diagram,简称 LD)。

(3)功能块图(Function Block Diagram,简称 FBD)。

(4)指令表(Instruction List,简称 IL)。

(5)结构文本(Structured Text,简称 ST)。

在标准中有两种图形语言——梯形图(LD)和功能块图(FBD),还有两种文字语言——指令表(IL)和结构文本(ST),可以认为顺序功能图(SFC)是一种结构块控制程序流程图。

(一)顺序功能图(SFC)

这是一种位于其他编程语言之上的图形语言,用来编制顺序控制程序,如图 4-10 所示,下面将会对其作详细介绍。

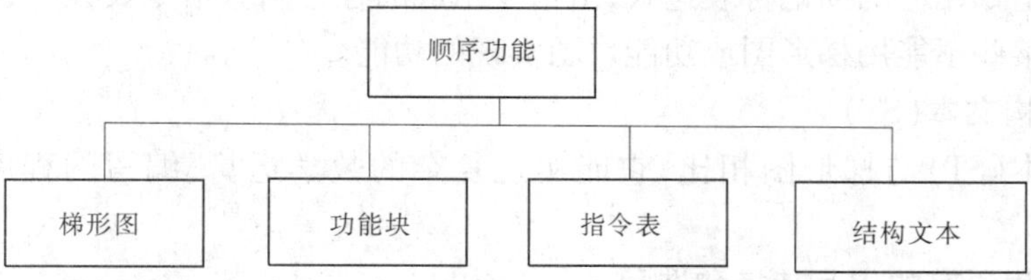

图 4-10　PLC 的编程语言

顺序功能图提供了一种组织程序的图形方法,在顺序功能图中可以用别的语言嵌套编程。步、转换和动作是顺序功能图中的三种主要元件(见图 4-11)。可以用顺序功能图来描述系统的功能,根据它可以很容易地画出梯形图程序。

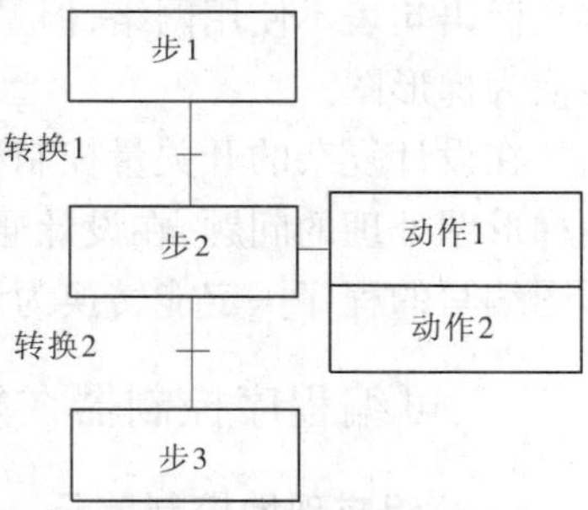

图 4-11　顺序功能图

(二)梯形图(LD)

梯形图是用得最多的 PLC 图形编程语言。梯形图与继电器控制系统的电路图很相似,具有直观易懂的优点,很容易被工厂熟悉继电器控制的电气人员掌握,特别适用于开关量逻辑控制。有时把梯形图称为电路或程序。

梯形图由触点、线圈和用方框表示的功能块组成。触点代表逻辑输入条件,如外部的开关、按钮和内部条件等。线圈通常代表逻辑输出结果,用来控制外部的指示灯、交流接触器和内部的输出条件等。功能块用来表示定时器、计数器或者数学运算等附加指令。

在分析梯形图中的逻辑关系时,为了借用继电器电路图的分析方法,可以想象左右两侧垂直母线之间有一个左正右负的直流电源电压(S7 - 200 的梯形图中省略了右侧的垂直母线),当图4-12中的 I0.1 与 I0.2 的触点接通,或 M0.3 与 I0.2 的触点接通时,有一个假想的"能流"(Power Flow)流过 Q1.1 的线圈。利用能流这一概念,可以帮助我们更好地理解和分析梯形图,能流只能从左向右流动。

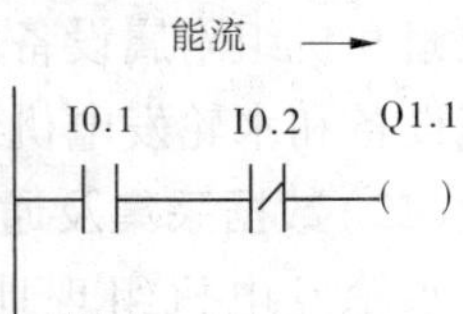

图 4-12　梯形图

触点和线圈等组成的独立电路称为网络(Network),用编程软件生成的梯形图和语句表程序中有网络编号,允许以网络为单位,给梯形图加注释(本书为节约篇幅,删去了网络号)。在网络中,程序的逻辑运算按从左到右的方向执行,与能流的方向一致。各网络按从上到下的顺序执行，执行完所有的网络后，返回最上面的网络重新执行。

使用编程软件可以直接生成和编辑梯形图，并将它下载到 PLC 中。

（三）功能块图（FBD）

该编程语言用类似与门、或门的方框来表示逻辑运算关系，方框的左侧为逻辑运算的输入变量、右侧为输出变量，输入、输出端的小圆圈表示“非”运算，方框被“导线”连接在一起，信号自左向右流动。

（四）语句表（STL）

S7 系列 PLC 将指令表称为语句表（Statement List）。PLC 的指令是一种与微机的汇编语言中的指令相似的助记符表达式，由指令组成的程序叫做指令表程序或语句表程序。它可以实现某些不能用梯形图或功能块图实现的功能。

（五）结构文本（ST）

结构文本（ST）与梯形图相比，它能实现复杂的数学运算，编写的程序非常简洁和紧凑。

（六）编程语言的相互转换和选用

在 S7－200 的编程软件中，用户可以选用梯形图、功能块图和语句表这三种编程语言。而语句表不使用网络，但是可以用 Network 这个关键词对程序分段，这样的程序可以转换为梯形图。

在设计复杂的开关量控制程序时一般使用梯形图语言。而语句表可以处理某些不能用梯形图处理的问题，在设计通信、数学运算等高级应用程序时建议使用语句表语言。梯形图编写的程序一定能转换为语句表。

三、可编程序控制器在发电厂计算机监控系统中的作用

（一）组成现地控制单元

目前，发电厂的计算机监控系统一般采用分层分布式结构模式，此模式由上位工业控制计算机和现地控制单元组成。现地控制单元采用“集成型”模式，即以 PLC 为核心，结合智能电参数仪表与微机保护装置构成，并采用模块结构和智能通信接口，便于系统扩展与其他自动化系统连接。现地控制单元又分为机组现地控制单元（Local Control Unit，简称 LCU）和开关站及公用设备现地控制单元。如水轮发电机组现地控制单元完成水轮发电机组和机组附属设备的监控内容；开关站及公用设备现地控制单元完成水电站开关站电气设备和水轮发电机组辅助设备及水工建筑物设施的监控内容。

（二）数据采集及通信功能

水轮发电机组现地控制单元是一个多微机系统，其中 PLC 带有独立的微处理器（CPU）和通信接口，故能完成数据采集和与上位机通信。水轮发电机组现地控制单元中的 PLC 主要完成水轮发电机组及其附属设备的模拟量、采集温度量、开关量、保护信号、脉冲量和控制输出量（如辅助设备系统、开停机、跳合闸、事故故障报警、调速器高速和励磁系统）等的数据采集以及数据通信等功能。

（三）顺序控制功能

水轮发电机组现地控制单元中的 PLC 可以实现的顺序控制功能有：①自动进行水轮

发电机组的开、停机控制；②水轮发电机的自动同期并网；③断路器分、合控制；④水轮发电机组紧急停机控制；⑤手动(备用)控制。

复习思考题

4-1 什么叫可编程序控制器(PLC)？

4-2 简述可编程序控制器的工作原理。

4-3 可编程序控制器有哪些特点？

4-4 可编程序控制器由哪几部分组成？简述各部分的主要作用。

4-5 什么是循环扫描方式？扫描周期主要受什么因素影响？

4-6 简述可编程序控制器在发电厂计算机监控系统中的作用。

第五章　现场总线控制系统及发电厂监控系统的通信

现场总线控制系统 FCS(Field Control System)是一种基于现场总线技术的新型计算机控制系统,它采用了“工作站—现场总线智能仪表”的结构模式,完成了集散控制系统“操作站—控制站—现场仪表”三层结构模式所完成的功能;它不仅降低了系统总成本,提高了可靠性,而且在统一的国际标准下可实现真正的开放式互连系统结构;它适应了工业控制系统向分散化、网络化、智能化发展的方向,成为当今最有发展前景的控制系统,有着广泛应用领域。

现场总线是连接智能现场设备和自动化系统的全数字化、双向传输、多节点、多分支结构的通信网络。现场总线技术的产生和应用,将导致目前生产过程中的自动化仪表、集散控制系统、可编程控制器等在产品的体系结构、功能结构方面发生较大变革,产品换代,势在必行。模拟仪表将被智能化仪表取代,会出现集检测、运算、控制功能于一体的变送器;出现多变量变送器、传感器,如集检测温度、压力、流量于一体,集电压、电流、有功功率、无功功率、频率等检测于一体;出现带控制模块和具有故障信息的执行器等。所有这一切都将大大地改变现有控制系统的体系结构和设备维护管理方法。

本章重点介绍现场总线技术的基本概念、几种典型的现场总线标准及现场总线应用技术。

第一节　现场总线控制系统概述

一、现场总线及现场总线控制系统

根据国际电工委员会 IEC 标准和现场总线基金会 FF(Fields Foundation)的定义:现场总线是连接智能现场设备和自动化系统的数字式、双向传输、多分支结构的通信网络。也有将现场总线定义为应用在生产现场,在智能测控设备之间实现双向串行多节点数字通信的系统,也称为开放式、数字化、多点通信的低成本底层控制系统。

现场总线技术将专用微处理器置入传统的测控仪表或设备,形成智能化测控仪表,使它们都具有检测、计算、控制和通信能力,采用可进行简单连接的双绞线作为总线,把多个智能测控仪表连接成网络系统,并按公开、规范的通信协议,在现场智能化仪表之间及与远程监控计算机之间,完成数据传输与信息交换,形成各种适应实际需要的自动控制系统。它是把单个分散的测控设备变成网络节点,以现场总线为纽带,把它们连接成可以相互沟通信息、共同完成自控任务的网络系统与控制系统。

在现场总线控制系统中,作为网络节点的现场仪表或设备。如变送器、传感器、执行器和编程器等,已不再是传统意义的单功能现场仪表或设备,而是具有综合功能的智能仪表或设备。如现场变送器,它既具有检测、变换和补偿功能,同时又有 PID 控制和运算功能;现场执行器不仅有信号驱动和执行的基本功能,还内含调节阀输出特性补偿、PID 控制和运算等功能,另外有阀门特性自校验和自诊断功能。

现场总线控制系统既是一个开放通信网络,又是一种全分布控制系统。它作为智能设备的联系纽带,把挂接在总线上、作为网络节点的智能设备连接成为网络系统,并进一步构成自动化系统,实现基本控制、补偿计算、参数修改、报警、显示、监控、优化及监控一体化的综合自动化功能。这是一项以智能传感器、计算机、数字通信、网络为主要内容的综合技术。

二、现场总线控制系统体系结构及技术特点

首先我们必须明确,现场控制总线是应用于底层控制系统,并直接面向生产过程,从而实现对生产过程的监视、控制和管理的。

传统模拟控制系统的结构形式是采用一对一的设备连接,按控制回路分别进行连接,位于现场的测量变送器与位于控制室的控制器之间,控制器与位于现场的执行器、开关、电动机之间均为一对一的物理连接。图 5-1 所示为传统控制系统结构,图 5-2 所示为现场总线控制系统结构。现场总线由于采用了智能现场设备,能够把原来集散控制系统中处于控制室的控制模块、各输入输出模块置入现场设备,加上现场设备具有通信能力,现场的测量变送仪表可以与阀门等执行机构直接传送信号,因而控制系统功能能够不依赖控制室的计算机或控制仪表,直接在现场完成,实现了彻底的分散控制。由于采用数字信号代替了模拟信号,可实现一对传输线上传输多个信号(包括多个运行参数、设备状态、故障信息等),同时又为多个设备提供电源。现场设备之外不再需要模拟/数字或数字/模拟转换部件。

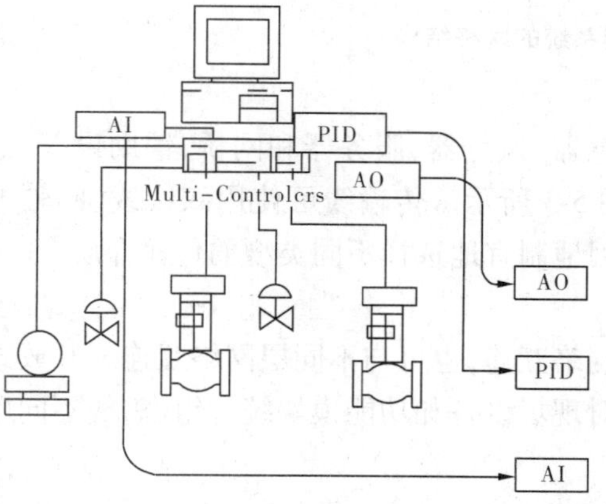

图 5-1　传统控制系统结构

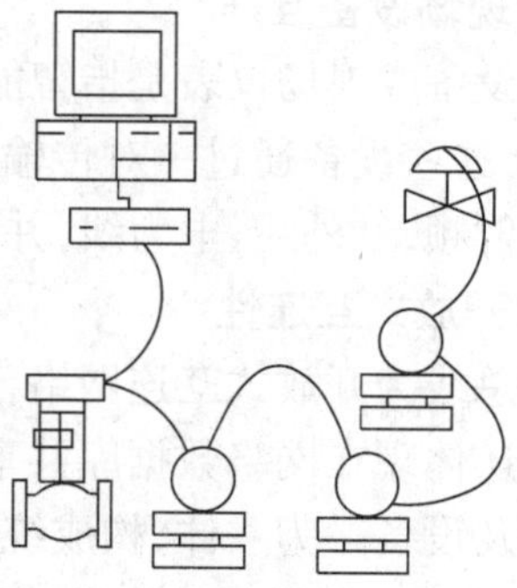

图 5-2　现场总线控制系统结构

现场总线的体系结构主要表现在以下六个方面。

(一)现场通信网络

现场总线是生产过程控制的底层控制网络。它们与生产过程现场设备直接连接,一方面将现场测量控制设备互连为通信网络,实现不同网段、不同现场通信设备间的信息共

享;同时又将现场运行的各种信息传送到远离现场的控制器,并进一步实现与操作终端、上层控制管理网络的连接和信息共享。在把一个现场设备的运行参数、状态以及故障信息等送往控制室的同时,又将各种控制、维护、组态命令,乃至现场设备的工作电源等送往各相关的现场设备,沟通了生产过程现场级控制设备之间及其与更高控制管理层次之间的联系。

图 5-3 所示为现场基金会 FF 的现场总线控制系统的网络结构,其总线分低速 H_1 和高速 H_2 两种通信速率。H_1 的传输速率为 31.25kb/s,通信距离可达 1 900m(可加中继器延长),可支持总线供电。H_2 的传输速率可为 1Mb/s 和 2.5Mb/s 两种,其通信距离分别为 750m 和 500m。

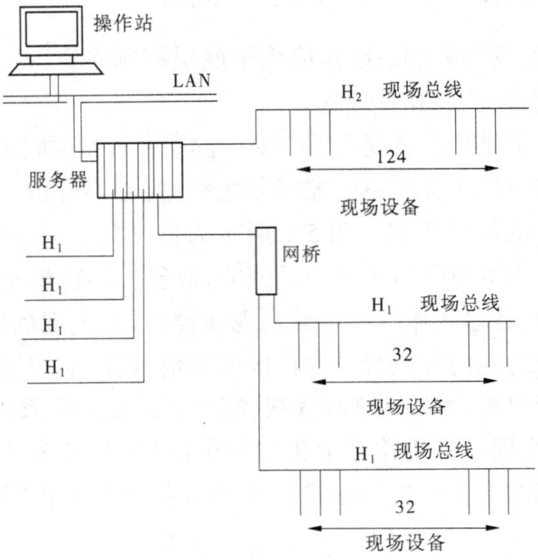

图 5-3 现场总线控制系统的网络结构

(二)现场设备互连

现场设备或现场仪表是指智能变送器、传感器、执行器、服务器和网桥、辅助设备、监控设备等,这些设备通过一对传输线互连,如图 5-3 所示。传输线可使用双绞线、同轴电缆、光纤、射频、红外线、电力线,并可根据需要因地制宜地选择不同类型的传输介质。

(三)开放式互连性

现场总线为开放式互连网络,既可与同层网络互连,也可与不同层网络互连。开放式互连网络还体现在网络数据库共享,通过网络对现场设备和功能模块统一组态,使不同厂家的网络及设备融为一体,构成统一的 FCS。

(四)现场设备的智能化与功能自治性

在现场总线控制系统中,将传感器测量、补偿计算、工程量处理与控制等功能分散到现场设备中完成,现场设备既可完成自动控制的基本功能,又可随时诊断设备的运行状态。废弃了集散控制系统的输入/输出单元和控制站,把集散控制系统控制站的功能分散地分配到现场设备。由于功能分散到多台现场设备中,并可统一组态,供用户灵活选用各种功能模块,构成所需控制系统,实现彻底的分散控制。

（五）互操作性与互用性

互操作性是指实现互连设备间、系统间的信息传送与沟通；而互用性是指不同生产厂家的性能类似的设备可实现相互替换。

由于现场总线是一个开放式系统，公开了总线标准和通信协议，各生产厂家所生产的现场设备只要遵守该标准，所生产的产品便可实现互操作与相互替换。用户可根据需要，选用各厂家性能价格比最优的产品集成在一起，实现“即接即用”，并能对不同品牌的现场设备统一组态，构成所需的控制系统。

（六）通信线供电

在现场总线控制系统中，可通过通信线向现场仪表供电。现场总线是专为现场环境而设计的，可支持多种通信线路媒介，具有较强的抗干扰能力，并可满足本质安全防爆要求。这种供电方式可提供用于本质安全环境的低功耗现场仪表。

三、现场总线控制系统的优点

现场总线具有的以上所述特点，使得现场总线控制系统从设计、安装、投运到正常生产运行及其检修维护，都有着非常突出的优点。

（一）1 对 N 结构

所谓 1 对 N 结构，是指 1 对传输线连接 N 台现场设备，双向传输多个信号。由于一对双绞线或一条电缆上可挂接多个设备，因而电缆、端子、槽盒、桥架的用量大大减少，连线设计与接头校对的工作量也大大减少。这种结构使得接线简单、工程周期短、安装费用低、维护容易。当需要增加现场控制设备时，无须增加新的电缆，可就近连接在原有的电缆上，既节省了投资，也减少了设计、安装工作量。

（二）节省硬件与投资

由于现场总线系统中分散在现场的智能设备能直接执行多种检测、控制、报警和计算等功能，因而可减少变送器的数量，不再需要单独的调节器、计算单元等，也不再需要集散控制系统的信号调理、转换、隔离等功能单元及其复杂接线，还可以用于工控 PC 机作为操作站，从而节省了一大笔硬件投资，并可减少控制室的占地面积。

（三）准确性和可靠性高

现场总线设备的智能化、数字化以及设备间数字信号传输，使系统具有很强的抗干扰能力，极大地提高了系统的测控精度。同时，由于系统的结构简化，设备与连线减少，现场仪表内部功能加强，减少了信号的往返传输，提高了系统的工作可靠性。

（四）可控性

操作员在控制室既可了解现场设备或现场仪表的工作情况，也能对其进行参数调整，还可预测或寻找故障，始终处于操作员的远程监视与可控制状态，提高了系统的可靠性、可控性和可维护性。

（五）互换性

用户可以自由选择不同制造厂家所提供的性能价格比最优的现场设备或现场仪表，并将不同厂家的仪表互连，使系统集成变得更加方便、快捷，也使得用户拥有更大的集成自主权。

（六）互操作性

用户可把不同制造厂家的现场仪表或设备集成在一起，进行统一组态，构成所需的控制系统。现场仪表或设备间可以方便地进行相互通信、沟通和操作控制。

（七）真正的分散控制

由于控制站功能分散在各现场仪表中，通过现场仪表就可构成控制回路，实现彻底的分散控制，提高了系统的可靠性、自治性和灵活性。

（八）统一组态

由于现场设备或现场仪表都引入了功能块的概念，所有制造厂家都使用相同的功能块，并统一组态方法。这样就使组态变得非常简单，不会因为现场设备或仪表种类不同，而有不能组态的。此外，由于现场总线的设备采用标准化、功能模块化，因而还具有设计简单、易于重复等优点。

第二节　几种典型的现场总线

自20世纪80年代末以来，世界上有许多企业、集团和国家开展现场总线标准的研究，目前世界上虽尚未有一个统一的现场总线标准，但出现了多种有影响的现场总线标准。下面介绍几种有代表性的现场总线：基金会现场总线FF、局部操作网络LONWORKS、过程现场总线PROFIBUS、控制器局域网络CAN、可寻址远程传感器数据通路HART。

一、基金会现场总线FF（Foundation Fieldbus）

基金会现场总线FF是在过程自动化领域得到广泛支持和具有良好发展前景的技术，它以ISO/OSI开放系统互连模型为基础，取其物理层、数据链路层、应用层为FF通信模型的相应层次，并在应用层上增加了用户层。用户层主要针对自动化测控应用的需要，定义了信息存取的统一规则，采用设备描述语言规定了通用的功能块集。

基金会现场总线FF分低速H_1和高速H_2两种通信速率。H_1的传输速率为31.25kb/s，通信距离可达1 900m（可加中继器延长），可支持总线供电，支持本质安全防爆环境；H_2的传输速率为1Mb/s和2.5Mb/s两种，其通信距离分别为750m和500m。物理传输介质可支持双绞线、光缆和无线发射，协议符合IEC1158-2标准。其物理介质的传输信号采用曼彻斯特编码。

FF的主要技术内容包括：FF通信协议；用于完成开放互连模型中第2~7层通信协议的通信栈（Communication Stack）；用于描述设备特征、参数、属性及操作接口的DDL设备描述语言、设备描述字典；用于实现测量、控制、工程量转换等应用功能的功能块；实现系统组态、调度、管理等功能的系统软件技术以及构成集成自动化系统、网络系统的系统集成技术。

二、LONWORKS（Local Operating Networks）

局部操作网络LONWORKS是又一具有强劲实力的现场总线技术。它采用了ISO/

OSI 模型的全部 7 层通信协议,采用了面向对象的设计方法,通过网络变量把网络通信设计简化为参数设置,其通信速率从 300b/s 至 1.5Mb/s 不等,直接通信距离可达 2 700m(78kb/s,双绞线);支持双绞线、同轴电缆、光纤、射频、红外线、电力线等多种通信介质,并开发了相应的本质防爆安全产品,被誉为通用控制网络。

LONWORKS 技术所采用的 Lon Talk 协议被封装在称之为 Neuron 的神经元中而得以实现。集成芯片中有 3 个 8 位 CPU:第一个用于完成开放互连模型中第 1 层和第 2 层的功能,称为介质访问控制器,实现介质访问控制与处理;第二个用于完成第 3 ~ 6 层的功能,称为网络处理器,进行网络变量的寻址、处理、背景诊断、路径选择、软件计时、网络管理,并负责网络通信控制、收发数据包等;第三个是应用处理器,执行操作系统服务于用户代码。芯片中还具有存储信息缓冲区,以实现 CPU 之间的信息传递,并作为网络缓冲区和应用缓冲区。

Neuron 芯片的编程语言为 Neuron C,它是从 ANSIC 派生出来的。LONWORKS 提供了一套开发工具 Lon Builder 与 Node Builder。

此外,Lon Talk 协议还提供了五种基本类型的报文服务:确认(Acknowledged)、非确认(Unacknowledged)、请求/响应(Request/Response)、重复(Repeated)、非确认重复(Unacknowledged Repeated)。

Lon Talk 协议的介质访问控制子层(MAC)对 CSMA(载波信号多路监听)作了改进,采用了一种新的称做预测的 P 坚持 CSMA(Predictive P - Presistent CSMA)的协议。带预测的 P 坚持 CSMA 在保留 CSMA 协议优点的同时,注意克服了它在控制网络中的不足。所有的节点根据网络积压参数等待随机时间片来访问介质,这就有效地避免了网络的频繁碰撞。

LONWORKS 技术产品已被广泛应用在楼宇自动化、家庭自动化、保安系统、办公设备、交通运输、工业过程控制等行业。在开发智能通信接口、智能传感器方面,LONWORKS 神经元芯片也具有独特的优势。

三、PROFIBUS(Process Fieldbus)

过程现场总线 PROFIBUS 是符合德国国家标准 DIN19245 和欧洲标准 EN50170 的现场总线标准。由 PROFIBUS - DP、PROFIBUS - FMS、PROFIBUS - PA 组成了 PROFIBUS 系列。DP 型用于分散的外围设备之间的高速数据传输,适用于加工自动化领域。FMS 意为现场信息规范,FMS 型适用于纺织、楼宇自动化、可编程控制器、低压开关等。PA 型则是用于过程自动化的总线类型,它遵从 IEC1158 - 2 标准。该项技术是由以 Siemens 公司为主的十几家德国公司、研究所共同推出的。它采用了 OSI 模型的物理层、数据链路层。FMS 还采用了应用层。传输速率为 9.6kb/s ~ 12Mb/s,最大传输距离在 12Mb/s 时为 100m,在 1.5Mb/s 时为 400m,可用中继器延长至 10km。其传输介质可以是双绞线,也可以是光缆,最多可挂接 127 个站点,可实现总线供电与本质安全防爆。

PROFIBUS 引入功能模块的概念,不同的应用需要使用不同的模块。在一个确定的应用中,按照 PROFIBUS 规范来定义模块,写明其硬件和软件的性能,规范设备功能与 PROFIBUS 通信功能的一致性。

PROFIBUS 为开放系统协议,为保证产品质量,在德国建立了 FZI 信息研究中心,对制造厂和用户开放,并对其产品进行一致性监测和实验性检测。

四、CAN(Control Area Network)

CAN 控制局域网络是由德国 Bosch 公司推出的,用于汽车检测与控制部件之间的数据通信。其总线规范现已被 ISO 国际标准组织制定为国际标准,它广泛应用在离散控制领域。CAN 协议也是建立在国际标准组织的开放系统互连模型的基础之上,不过其模型结构只有三层:OSI 底层的物理层、数据链路层和顶层的应用层。

CAN 的通信速率为 5kb/s(10km)、1Mb/s(40m),可挂接设备数最多达 110 个,信号传输介质为双绞线或光纤等;CAN 采用点对点、一点对多点及全局广播几种方式发送接收数据;CAN 可实现全分布式多机系统且无主、从机之分,每个节点均主动发送报文,用此特点可方便构成多机备份系统;CAN 采用非破坏性总线优先级仲裁技术,当两个节点同时向网络上发送信息时,优先级低的节点主动停止发送数据,而优先级高的节点可不受影响地继续发送信息,按节点类型不同分成不同的优先级,可以满足不同的实时要求;CAN 支持四类报文帧:数据帧、远程帧、出错帧和超载帧,采用短帧结构,每帧有效字节数为 8 个,这样传输时间短,受干扰的概率低,且具有较好的检错效果;CAN 采取 CRC 循环冗余校验及其他检错措施,保证了极低的信息出错率;CAN 节点具有自动关闭功能,在节点错误严重的情况下,则自动切断与总线的联系,这样不影响总线正常工作;CAN 单片机有 Motorola 公司生产的带 CAN 模块的 MC68HC05 * 4,Philips 公司生产的 82C200,Intel 公司生产的带 CAN 模块的 P8 * C592;CAN 控制器有 Philips 公司生产的 82C200,Intel 公司生产的 82527;CAN I/O 器件有 Philips 公司生产的 82C150,它具有数字和模拟 I/O 接口。

目前,CAN 已被广泛用于汽车、火车、轮船、机器人、智能楼宇、机械制造、数控机床、纺织机械、传感器、自动化仪表等领域。

五、HART(Highway Addressable Remote Transducer)

HART 可寻址远程传感器数据通路是由美国 Rosemount 公司研制的,其特点是在现有模拟信号传输线上实现数字信号通信,属于模拟系统向数字系统转变过程中的过渡产品,因而在当前的过渡时期具有较强的市场竞争力,且得到了较快发展。

HART 协议参照 ISO/OSI 模型的第 1、2、7 层,即物理层、数据链路层和应用层,其主要特性如下:

(1)物理层。采用基于 Bell202 通信标准的 FSK 技术,即在 4 ~ 20mA DC 模拟信号上叠加 FSK 数字信号,逻辑 1 为 1 200Hz,逻辑 0 为 2 200Hz,波特率为 1 200b/s,调制信号为 ±0.5mA 或 0.25VP - P(250Ω 负载)。用屏蔽双绞线连接单台设备时距离为3 000m,而多台设备互连距离为 1 500m。

(2)数据链路层。数据帧长度不固定,最长为 25 个字节。可寻址位 0 ~ 15,当地址为 0 时,处于 4 ~ 20mADC 与数字通信兼容状态;当地址为 1 ~ 15 时,则处于全数字通信状态。通信模式为“问答式”或“广播式”。

（3）应用层。规定了三类命令：第一类称为通用命令，这是所有设备都理解、执行的命令；第二类称为一般行为命令，所提供的功能可以在许多现场设备（尽管不是全部）中实现，这类命令包括最常用的现场设备功能库；第三类称为特殊设备命令，以便在某些设备中实现特殊功能，这类命令既可以在基金会中开放使用，又可以为开发此命令的公司所独有。在一个现场设备中通常可发现同时存在这三类命令。

HART 采用统一的设备描述语言 DDL。现场设备开发商采用这种标准语言来描述设备特性，由 HART 基金会负责登记管理这些设备描述，并把它们变为设备描述字典，主设备运用 DDL 技术来理解这些设备的特性参数而不必为这些设备开发专用接口。但是由于这种模拟数字混合信号制，难以开发出一种能满足各公司要求的通信接口芯片。

HART 能利用总线供电，可满足本质安全防爆要求，并可组成由手持编程器与管理系统主机作为高设备的双主设备系统。

第三节　PROFIBUS 总线

PROFIBUS（Progress Field Bus）是德国标准 DIN19245 和欧洲标准 EN50170，也是 IEC 标准 IEC61158。PROFIBUS 可以用于制造自动化、过程自动化，以及交通、电力等领域的自动化，实现现场级的分散控制和车间级或厂级的集中监控。

PROFIBUS 含有三个兼容的协议：PROFIBUS－DP（Decentralized Periphery，分散外围设备）；PROFIBUS－PA（Progress Automation，过程自动化）；PROFIBUS－FMS（Fieldbus Message Specification，现场总线报文规范）。

PROFIBUS－DP 传输速率最高为 12Mb/s，主要用于现场级和装置级的自动化。

PROFIBUS－PA 传输速率为 31.25kb/s，主要用于现场级过程自动化，具有本质安全和总线供电特性。

PROFIBUS－FMS 主要用于车间级或厂级监控，构成控制和管理一体化系统，进行系统信息集成。

下面主要介绍 PROFIBUS 的通信模型、协议类型、数据传输技术、拓扑结构及总线存取控制机制，并对 PROFIBUS－DP、PROFIBUS－PA 和 PROFIBUS－FMS 技术作简要介绍。

一、PROFIBUS 的通信模型和协议类型

本节主要讨论 PROFIBUS 的通信模型以及 DP、FMS 和 PA 三种通信协议类型。

（一）通信模型

PROFIBUS 通信模型参照了 ISO/OSI 参考模型的第 1 层（物理层）和第 2 层（数据链路层），其中 FMS 还采用了第 7 层（应用层），另外增加了用户层，如图 5-4 所示。

PROFIBUS－DP 和 PROFIBUS－FMS 的第 1 层和第 2 层相同，PROFIBUS－FMS 有第 7 层，PROFIBUS－DP 无第 7 层。PROFIBUS－PA 有第 1 层和第 2 层，但与 DP/FMS 有区别，无第 7 层。

(二)协议类型

PROFIBUS 提供了三种通信协议类型:DP、FMS 和 PA。

1. PROFIBUS – DP

PROFIBUS – DP 通信协议定义了第 1 层、第 2 层和用户接口层,未定义第 3 ~ 7 层,这种精简的结构确保了数据传输的高速有效。直接数据链路映像(Direct Data Link Mapper,简称 DDLM)提供了访问第 2 层的用户接口,用户接口规定了用户和系统以及各类设备可以调用的应用功能,并描述了各种设备的设备行为。物理层采用RS – 485传输技术或光纤传输技术。DP 协议的用户层包括 DP 基本功能、DP 扩展功能和 DP 设备行规。

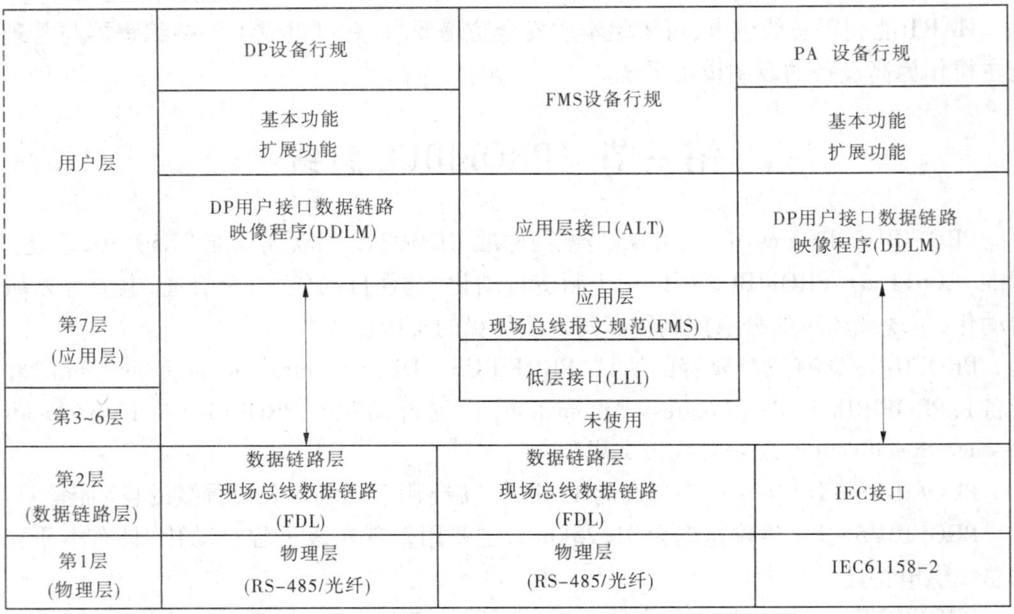

图 5-4　PROFIBUS 通信模型

2. PROFIBUS – FMS

PROFIBUS – FMS 通信协议定义了第 1 层、第 2 层和第 7 层,第 7 层又分为现场总线报文规范和低层接口(Lower Layer Interface,简称 LLI)。FMS 包括了应用协议并向用户提供通信服务。LLI 协调不同的通信关系,并向 FMS 提供不依赖于设备的对第 2 层的访问接口。第 2 层现场总线数据链路(Fieldbus Data Link,简称 FDL)用于完成总线访问控制及保证数据的可靠性。第 1 层采用 RS – 485 传输技术或光纤传输技术。

PROFIBUS – DP 和 PROFIBUS – FMS 使用相同的传输技术和总线存取协议,因此它们可以同时在同一根电缆上运行。

3. PROFIBUS – PA

PROFIBUS – PA 使用扩展的 PROFIBUS – DP 协议进行数据传输,另外,还规定了现场设备的设备行规。根据 IEC61158 – 2 标准,这种传输技术可以确保其本质安全,并可以通过总线对现场设备供电。使用 DP/PA 段耦合器可将 PROFIBUS – PA 设备集成到 PROFIBUS – DP 网段中。

二、PROFIBUS 的数据传输和拓扑结构

现场总线系统的应用在较大程度上取决于采用哪种传输技术,既要考虑传输的通用要求(如拓扑结构、传输速率、传输距离和传输的可靠性等),还要考虑简便而又成本低廉的因素。在过程自动化的应用中,数据和电源还必须在同一根电缆上传送,以满足本质安全的要求等。单一的传输技术不可能满足以上所有要求,因此 PROFIBUS 物理层协议提供了三种数据传输标准:①用于 DP 和 FMS 的 RS－485 传输;②用于 PA 的 IEC61158－2 传输;③光纤传输。报文有效长度为 1～244Byte。采用段耦合器,可适配 IEC61158－2 和 RS－485 信号(主要是传输速率和信号电压的匹配),从而将采用 RS－485 传输技术的总线段和采用 IEC61158－2 传输技术的总线段连接在一起。也可以用专用的总线插头实现 RS－485 与光纤信号的相互转换,因此也可在同一套系统中使用 RS－485 传输技术和光纤传输技术。因此,这三种不同的传输技术可以通过一定的手段混合使用。

下面将分别介绍这三种传输技术。

(一)用于 DP 和 FMS 的 RS－485 传输技术

RS－485 传输是 PROFIBUS 最常用的一种传输技术。一个总线段内的导线采用屏蔽双绞电缆,段的两端各有一个终端器,如图 5-5 所示。传输速率可在 9.6kb/s～12Mb/s 之间选用,所选用的波特率对连接到总线(段)上的所有设备都适用。每段最多连接 32 个站(主站/从站)。通过中继器(Repeater)可以增加段数,则总线上的站数最多可以达到 126 个。RS－485 传输技术的基本特性见表 5-1。

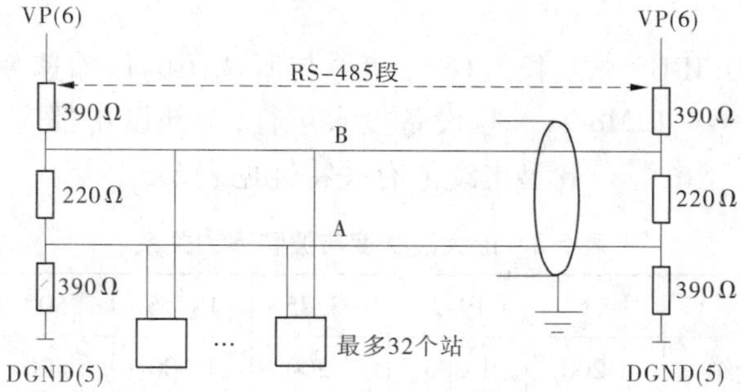

图 5-5　RS－485 总线段的结构

表 5-1　RS－485 传输技术的基本特性

网络拓扑	线性总线,两端有有源的总线终端电阻。短分支总线的传输速率≤1.5Mb/s
传输介质	屏蔽双绞电缆线,也可用非屏蔽双绞线,取决于环境情况
站点数	每段 32 个站,不带中继器;带中继器最多可达 126 个站
插头连接器	9 针 D 形插头连接器

1. 传输序列

PROFIBUS－DP 和 PROFIBUS－FMS 的编码方式为不归零码(NRZ 码)。一个字符帧在 PROFIBUS 总线上为 11 位(1 个起始位,8 个数据位,1 个奇偶校验位和 1 个停止

位),如图 5-6 所示。

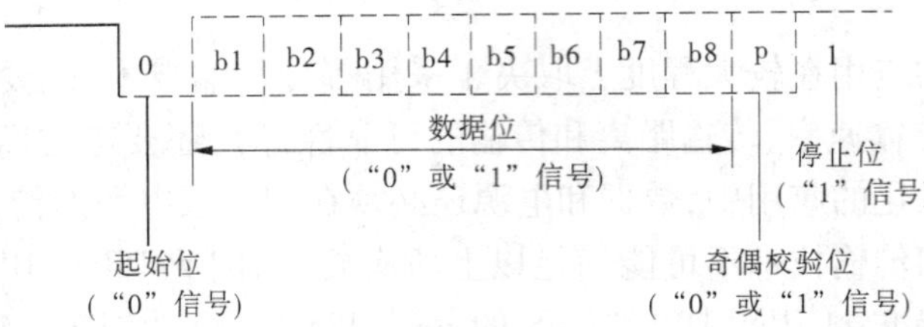

图 5-6　PROFIBUS 字符帧

在传输期间,二进制“1”对应于 RxD/TxD－P(Receive/Transmit－Data－P)线上的正电位,而在 RxD/TxD－N 线上为负电位。各报文间的空闲状态对应于二进制“1”。图 5-7 为不归零码传输时的信号波形。

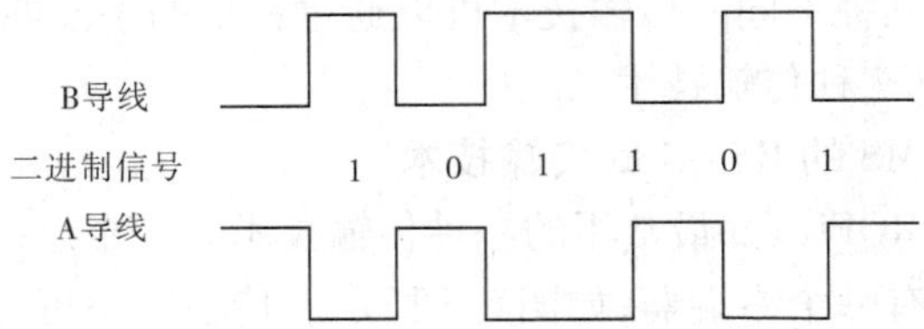

图 5-7　不归零码传输时的信号波形

两根 PROFIBUS 数据线常被称为 A 线(对应于 RxD/TxD－N 线)和 B 线(对应于 RxD/TxD－P 线)。

2. 传输电缆

最大允许的 PROFIBUS 总线长度(段长度)与所选用的传输速率有关,见表 5-2。传输速率可选用 9.6kb/s～12Mb/s,一旦设备投入运行,全部设备都应选用同一传输速率。PROFIBUS 标准中 A 型电缆和 B 型电缆的有关特性见表 5-3。

表 5-2　最大段长度与波特率的关系

波特率(kb/s)		9.6	19.2	93.75	187.5	500	1 500	12 000
段长度(m)	A 型电缆	1 200	1 200	1 200	1 000	400	200	100
	B 型电缆	1 200	1 200	1 200	600	200	—	—

表 5-3　A 型电缆和 B 型电缆的导线特性

电缆参数	阻抗(Ω)	电容(PF/m)	线芯直径(mm)	线芯面积(mm^2)	回路电阻(Ω/km)
A 型电缆	135～165	<30	>0.64	>0.34	110
B 型电缆	100～130	<60	>0.53	>0.22	—

3. 总线连接

(1)按照 PROFIBUS 标准,总线站与总线的连接采用 9 针 D 形连接器。D 形连接器的插座与总线站相连,其插头与总线电缆连接。表 5-4 列出了 D 形连接器的针脚分配。总线电缆的接线如图 5-8 所示。

表 5-4　D 形连接器的针脚分配

连接器外形	针脚号	信号名称	信号含义
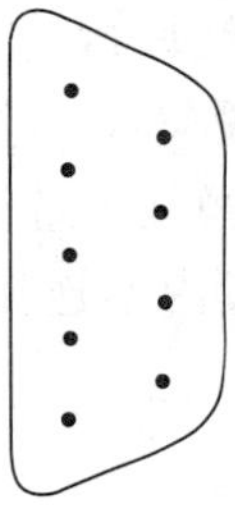	1	SHIELD	屏蔽或逻辑地
	2	M24	24V 输出电压逻辑地(辅助电源)
	3	RxD/TxD - P	接收/发送数据一正,RS - 485 信号 B 线
	4	CNTR - P	方向控制信号 P
	5	DGND	数据基准电位(逻辑地)
	6	VP	供电电压(正)
	7	P24	±24V 输出电压(辅助电源)
	8	RxD/TxD - N	接收/发送数据一负,RS - 485 信号 A 线
	9	CMTR - N	方向控制信号 N
	连接器外壳	屏蔽	机壳接地

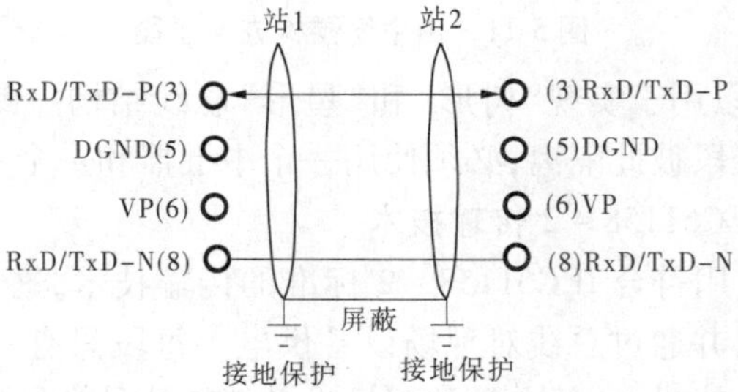

图 5-8　总线电缆的接线

(2)数据线 A 和 B 的两端均接有总线终端器。总线终端器包含一个下拉电阻(与数据基准电位 DGND 相连)和一个上拉电阻(与供电正电压 VP 相连),如图 5-9 所示。在总线上没有站发送数据,即在两个报文之间总线为空闲状态时,两个总线终端电阻保证了在总线上有一个确定的空闲电位。两个总线终端电阻必须永远有电源供电。

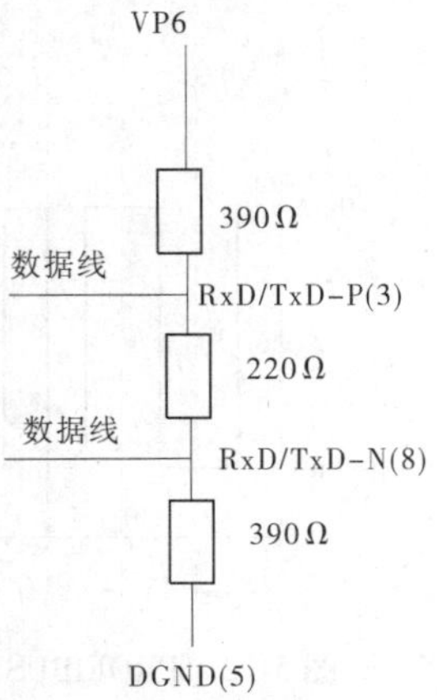

图 5-9　总线终端器

4. 拓扑结构

PROFIBUS 系统是一个两端有源终端器的线性总线结构,也称为 RS - 485 总线段,在一个总线段上最多可连接 32 个 RS - 485站(主站或从站)。例如,图 5-10 所示为一个典型的 PROFIBUS - DP 系统,它包括一个主站(PIE/PC),从站为各种外围设备,如分布式 I/O、AC 或 DC 驱动器、电磁阀或气动阀以及人机界面(HMI)。

当需要连接的站超过 32 个时,必须将 PROFIBUS 系统分成若干个总线段,使用中继器连接各个总线段。

中继器也称为线路放大器,用于放大传输信号的电平。按照 EN50170 标准,在中继

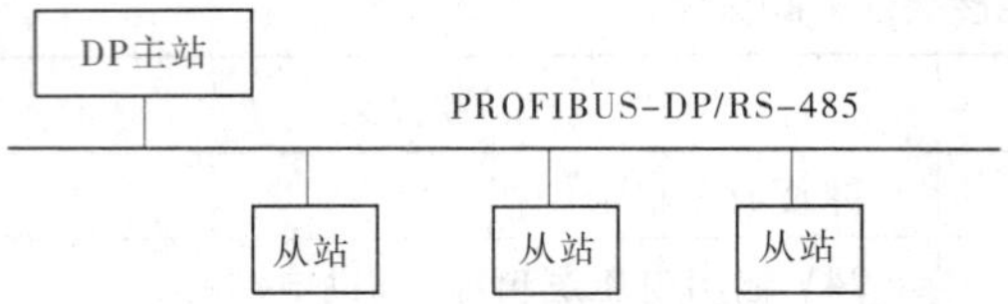

图 5-10　PROFIBUS - DP 单主站系统

器传输信号中不实现位相的时间再生(信号再生),这样就会存在位信号的失真和延迟,因此 EN50170 标准限定串连的中继器不能超过 3 个。但实际上,某些中继器线路已经实现了信号再生。中继器也是一个负载,因此在一个总线段内,中继器也计数为一个站,可运行的最大总线站数就减少一个。即如果一个总线段包括一个中继器,则在此总线段上可运行的总线站数为 31,但是中继器并不占用逻辑的总线地址。

如果 PROFIBUS 总线要覆盖更长的距离,中间可建立连接段,连接段内不连接任何站,如图 5-11 所示。

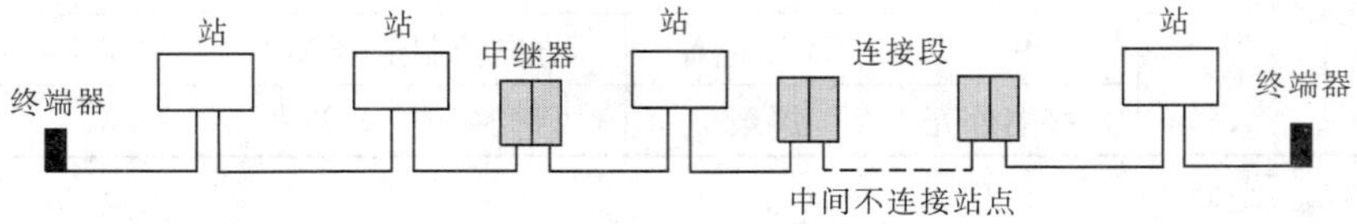

图 5-11　由中继器构成连接段

另外,中继器还可以用于实现"树形"和"星形"总线结构。此外,也可以是浮地的结构,在这种结构中,总线段彼此隔离,必须使用一个中继器和一个不接地的 24V 电源。

(二)用于 PA 的 IEC61158 - 2 传输技术

PROFIBUS - PA 采用符合 IEC61158 - 2 标准的传输技术,这种技术是一种位同步协议,它可确保本质安全,并通过总线对现场设备供电。每段只有一个电源作为供电装置,当站收发信息时不对总线供电,每个站的现场设备消耗的是常量稳态电流,现场设备的作用如同无源的电流吸收装置。

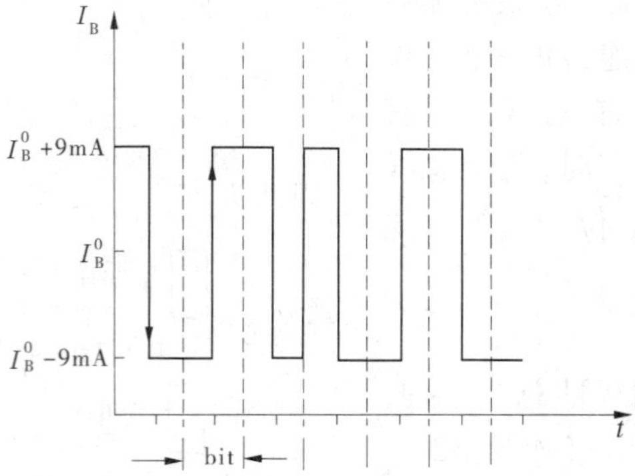

图 5-12　PROFIBUS - PA 的数据传输

1. 数据传输

IEC61158 - 2 的数据传输采用曼彻斯特编码,这是一种常用的基带信号编码。当信号由 0 变到 1 时发送二进制数"0",当信号由 1 变到 0 时发送二进制数"1"。数据的发送采用对总线系统的基本电流,I_B 调节 ±9mA 的方法实现,如图 5-12 所示。传输速率为 31.25kb/s。

2. 传输电缆

PROFIBUS - PA 的传输介质采用屏蔽/非屏蔽双绞线,总线电缆的特性决定了总线的最大扩展、可连接的总线站数和对电磁干扰的灵敏度。IEC61158 - 2 标准推荐了可用于 PROFIBUS - PA 的 4 种标准电缆类型,见表 5-5。当安装新系统时,推荐采用 A 型和 B 型电缆。当采用多股 B 型电缆时,几条现场总线(31.25kb/s)可以在一根电缆上同时运行,这时应避免其他线路在该电缆上运行。C 型和 D 型电缆仅用于网络的升级改造工作。这种情况下,对传输的干扰抑制常常达不到标准中所要求的水平。

表 5-5　PROFIBUS－PA 可用的电缆

项目	A 型(基准)	B 型	C 型	D 型
电缆结构	双绞线,屏蔽	一根或多根双绞线,屏蔽	多根双绞线,不屏蔽	多根非双绞线,不屏蔽
额定导线截面面积(mm^2)	0.8(AWG18)	0.32(AWG22)	0.13(AWG26)	1.25(AWG16)
回路电阻($a/k=$)	44	112	264	40
31.25kHz 时的浪涌阻抗(Ω)	100(1±20%)	100(1±30%)	未规定	未规定
39kHz 时的波衰减(dB/km)	3	5	8	8
非对称电容(nF/km)	2	2	未规定	未规定
组失真(7.9～39kHz)(μs/km)	1.7	未规定	未规定	未规定
屏蔽覆盖程度	90%	未规定	—	—
推荐的总线长度(m)(不含短截线)	1 900	1 200	400	200

3. 总线连接

一个 PROFIBUS－PA 总线段上最多可连接 32 个站,总线段的两端各有一个无源 RC 终端器,如图 5-13 所示。最大的总线段长度主要取决于供电设备、导线类型和所连接站的电流消耗。供电设备的特性参数和传输导线的长度可查用户手册。

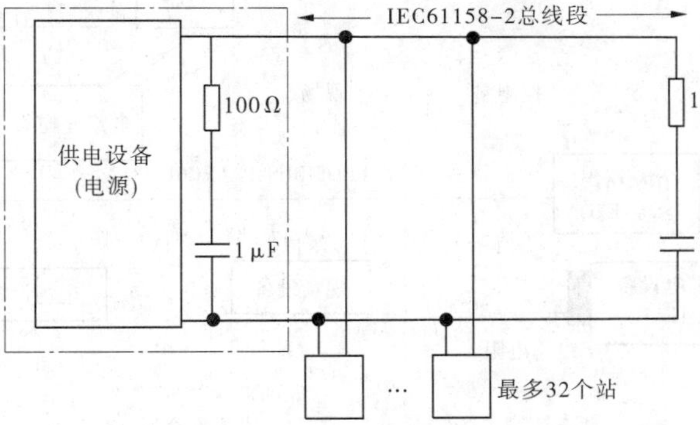

图 5-13　PA 的总线连接

4. 拓扑结构

PROFIBUS－PA 的网络拓扑结构可以有多种形式,可以实现树型、总线型或其组合结构。

图 5-14 为树型结构。树型结构是典型的现场安装技术,现场分配器负责连接现场设备与主干总线,所有连接在现场总线上的设备通过现场分配器进行并行切换。

图 5-15 为总线型结构。总线型结构提供了与供电电路安装类似的沿现场总线电缆的连接点,现场总线电缆可通过现场设备连接成回路,其分支线也可连接一个或多个现场设备。

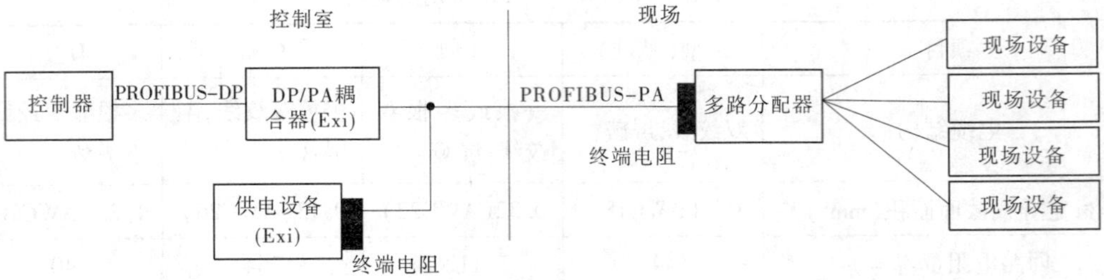

图 5-14 树型结构

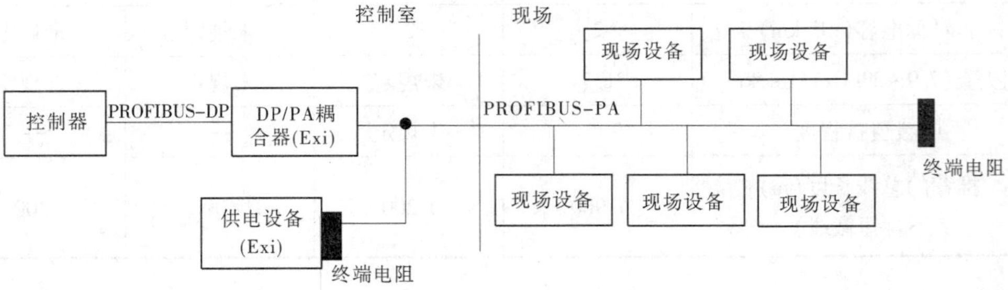

图 5-15 总线型结构

树型与总线型的组合结构见图 5-16。

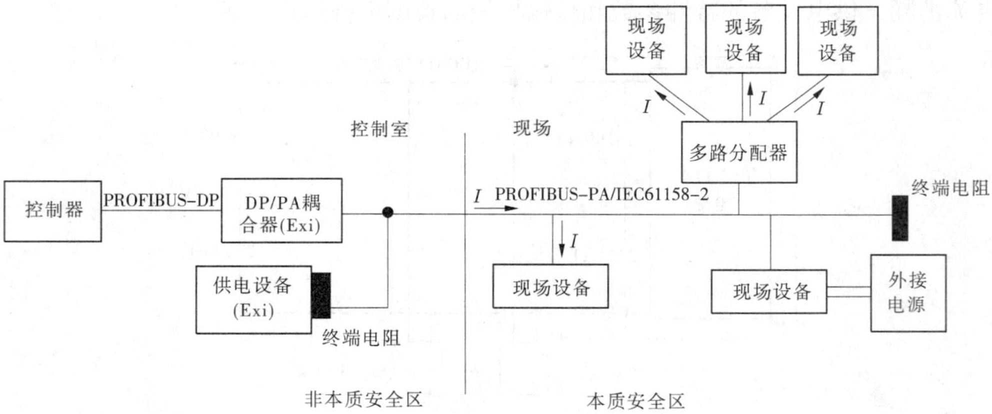

图 5-16 树型与总线型的组合结构

基于 IEC61158 -2 传输技术总线段与基于 RS -485 传输技术总线段可以通过 DP/PA 耦合器或连接器相连,耦合器使 RS -485 信号和 IEC61158 -2 信号相适配。电源设备经总线为现场设备供电,这种供电方式可以限制 IEC61158 -2 总线段上的电流和电压。

如果需要外接电源设备,则需设置适当的隔离装置,将总线供电设备与外接电源设备连接在本质安全总线上,如图 5-17 所示。

为了增加系统的可靠性,可以设计冗余的总线段。利用总线中继器可以扩展总线站数,总站数最多 126 个,中继器最多 4 台。

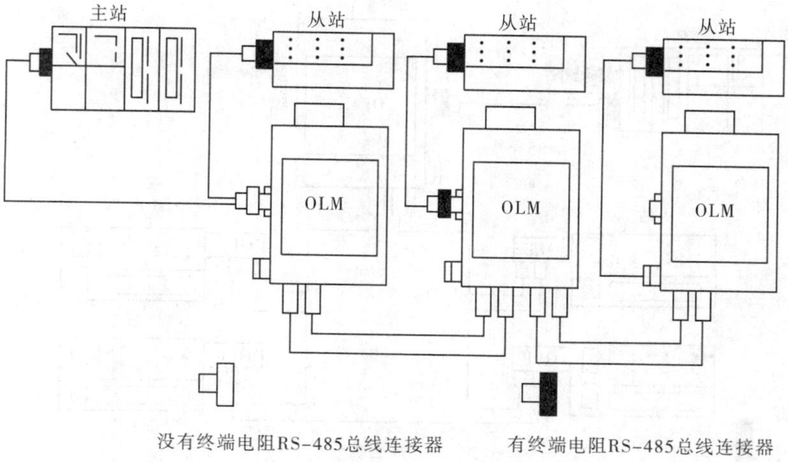

图 5-17　使用 OLM 技术的总线连接

（三）光纤传输技术

PROFIBUS 系统在电磁干扰很大的环境下应用时，可使用光纤以增加高速传输的距离。通过光纤，可使 PROFIBUS 系统站之间的距离最大达到 15km，同时还可确保总线站之间的电隔离。

1. 总线导线

有两种光纤可供使用，一种为价格低廉的塑料纤维，供距离小于 50m 情况下使用；另一种是玻璃纤维，在距离小于 1km 情况下使用。

2. 总线连接

有几种连接技术可以用于将总线站连接到光纤导体，下面分别加以介绍。

（1）光链路模块 OLM（Optical Link Module）技术与 RS－485 的中继器类似，OLM 有两个功能隔离的电气通道，并根据不同的模块占用一个或两个光通道。OLM 通过一根 RS－485 导线与各个总线站或总线段相连接（见图 5-17）。

（2）光链路插头 OLP（Optical Link Plug）技术。OLP 将从站用一个单光纤电缆环连接。OLP 直接插入总线站的 9 针 D 形连接器。OLP 由总线站供电，总线站的 RS－485 接口的 +5V 电源应保证能提供至少 80mA 的电流。主站与 OLP 环的连接需要一个光链路模块（OLM），如图 5-18 所示。

（3）集成的光纤电缆。连接集成在设备中的光纤接口可以将 PROFIBUS 节点与光纤电缆直接连接。

（4）光纤总线终端 OFBT（Optical Fiber Bus Terminal）。一个不带集成纤维光缆接口的 PROFIBUS 站或一个 RS－485 段可以通过 OFBT 连接到一个光纤线路。

3. 拓扑结构

用于数据传输的光纤技术可以构成环型、总线型、树型和星型结构。光链路模块（OLM）可以用于实现单光纤环和冗余的双光纤环。

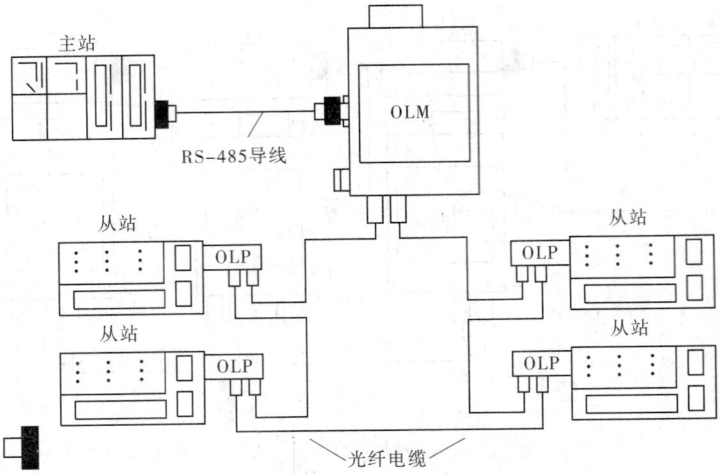

图 5-18　使用 OLP 技术的单光纤环路

三、PROFIBUS 的总线存取控制机制

PROFIBUS(DP、PA、FMS)均使用一致的总线存取控制机制,通过第 2 层(数据链路层)来实现,它包括了数据的可靠性技术及传输协议和报文处理。介质存取控制(Medium Access Control,简称 MAC)具体控制数据传输的程序,MAC 必须确保在任何一个时刻只有一个站发送数据。PROFIBUS 的总线存取控制要满足介质控制的两个基本要求:

(1)主站(PLC 或 PC)间的通信必须使每一个总线站(节点)在确定的时间范围内能获得足够的时间来处理它自己的通信任务。

(2)复杂的 PLC 或 PC 与简单的分散的过程 I/O 设备(从站)间的数据交换必须快速简单。

为此,PROFIBUS 采用混合的总线存取控制机制来实现上述目标,即在主站之间采用令牌传送方式,主站与从站之间采用主从方式。

令牌传递程序保证每个主站在一个确切规定的时间内得到总线存取权(令牌),令牌传递仅在各主站之间进行。

主站得到总线存取令牌时可以与从站通信,每个主站均可向从站发送或读取信息。

这种总线存取控制方式允许有如下的系统配置:①纯主—主系统(令牌传递机制);②纯主—从系统(主—从机制);③混合系统。

PROFIBUS 的总线存取控制机制与使用的传输介质无关,即不论使用的是铜质电线还是光纤电缆,效果都一样。

(一)令牌总线机制

图 5-19 所示的 PROFIBUS 系统由 3 个主站和 7 个从站构成。3 个主站构成逻辑令牌环。

令牌环是所有主站的组织链,在令牌环中主站按照地址的升序一个接一个地排列,控制令牌按此顺序从一个站传递到下一个站。令牌提供存取传输介质的权力,并用特殊的

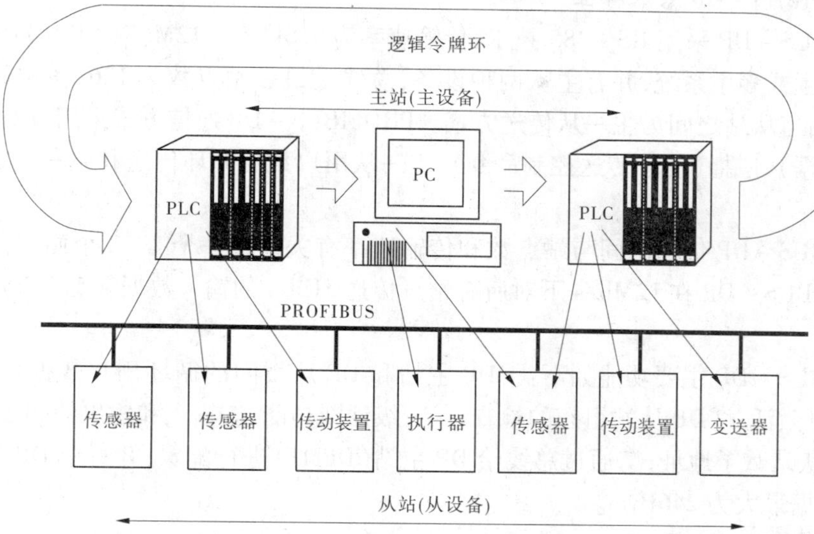

图 5-19　PROFIBUS 总线存取控制机制

令牌帧在主站间传递。

在总线初始化和启动阶段,总线存取控制 MAC 通过辨认主站来建立令牌环。在运行期间,断电或损坏的主站必须从令牌环中排除,新上电的主站必须加入逻辑环。此外,主站的令牌保持时间长短取决于该令牌配置的循环时间。

(二)主一从机制

图 5-19 中的 3 个主站分别通过 PROFIBUS 总线与其相连的从站构成主—从系统。主—从程序允许主站当前有权发送信息、存取指定给它的从站设备。这些从站是被动节点,主站可以发送信息给从站或从从站获取信息。

除上述之外,介质存取控制还实现监测传输介质及收发器是否损坏,检查站点地址是否出错以及令牌错误(如令牌丢失或有多个令牌),以及保证数据的可靠性。PROFIBUS 第 2 层的数据结构格式可保证数据的高度完整性。

PROFIBUS 第 2 层按照非连接的模式操作,除提供点对点逻辑数据传输外,还提供多点通信,其中包括广播及有选择广播功能。

四、PROFIBUS - DP 技术简介

PROFIBUS - DP 用于现场层的高速数据传输。中央控制器(如 PIE/PC)通过总线同分散的现场设备(如驱动器和阀门等)进行通信,一般采用周期性的通信方式。这些数据交换所需的功能是由 PROFIBUS - DP 的基本功能所规定的。除了执行这些基本功能外,现场总线设备还需非周期性通信以进行组态、诊断和报警处理。这些非周期性功能在 PROFIBUS - DP 扩展功能加以描述。

(一)PROFIBUS - DP 基本功能

主站周期地读取从站的信息并周期地向从站发送信息。除了传送周期性用户数据外,PROFIBUS - DP 还提供诊断和组态功能,数据通信依靠主站和从站进行监控。

1. PROFIBUS－DP 基本特征

PROFIBUS－DP 采用 RS－485 技术，传输速率为 9.6kb/s～12Mb/s。PROFIBUS－DP 总线支持单主或多主系统，并有主从两种设备，总线上最多站点数为 126，各主站之间传递令牌，主站与从站之间为主—从传送方式。PROFIBUS－DP 通信方式采用点对点（用于传送用户数据）、广播（用于传送控制命令）、主—从用户数据循环传送和主—主数据循环传送。

PROFIBUS－DP 传输时间与站点数和传输速率有关。在一个有 32 个站点的分布系统中，PROFIBUS－DP 在 12Mb/s 下对所有站点传送 512bit 的输入数据和 512bit 的输出数据只需 1ms。

PROFIBUS－DP 主要功能如下：①DP 主站和 DP 从站间的循环用户数据传送；②各 DP 从站的可激活；③DP 从站组态的检查；④三级诊断功能；⑤输入和输出的同步；⑥通过总线给 DP 从站赋予地址；⑦通过总线给 DP 主站（DPM1）进行配置；⑧每个 DP 从站的输出和输出数据最大为 246Byte。

2. 设备类型和系统配置

1）设备类型

每个 PROFIBUS－DP 系统可以包括三种不同类型的设备：一级 DP 主站（DPM1）；二级 DP 主站（DPM2）；DP 从站。

（1）一级 DP 主站（DPM1），即中央控制器。它在规定时间周期内与分散的站（如 DP 从站）交换信息。典型的一级主站包括 PLC 或 PC。

（2）二级 DP 主站（DPM2），即可进行编程、组态、诊断的设备，如编程器、组态设备或操作面板。它们在 DP 系统组态操作时使用，以实现系统的操作和监视。

（3）DP 从站，是进行输入和输出信息采集及发送的外围设备，如输入/输出设备、人机接口、驱动器、阀门，也包括一些只提供输入或输出信息的设备。

输入/输出信息量大小取决于设备类型，最多不超过 246Byte。

2）系统配置

以上设备作为不同的站点构成 PROFIBUS－DP 系统，PROFIBUS－DP 系统又分为单主站系统和多主站系统。

单主站系统是指总线运行阶段只有一个活动的主站。分散的 DP 从站，通过总线连接到 DP 主站（如 PLC）上。单主站系统可获得最短的总线循环时间。

多主站系统是指总线上连接了多个主站。这些主站有各自的从站构成互相独立的主从子系统，包括 DPM1 主站、DPM2 主站和它们指定的从站，如图 5-20 所示。

在图 5-20 中，任何一个主站都可以读取 DP 从站的输入和输出映像，但只有一个 DP 主站（在系统组态时指定的 DPM1）允许对 DP 从站写入输出数据。多主站的总线循环时间要比单主站的总线循环时间长。

单主站系统和多主站系统为系统配置提供了灵活性。系统配置主要包括站数、站地址和输入/输出地址的分配、输入输出数据的格式、诊断信息的格式以及所使用的总线参数。

3）系统运行模式

PROFIBUS－DP 的规范包括了对系统运行模式的描述以及保证设备的互换性。系统

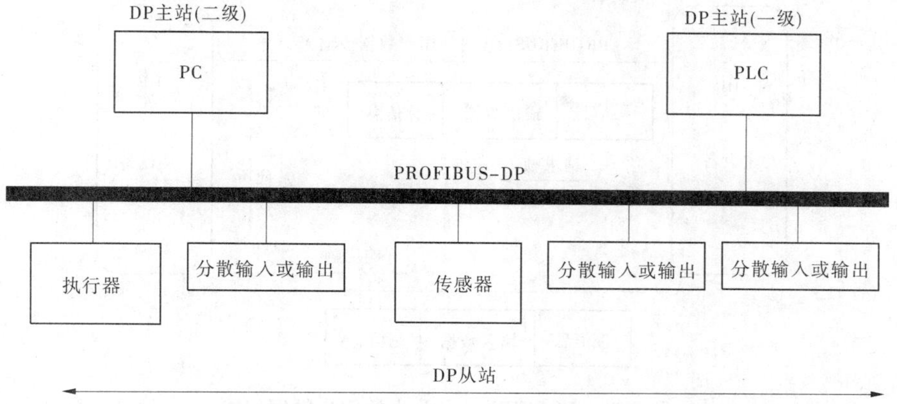

图 5-20　PROFIBUS－DP 多主站系统

运行模式主要取决于 DPM1 的操作状态，这些状态主要由本地或总线的配置所决定，有三种状态：运行、清除和停止。

（1）运行状态循环传送输入和输出数据。此状态下，DPM1 处于数据传输阶段，循环数据通信时，DPM1 从 DP 从站中读取输入信息并向 DP 从站写入输出信息。

（2）清除状态输入是读取，输出保持为故障安全状态。此状态下，DPM1 读取 DP 从站的输入信息并使信息保持故障安全运行状态。

（3）停止状态只能进行主—主数据传送。此状态下，DPM1 和 DP 从站之间没有数据传输。

DPM1 设备在一个可预先组态的时间间隔内以选播方式将其本地状态周期性地发送到每一个有关 DP 从站。

如果在 DPM1 的数据传输阶段中发生错误，系统将做出反应（比如一个 DP 从站有故障），它由组态参数“自动清除（Auto Clean）”确定。如果自动清除参数为真，则 DPM1 将所有有关的 DP 从站的输出数据立即转入安全保护状态，而 DP 从站将不再发送用户数据。在这之后，DPM1 转入清除状态。如果此参数为假，则 DPM1 在这个 DP 从站出错时仍停留在运行状态，然后由用户自行决定如何对系统做出反应。

3. DPM1 和 DP 从站间的循环数据传送

用户数据在 DPM1 和有关 DP 从站之间的传输由 DPM1 按照规定的传递顺序自动执行，如图 5-21 所示。

在对总线系统进行组态时，用户对 DP 从站与 DPM1 的关系进行定义并确定哪些 DP 从站被纳入信息交换的循环周期，哪些被排斥在外。

DPM1 和 DP 从站间的数据传送分为三个阶段：参数设定、组态、数据交换。

在参数设定和组态阶段，每一个从站当自己的实际组态数据与所需的组态数据相匹配时，从站才能进入用户数据传输阶段。因此，设备类型、数据格式和长度以及输入/输出量必须与实际组态数据保持一致。这些测试为用户提供了可靠的保护，以防止参数出错。除了 DPM1 自动执行用户的数据传输外，新的参数数据可根据用户的请求写入 DP 从站。

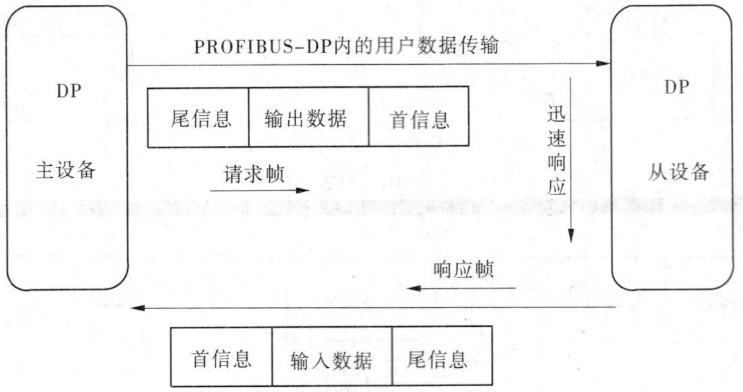

图 5-21 PROFIBUS - DP 内的用户数据传输

4. DPM1 和系统设备间的循环数据传输

除上述主—从功能外,PROFIBUS - DP 允许主—主之间的数据通信,见表 5-6。这些功能使组态和诊断设备能够通过总线对系统进行组态。

表 5-6 PROFIBUS - DP 的主—主功能

功能	含义	DPM1	DPM2
取得主站数据	读取 DPM1 的诊断数据或 DP 从站的所有诊断数据	M	O
上装/下装组态（开始,上装/下装,结束）	上装/下装 DPM1 及有关 DP 从站的全部配置数据	O	O
激活参数(广播)	同时激活已编址的总线参数	O	O
激活参数	激活已编址 DPM1 的参数或改变其操作状态	O	O

注:M(Must):必备功能;O(Option):可选的功能。

除了上装和下装功能外,主—主功能允许对 DPM1 与各个 DP 从站间的数据传输进行动态使用或禁止。DPM1 的操作状态也能改变。

5. DP 从站与从站间的控制命令传送

DPM1 设备除自动执行用户数据传输外,DP 主站设备也可向各从站、一组从站或全体从站同时发送控制命令。PROFIBUS - DP 的控制命令允许输入和输出同步,输出采用同步模式同步,输入采用锁定模式同步。

这些命令是通过选播方式发送的。使用这一功能打开 DP 从站的同步及锁定模式,用于 DP 从站的事件的同步控制。主站发送同步命令后,所选的从站进入同步模式。在这种模式中,所编址的从站输出数据被锁定在当前状态下。在这之后的用户数据传输周期中,从站储存接收到的输出数据,但它的输出状态保持不变。当收到下一同步命令时,所存储的输出数据发送到外围设备上。用户通过非同步命令退出同步模式;同样,锁定控制命令使得编址的从站进入锁定模式。锁定模式将从站的数据锁定在当前状态下,直到主站发送下一个锁定命令时才可以更新。用户可以通过非锁定命令退出锁定模式。

6. 保护机制

为达到安全可靠的目的，有必要对 PROFIBUS－DP 系统实施有效的保护，以防止出现参数差错或传输设备故障。在 DP 主站和 DP 从站中均有时间监视器，监视间隔时间在组态时确定。

DPM1 使用数据控制定时器对从站的数据进行监视。每个主站都采用独立的控制定时器。在规定时间间隔中，如数据传输发生差错，定时器就会超时。一旦出现超时，用户会得到这个信息。如果错误自动清除功能使能（Auto Clean = True），DPM1 将脱离操作状态，并将所有相关联从站的输出置于故障安全（Fail－safe）状态，再进入清除状态。

DP 从站使用看门狗定时器（Watchdog Timer）检测主站和传输线路的故障。如果在一定时间间隔内发现没有和主机之间的数据通信，从站就自动将输出置于故障安全状态。

为保证对多主系统的安全操作，有必要直接对 DP 从站的输入和输出进行存取操作。对其他主站来说，它只能读取从站提供的输入和输出映像，而没有存取操作权。

另外，所有信息的传输按海明距离 $HD=4$ 进行。PROFIBUS－DP 通过以上保护机制来实现可靠性。

7. 诊断功能

PROFIBUS－DP 具有三级诊断功能，能够快速定位故障。主站采集诊断信息并在总线上传输。

（1）站诊断：诊断信息表示本站设备的一般操作状态，如温度过高、电压过低。

（2）模块诊断：诊断信息表示一个站点的某个 I/O 模块出现故障（如输出模块）。

（3）通道诊断：诊断信息表示一个单独的输入/输出位的故障（如输出通道短路）。

（二）PROFIBUS－DP 的扩展功能

扩展 DP 功能允许非循环的读写功能，并中断与循环性数据传输并行的应答。另外，从站的非循环存取参数及测量值可用于某些诊断或操作员站（二级主站，DPM2）。由于这些功能的扩展，这些设备的参数往往在运行中才能确定。比如过程自动化的现场设备、操作控制器和变频器，这些参数与循环性测量值相比，变化很小。因此，在与高速周期性用户数据传输的同时，这一传输是在低优先权下进行的。

这些扩展功能是可选的，它们与 PROFIBUS－DP 的基本功能兼容。DP 的扩展功能通过软件更新的方法实现。

1. DPM1 与 DP 从站之间的扩展数据传输

一级 DP 主站（DPM1）与 DP 从站间的非循环数据通信功能是通过附加的服务存取点 SAP51 来执行的。在服务执行顺序中，DPM1 与从站建立的连接称之为 MSAC－C1，它与 DPM1 和从站间的循环数据传输紧密连接在一起。当连接点成功地建立后，DPM1 可通过 MSCY－C1 连接来执行循环数据传输，并通过 MSAC－C1 连接进行非循环数据传输。

PROFIBUS－DP 基本功能允许 DP 从站用诊断信息自发地传送事件。当诊断数值变化迅速时，有必要调整传输频率。

2. DPM2 与从站之间的扩展数据传输

DP 扩展允许一个或多个诊断设备或操作控制设备（DPM2）对 DP 从站的任何数据块

进行非循环读写服务。这种通信是以连接为主进行的,该连接称之为 MSAC - C2。在用户开始传输数据之前建立起这种连接,从站对该连接的成功建立用实际的应答来确认,这时连接才可以用来为用户传输数据。在用户传输数据过程中,允许任意长时间的间隔。如果需要的话,主站在这些间隔中可以自动插入监视报文(Idle - PDUS),这样 MSAC - C2 的连接就提供了由时间控制的自动监视。监视时间的长短是在连接建立时具体规定的。如果连接监视器发生故障,主从设备方面的连接就自动断开,当然连接也可再次建立。

(三)PROFIBUS - DP 行规

PROFIBUS - DP 协议规定用户数据怎样在总线各站之间进行传递,但是用户数据不是由 PROFIBUS - DP 传输协议来定义,它的含义是在行规中具体说明的;另外,行规还具体规定了 PROFIBUS - DP 如何用于应用领域。

行规及 DP 基本功能和扩展功能构成了 PROFIBUS - DP 用户层。

利用行规,可以非常容易地互换不同厂商的生产设备,行规也大大降低了用户的工程成本。PROFIBUS - DP 行规主要包括操作员和过程控制行规(HMI)、变速行动行规、编码器行规、NC/RC 行规等。

五、PROFIBUS - PA 技术简介

PROFIBUS - PA 适用于过程自动化。PA 将自动化系统和过程控制系统中的压力、温度和液位变送器等现场设备连接起来,可以用来代替 4 ~ 20mA DC 的模拟信号传输技术。

PROFIBUS - PA 用一条双绞线既可传送信息也可向现场设备供电,即使在本质安全区也是如此。由于总线的操作电源来自单一的供电设备,因此不再需要绝缘装置和隔离装置。PROFIBUS - PA 具有如下特性:

(1)“本质安全”在危险区可使用。

(2)采用基于 IEC61158 - 2 技术的双绞线实现总线供电和数据传送。

(3)即使在本质安全区域,增加和去除总线站点也不会影响其他站。

(4)PROFIBUS - PA 总线段与 PROFIBUS - DP 总线段之间通过 DP/PA 耦合器连接,可以实现两总线段间的透明通信。

(5)适合过程自动化应用的行规使得不同厂家的现场设备具有互换性。

(一)PROFIBUS - PA **传输协议**

PROFIBUS - PA 采用 PROFIBUS - DP 的基本功能来传送测量值和状态,并用扩展的 PROFIBUS - DP 功能来制定现场设备的参数和进行设备操作。

第 1 层采用 IEC61158 - 2 技术,第 2 层和第 1 层之间的接口在 DIN19245 系列标准的第四部分作了规定。

(二)PROFIBUS - PA **设备行规**

PROFIBUS - PA 设备行规保证了不同厂商所生产的现场设备的互换性和互操作性。行规是 PROFIBUS - PA 的一个组成部分。

PROFIBUS - PA 行规包括了适用于各种设备规范的一般性要求,也包含了适用于各种设备的组态信息的数据表。PROFIBUS - PA 行规保证被选用的各种类型的现场设备有相同的通信功能,并提供这些设备功能和设备行为的一切必要规格。

目前,PROFIBUS－PA 行规已对所有通用的测量变送器和其他选择的一些设备类型作了具体规定,这些设备是:①测量压力、液位、温度和流量的变送器;②数字量输入和输出设备;③模拟量输入和输出设备;④阀门;⑤定位器。

六、PROFIBUS－FMS 技术简介

PROFIBUS－FMS 主要用于车间监控级通信。在车间监控层,可编程控制器(PLC 和 PC)之间需要比现场层更大量的数据传送,但对通信实时性的要求低于现场层。

(一)PROFIBUS－FMS 应用层

应用层提供了供用户使用的通信服务,包括访问变量、程序传递、事件控制等。PROFIBUS－FMS 应用层包括以下两部分:

(1)现场总线信息规范(Fieldbus Message Specification,简称 FMS),描述了通信对象和应用服务。

(2)低层接口(Lower Layer Interface,简称 LLI),用于将 FMS 适配到第 2 层。

(二)PROFIBUS－FMS 通信模型

PROFIBUS－FMS 利用通信关系将分散的过程统一到一个共用的过程中。在应用过程中,可用来通信的那部分现场设备称为虚拟现场设备(Virtual Field Device,简称 VFD)。在实际现场设备与 VFD 之间设立一个通信关系表,通信关系表是 VFD 通信变量的集合。VFD 通过通信关系表实现对物理现场设备的通信。

(三)通信对象与对象字典(OD)

PROFIBUS－FMS 面向对象通信,它确认 5 种静态通信对象:简单变量、数组、记录、域和事件;还确认两种动态通信对象:程序调用和变量表。

每个 PROFIBUS－FMS 设备的所有通信对象都添入对象字典。静态通信对象添入静态对象字典中,动态通信对象添入动态对象字典。它们可以用 FMS 服务进行预定义或定义、改变或删除。

(四)PROFIBUS－FMS 服务

PROFIBUS－FMS 服务是 ISO9506 制造信息规范(Manufacturing Message Specification,简称 MMS)服务项目的子集,已在现场总线应用中优化,而且还加上了通信对象的管理和网络管理。PROFIBUS－FMS 提供管理和服务,满足了不同设备对通信提出的需求。服务项目的选用取决于特定的应用,具体的应用领域在 FMS 行规中作了规定。

(五)低层接口(LLI)

第 7 层到第 2 层服务的映射由 LLI 来解决,其主要任务是为数据流控制和连接监视。用户通过通信关系与其他应用过程进行通信。FMS 设备的全部通信关系都列入通信关系表(Communication Relationship List,简称 CRL)。每个通信关系通过通信索引(Communication REFerence,简称 CREF)来查找,CRL 包含了 CRFF 和第 2 层及 LLI 地址间的关系。

(六)网络管理

现场总线管理层(第 7 层)实现网络管理功能,主要功能有上下关系管理、配置管理、故障管理等。

(七)PROFIBUS－FMS 行规

PROFIBUS－FMS 提供了范围广泛的功能来保证它的普遍应用。在不同的应用领域中,具体需要的功能范围必须与具体的应用要求相适应。设备的功能应结合应用来定义,这些适应性定义称为行规。行规提供了设备的可互换性,以保证不同厂商生产的设备具有相同的通信功能。FMS 行规做了如下规定(括号中的数字是文件编号):控制器间的通信(3.002)、楼宇自动化行规(3.011)、低压开关设备(3.32)。

七、PROFIBUS 的应用

PROFIBUS 是一种用于工厂自动化车间级监控和现场设备层数据通信与控制的现场总线技术,可实现现场设备层到车间级监控的分散式数字控制和现场通信网络,从而为实现工厂综合自动化和现场设备智能化提供了可行的解决方案。目前应用的领域包括加工制造、过程控制和自动化等。

(一)PROFIBUS 在工厂自动化系统中的位置

一个典型的工厂自动化系统应该是 3 层网络结构,如图 5-22 所示。PROFIBUS 控制系统位于工厂自动化系统中的现场级和车间级。

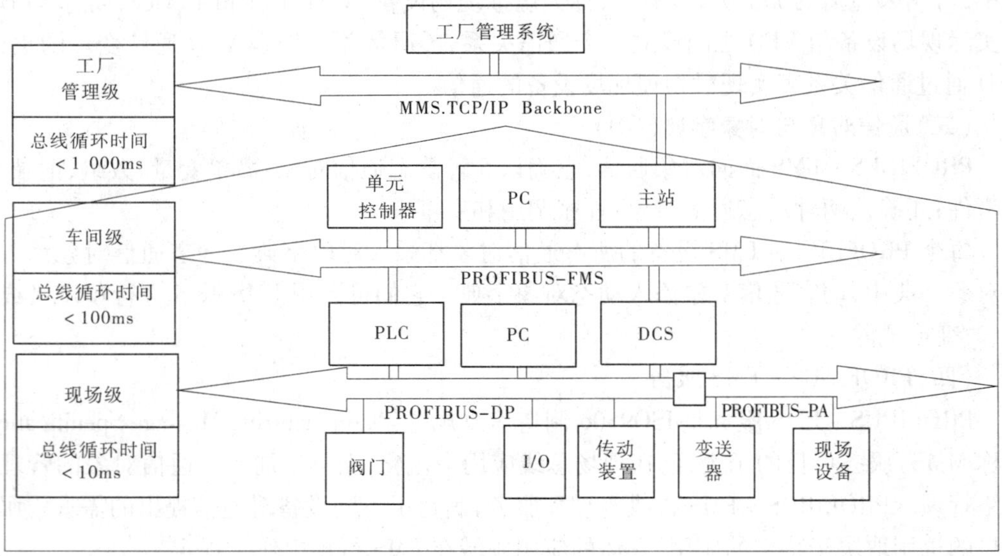

图 5-22　PROFIBUS 在工厂自动化系统中的应用

1. 现场设备层

该层的主要功能是连接现场设备,如分散式 I/O、传感器、驱动器、执行机构等,完成现场设备控制及设备间联锁控制。主站(PLC、PC 机或其他控制器)负责总线通信管理以及所有从站的通信。总线上所有设备的控制程序存储在主站中,并由主站执行。

2. 车间监控层

车间监控层用来实现车间主生产设备间的连接,并实现车间级设备监控。车间级监控网络通常要设立车间监控室,有操作员工作站及打印设备,可采用 PROFIBUS,它是一个多主网络，这一级传输速度不是最重要的，重要的是能够传送大量的信息。

3. 工厂管理层

车间操作员工作站可通过集线器与车间办公网连接，将车间生产数据送到车间管理层。车间管理网是工厂主网的一个子网。子网通过交换机、网桥或路由等连接到厂区骨干网，将车间数据集成到工厂管理层。车间管理层通常采用以太网，厂区骨干网根据工厂实际情况，可采用 FDDI 或 ATM 等网络。

（二）PROFIBUS 控制系统的组成

PROFIBUS 控制系统的组成包括以下几个部分。

1. 一类主站

一类主站指 PIE、PC 或可作一类主站的控制器。一类主站完成总线通信与管理。

2. 二类主站

二类主站指操作员工作站（如 PC 加图形监控软件）、编程器、操作员接口等。它用来完成各站点的数据读写、系统配置、故障诊断等。

3. 从站

1）PLC

PLC 可作 PROFIBUS 上的一个从站。PIE 自身有程序存储功能，PLC 的 CPU 执行程序并按程序驱动 I/O。作为 PROFIBUS 的一个从站，在 PLC 的存储器中有特定区域（共享数据区）实现与主站的通信。主站可通过通信间接控制从站 PLC 的 I/O。

2）分散式 I/O

分散式 I/O 通常由电源、通信适配器及接线端子组成。分散式 I/O 不具有程序存储和程序执行的功能。通信适配器用于接收主站指令，按照主站指令驱动 I/O，并将 I/O 及故障诊断信息返回给主站。通常分散式 I/O 由主站统一编址，因此分散式 I/O 与主站集成的 I/O 在主站编程时无区别。

3）驱动器、传感器、执行机构等现场设备

带有 PROFIBUS 接口的现场设备可作为 PROFIBUS 的从站，可由主站在线完成系统配置、参数修改、数据交换等功能；可进行通信的参数及参数格式由 PROFIBUS 决定。

第四节　发电厂计算机监控系统的通信网络技术

发电厂计算机监控系统的数据主要来自上位计算机与可编程控制器、智能交流电参数测量仪、温度巡检仪等。本节重点介绍发电厂计算机监控系统的通信网络的基础知识，包括系统内部通信和外部通信，特别是上位计算机与 PLC 之间、PLC 与 PLC 之间、上位计算机与智能交流电参数测量仪之间的数据通信程序设计。

一、通信网络的基础知识

数据通信的实质是代表“1”和“0”的数字信号从源点通过通信媒体向目标点的传输。数据通信主要有并行通信和串行通信两种方式。

（一）并行数据通信

并行数据通信是指以字或字节的数据传输方式。在这种数据传输方式中，除了传输数据用的数据线外，还需要数据通信联络用的控制线。并行数据通信时，每次传送的数据位数多，速度快，但信号传输线多，成本高。并行数据通信常用于近距离、高速度的数据传输场合，如计算机内部各部件之间的数据交换等。

（二）串行数据通信

1. 什么是串行数据通信

串行数据通信是指以位为单位的数据传输方式。在这种数据传输方式中，数据传输在一个传输的方向上只用一根通信线。这根线既作为数据线又作为通信联络控制线。数据和联络信号在这根线上按位进行传输。由于串行通信方式要求的传输信号线少，数据传输的速度慢，因此常用于低速、远距离的通信场合，如计算机与计算机、计算机与有串行接口的外部设备的数据交换等。串行数据通信按其传输的信息格式可分为异步通信和同步通信两种方式，数据传送模式有全双工和半双工两种。

2. 串行通信接口标准

1）RS－232C 串行通信接口

RS－232C 标准（协议）是美国电子工业联合会（EIA）于 1969 年公布的通信协议，适合于数据传输速率在 0～20 000b/s 范围内的串行通信。它是为远程通信中数据终端设备（DTE）和数据通信设备（DCE）的连接而制定的。这个标准对串行通信接口的有关问题，如机械特性、信号功能、电气特性和过程特性等都作了明确的规定。

作为一种通信标准，RS－232C 已经被很多计算机、可编程控制器制造厂商广泛采用，并设计和制造了许多型号的通信专用接口器件和接口模板，可以非常方便地构成低成本的通信系统。由于 RS－232C 串行通信的传输速率低，距离有限，其应用主要在主机与外部设备之间的数据通信，如数据终端、编程器等。用 RS－232C 接口在近距离通信时，两台数据终端设备（DTE）可以直接连接，这时只需使用 3 根线（发送线、接收线、信号地线）便可实现全双工异步串行通信，并可把计算机、PLC 视为数据终端设备（DTE）。

2）RS－422A 和 RS－485 串行通信接口

RS－232C 的电气接口电路是单端驱动、单端接收的电路。由于它不能区分出驱动电路产生的有用信号和外部引入的干扰信号，容易受到公共信号地线电位差和外部电气信号引入的干扰影响。因此，它的数据传输速率局限于 20kb/s，传输距离局限于 15m。为了提高传输速率和增加通信距离，美国电子工业联合会于 1966 年对 RS－232C 接口的电气特性作了改进。在 RS－422A 标准中规定了差分平衡的电气接口，它能够在较长距离内明显地提高数据传输速率，如在 1 200m 距离内传输速率为 100kb/s，而在 12m 距离内可达到 10Mb/s。

RS－485 串行接口是 RS－422A 接口的变形。它与 RS－422A 的不同之处在于 RS－422A为全双工，采用两对平衡差分信号线分别用于发送和接收操作；而 RS－485 为半双工，只采用一对平衡差分信号线用于发送和接收操作。在 RS－485 互连中，某一时刻只有一个站点可以发送数据，其他站点只能接收，因此其发送电路必须由使能端加以控制。

RS－422A 和 RS－485 接口用于多站点的互连十分方便，在一条总线上可以连接多达 128 个站点。通过接口可以使分散的控制系统连接起来，构成分布式控制系统。

在实际应用中，连接远距离的两台或多台带有 RS－232C 接口的计算机时，或使带有 RS－232C 接口的计算机与带有 RS－422A 或 RS－485 接口的 PLC 连接起来进行通信时，可以采用 RS－232C、RS－422A 或 RS－485。

二、工业局域网基础

（一）工业局域网分类

将地理位置不同的具有独立功能的多台计算机通过通信设备和线路互连接起来构成的计算机系统称为计算机网络。网络中每台计算机或交换信息的设备称为网络的站或站点。

网络按站间距离可分为 3 类：

（1）全域网。GAN（Global Area Network），通过卫星通信连接各大洲不同国家，覆盖面积极大，范围在 $1 \times 10^6 km^2$ 以上，如美国的 APPA 网络。

（2）广域网（又称远程网）。站点分布范围很广，从几公里到几千公里，常借用公共电报、电话网实现。此外，网络的分布不规则，使网络的通信控制比较复杂。尤其是使用公共传送网，要求联到网上的用户必须严格遵守各种规程。

（3）局域网。地理范围有限，通常在几十米到几十公里。数据通信传送速率高，误码率低，且网络拓扑结构比较规则。网络的控制一般趋于分布式，减少了对某个节点的依赖，避免或减少了一个节点故障对整个网络的影响，成本也低。

（二）开放系统互连模型 OSI

为了使不同体系结构的计算机网络都能互连，国际标准化组织 ISO 于 1977 年成立了专门机构研究该问题。不久，该组织就提出一个使各种计算机在世界范围内互连成网的标准框架，即著名的开放系统互连基本参考模型 OSI/RM（Open Systems Interconnection Reference Model，简称 OSI）。开放是指只要遵循 OSI 标准，一个系统就可以和位于世界上任何地方的、也遵循这一标准的其他任何系统进行通信。系统是指在现实的系统中与互连有关的各部分。在 1983 年形成了开放系统互连基本参考模型的正式文件，即著名的 ISO7498 国际标准。

虽然详尽的 OSI 国际标准都已经制定出来了，但由于因特网已先于 OSI 标准在全世界覆盖了相当大的范围，而与此同时已找不到厂家生产符合 OSI 标准的商用产品。因此，现今规模最大的计算机网络因特网并未使用 OSI 标准。再有就是，虽然网络技术和设备只有符合有关的国际标准才能在大范围内获得工程上的应用。但事实上，得到最广泛应用的不是国际标准 OSI，而是非国际标准的 TCP/IP。因此，TCP/IP 就常被称为是事实上的国际标准。

（三）IEEE802 标准

局域网的历史比较短，但从产生开始局域网标准化问题就被提上日程。1980 年 2 月成立的专门研究局域网标准的机构 IEEE802 分委员会，自 1981 年 3 月以来，它连续公布了有关局域网的一系列文件，统称为 IEEE802 标准。现在国际上已普遍接受 IEEE802 标准，它就是事实上的局域网标准化协议。

IEEE802 标准是非常成功的局域网协议,在 ISO 制定的 OSI7 层对等层协议中选用了 IEEE802 标准。著名的 MAP 协议、TCP 协议都选用了 IEEE802 标准。

IEEE802.4 令牌总线协议是普通局域网的一种标准协议,但是由于具有实时性优良、可扩展性好等优势,它成为许多工业控制局域网协议的核心部分。在 PLC 网络中,诸如 SINEC - L2、H - Link、W - link 等重要网络都采用了令牌总线存取控制方式。

三、数据通信的网络拓扑结构

对于点对点的数据通信,数据的传输只在两点之间进行,不存在连接形式问题。而对于多点之间的数据通信,由于各自所要求的数据通信情况不同,它们之间相互连接的形式也就不一样,为的是通信数据能快速可靠地通过传输线到达目的点。常见的多点互连的网络拓扑结构形式如图 5-23 所示。

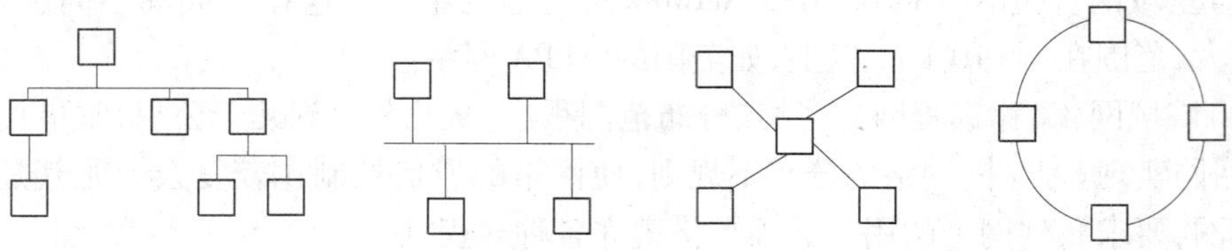

(a)树型　(b)总线型　(c)星型　(d)环型

图 5-23　常见网络拓扑结构

(一)树型结构

树型结构在分级分布通信系统中广泛使用。这种结构的特点是通信控制软件比较简单,而且为控制和差错处理提供了一个集中点。结构中处于较高位置的站点控制位于它下面的那些站点的数据通信。同级站点的数据传输要通过上一级站点的转接来实现。

当某一级站点发生故障时,它下级站点的通信就会瘫痪,而上级站点的通信仍能进行,只是不能与该站点进行通信。若一个上级站点连接的下级站点较多,数据通信量较大时,会发生"瓶颈阻塞"问题。

(二)总线型结构

总线型结构在局域网中普遍应用。这种结构的特点是所有站点共享一个公共通信总线,总线不封闭,容易扩展新站点或删除旧站点。系统中的所有站点都能接收总线上的传输信息,通信速度快,控制比较简单。某站点发生故障时,对整个系统的影响较小。但它由于只用一个通信总线来为所有站点服务,所以一旦失效,整个通信系统就会瘫痪。为了解决这个问题,通常采用冗余总线。

(三)星型结构

星型结构是中央控制型结构,所有站点的数据通信都由中央控制站点控制并转接。这种结构的优点是控制容易,软件简单,数据流向明确;缺点是由于中央控制站点负责整个系统的数据交换,存在着"瓶颈阻塞"和"危险集中"两大问题。如果采用冗余中央控制站点的方法来解决,则会增加系统的复杂性和成本。

(四)环型结构

这是相邻站点顺序连接形成环路的结构。在多数情况下,信息是以一个方向在环上从源点传递到目的点。这种结构的优点是控制方式比较简单,每个站点的任务就是接收相邻的上一站点发送的数据,然后把数据发送到相邻的下一个站点上;各站点之间可采用不同的传输媒体和不同的传输速度;在数据通信频繁、随机时,传输效率比较高。其缺点是某个站点发生故障会阻塞信息通路,可靠性较差。

四、发电厂计算机监控系统的通信

根据发电厂计算机监控系统的组成结构及设备的配置不同,发电厂计算机监控系统的通信方式也不同,常用的主要有串行通信、现场总线通信、商用或工业以太网通信方式等。

(一)串行通信

RS-232C、RS-485接口是发电厂计算机监控系统广泛使用的两种串行通信接口。通过RS-232C接口将通信信道两侧的设备连接起来,只能是点对点的传输方式,数据传输时为全双工,通过软、硬件来实现计算机的连接。RS-232C接口最大传输速率为19 200b/s,但在实际应用中经常会超出这个速度。RS-232C接口的最大传输距离为15m,为增大通信距离,大部分系统都是在各通信端口加一台调制解调器(Modem)进行长距离通信,但Modem的价格较贵,加入后使系统需维护的设备也增多,而采用一种兼容于RS-232C接口的20mA电流环作通信信道,在较强的工业干扰条件下,以9 600b/s进行通信,可以使距离延长到1.6km。

具有RS-485通信接口的设备可以联成网络。根据RS-485接口驱动芯片驱动能力的不同,一个RS-485接口数据发送设备可以驱动32~256台RS-485接口的数据接收设备。RS-485接口支持多点连接,能够创建多达32个节点的网络,传输距离达1 200m,每增加一个中间转发器,就可以将传输距离增加1 200m,并增加32个节点。RS-485接口属于半双工通信,传输速率达10Mb/s,在发送和接收数据的计算机之间只要两根电线就能传输数据。

在发电厂计算机监控系统中,现地控制单元中的可编程序控制器(PLC),智能交流电参数测量仪、温度巡检仪等设备均具有RS-232C或RS-485接口,水电厂的一些附属设备如微机调速器、微机励磁调节器等也都带有串行通信接口。

目前广泛采用的发电厂计算机监控系统的结构为分层分布式结构,整个控制系统由一台上位机、若干个现地控制单元(LCU)组成。在通常情况下,上位机只具有两个RS-232C通信接口,而现地控制单元(LCU)有两个以上,且每个现地控制单元(LCU)中的RS-232C或RS-485接口也具有数个,所以现地控制单元(LCU)中的串行通信接口的总数较多。

由于RS-232C通信接口只能进行点对点通信,所以必须在上位机上增加一块RS-232C智能通信接口卡以扩展RS-232C通信接口,这样就能保证上位机与现地控制单元(LCU)中的RS-232C通信接口能够一一对应,实现RS-232C接口的点对点通信。

对于只具有RS-232C串行接口的设备,可以使用通信接口转换器,将RS-232C串行通信接口转换为RS-485通信接口。

(二)现场总线通信

计算机技术、通信技术和计算机网络技术的发展,推动着工业自动化系统体系结构的变革,模拟和数字混合的集散控制系统逐渐发展为全数字系统,形成了工业控制系统用的现场总线。按国际电工委员会 IEC61158 标准定义:现场总线是连接智能现场设备和自动化系统的数字式、双向传播、多分支结构的通信网络。通俗地说,现场总线控制系统(Field Control System,简称 FCS)将构成自动化传统系统的各种传感器、执行器及控制器,这些器件通过现场控制网络联系起来,通过网络上的信息传输完成传统系统中需要硬件连接才能传递的信号,并完成各设备的协调,实现自动化控制。

现场总线是一个开放式的互联网络,既可以与同层网络互联,也可以与不同层的网络互联。在现场设备中,以微处理器为核心的现场智能设备能够方便地进行设备互联、互操作。

目前较流行的现场总线主要有以下几种:PROFIBUS(Process Field Bus)、CAN(Control Area Network)、HART(Highway Addresssable Remote Transducer)、LON - works(Local Operation Network)和 FF(Foundation Fieldbus)。现场总线可以得到更高的通信速度(如 CAN 的传输速率为 5Mb/s,PROFIBUS 的传输速率可以高达 12Mb/s,但价格相对昂贵。

(三)以太网通信

以太网是 IEEE802.3 所支持的局域网标准,最早由 Xerox 公司开发,后经数字仪器公司、Intel 公司和 Xerox 公司联合扩展,成为以太网标准。目前,在办公自动化领域、企业的管理网络中都得到广泛应用。由于它技术成熟,连接电缆和接口设备价格相对较低,带宽增长迅速,出现了千兆、万兆以太网。采用快速以太网设备可以满足现场设备对通信速度增加的要求。

以太网交换机以星型拓扑结构为其端口上的每个网络节点提供了独立带宽,使连接在同一个交换机上面的不同设备不存在资源争夺,相当于每个设备独占一个网段,使不同设备之间产生冲突的可能性大大降低,再加上采用Ⅴ类线将接收、发送信号分开,使全双工交换式以太网成为确定性网络。

在水电站计算机监控系统中通常采用星型以太网络,现地控制单元中有时采用一台一体化工业控制计算机作为现地控制单元的前置机,现地控制单元与上位工控机的数据通信实际上就是现地控制单元中的前置机与上位工控机的通信。现地控制单元也可以不设前置机,通过串行通信接口/以太网络转换器方式直接构成局域网。局域网通常由服务器、工作站、网卡及其他的组网设备组成,在水电站计算机监控系统中,可以将中控室的工作站与服务器合二为一,作为监控系统的上位机。

RS - 485 接口或 CAN 采用总线型拓扑结构,以太网则普遍使用集线器或交换机,拓扑结构为星型或分散星型。工业以太网使用的电缆有屏蔽双绞线(STP)、非屏蔽双绞线(UTP)等。10Mb/s 的传输速率对双绞线没有过高的要求,而在 100Mb/s 速率下,推荐使用Ⅴ类线或超Ⅴ类线。

五、发电厂计算机监控系统的通信协议

发电厂各智能仪表之间可通过 RS - 232 和 RS - 485 接口以及专用网卡进行通信,而 POLLING 协议、CDT 协议、MODBUS 协议是应用较多的通信协议。POLLING 协议和 CDT 协议在水电站调度系统中应用较多,而水电站内各智能设备之间的通信往往采用 MODBUS 协议。

（一）POLLING 协议

POLLING 协议适用于网络拓扑，是点对点、多个点对点、多点共线、多点环型或多点星型的远动系统，以及调度中心与一个或多个远动终端进行通信，信息传输为异步方式。在水电站中，POLLING 协议是一个以调度中心为主动的远动数据传输协议。RTU 只有在调度中心询问以后，才向调度中心发送回答信息。调度中心按照一定规则向各个 RTU 发出各种询问报文。RTU 按询问报文的要求以及 RTU 的实际状态，向调度中心回答各种报文。调度中心也可以按需要对 RTU 发出各种控制 RTU 运行状态的报文。RTU 正确接收调度中心的报文后，按要求输出控制信号，并向调度中心回答相应报文。

（二）MODBUS 协议

MODBUS 协议是一种典型的 POLLING 协议，在一根通信线上使用 RS－485 应答式连接（半双工），这意味着在一根单独的通信线上信号沿着相反的两个方向传输。首先，主计算机的信号寻址到一台唯一的终端设备（从机）；然后，在相反的方向上终端设备发出的应答信号传输给主机。MODBUS 协议只允许主计算机和终端设备之间的数据交换，而不允许独立的设备之间的数据交换，这就不会在使它们初始化时占据通信线路，而仅限于响应到达计算机的查询信号。

（三）CDT 协议

CDT 协议适用于点对点通道结构的两点之间通信，信息的传递采用循环同步的方式。CDT 协议是一个以厂站端 RTU 为主动的远动数据传输协议。

在调度中心与厂站端的远动通信中，RTU 周期性地按一定规则向调度中心传送遥测、遥信、数字量、事件记录等信息，调度中心则可向 RTU 传送遥控、遥调命令以及时钟对时等信息。CDT 协议采用可变帧长度、多路帧类别循环传送以及遥信变位优先传送的方式。遥测量分为主要、次要和一般三大类。更新的循环时间各不相同，重要遥测量最短、次要遥测量次之、一般遥测量允许较长的更新时间。CDT 协议区分循环量、随机量和插入量，这三种信息量采用不同的形式传送，以满足电网调度安全监控系统对远动信息的实时性和可靠性的要求。

六、可编程控制器网络通信

（一）上位连接系统

上位连接系统是一种自动化综合管理系统。上位机通过串行通信接口与可编程控制器的串行通信接口相连，对可编程控制器进行集中监视和管理，从而构成集中管理、分散控制的分布式多级控制系统。

在这个系统中，可编程控制器是直接控制级，它负责现场过程的检测与控制，同时接收上位机的信息和向上位计算机发送现场控制信息。上位计算机是协调管理级，它与下位直接控制级、上位机的人机界面和上级信息管理级进行信息交换。上位机是过程控制与信息管理的结合点和转换点，是信息管理与过程控制联系的桥梁。如图 5-24 所示。

上位机与可编程控制器的通信一般采用 RS－232C 或 RS－485 接口。当用 RS－232C通信接口时，一个上位计算机只能连接一台可编程控制器；若连接多台可编程控制器，则应加接 RS－232C 或 RS－485 转换装置。

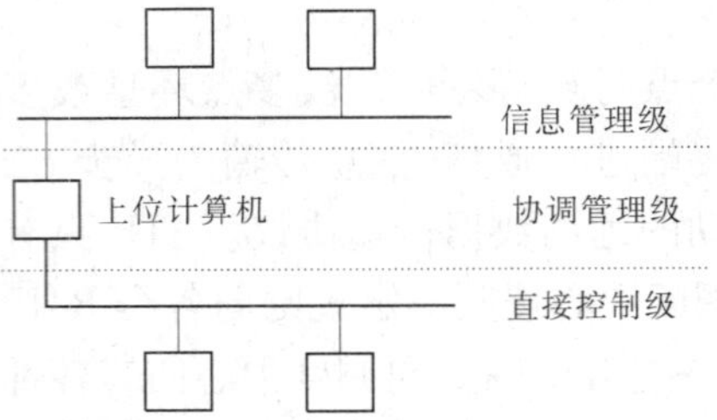

图 5-24　上位连接系统

上位机与可编程控制器的数据通信格式目前还没有统一的标准，不同厂商的可编程控制器都有各自的通信格式，通常，PLC 的通信程序由制造商编制好，并作为系统程序按控制和通信的要求提供。对于上位机中的通信软件，有的以通信驱动程序的形式提供，用户只要在上位机应用软件平台中调用即可完成与直接控制级的通信；有的则提供通信格式说明文件的形式，用户应根据它的内容编制相应的通信程序，并嵌入用户的应用软件平台。

上位机与信息管理计算机的通信一般采用局域网。上位机通过通信网卡与信息管理级的其他计算机进行信息交换。网络管理软件是应用软件，上位机只要在应用软件平台中调用它即可完成网络的数据通信。

（二）同位连接系统

同位连接系统是可编程控制器通过串行通信接口相互连接起来的系统。系统中的可编程控制器是并行运行的，并通过数据传递相互联系，以适应大规模控制要求。同位连接系统常采用总线型结构，如图 5-25 所示。

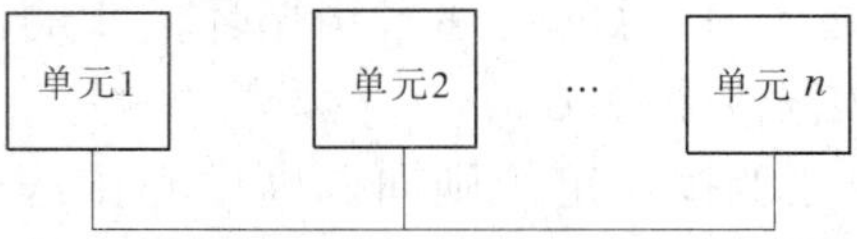

图 5-25　同位连接系统

在同位连接系统中，各个可编程控制器之间的通信一般采用 RS－485 接口或光缆接口。互连的可编程控制器最大允许数量随其类型不同而变化。系统所用的可编程控制器一般是同一厂商的同一系列的产品。系统内的每个可编程控制器都有一个唯一的系统识别单元号，号码从 0 开始顺序设置。在各个可编程控制器内部都设置了一个公共数据区，用做通信数据的缓冲区。可编程控制器系统程序中的通信程序把公共数据区的发送区数据发送到通信接口上，并且把通信接口上接收到的数据放入公共数据区的接收区中。对用户来讲，这个过程是透明的，自动进行的，不需用户应用程序干预。用户应用程序中只需编制把发送的数据送入公共数据区的发送区和从公共数据区的接收区读取接收的数据的程序即可实现可编程控制器之间的相互信息传递，完成整个系统的数据通信。如图 5-26 所示。

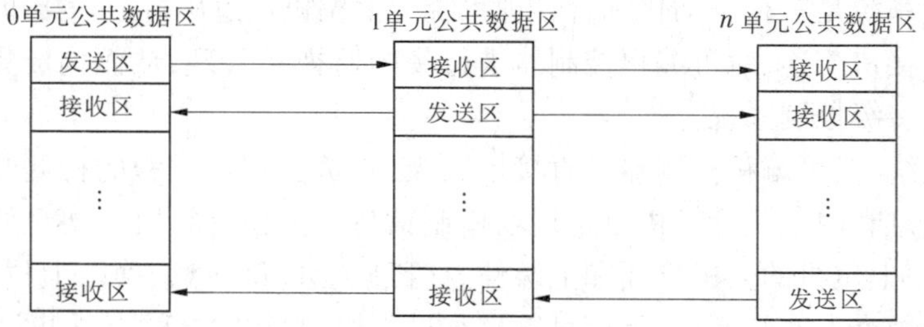

图 5-26　公共数据区

（三）下位连接系统

下位连接系统是可编程控制器主机通过串行通信连接远程输入/输出单元，实现远距离的分散检测与控制的系统。不同型号的可编程控制器可以连接的远程输入/输出单元的数量是不一样的,应该根据实际应用要求进行选择。系统中的主机和远程输入/输出单元是制造厂配套提供的。主机与远程输入/输出单元的连接主要有连接电缆或光缆,相应的通信接口是 RS－485 或光纤接口。当采用光纤系统传输数据时,可以实现数据通信的远距离、高速度和高可靠性。系统的连接形式一般为树型结构,如图 5-27 所示。

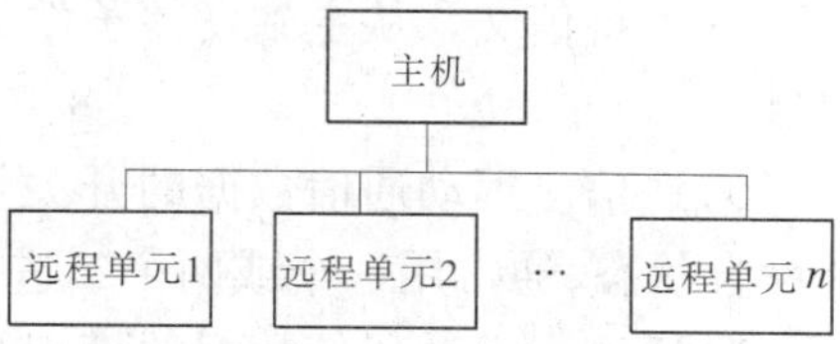

图 5-27　下位连接系统

主机是系统的集中控制单元,它负责整个系统的数据通信、信息处理和协调各个远程输入/输出单元的操作;远程输入/输出单元是系统的分散控制单元,在主机的统一管理下,完成各自的输入/输出任务。远程输入/输出单元有两种类型:一种是非智能型的,它是主机扩展形式的远程输入/输出单元,它的输入/输出任务完全受主机控制;另一种是智能型的,它是主机终端形式的远程输入/输出单元,用户可以对它编写自己的应用程序,它的输入/输出任务受内部的用户程序和外部的主机信息的共同控制。

系统的通信控制程序由厂商编制,并安装在主机和远程输入/输出单元中。用户只要根据系统要求,设置远程输入/输出单元地址和编制用户的应用程序即可使系统运行。

由于远程输入/输出单元可以就近安装在被测和被控对象的附近,从而大大地缩短了输入/输出信号的连接电缆。可见,下位连接系统特别适合于地理位置比较分散的控制系统。

七、发电厂站与电网调度的通信

发电厂计算机监控系统的外部通信主要对象是与上级调度系统的远动通信。监控系统还可配置与水情测报系统、电厂管理系统、火灾报警系统、视频监控系统交流信息的接口与通道。根据电力调度自动化规范的要求,必须建立可靠的通信通道实时传输水电站的遥测、遥信、遥控、遥调的信息,保证安全、经济地运行,保证电力质量指标,防止和及时处理系统事故。

(一)有关外部通信的基本概念

最初,调度通信是通过调度电话实现的,上级调度用电话下达调度控制命令及了解水电站的运行情况。后来采用"RTU 远动方式",即在水电站侧设置电网调度自动化系统的 RTU(Remote Terminal Unit),采用 CDT 或 POLLING 协议接收调度控制命令,并向上级调度传送各类水电站运行数据。自 20 世纪 90 年代以来,通过计算机在水电站监控系统,不少水电站监控系统已实现了与电网调度自动化系统的计算机通信,使得电网调度中心对水电站的调度控制更方便。

1. 远动术语

(1)远动。水电站远动是在水电站端的计算机监控系统与调度端的通信,即遵循特定的协议实现数据交换。调度可以是地调、梯调、省调、网调。

(2)主站。远动通信中的各级调度即是主站,主站从子站获得远动数据,向子站发出远控指令,对应于数据通信中的客户。

(3)子站。子站是远动通信中的水电站端(SCADA 系统),它向主站提供各类远动数据，接收主站下发的远控指令并执行，对应于数据通信中的服务器。

(4)上行信文。从子站发往主站的信息帧为上行信文，上行信文包括遥信帧、遥测帧、SOE信息帧等。

(5)下行信文。从主站发往子站的信息帧为下行信文，主要包括遥控、遥调、应答等信息帧。

(6)遥信。远动通信数据的开关量，例如保护信号的动作/复归，断路器或隔离开关的分/合状态，通常用一个或两个二进制位表示。

(7)遥测。远动通信数据的模拟量，例如发电机的电压、电流、有功功率、无功功率、机组转速、温度、上下游水位、电网频率等，通常用二进制数、BCD码、浮点数表示。

(8)遥控。主站对子站的控制操作，对应于开关量输出，例如开、停机的操作，跳、合闸的操作。

(9)遥调。主站对子站的调节操作，对应于模拟量输出，例如设置水轮发电机组有功、无功的操作。

(10)远动通信协议。协议(或者称规约)是数据通信双方实现信息交换的一组约定，它规定了数据交换的帧格式和传输规则。其中，传输规则是协议的核心内容，它确定了一个协议区别与其他协议的独特的工作方式。

2. 远动通信协议

远动通信是水电站通信的核心之一。通信协议的内容一般都包括同步方式、帧格式、数据结构和传输规则。

水电站远动通信协议按照通信接口可分为两大类：一类是基于串口通信方式的协议，又可分为CDT协议和POLLING协议两大类；另一类是基于网络通信方式的协议。CDT协议的代表是水利电力部颁发的DL451—1991循环式远动协议；POLLING协议包括MODBUS协议、SERIESV协议、SC1801协议等。

3. 通信模式

水电站计算机监控系统最基本的远动通信模式如图5-28所示。

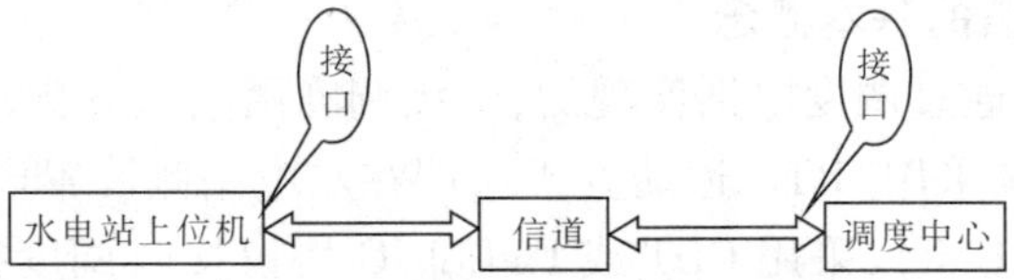

图5-28 水电站计算机监控系统最基本的远动通信模式

基本的远动通信模式在实际应用中，由于接口方式和远动信道的多样性，因此还有一对一模式、冗余模式、专用信道模式、复用信道模式等。

(二)水电站计算机监控系统的电力通信网

电力通信网是以光纤、微波及卫星电路为主干线，各支路利用电力线载波、特种光缆等电力系统特有的通信方式，采用明线、电缆、无线等多种通信手段及程控交换机、调度总机等设备组成的多用户、多功能的综合通信网。

1. 电力线载波通信

电力线载波通信是电力系统传统的特有通信方式，曾是电力通信的主要方式。电力载波通信就是将话音及其他信息通过载波机变换成高频电流，利用电力线路进行传送的通信方式。它以输电线路为传输通道，具有通道可靠性高、投资少、见效快、与电网建设同步等优点。

在有线通信中，话音信号可以利用明线或电缆直接进行传送，但在高压输电线路上，由于工频电压很高、谐波分量很大，对话音信号有严重的干扰作用，因此在电力线上不能直接传送话音信号。一般利用载波机将低频话音信号调制成 40kHz 以上的高频信号，通过专门的结合设备耦合到电力线上，信号会沿电力线传输，到达对方终端后，再采用滤波器很容易将高频信号和工频信号分开；而对应 40kHz 以上的谐波电流，其幅值已相当小，对话音信号的干扰已减至可以接受的程度。这样，利用电力线既传送电力电流，又传送高频载波信号，称电力线的复用。其突出的优点是不用专门架设通信线路，随电力线延伸，投资不大，应用普遍。

2. 微波通信

在光纤通信出现前，微波通信曾作为远距离传输的主要手段，并得到迅速发展。目前微波通信在我国电力通信传输网中仍居主导地位，但其发展速度正在放缓，其地位也开始由主网逐渐向配网、备用网转变。

3. 光纤通信

由于光纤通信具有抗电磁干扰能力强、传输容量大、频带宽、传输衰耗小等优点，光纤通信一出现便首先在电力部门得以应用并迅速发展。除普通光纤外，一些专用于电力系统的特种光纤也在电力通信中大量使用。特种光纤依托于电力系统自己的线路资源，受外力破坏的可能性小，可靠性高，虽然其本身造价相对较高，但施工建设成本低，在频率资源、路由协调、电磁兼容等方面具有很大的主动性和灵活性。

4. 无线通信

无线通信在农网系统使用较多，但由于水电站地处偏僻山区，它只能作为一种辅助的通信手段。无线通信具有传输距离远、使用方便、设备价格低等优点；但它抗干扰能力差，通信不稳定，信道指标低，传输数据的速率小于 300b/s，缺陷明显。

第五节　基于 PROFIBUS 的总线工业控制系统实例

一、工业控制网络结构

此控制网络大体由以下几个独立的块组成：S－300PLC 块，TP170A 触摸屏块，仪器仪表块，电源模块，指示灯块，钮子开关块，远程智能 I/O 模块，西门子 ET200 远程 I/O 模块，总电源块，工控机，显示器，网卡，网络交换器，S7－200PLC（两套），S7－200 现场总线模块 EM277 等。

二、系统网络功能

工业控制网络涉及网络有 MPI（多点通讯）、DP 网络、现场总线、以太网络，下面对这几种网络做一一介绍。网络总拓扑图如图 5-29 所示。

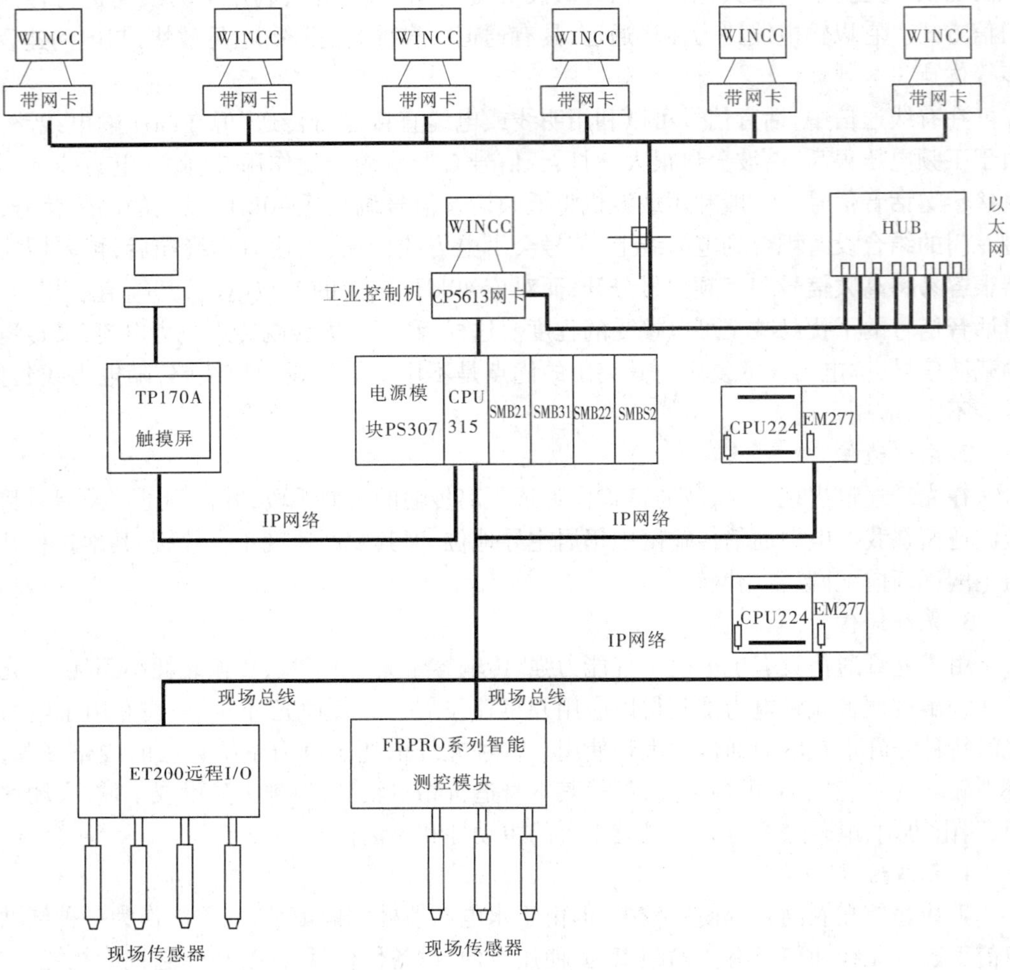

图 5-29 工业控制网络结构

此网络采用三级网络结构，分为工程师站、操作员站和现场总线级。其中工程师站可以对下位机进行程序修改或上位机组态，在可以进行所有的操作时，权利不受限制，而各操作员站只有访问数据的权利而没有修改的权利，各操作员站分别从总站采集数据，而不直接从 PLC 采集，因而提高数据传输速率。各站通过网络交换器实现数据的共享与传输。

（一）现场总线技术

西门子 PROFIBUS－P 现场总线技术目前在工业上普遍使用，并利用这项技术来构建内部局域网络，实现与外界万维网络的连接。以前需要在控制柜内有大量控制线的接线和编号，现在就不需要了，利用现场总线技术只需要一条链路，就地连接，并有很高的防护等级。利用远程 I/O 只需把中央控制器放在中央控制室，所有的控制信号与模拟信号均在现场采集，通过一根现场总线送到中央控制室，从而使维护变得很方便。

目前在工业的一些现场，由于现场环境或其他原因，取消了传统的按钮、指示灯而采用了目前已比较成熟的工业触摸屏技术，直接在触摸屏上进行监视或控制，从而降低了事故率。

此网络中的所有信号数据以及控制均可以在上位机上进行，各操作员站也可以同时实现操作与控制，S7－200PLC 通过总线连接到网络上，并通过总线实现程序的修改，在上位机 WINCC 上同时监控 S7－300、S7－200、远程智能 I/O、西门子 ET200 等的数据。

（二）MPI 网络介绍

MPI 网络允许主—主通信和主—从通信，MPI 协议不能与一个作为主站的 S7－200CPU 通信。网络设备通过任意两个设备之间的连接通信（由 MPI 协议管理）。设备之间通信连接的个数受 S7－200CPU 限制。

在此设备中，不仅能够完成 S7－200CPU 与 S7－300CPU 之间的 MPI 通信，同时还可以完成触摸屏与 S7－300CPU 之间的 MPI 通信。三者通过网络总线连接器组成 MPI 网络。

上位机利用西门子 STEP7 V5.2 软件进行编程，通过 PC 适配器、MPI 电缆对 S7－300CPU 进行程序下载。

上位机上利用 PROTOOLV6.0 软件对 TP170A 触摸屏进行组态，完成后通过连接电缆下传到 TP170A 触摸屏，利用触摸屏的 MPI 口，通过 MPI 电缆与 S7－300CPU 的 MPI 口连接起来构成简单的 MPI 网络，从而可以通过触摸屏对 S7－300CPU 的运行状态及过程参数进行监视与控制。

在 MPI 网络上，S7－300 可以用 XGET 和 XPUT 指令读写 S7－200 的数据。触摸屏可以通过监视 S7－300CPU 达到监视 S7－200CPU 的目的，从而构成了一个多主站的 MPI 网络。

（三）以太网

西门子工业以太网是基于 Internet 技术，按照 IEEE802.3（以太网）国际标准，设计用于工业应用的一种单元网络。它使自动化系统彼此连接，并为 PC 和工作站提供同种机和异种机通信，可实现开放式网络的解决方案。由于其极高的稳定性和通信性能，已被证实并被世界各地所接受的工业标准，且是 IT 自动化的基础，诸如 Web 功能、E-mail功能和 WAN 链接的解决方案。

西门子工业以太网采用网络交换技术实现数据共享，通信基本无延时。采用交换机技术后，与一般的以太网网络相比，扩大了可连接的终端数，限制受影响的子网络的错误传输。与中继器技术相比虽然复杂一些，但它的优点确是其他技术无法实现的。

在此网络组成中，PC 机通过 CP5613 与 S7－200CPU、S7－300CPU、远程智能 I/O 模块、西门子 ET200 智能 I/O 模块组成网络，并接收各网点的数据，在上位机上显示，并且此工控机本身自带网卡，通过网络交换器与其他一些客户机组成局域网络，各客户机从工控机上读取数据，工控机本身作为 OPC 服务器。

工控机可以称为工程师站，因为它的权利不受限制，可以对所有的设备进行程序的编程下载以及参数的修改和上位机的组态与修改。而其他操作员站只有操作的权利，不能对网络中的各网点进行参数修改。

（四）触摸屏

目前在工业现场，触摸屏技术用得相当普遍，特别是那些用传统的指示灯按钮不适合的现场。工业触摸屏也就是小型微机系统，一些比较大的触摸屏本身集成有操作系统。

TP170A 触摸屏是现在比较普遍使用的一种，利用它可以很好地对一些工艺参数进行监视与控制。

三、系统论述

目前工业自动化领域中所用到的 PLC，西门子的是主流产品，它具有运行可靠、抗干扰能力强、编程简单、使用方便等优点，深受广大工程技术人员青睐，因此被广泛应用于矿山、冶金、石油、化工、机械、电子、污水处理、电力等行业。由 PLC 构成的自动控制系统已逐渐取代了继电器逻辑控制系统，它可以组成多级微机控制系统，是目前实现工厂自动化的普遍模式。

此控制网络涉及领域有 PLC、仪器仪表、电气设备、上位机监控、工业现场用触摸屏以及现在比较流行的网络技术等。此设备涉及面相当广泛，有对工业实物模型 S7－300 程序的编程设计，上位机 WINCC 的组态以及与下位机 S7－300PLC 的通信，还有西门子的多级网络 MPI、DP 网络，以太网仪器仪表。

复习思考题

5-1 简述现场总线控制系统体系结构及技术特点。

5-2 简述现场总线控制系统的优点。

5-3 PROFIBUS 的总线存取控制机制是什么？

5-4 简述工业控制网络结构。

5-5 什么是并行数据通信？什么是串行数据通信？各有什么特点？

5-6 数据通信的网络拓扑结构有哪几种？

5-7 发电厂计算机监控系统有哪些主要通信方式？

5-8 常用的水电站计算机监控系统的通信协议有哪些？

5-9 简述可编程控制器网络通信有哪些方式？

5-10 上位计算机与可编程控制器通信有哪两种形式？

5-11 简述水电站自动化中“四遥”的含义。

5-12 电力线载波通信的基本概念是什么？

第六章　水电厂的计算机监控系统

水电厂本身是一个复杂的系统，涉及到水、机、电、控四个专业领域，不仅生产过程的功能是分散的，水电厂的设备布置在地域上也比较分散，各种设备分散地布置在主厂房、中控室、副厂房、开关站等处。为此，水电厂的计算机监控系统一般采用分层、分布式结构，模块化设计。水电厂的计算机监控系统担负着数据采集处理、机组运行状态监测、机组顺序控制、机组有功与无功调节、自动发电控制（AGC）、自动电压控制（AVC）、与电力系统计算机系统的通信等任务，分层控制的目的是把各种功能分散，建立一个相对独立而又联系的网络系统，充分发挥计算机及监控系统设备的功能，也可保证整个系统的安全。本章介绍水电厂计算机监控系统的信息与数据采集、电厂控制级和现地单元的结构与功能。

第一节　水电厂的信息源

一、数据采集中的数据分类

在计算机监视系统、监视控制系统或生产管理系统中，数据采集主要是实现现场过程和系统有关环境的监视及控制信号的收集、处理与传输。其所含数据大致可包含如下类型：

（1）模拟输入量。它是指将现场的电气量和非电气量直接或经过变换后输入到计算机系统的接口设备的模拟量，适合水电厂计算机监控系统的模拟输入量参数范围包括0～5VDC、0～10VDC、0～20mA、±5VDC、±10VDC、±20mA、4～20mA 等几种。

（2）模拟输出量。它是计算机系统接口设备输出的模拟量，水电厂中适用的典型参数为4～20mA 或0～10VDC。

（3）数字输入状态量。它是指过程设备的状态或位置的指示信号输入到计算机系统接口设备的数字量（开关量），此类数字输入量一般使用一位“0”或“1”表示两个状态，在电力系统中为了安全可靠，还采用了双位“10”或“01”表示两个状态。

（4）数字输入脉冲量。它是指过程设备的脉冲信息输入到计算机系统接口设备，由计算机系统进行脉冲累加的一位数字量，但其处理和传输又属模拟量类型。

（5）数字输入 BCD 码。它是将 BCD 码制数字型的模拟输入量输入到计算机系统接口设备，一个 BCD 码模拟输入量一般要占用16 位数字量输入通道。

（6）数字输入事件顺序记录 SOE（Sequence of Events）量。它是指将数字输入状态量定义成事件信息量，要求计算机系统接口设备记录输入量的状态变化及其变化发生的精确时间，一般应能满足5ms 分辨率要求。

（7）数字输出量。它是指计算机系统接口设备输出的监视或控制的数字量，在电厂控制中为了安全可靠，一般数字输出量是经过继电器隔离的。

（8）外部数据报文。它是将过程设备或外部系统的数据信息以异步或同步报文通过串行接口与计算机系统交换的数据。

二、水电厂信息源及其特征

（一）水电厂信息源

水电厂信息源可按设备分布位置、设备对象或控制系统结构划分。按设备对象划分比较普遍，下面采用这种划分方法介绍水电厂信息源。

（1）由发电机电动机设备提供的信息有定子绕组及铁芯温度、推力轴承和导轴承温度、轴承油温、空气冷却器进出口的水和空气温度、轴承油位、轴承油混水、轴振动、推力轴承高压油系统、机组防火系统、机组制动系统、冷却系统及电气继电保护系统的监视控制信息。

（2）由发电机励磁设备提供的信息有励磁主回路测量、励磁设备监视、励磁设备保护的监视控制信息。

（3）由发电机机端和中性点设备提供的信息有机组电气测量和机组运行监视信息。

（4）由变压器设备提供的信息有主变压器电气测量、变压器绕组温度、变压器油温、变压器冷却系统、变压器抽头位置、变压器中性点接地等监视控制信息。

（5）由机组/变压器断路器和开关提供的信息有主断路器位置、隔离开关位置、接地开关位置、SF_6 全封闭组合电器 GIS 气压监视、断路器操作设备监视、隔离开关操作设备监视等信息。

（6）由水轮机和水泵/水轮机设备提供的信息有导轴承温度、导轴承油温、导轴承油位、轴密封水流、轴冷却水流、轴空气围带气压、轴振动、轴承油混水、导叶剪断销、导叶/喷嘴位置、锁定位置、桨叶位置、蜗壳水压、尾水管压力、尾水管水位、水轮机润滑系统等监视控制信息。

（7）由调速器设备提供的信息有机组转速开关、过速保护、机组蠕动、机组转速测量、开度限制位置、导叶开度、开/停电磁阀位置、功率设定反馈、压油罐油压、压油罐油位、调速器运行方式、调速器设备监视等监视控制信息。

（8）由引水系统设备提供的信息有进水口闸门位置、进水阀位置、压力管道压力、平压阀门位置、尾水门位置、上下游水位、引水管流量、引水系统控制设备控制信息等。

（9）由厂用交直流电源设备提供的信息有高压厂用变压器电气测量和监视、高压厂用断路器位置、高压厂用母线测量和监视、高压厂用电源备自投监视、低压厂用电源备自投监视、厂用直流系统监视等。

（10）由全厂公用设备提供的信息有高压空压机系统监视、低压空压机系统监视、渗漏排水系统监视、检修排水系统监视、技术供水系统监视等。

（11）由开关站设备提供的信息有线路和母线电气测量、断路器位置、隔离开关位置、接地开关位置、GIS 气压监视、断路器操作设备监视、隔离开关操作设备监视、开关站继电保护设备启动和监视等。

（12）由外部系统提供的信息有消防系统监视、上下游水文参数、泄洪设备状态及泄洪流量、上级调度系统的调度计划等。

（13）计算机控制系统提供的输出信息，主要是过程设备需要的控制信息。

（二）水电厂信息数据特征及分类

水电厂信息源包含大量信息，根据其特征分类如下。

1. 模拟输入量

模拟输入量类型按电气模拟输入量和非电气模拟输入量分成两大类。

一类是电气模拟输入量，它们包括电流、电压、功率、频率的变换量，这类模拟量主要特征是具有瞬时变化能力，其测量应具有较快的响应能力。另外，这类变量中还可以找到直接的相互关联。在运行管理中，电气模拟量是直接的目标值，要求监测响应快、测量值准确、记录项详细。

另一类是非电气模拟输入量，它们包括温度、压力、流量、液位、振动、位移、气隙等非电气模拟量经各类变换器变换成的电气模拟量。这些非电气模拟量在水电厂生产过程中多数变化过程较为缓慢，有部分量具有间接相关性，大部分非电气模拟量是作为运行（过程）设备的状况监视，一般在运行监视中按变化范围设定报警限值处理。这样，对它们的测量响应大多不是很快，测量精度也不必太高，记录项可详可简。

2. 数字输入量

数字输入量类型按水电厂应用需求及其信息特征可分为五种类型，即数字状态点类型、数字报警点类型、事件顺序记录（SOE）点类型、脉冲累加点类型和 BCD 码类型。前三种类型的共同之处是数字量均为设备的状态量，不同之处是在对信息和记录的处理要求上具有差别。其中，数字状态点为操作记录类型；数字报警点为故障报警记录类型，除状态变化记录外，还应有音响报警；SOE 点为事件顺序记录类型，除状态变化记录外，还应包含分辨率项目和事故音响报警；脉冲累加点类型记录一位数字脉冲，按定时或请求方式冻结累加量并产生报文数据信息；BCD 码类型取并行二进制数字量，为取值完整准确，应按并行方式采集。

（三）水电厂信息数据量

水电厂信息数据量随各水电厂具体情况而变化。机组台数越多，机组容量越大，线路回数越多，电压等级越高，其监测的信息数据就越多。随着计算机技术、信息技术的发展和管理水平的提高，水电厂信息数据量也在不断增加，但要使增加信息能够有效应用。根据国内外大型水电厂实现计算机监控的资料提供参考表 6-1。

表 6-1　大型水电厂计算机监控系统监测信息数量参考

数据类型	一台发电机组	一回线路
电气模拟输入量（AI）	16	5～8
非电气模拟输入量（AI）	96	
数字状态输入量（DI）	126	16～32
数字报警输入量（DI）	64	16～32
数字 SOE 输入量（DI）	2～4	2
数字 BCD 输入量（DI）		
数字输出量（DO）	64～96	32
模拟输出量（AO）		

（四）水电厂信息数据流

水电厂计算机监控系统已广泛采用分层分布结构，实现了数据库分布和功能分布，数据采集也相应地按分布结构进行处理。首先是对过程控制信息就地采集处理，供现地控制使用；而主控层即电厂控制层则从现地控制层中采集或调用数据，并按分层分布数据库复制传送。

三、水电厂数据采集要求

水电厂数据采集给计算机和监控系统提供大量的过程信息，它是计算机监控系统最基本的功能。数据采集功能的好坏会直接影响整个系统的品质。为实现计算机监控任务，水电厂数据采集应该满足下列几方面的要求。

（一）实时性

1. 对电气模拟量采集实时性的要求

一般情况下，电量有效值的采样周期不应大于1s，最好能提高到0.2s，这更有利于实现系统的实时性。为了采集电量瞬时值或波形，采样周期一般不超过2ms。

2. 对非电气模拟量采集实时性的要求

对那些需要作出快速反应的非电气模拟量，如轴承温度、轴振动、轴摆度、发电机气隙和流量等的采样周期应不大于1s或者更快一些。其他大多数非电气模拟量的采样周期可以大于1s，但不应超过30s。

3. 对数字量采集实时性的要求

对于数字状态点、数字报警点、脉冲累加点和BCD码的采样周期一般要求不大于1s，实际上提高采样周期并不困难，尽可能提高一些将对系统实时性更为有利。

对于SOE点的采集应有很快的响应，一般要用中断方式，如用周期方式则采样周期应满足事件顺序分辨率的要求。

（二）可靠性

从生产过程中采集数据往往会出现各种干扰信号，它不仅使采集数据失真，严重时会损坏系统，这就要求对数据通道、接口设备和接地等硬件设备采取有效的措施，可靠地防止干扰，同时在软件上还可分别采取防错纠错的手段。下面是DL/T5065—1996规定的相应最低限度值。

1. 对模拟输入通道的可靠性要求

模拟输入通道的抗干扰水平应达到：

（1）共模电压大于200V DC或AC峰值。

（2）共模干扰抑制比（CMRR）大于90dB直流到交流50Hz。

（3）常模干扰抑制比（NMRR）大于60dB交流50Hz。

（4）抗静电干扰（ESD）大于2kV。

2. 对数字输入通道的可靠性要求

数字输入通道的抗干扰水平应达到：

（1）浪涌抑制能力（SMC）大于1kV。

（2）抗静电干扰能力大于2kV。

(3)防止输入接点抖动应采用硬件和软件滤波,防抖时间约25ms。

(4)还应防止硬件设备受电磁干扰的影响。

(三)准确性

在数据采集中,对模拟量数据而言,准确性就是测量精度,它是两个方面的综合值:一方面是模数转换模件精度,它还应包含环境温度变化的影响;另一方面是模拟量变换器的精度。其综合精度应满足生产过程监控的准确性要求。

对于数字量数据准确性要求除状态输入变化稳定可靠外,对数字SOE点还需要有状态变化的精确时间标记,其基准时钟应该是满足精度要求的。

(四)简易性

数据采集随数据类型、数据量的不同使其复杂程度有所不同,为实现数据采集功能所配置的硬软件设备,应具有简易性,包括模件类型或容量增减方便,以及维护测试方便。

(五)灵活性

根据计算机监控系统的总体要求,对数据采集功能和性能可能有不同的要求或有修改变化的要求,如改变周期采样时间、改变采样方式、改变报警级别、改变限制值、改变死区值等,数据采集系统应能灵活设置以满足上述变化要求。

四、数据处理要求

在数据采集系统中,为满足监控要求,从对过程接口设备的操纵到采集数据的传输或数据存储,必须将采集的数据进行相应的处理。下面按水电厂计算机监控系统要求,提出数据处理的要求。

(一)数字状态输入量的处理

一个数字状态输入量的数据处理一般应包括下列内容:

(1)地址/标记名处理。

(2)扫查速率处理。

(3)扫查允许/禁止处理。

(4)状态变位处理。

(5)输入抖动处理。

(6)报警处理。

(二)模拟输入量的处理

一个模拟输入量的数据处理一般应包括下列内容:

(1)地址/标记名处理。

(2)扫查速率处理。数据采集处理根据模拟输入量的类型和数量可以考虑选取不同的扫查速率。

(3)扫查允许/禁止处理。数据采集处理根据被测模拟输入量或输入通道的正常/异常状况,应能对其实现扫查允许/禁止处理。

(4)工程量变换处理。当模拟输入量变换成二进制码后,还须按实际工程量进行变换计算。

(5)测量零值处理。当模拟输入量为0值,其输入变送器或模数转换模件的精度使测量值不为0时,经数据处理后测量值应为0。

(6)测量死区处理。在数据采集中被测量变化小到可以忽视时,往往采取设立测量死区,将被测量在测量死区范围内的变化视为无变化。

(7)测量上、下限值处理。测量上、下限值通常有二级,即上限、下限,上上限、下下限。当被测量超过限值时,应该进行报警。

(8)测量合理限值处理。测量合理限值一般取传感器上、下限值。当传感器或通道故障、被测量超过合理限值时,该点应禁止扫查。

(9)测量上、下限值死区处理。当被测量超过限值后,若其仍在限值上下很小范围内变化,将会造成频繁报警。设立测量上、下限值死区,使被测量只有返回到限值死区以外才能退出报警状态。

(10)越限报警处理。根据被测量各类越限报警的重要程度,设定不同的报警级别,以及建立报警时间标记。

(三)数字SOE输入量的处理

一个数字SOE输入量的数据处理一般包括下列内容:

(1)地址/标记名处理。

(2)扫查速率/中断处理。

(3)扫查允许/禁止处理。

(4)防接点抖动处理。

(5)状态变位处理。

(6)时间标记处理。

(7)报警处理。

(四)数字脉冲输入量的处理

一个数字脉冲输入量的数据处理除包括数字状态输入量的处理功能之外,还要求有:

(1)脉冲计数冻结处理。

(2)脉冲计数溢出处理。

(五)趋势记录处理

某些模拟输入量的变化趋势处理有利于监控运行和维护管理,如轴承温度、轴承油温、定子绕组温度、变压器油温、轴承油位、油罐油位等的变化趋势,可以按不同的间隔时间(采样时间)作成趋势显示曲线。一般采用短趋势记录较多,如取5s、15s、1min为间隔时间,可作成1h、8h或1d的记录,此外,也可以设量长趋势记录,按1h或1d为间隔时间,可作成1月或1年的记录。趋势记录的采样值可以取即时值、平均值。对一个趋势记录还可以考虑做最大值、最小值或最大变化率的处理。

(六)追忆记录处理

追忆记录处理是对一些模拟输入量进行短时段的记录,一旦遇到事故发生就将此记录保存下来,无事故发生就重新刷新。一个完整的追忆记录一般可以分为三个时段,即事故前时段、事故时段和事故后时段,按照需要这三个时段的长短和采样间隔时间可以不同。

(七)历史数据处理

为了水电厂的生产管理,需要对实时数据进行统计分析,也就是要对实时数据做集中和计算处理，一般要求建立的历史数据按如下分类定义：

(1)趋势类。包含采样率、每个记录最大采样点数、趋势记录数。

(2)累加类。包含保持周期、每个记录最多点数、累加记录数。

(3)平均值类。包含保持周期、每个记录最多点数、平均值记录数。

(4)最大/最小值类。包含保持周期、每个记录最多点数、最大/最小记录数。

五、传感器、变送器

传感器和变送器尚无严格定义上的区别，它们都是将被测物理量转换成电气参量来实现对该物理量的检测，也许可以认为转换输出要求不同是两者的主要区别。传感器的输出信号少，可不考虑输出信号的传送和接口；变送器的输出电路设计则要考虑输出信号的传送和接口要求。

对于非电气模拟量的采集，在计算机监控系统过程接口和非电气模拟测量点之间，一般需要加入传感器或变送器，其非电量传感器和变送器的模拟量输出应与计算机控制系统过程接口设备相匹配。水电厂采用的非电量传感器和变送器有如下几种类型。

(一)温度传感器和温度变送器

近几年来，水电厂已广泛采用铂电阻元件用于测量机组轴承温度、定子温度、冷却器温度及变压器温度。所选用的参数是，铂电阻温度测量范围为 -50 ~ +150℃或 -190 ~ +280℃，0℃时的电阻值为100Ω，温度电阻变化系数为0.385Ω/℃。铂电阻传感器的连接头有二线制、三线制和四线制三种，三线制连接有利补偿长距离引线电阻的影响，使用比较普遍。

电阻温度传感器的电阻反映温度的变化，将电阻值的变化变换成采集数据一般有两种方法：一种是采用温度变送器将阻值转换成电气模拟量，然后再送进计算机监控系统的模拟量接口设备；另一种是采用专门的温度量接口设备直接与温度传感器连接。

此外，水电厂还有采用半导体温度传感器进行测量的。在水电厂的非电气模拟量数据中，温度量占有很大比例，对水电厂的监控也很重要，但是变送器和接口设备的开销大，为了节省开销，应该控制测点数量。

(二)压力传感器和压力变送器

水电厂的油、风、水系统压力的监控测量需要采用压力传感器或压力变送器。按照物理介质、压力大小和供电电源可选用不同类型的压力变送器。现在水电厂中使用的压力变送器有电容式、电子陶瓷元件、电感式和振弦式等类型，其选型应考虑的技术条件包括型号、压力类型、防爆标准、连接件、连接件结构、工作电源、电气输出、精度、量程范围等。

(三)液位传感器和液位变送器

对水电厂上下游水位、拦污栅堵塞、深井水位和油槽液位等非电气量的数据采集常采用液位传感器或液位变送器转换信号。根据量程变化范围、精度要求和安装维护条件可选用不同类型的传感器或变送器。它们包括浮子－码盘变送器、压力式液位变送器、电容式液位变送器、超声波液位变送器和吹气式水位计等。

(四)流量传感器和流量变送器

在国内水电厂计算机监控系统中，流量监测数据的采集还不多见，主要原因是达到高精度要求的流量设备需要较高的开销,一般只是为了短期测试配置了少部分高精度流量测试设备。随着流量测量设备和技术的发展,流量数据的采集和应用将逐步发挥其作用。目前对于水轮机的流量监测主要是采用超声波流量计。超声波流量计由多个声道换能器和微机组成。常规设置的蜗壳压差流量计,因其精度低而不适于引入计算机监控系统,只能作一般监视。对于冷却水流或润滑水流需要流量监测和控制时,则可选用流量变送器或差压变送器。

(五)转速信号器

转速信号器有电气转速信号器和机械转速信号器两种。一般都是按不同转速值取触点数字信号供监视操作和保护使用。电气型转速信号装置可以提供转速的模拟信号。一种采用转速脉冲信号的装置已替代了永磁机测速,这种装置可设置多个可调的电气转速开关信号,用于对机组的自动控制,还能实现转速模拟信号输出。

(六)振动摆度传感器

对于水轮发电机组上下部位的振动和主轴摆度的监测正逐步发展成为在线监测系统,而且多数已将振动和摆度的报警信息引入了数据采集和机组控制系统。振动和摆度的模拟值目前尚未引入计算机监控系统,而仅作单独的监视。

用做振动和摆度监测的传感器类型有电涡流传感器、加速度传感器和振动传感器等。

(七)位移传感器

水轮机导叶开度、桨叶开度和接力器行程可以采用位移传感器取得模拟量信号。位移传感器有电涡流传感器、伺服电机、耐磨电位器等类型。

第二节　水电厂的分层分布式监控系统

水电厂信息过于集中的问题可以用分布处理的方式来解决。水电厂采用的处理通常是与分层控制结合在一起的,因而它实质上是一种分层分布式监控系统。

分层分布式监控系统在地域上是分散的,即按控制对象进行分散。水电厂的控制对象是水轮发电机组、开关站、公用设备、溢洪闸门等。按控制对象设置单独的控制单元,称做现地控制单元,它们由微机或可编程控制器构成,组成了现地控制级(或称现地控制层)。电厂控制级(层)也设计算机,它负责一些全厂性功能。电厂控制级本身也可以是一个功能分散的系统,由多台计算机组成。此时,某个机组控制单元发生故障,只影响这一台机组,而不影响整个电厂的运行。由于信息进行了分布处理,即各台机组的信息由各台机组控制单元进行处理,就不必敷设许多电缆将信息送到一处集中处理了,可以节省相应的投资。由于以上两方面的原因,整个系统的可靠性也得到显著的提高。

由于分层分布式监控系统有以上的优点,它已取代其他两种类型而成为水电厂监控系统的主要类型。这些年来新投运的水电厂监控系统几乎都采用分层分布式的。DL/T 5065—1996明确指出:“监控系统宜采用分层分布式结构,分设负责全厂集中监控任务的电厂级及完成机组、开关站和公用设备等监控任务的现地控制级。”

一、水电厂的分层控制

水电厂在电力系统中工作,电力系统是一个庞大的系统,水电厂是这个系统的基层。

但水电厂本身又可分为几个不同的层次，如图6-1所示，一般由高到低把水电厂分为四层：电厂控制层、机组控制层、功能控制层、现场设备驱动层。电厂控制层一般称为厂级计算机系统，机组层以下的各层次统称为现地层或现地单元。

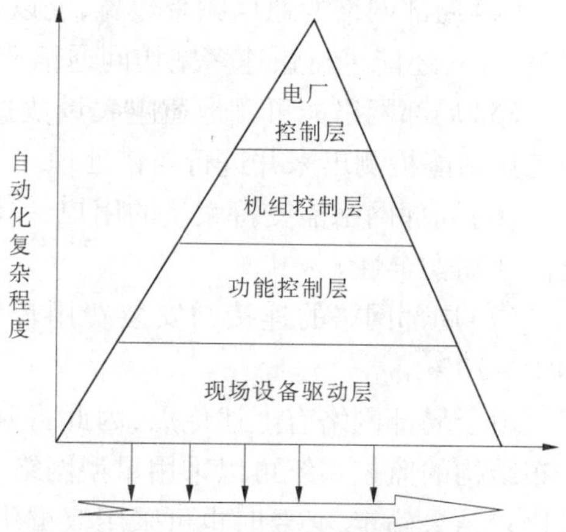

图6-1　水电厂监控系统的分层

(1)现场设备驱动层。控制设备是现场的各种控制模件或基本控制器，控制对象是现场的机械、电器设备，如各种泵类、阀门、开关等。过去，现场的驱动设备通常为电机、电磁阀或电磁驱动机构，计算机监控系统往往不能直接驱动这些设备，需要通过中间放大控制机构才能控制这些设备。随着智能驱动装置的发展，以微机为基础的智能控制装置被广泛应用，使驱动层的功能更加强大，与监控系统的连接更加方便。

(2)功能控制层。功能控制层是处于机组控制层和现场设备驱动层间的一些自治性自动控制子系统，如机组的调速系统、励磁系统、同期装置等，这类系统或装置可以独立工作，不依赖监控系统来完成一些特定功能。中华人民共和国电力行业标准 DL/T 5065—1996《水力发电厂计算机监控系统设计规定》中规定，励磁调节、调速、继电保护、水力机械保护、事故录波等功能一般不由监控系统承担，而由另设的专用装置完成。监控系统仅以简单的信息交换方式与之联系。

(3)机组控制层。这一层是机组的直接控制操作与信息采集处理，包括机组的开停机、工况转换、有功与无功调节、机组运行状态监测及与厂级间的通信。机组控制层的功能由现地单元的 I/O 装置、PLC 或智能控制器和专用的自动化装置来完成。

(4)电厂控制层。它是水电厂监控系统的最高层。用于整个水电厂的运行管理、协调控制各台机组的发电与工况转换、建立数据库，并向上(电网监控层)传递数据。电厂控制层是整个电厂信息汇集总站、机组操作控制的平台和通信联络的总站。

二、分层分布式监控系统的网络结构

由于采用了分层分布控制方式，相互之间的信息(包括命令)交换是一个关键性问题。计算机网络有很高的通信速度，而且有很强的差错检查能力，可靠性很高，能很好地实现分布处理，系统和功能的扩充很容易实现。考虑到水电厂生产设备的分布一般都在几百米至几公里范围内，因此均采用局域网或局部网络(Local Area Network，简称 LAN)。局部网络是指将有限范围内的一些计算机连接成网，它有以下特点：

(1)局部网络通常属于一个部门或单位所有，功能专用，通信距离一般是几百米到几公里的范围。

(2)局部网络允许相同的或不同的数字设备通过公共的传送介质进行通信。

(3)局部网络的通信介质可以多种多样，既可以使用现有的电话线，亦可铺设专用线，也可使用双绞线、同轴电缆或光缆。

(4)局部网络的通信频带较宽，能以较高速率传送数据，可以从 0.25kb/s ~ 100Mb/s，甚至更高，还能进行快速多站访问通信。

(5)局部网络能可靠地适应大量数据的传送，传送时误码率低，如发现错误，网络中的工作站能检测出来并进行纠错处理。

(6)局部网络能支持大量的用户，一般可达 10 ~ 1 000 个用户，并有较好的可扩展性、灵活性和安全性。

(7)局部网络的连接与安装费用较低，一次投资不大，一般不超过工作站设备费的 10% ~ 20%。

由于局部网络有上述优点，因此得到了广泛的应用。DL/T 5065—1996 指出："分层分布结构的监控系统可以采用星型网络、总线网络或环型网络。具体方式应根据技术经济比较结果确定，必要时也可采用双重化网络。"

(一)星型网络

星型网络是以一个中央计算机为中心，用专用通信线以辐射方式连接每一个为其提供信息的设备。我国丹江口水电厂计算机监控系统就采用星型网络结构，委内瑞拉的古里水电厂也采用这种结构。

星型网络结构简单，容易实现，但网络中各节点的信息都送至中央计算机，使其负担加重，通信速度慢，电缆开销也较大。当水电厂机组台数较多时，问题更为严重。针对上述问题可增设前置机，由前置机负责采集和处理各单元级送来的信息，而前置机与中央计算机和图形工作站等设备则可采用总线网络连接，从而缓解上述矛盾。星型网络一般用于机组台数不是很多的水电厂，而设有多台机组的大型水电厂已有逐渐放弃这种网络的趋势。

(二)环型网络

环型网络将分散的节点连成一个封闭的环，在环型网络中没有主从计算机之分，每个计算机均可作为主计算机向各计算机存取信息，这属于有源的点到点连接。令牌是计算机获得主动权的标志，令牌按次序逐个传递。

环型网络的优点是：传输速率较高；数据吞吐能力较大；网络中不会出现碰撞问题；采用环型回路，不会出现信息反射；信息流在网络中是沿固定方向流动的，简化了路径选择的控制。

环型网络的缺点是：不能自动重构，一旦网络中某节点或通路发生故障，整个系统将崩溃；不便于扩充，要增加或减少网络中子站时，必须拆开环路，停止工作，进行节点安装，各节点的地址和相应的传递软件均需变更。

国外使用令牌网络的不少，ELIN、CEGELEC 公司都采用。我国的十三陵抽水蓄能电厂采用了 Baily 公司专用的 INFI - 90 双环型网络。

(三)总线网络

总线网络将全部节点连接到一条共享的总线上，总线上的节点通常设有固定的主从关系，属于无源的多点连接。各节点的计算机均可取得总线发送权。信息从发送节点沿总线向两个方向发送。因此，当同时有两个节点需要发送信息时，就会发生碰撞。所以，总线网上各节点均设有检测碰撞的设备，以避免碰撞的发生。总线网的典型工业产品有以太网(Ethernet)、Intel 公司的位总线网(Bitbus)等。

总线网络的优点是:结构简单,网上各节点地位平等,简化了各节点之间的连接;传输速率较高,基带传输可达 100Mb/s,能满足实时响应要求;网络软件比较简单,协议标准化程度较高,几乎各种型号的微机都可直接入网互联;能自动重构,当一个子站或总线耦合器发生故障时,网络中其他部分可以重构成一个新的整体;可扩性强,当用户需要扩充或更新某些设备时,只要增加或减少相应的工作站和硬软件模块即可,不必变动整个系统,整个网络的工作也不必停止;系统设计和配置具有积木组合性,可以配置成各类型的系统,以适应各种要求和环境。

总线网络的缺点是:系统信息吞吐量不够大;会出现碰撞问题;实时性不很好。

以太网在水电厂计算机监控系统中得到了广泛应用,如更新后的葛洲坝二江电厂计算机监控系统和新近投运的李家峡水电厂计算机监控系统均采用了以太网。

以太网和令牌网两派争论很大。我国电力自动化研究院和中国水利水电科学研究院一开始就采用以太网,当水电厂的节点数不多时,问题不大。

三、开放式分层分布系统

随着水电能源的大力开发,水电厂的装机容量越来越大,要实现的功能越来越多,计算机系统的规模也就越来越大。由单一厂商包揽控制系统的全部硬件和软件已变得越来越困难了,不得不采用由多个厂商提供的硬件和软件,它们之间如何接口、如何协调工作就变成非常关键的问题。随着生产技术的发展,原有计算机监控系统的规模和功能也需要扩充,新增加的硬件设备如何与原有系统接口就是个大问题。随着系统的扩充,有时需要开发一些新的软件,原有软件怎么办、能不能保留、如何接口都是需要解决的问题。由于过去各厂商之间的硬件和软件接口不标准,扩充工作很困难,导致不得不废弃原来的一些硬软件,甚至更新整个系统,造成了投资的大大增加。这些问题急需解决。

随着计算机技术的发展,特别是精简指令系统计算机(Reduced Instruction Set Computer,简称 RISC)技术的出现,使上述问题的解决变得较为容易了。近年来,出现了所谓开放式计算机系统。开放式系统可以定义为:不同厂家的设备可以通过其设备特征对系统是透明的方式在功能上实现集成。这种系统的特点如下:

(1)体系结构模块化。需要先将整个系统划分成若干子系统或功能模块,使模块内功能和数据都相对集中,而模块间的信息交换较少,从而便于标准化。

(2)模块接口标准化。接口的标准化简化了模块的连接,增加了各模块的相对独立性,为系统的局部更换奠定了基础。

(3)功能处理分布化。利用标准的接口或介质,将功能相对独立的模块分布到若干个处理器上,既可大幅度地提高整个系统的处理能力,又使系统的可扩性增强,使局部升级得以实现。新开发的一些开放式系统,大都以 LAN 为核心骨架,连接作为人机系统的一系列工作站以及负责数据采集和监控 SCADA(Supervisory Control and Data Acquisition)、网络分析处理的一系列服务器。这种模式也称做大模块横向分布式体系结构。

(4)应用软件的可移植性。当硬件和操作系统,即一种计算机平台更换时,用户所开发的应用软件仍能移植到新的计算机平台上,因而用户的软件资源可以得到保护。

(5)不同系统之间的相互转换性。在许多厂家计算机组成的网络系统中,用户可以共享网络中的各种资源,包括硬件、软件、信息等,在这种共享操作中不需要用户进行特殊识别和转换等处理。

这些开放式系统的特点使供货厂商和用户都获得了好处,他们可以使用第三方产品来缩短开发和实现周期,可以靠使用最佳性能价格比的产品优化配置。系统的更新将不再是完全替换,硬件和软件投资者的利益均得到了保护,系统可以不断升级和发展以融入新的先进技术。

近年来,开放式系统在一些水电厂得到了应用,今后将成为主要的模式。典型的例子有由 CAE 公司供货的隔河岩水电厂计算机监控系统、由电力自动化研究院供货的大广坝水电厂计算机监控系统等。电力自动化研究院开发的 SSJ3000 系统和中国水利水电科学研究院开发的 H9000 系统均采用了国际开放系统标准。

过去的分层分布系统中,都有一个或多个(冗余系统)主计算机用于存放监控系统的数据库。监控系统中各个子系统,诸如操作员工作站、现地控制单元等,虽然通过网络连接,具备了共享信息的条件,但由于系统数据库是集中式的,网络中各节点的工作往往对系统数据库有相当的依赖性,一旦主机出现故障,全系统功能将受到影响。以分布式数据库为特征的开放式分层全分布系统是监控系统的一种新结构模式,在此系统中网络上各节点具有一定的功能,而且在各节点上分布着与该节点功能相关的数据库。该系统中的厂级计算机也只是网络上的一个节点,其数据库只是为了实现该节点对应的全厂统计、AGC 功能、AVC 功能,而不是全厂唯一的总数据库。这样,在网络上各节点之间可进行所需信息的交换,而不再依赖于厂级计算机。例如,操作员工作站可以在厂级计算机未投入运行的情况下,从各现地控制单元采集数据、更新画面,也可将运行人员在工作站上下达的操作命令通过网络直接传送给现地控制单元去执行,而不需厂级计算机转发。整个系统中各设备都遵循 IEEE、ISO、IEC 等有关标准接入一个全开放式总线网络,采用以 UNIX 操作系统为基础的操作系统。

更新后的葛洲坝二江电厂监控系统、大广坝水电厂监控系统均采用这种开放式分层全分布系统结构,今后还将有更多的水电厂采用这种系统结构。

第三节　水电厂电厂控制级

一、水电厂电厂控制级的功能

在水电厂计算机监控系统的总体功能任务中,电厂控制级的任务主要是完成对整个电厂设备及计算机系统的集中监视、控制、管理和对外部系统通信等功能。其具体功能可包括下列各项。

(一)数据采集

周期或随机地自动采集下列数据:

(1)通过计算机网络通信自动采集各现地控制单元的电厂设备运行数据。

(2)通过与外部系统通信接收电网调度命令,电厂、枢纽或其他系统送来的数据。

（二）数据处理

对采集的数据进行分析处理并生成数据库，包括下列内容：

（1）对采集的数据进行可用性识别（包括数据合理性及采集通道可用性鉴别），对不可用数据给出标志并进行系统处理。

（2）对采集的模拟量进行越限检查，越限时产生报警报告并记录。

（3）对报警的数字量产生报警报告并记录，包括事件顺序记录。

（4）根据控制或管理要求对采集的数据进行各种计算，包括累加和统计计算、趋势或梯度分析。

（5）进行相关记录或事故追忆记录。

（6）将有关数据生成数据库，如实时数据库和历史数据库。

（三）控制和调节

这主要包括由计算机系统自动启动的控制和调节，以及由运行人员通过计算机系统进行的集中控制和调节。例如：①机组的开/停操作、各种运行工况的转换、有功功率和无功功率的调节；②断路器、隔离开关及电厂公用设备的控制；③电厂自动发电控制（AGC）、自动电压控制（AVC）。

电厂控制级在控制和调节方面的功能还包括操作条件的检查、命令或设定值的发布及下送至现地控制单元、控制或调节过程监视及不正常处理等。

（四）人机接口

人机接口主要指向运行人员提供对全场设备及计算机系统进行监控和管理的接口。其中包括下列内容：

（1）运行状态或参数显示、事故或故障报警记录显示、运行管理的各种记录和报表的显示。

（2）各种记录、记事、报表、操作票等的打印。

（3）事故、故障的音响或语音报警、电话报警或查询。

（4）通过CRT、鼠标或键盘等输入设备，向计算机系统发布电厂设备的监控命令，对计算机系统进行各种操作，如画面和报表的调用、报警认可、系统结构操作或参数设定、监控状态设置等。

（5）提供编辑、软件开发和操作员培训的接口。

（五）通信功能

通信功能包括下列内容：

（1）电厂控制级和各现地控制单元之间的通信。

（2）与外部系统或远方监视站的通信。

（六）编辑、软件开发、培训和系统管理

它主要包括画面、报表、数据库的编辑，应用软件的维护或开发，系统结构的维护管理，提供运行培训功能等。

（七）系统自诊断和故障处理

系统自诊断完成对系统设备的自诊断，包括对硬件和软件、在线和离线的自诊断。故障处理包括对故障设备的隔离、对冗余设备的故障自动切换、非冗余设备在故障消失后的自恢复等。

(八)时钟同步

接收同步时钟的同步时钟信号使电厂控制级计算机时钟与标准时钟同步。电厂控制级还可以通过系统网络向各现地控制单元传送时钟同步信号,使现地控制单元时钟同步。

(九)专家系统功能

为提高电厂监控和管理自动化水平,根据电厂要求,电厂控制级可设置各种专家系统软件,如事故或故障分析和处理指导、故障预测、运行指导、设备维护管理分析和指导等。

电厂集中监控和管理功能任务中的某些部分,由于技术上或管理上的原因,目前仍未列入电厂计算机监控系统的监控内容范围,如电厂火灾报警及消防自动控制、工业电视、电量计费等系统,一般仍设计成独立于计算机监控的系统。随着技术的进步和电厂管理水平的提高,上述某些系统中的集中监控功能,正逐渐融合到电厂计算机监控系统中。如操作员工作站在采用多媒体技术后,也可以对工业电视系统进行集中监控。其他系统,如火灾报警,目前也有些电厂采用计算机监控系统进行集中监控。电厂控制级的功能任务,正随着计算机和网络技术的进步在逐渐拓宽。

二、水力发电厂电厂控制级的结构

电厂控制级的功能主要是通过在电厂控制级网络上设置的功能节点来完成的。网络上的各个节点具有独立的通信地址,可以通过网络进行通信,并独立地完成指定的功能,故称之为功能节点。一个功能节点一般由一台计算机及其外设构成。

电厂控制级功能节点的设置,一般可有功能集中式和功能分布式两种结构形式。

在功能集中式的电厂控制级结构中,电厂控制的功能全部集中由连接至网络上的一个或两个以主备方式运行的功能节点来完成。这是目前在中小型水电厂或自动化程度要求较低的水电厂中常用的结构方式。在这些水电厂中,电厂控制级需要处理的信息量较少,可以由一两台计算机来完成。

在大型水电厂或自动化水平要求较高的水电厂中,计算机监控系统需处理的信息量都相当多,大型水电厂中计算机监控系统的输入信息可多达数千甚至上万个,控制输出点可数以千计,电厂管理功能复杂繁多。这些水电厂的电厂控制级功能,难以由集中式的一两台计算机来完成,或由于此时的计算机负担过重、软件复杂而影响系统工作的可靠性和实时性。因此,对大型水电厂,一般采用多台计算机来承担电厂级的功能任务,即采用功能分布式的电厂控制级结构,如图 6-2 所示。

上面所述的电厂控制级的各个功能任务,它们对系统工作的实时性、可靠性和可用性等方面的要求是不尽相同的。

电厂控制级采用功能分布结构时,一般是将这些具有不同要求的功能分设于不同的节点中,并根据各节点的功能来确定节点的配置。节点的数量则根据电厂需处理的信息量、对系统可靠性和实时性等性能要求确定,并应使系统有合理的性价比。对那些可靠性、实时性要求较高的功能任务,可采用冗余节点的结构形式。

功能分布式的电厂控制级功能节点的具体配置,一般考虑设置操作员工作站、工程师工作站、通信工作站、厂级工作站、语音处理及打印服务等设备。大中型系统一般还配置

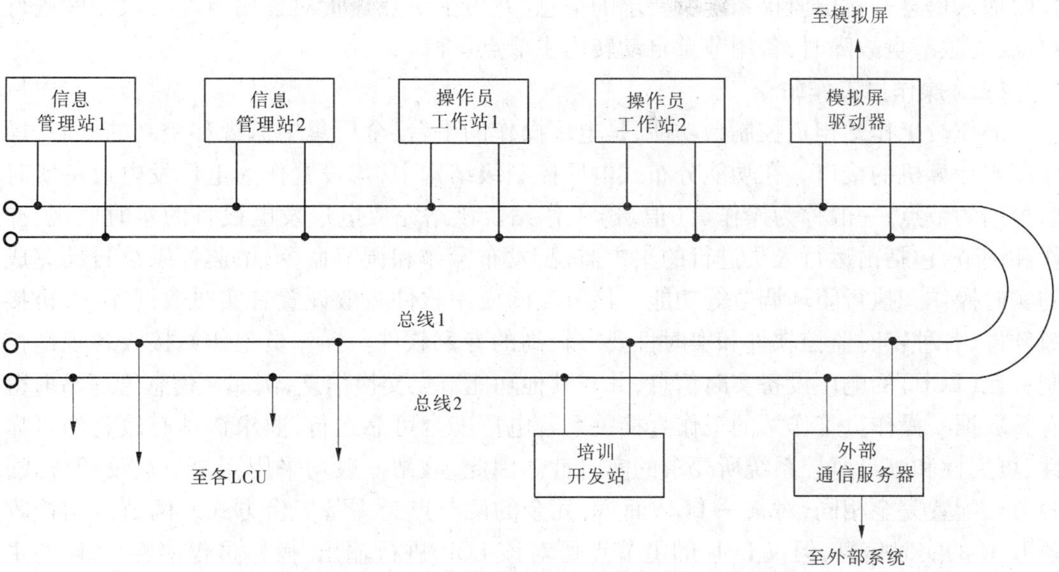

图6-2　功能分布式的电厂控制级结构

GPS卫星时钟系统。

(一)工程师工作站

工程师工作站担负电厂控制级功能中的培训、开发功能。与电厂设备监控无直接联系,不存在对电厂设备监控的实时性和可靠性要求,该任务可以单独设置一个功能节点来完成,称为培训开发站。配置一台计算机及相关外设,并配置各种应用软件,如用于监控的各种监控应用软件、各种编辑软件、电厂机组及其辅助设备或其他主设备的仿真软件、培训仿真数据库和人机接口等软件。培训仿真系统一般与承担电厂设备监控的节点没有信息交换,或仅采用电厂实时数据库对仿真系统的数据库进行初始化。开发系统应有在线或离线修改监控系统其他节点的某些应用软件的功能,如画面、报表、数据库或某些控制程序。对某些大型水电厂,也可以根据需要将培训和开发各设一个功能节点,此时由于培训站与设备监控系统可以无任何信息交换,故它可以独立于监控系统而单独设置。

(二)厂级工作站

厂级工作站担负电厂运行管理及某些监控功能,如报表的生成、历史数据的记录、趋势分析、统计或累计分析、AGC和AVC中的电厂控制级功能、专家系统功能、外部通信功能等。这些功能任务的执行需对大量数据进行计算、分析处理和存储,往往需要占用计算机较多的机时和存储单元。这些数据处理或功能的执行所要求的实时性,低于设备实时监控对数据处理的实时性要求,如AGC的有功控制执行周期一般为数秒钟或更长,历史数据的计算通常是以数分钟为周期。因此,在功能分布式的电厂控制级结构中,可将这些功能由单独设置的功能节点来完成,一般称为信息管理站(或主机)。它接收各现地控制单元(LCU)及外部系统送来的信息,按监控和管理要求进行数据处理,并与其他节点进行信息交换。信息管理站一般设置有实时数据库、历史数据库、AGC、AVC、对外通信等应用软件和它们的数据库,以及其他需由信息管理站完成的功能所对应的应用软件。信息管理站可以采用单一节点或冗余节点。冗余节点一般采用主备运行方式,此时仅主节点接收输入信息和输出监控系统所要求的信息，并由主节点负责对备用节点的数据库进行更新，当主节点故障时，备用节点自动转为主节点运行。

（三）操作员工作站

操作员工作站担负控制台功能，是电厂操作的平台、全厂集中监视和控制的中心、操作员与计算机的接口。在功能分布式电厂控制级结构中，均设置作为电厂发电设备实时监控用的节点，一般称为操作员（值班）工作站。该站完成电厂发电设备的实时监视、操作和调节，包括由运行人员进行的集中监视、发布操作和调节命令，由监控系统自动完成的实时操作和执行闭环调节等功能。该节点的应用软件一般设置有实时数据库、人机接口软件、各种实时监控软件和实时性要求较高的专家软件。操作员工作站接收各现地控制单元（LCU）的电厂设备实时信息，并与其他功能节点交换信息，例如从信息管理站取得有关数据。操作员工作站的工作直接关系着电厂安全可靠运行，要求该站有较高的可靠性、可用性和满足监控系统所要求的实时性。因此，该站一般均采用冗余节点设置方式，两节点配置完全相同，对某一 LCU 而言，冗余的两节点为主备工作方式。两节点均接收各 LCU 的实时信息，但仅 LCU 的主节点可对该 LCU 进行输出，操作员仅能在 LCU 的主节点上对该 LCU 发布控制命令或设定等。某一节点故障时，系统自动将该节点监控的 LCU 转由另一工作节点监控。根据电厂运行方式的需要，冗余的两个操作员工作站节点也可以设计成对所有 LCU 为主、备的工作方式，以简化软件的设置。冗余的两个工作站节点应进行数据同步信息交换，以保证两节点数据的一致性。操作员工作站也可不设实时数据库，实时监控所需的数据，如控制用数据、当前显示的 CRT 画面动态数据。由操作员工作站通过网络通信直接从各现地控制单元的实时数据库中取得。当电厂的 LCU 较多，操作条件或 CRT 画面动态数据涉及全厂或多个 LCU 的数据时，这种设置方式将影响某些监控的实时性。

（四）通信工作站

通信工作站担负电厂对外通信的任务，在大范围内可用于与网调、省调、梯调的联系，在小范围内可实现与水情测报系统、闸门控制系统等的信息交换。电厂监控系统的对外通信，目前大多数均由电厂控制级的外部通信功能节点来完成。该节点对外部系统输送的信息，一般取自信息管理站。该功能节点主要完成与外部网络数据交换的接收、发送及通信管理，该节点一般称对外通信服务器。通信服务器一般以单一节点设置，对实行“无人值班”（少人值守）的电厂，可考虑以冗余节点设置，冗余节点可以采用主备或同时工作方式。外部通信也可以采用从信息管理站的串行口引出的结构方式，当信息管理站采用冗余结构时，外部通信可经接至两站的切换装置与外部系统通信，并使通信数据取自主节点。对于有大量信息交换的外部系统，可以采用直接接至电厂控制级总线的路由器通信方式。

（五）远程监控站

远程监控站担负电厂外对电厂的监控任务，如厂长、总工监视站，在家值班监控站等，根据监控站的功能要求和装设地点的远近，可作为电厂控制级网络上的节点或从通信服务器引出。一般而言，若距离较近、远程站监控功能多、信息量大，可将主控级网延伸至远程站，远程站作为网络节点设置，或通过网桥与远程站连接，以避免远程站对电厂控制级的干扰。对距离较远的远程站,宜通过通信服务器引出。

对采用语音报警、电话查询、电话报警的系统,可单独设置一个节点来完成相应的功能,或与通信服务器共用。

对要求设置模拟屏的水电厂,当模拟屏信息由计算机监控系统提供时,可设模拟屏驱动器节点,所需数据可从电厂控制级有实时数据库的节点中取得。需设大屏幕时,可从操作员工作站引出。打印机等外设一般均接至各工作站,也可以在网络上设打印服务器节点或网络打印机节点。

当电厂控制级与现地控制单元的通信采用经前置机的结构方式时,前置机也作为电厂控制级的节点,一般采用冗余结构。两个前置机节点对某一 LCU 而言为主备工作方式,两个节点均可接收输入信息但仅主机可以向外输出。主机故障时备用机自动升为主机运行。前置机一般不承担设备监控的数据处理功能。

以上是电厂控制级功能节点配置的一般考虑,根据电厂的情况及自动化的要求,上述的某些节点可以合并或改变其某些功能配置,容量越大的水电厂,厂级需要处理的信息量越大,各类工作站的设置比较齐全,而且还可以采用更多节点,如大型水电厂可考虑设 3 个操作员工作站或使培训开发站兼作备用的第三个工作站。而小型水电厂则在满足基本功能的基础上尽量简化配置,以节省投资,如有的小型水电站厂级只设一台计算机,兼作操作员工作站、工程师工作站和打印服务等。

三、水电厂电厂控制级的电源

(一)对供电电源的要求

电厂应配置不间断电源(UPS),以便为电厂控制级计算机系统设备提供可靠、稳定、干净的交流电源。

计算机内一般不配置带蓄电池的电源系统,在外供交流电源消失后,一般仅能维持几毫秒的工作。水电厂的厂用电虽没有备用电源投入,但即使是采用快速开关的备用电源快速投入系统,工作电源消失至备用电源投入的时间间隔(停电时间),一般也在几十毫秒以上,远超过保证计算机可连续工作的时间。另外,由电厂高压大电流设备所产生的电磁干扰,使厂用交流电源可能出现电噪声,特别是在电气设备事故或故障、运行操作等情况下,电噪声的短时尖峰电压可达数千伏。当采用厂用电对计算机直接供电时,将会影响计算机的正常工作甚至使器件永久性损坏。因此,电厂控制级设备应由不间断电源供电,并要求 UPS 带有隔离变压器,以便与电厂交流电源隔离,UPS 的输入回路应设有抑制电噪声的滤波器,此外尚应满足下列技术要求。

(1)在供电电压的下列变化范围内可正常工作和不遭损坏:交流 220/380(1 ± 10%)V,50(1 ±2%)Hz;直流 $220V^{+15\%}_{-20\%}$。

(2)输出电压:交流 220(1 ±2%)V,正弦波 50(1 ±2%)Hz,波形失真小于 5%。

(3)瞬态响应;当负载突变 50% 时,电压超调量小于额定输出电压的 10%。

(4)不间断电源切换时间:不大于 4ms。

(5)效率:大于 70%。

(6)噪声:距 UPS 柜 1m 处为 40 ~60dB。

(7)具有承受过载和短路能力,并有内部故障报警信号。

(二)UPS 电源

常用的 UPS 电源有后备式和在线式两种类型。

1. 后备式 UPS

后备式 UPS 结构如图 6-3 所示。市电正常时,市电经滤波和抗浪涌电路后直接输出给负载,同时经充电器给蓄电池充电,逆变器不工作。市电停电后,切至逆变器供电,转换时间取决于开关切换时间和逆变器启动时间。

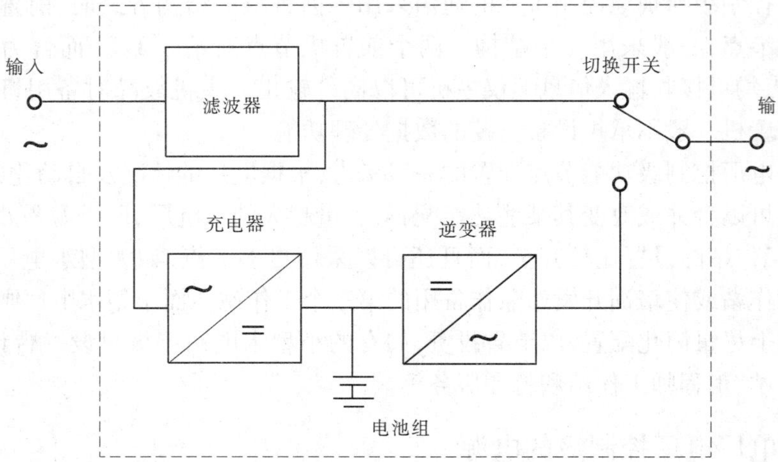

图 6-3 后备式 UPS

后备式 UPS 接线较简单,价格便宜。其主要缺点是正常由市电供电,无隔离变压器,输出仍受市电波动和污染影响。

2. 在线式 UPS

在线式 UPS 包括串联型和三端口两种类型的在线式。

1)串联型在线式 UPS

串联型在线式 UPS 如图 6-4 所示。市电正常时,经滤波和抗浪涌后的交流,由整流器(带隔离变压器)整流后供给逆变器,逆变器向负载输出稳频、稳压的交流电。市电断电后,由蓄电池供给逆变器电源。逆变器故障停运或过载时,旁路开关自动切至市电供电。充电器作为蓄电池的充电装置。串联型在线式 UPS 的输出对市电有隔离,不受市电被动或污染影响,输出为无切换连续不间断供电,这是该型 UPS 的优点,但价格比后备式高。

2)三端口在线式 UPS

三端口在线式 UPS 结构如图 6-5 所示。逆变器为双方向逆变器,带有两个控制电路,电路 1 使输出电压保持恒定,电路 2 使逆变输出交流电压、频率、相位与市电同步。市电正常时,逆变器由隔离变供电,整流后向蓄电池充电;市电不正常时,逆变器将交流向输出端供电并使输出电压恒定。当交流供电和逆变器均故障时,旁路开关自动切至市电供电。蓄电池可采用外附方式。三端口式有与串联型相同的优点,由于它输出与市电同步,允许数台并列运行。

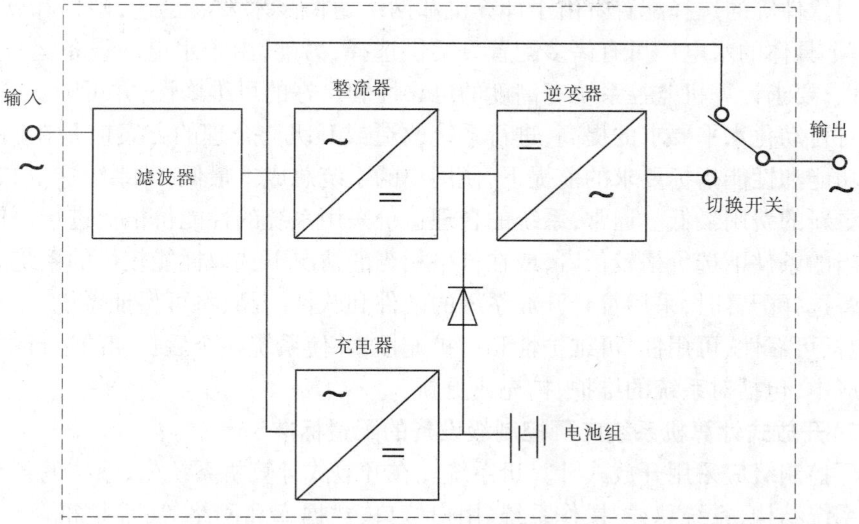

图 6-4　串联型在线式 UPS

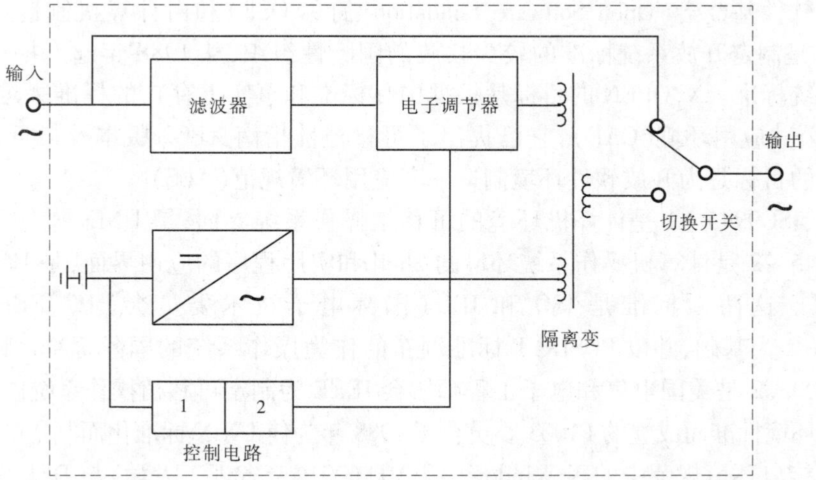

图 6-5　三端口在线式 UPS

(三)电厂控制级电源配置

在大中型水电厂中,电厂控制级供电系统一般均采用双 UPS 供电,两台 UPS 按热备用主备方式运行,一台故障退出时自动切至另一台运行。每台 UPS 可按 1.5 ~ 2 倍的正常负荷容量考虑。UPS 电池容量按交流输入停电后可维持 30min 配置,对"无人值班"(少人值守)电厂应考虑更长一些的维持时间,一般应采用免维护的阀控式密封铅酸蓄电池。

四、水电厂电厂控制级的软硬件

(一)软硬件的一般考虑

电厂控制级各功能节点、网络硬件和软件的配置,需根据具体电厂对计算机监控系统功能任务要求和对性能指标的要求进行选择,包括计算机和网络设备型式、性能参数、系统和应用软件等的选择配置。由于计算机和网络通信技术发展迅速,硬件和软件产品繁多,对一个具体的水电厂可有诸多配置方案供选择;另外,由于水电厂设备运行的连续性和长期性,要求计算机监控系统有高度的可靠性和良好的可维修性,并可随着技术发展或水电厂对自动化水平要求的提高,进行系统改造或升级。合理的方案应是在满足水电厂对系统功能和性能指标要求的前提下,使用户的系统总成本最低,即系统造价和长期运行维护或更新的费用最低。通常,系统的合理造价采用系统的性能价格比进行评价,在系统性能相当的条件下选价格较低者,或在价格相当的情况下选取性能较优的系统。另外,在系统设备选择配置时,采用符合开放系统的硬件和软件产品,将可保证系统有较好的性能指标,包括可靠性、可用性、可维护性和可扩充性,并使系统在今后长期的运行中具有较低的运行成本,包括对系统的维护、扩充或更新。

(二)开放式计算机系统电厂控制级设备的配置标准

电厂控制级应采用开放式计算机系统。在开放式计算机系统中,系统的各个部分,如计算机系统结构、系统总线、操作系统、用户接口、数据库和网络等,都是符合与制造商无关的统一的国际标准,使计算机系统之间具有可移植性和可互操作性。

开放软件基金会(Open Software Fundation,简称 OSF)和由计算机制造厂商组成的 X/OPEN,是制定开放系统标准的较为权威的国际性组织,从 1988 年起已提出了一系列的开放系统标准。X/OPEN 的目标是根据国际标准和事实上存在的标准去定义一个 X/OPEN 的公共应用环境(CAE),它已提出了可移植性指南 XPG3 版本及最近的 XPG4 版本。OSF 的目标是为开放软件环境制造一套应用环境规范(AES)。

其中,ISO9945 - 1 是计算机环境的可移植操作系统界面,是 UNIX 操作系统接口标准;ISO9945 - 2 是计算机操作系统环境的 Shell 和实用程序的应用界面,是 UNIX Shell 命令和工具。这两项标准是 ISO 和 IEC(国际电子技术委员会)以 IEEE1003. 1 和 IEEE1003.2 为基础,并以 POSIX.1 标准颁布的作为操作系统的国际标准。IEEE1003.1 和 IEEE1003.2 是美国电气和电子工程师协会 IEEE 为制定可移植操作系统以及整个开放系统应用环境标准而成立的 P1003 委员会于 1988 年为使 UNIX 标准化而制定的标准。

用户接口环境规范中的 X Windows,是 MIT(美国麻省理工大学)与 DEC、IBM 等计算机厂商联合开发推出的面向网络的窗口系统,它具有高性能、高层次、与设备无关的图形操作功能,可运行于本地应用程序又可调用远程资源,目前已成为几乎所有计算机工作站厂商所接受的计算机窗口系统的工业标准,并作为其操作系统的标准配置。OSF/Motif 是 OSF 颁布的建立在 X Windows 基础上的图形用户界面标准,目标是提供具有公共用户界面的用户环境。

网络规范中的 TCP/IP,即传输控制和互联网协议(Transport Control Protocols/Internet Protocol),是用于局域网、广域网和互联网中实现异种机、异种网的单一机制通信的协议,开发于 20 世纪 60 年代,后由美国国防高级设计研究署(DARPA)发展为 TCP/IP 网际协议。经过几十年发展,现已有丰富的适用于各种计算机的应用软件,供各行业使用,并已被广大制造商及用户公认,市场上其硬件和软件产品十分丰富。TCP/IP 的特点是具有网络技术的独立性,它以传统的报文分组交换技术为基础,却独立于任何厂家硬件;它具有万能互换性,可使入网的任一计算机互联;它提供端对端确认,为作为报源和报宿的两台计算机提供确认功能,实现节点对节点的通信;它提供基本网际服务即无连接报文分组传送服务(IP)和可靠性数据流传输服务(IPC),并提供应用层服务,如电子邮件、文件传输、远程登录等通用标准服务。

OSI(Open Systems Interconnection)是国际标准化组织ISO于1998年以ISO7498文件公布的"信息处理系统—开放系统—基本参数模型"的国际标准(Information Processing System - Open Systems Interconnection - Basic Reference Model),即OSI七层参考模型(由低至高分别为物理层、链路层、网络层、传送层、会话层、表示层、应用层)。该标准是用来协调现有的和将来的系统互联标准的开发。它并不规定开发系统互联的业务和协议,只规定了互联系统的层次结构及每层的功能。在参考模型中,每一层的作用都是为它的更高的层次提供某种服务,而这些更高层次不必过问这些服务在其较低的层次中如何实际执行。七层参考模型最低层的物理层的任务是提供传递信息比特流的物理介质,传送电信号并对数据电路的物理连接进行控制;链路层提供透明的(内容、格式和编码无限制)、可靠的数据传送的基本服务;网络层功能是在接点间传送数据分组;传送层是实现网络中点对点的可靠的信息传递;会话层功能是为实现用户之间的数据交换提供手段;表示层向应用层提供如何使用信息的表示方法;应用层的任务是支持终端用户的应用进程(程序)。OSI七层参考模型的各层均制定有相应的协议,这些协议也规定了每层向其更高一层所提供的服务。

开放系统环境规范中的数据管理规范SQL,是ISO规定的关系型数据库的数据管理语言,1987年由ISO定为国际标准。

开放系统是计算机工业最重要的发展趋势,各个计算机和网络设备公司产品都在向开放系统发展,不同厂商的产品已逐渐地有较好的互换性和可移植性,尽管距开放系统的互换性和可移植性仍有差距,但随着开放系统标准的进一步统一和完善,以及计算机和网络产品的进步,计算机系统也将具有更好的开放性。

(三)电厂控制级计算机参数的选择和配置

电厂控制级各功能节点的计算机,目前一般可选工作站、服务器、小型机或工业控制微机等。这里叙述对这类型计算机性能参数的一般描述方法和评价,以及选择配置时的一般考虑。

1.计算机的性能评价

为取得性价比合理的计算机,需要对计算机的性能作出正确的评价。计算机性能除了可靠性、可用性、可维修性及开放性等性能外,在实际选用时用户特别关心的是计算机处理问题的能力或速度。下面主要叙述对计算机处理能力的评价方法。

计算机的CPU时钟频率在一定程度上反映了机器的速度,一般而言主频越高速度越快。但相同频率、不同体系结构的计算机,其运算速度可能相差很多倍,因此不能仅以CPU时钟频率来评价计算机性能。

早期的性能评价指标有数据处理速率PDR值(Processing Data Rate)、等效乘法速率EMR(Equivalent Multiply Rate)和CPU每秒平均执行指令数MIPS等,这些指标一般仅是针对CPU(或包括主存)综合性能的评价,不能反映现代计算机中高速缓冲(Cache)、流水线、交叉存储等硬件结构对性能的影响。目前公认的较好的评价测试方法是基准程序法,它以MIPS(CPU 每秒平均执行指令数)、PDR 值(数据处理速率)、MFLOPS 值(理论峰值浮点速度)、Kwip 值、Spec 值等多种基准程序对计算机性能进行综合评价。下面分述常用的计算机性能指标和评价方法。

2. 硬件的选择和配置

电厂控制级各功能节点的计算机硬件,在实际选择时主要是考虑 CPU,主存储器(主存),辅助存储器,网络接口以及串、并行接口等的配置及其性能参数。下面分述对它们的性能参数的描述及其选择时一般的考虑。

1)中央处理器(CPU)

中央处理器是计算机的核心部件,由它执行各种运算和指令,并统一指挥和控制计算机各个部件进行操作,控制程序的执行并完成对数据的处理。CPU 由运算器、控制器、寄存器、总线和时钟等组成,如图 6-6 所示。运算器负责完成计算机的算术逻辑运算;控制器负责分析和执行指令,并统一指挥和控制计算机各个部分进行操作;寄存器用来保存运算和控制过程中所需暂时保留的信息;CPU 总线使各部件相互连接;时钟作为整机时序脉冲来协调各部件的工作。

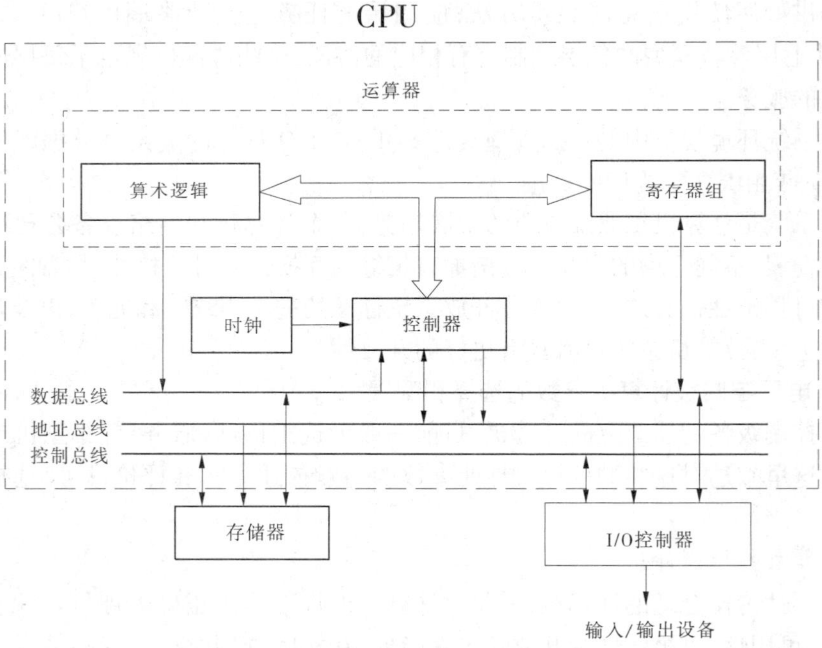

图 6-6 中央处理器(CPU)结构

CPU 的性能参数在选择应用中主要考虑的是 CPU 位数(字长)、时钟频率、中断级和高速缓冲存储能力等。

CPU 字长(位数)以 CPU 的数据总线的根数来描述,它决定了中央处理器和计算机的其他部件每次交换数据的位数(并行传递数据的位数)。因此,CPU 的字长直接影响计算机的运算速度。一般而言,CPU 数据总线数与 CPU 的寄存器的位数相同。但也有例外,如某些称为32 位的计算机,仅 CPU 寄存器为32 位,而数据总线为16 位,要传送32 位数据需经过两次传送,这类计算机(准 32 位)的运行速度与 16 位机基本相同。电厂控制级各功能节点计算机要求其 CPU 字长应有 32 位(含准 32 位)或更高。

CPU 时钟频率指 CPU 的时钟脉冲发生器中的晶体振荡器频率(MHz),它是计算机的时序脉冲的最高频率,在一定程度上反映了计算机的速度。对相同体系结构的计算机,CPU 时钟频率(也称主频)越高,计算机速度越快。但对不同体系结构而主频相同的计算机,其速度可能相差很大,故时钟频率不能作为异种机性能评价的参数。

中断级指当发生与计算机工作有关的需立即处理的事件时,立即将计算机 CPU 当前正执行的程序暂停或挂起,转向另一服务程序去处理这一事件,并在处理完毕后再返回原程序,这样的一个过程称为中断。引起中断的事件称为中断源,如电源中断、主机设备故障、非法指令、运算溢出、时钟中断等,这些由计算机内部事件产生的中断,一般称为内部中断,由外部设备如生产过程事件(如发电机事故等)、计算机外围设备(键盘、打印机、辅助存储器等)向 CPU 申请的中断,一般称为外部中断。外部中断一般均需由计算机硬件支持(输入接口)。在同时出现几个中断的情况下,CPU 需要按次序对中断源进行响应。为此,需对每个中断源规定其中断优先权,有同样中断优先权的中断源组成一个中断级。CPU 对各中断级中断源响应的优先次序称为中断分级。将中断源分级,使 CPU 可将各种事件分轻重缓急来处理,以保证系统资源满足最紧急的、实时性要求最高的事件处理的需要,是保证系统对事件响应实时性最有效的方法。对实时性要求高而中断源较多的系统,一般应要求有较多的中断级别,如电厂计算机监控系统,一般要求硬件中断分级应有 16 级或以上。

高速缓冲存储器(Cache)(见图 6-7)是设在 CPU 与主存储器之间的存储速度高但容量较小的高速存储器,用以解决高速运算的 CPU 与读写速度较慢的主存储之间的不匹配的矛盾,以提高计算机的速度。在 Cache 中存储的内容,是在读写过程中逐步建立的,是主存储器中部分内容的拷贝。程序在运行过程中 CPU 需要取指令或数据时,首先在 Cache 中查找是否有此内容,若无才从主存中取出并同时送 CPU 与 Cache。由于 Cache 的读写速度很高,基本上可与 CPU 速度相匹配,使 CPU 的高速运算能力得以充分发挥。一般而言,Cache 存储容量大,所存主存的拷贝内容也多些,更有利于 CPU 运算速度的发挥。Cache 存储器可分为片上与板上两种,它已属 CPU 的一部分。某些 RISC 计算机(精简指令系统计算机)为了提高速度,对片上 Cache 采用了两类存储器,即指令 Cache(I - Cache)和数据 Cache(D - Cache),这样使取数与取址可同时进行,互不干扰。

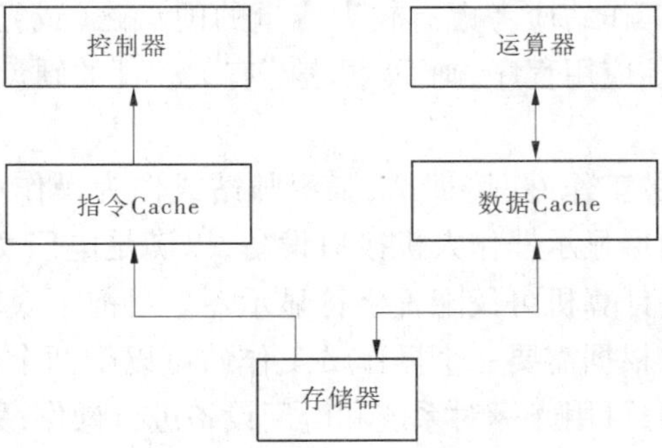

图 6-7　高速缓冲存储器

2)主存储器(主存)

主存储器用来存放当前正执行的程序以及被程序所使用的数据(包括运算结果),主存的技术参数主要是存储容量和读写时间。

存储容量是指存储器存放信息的总量,以字节为单位。存储器一般采用半导体存储器,存取周期一般为几十秒至几百纳秒,并有随机存储器(RAM)和只读存储器(ROM)。随机存储器是构成主存的主要部分,存储器的存储内容可根据需要读出或写入,读出时不改变存储器内容,写入后取代存储器中的原数据,断电后存储器内容消失。程序要运行必须将其送入随机存储器以便 CPU 取指令和数据,并将运行结果送到随机存储器。

只读存储器是一种以特殊设备,写入内容后在计算机运行时只能读出存储内容而不能写入的存储器,其存储内容在断电后不会被破坏。这种存储器在主存中所占比例小,它主要用来存放固定的程序和数据,一般由计算机系统程序所占用,用户不能存入程序,如微机中的诊断程序、引导程序等均存在只读存储器中。

由于程序必须送入主存储器中才能运行,因此主存储器容量应能满足计算机各种程序运行所需容量的要求,并有足够的裕度。根据我国电力行业标准《水电厂计算机监控系统基本技术条件》,主存储器容量的储备应在40%以上。

3)辅助存储器

辅助存储器用来存放当前不需立即使用的信息(程序或数据),这些信息在需要时再与主存储器成批地交换,故它是主存的后备和补充。辅助存储器的特点是存储容量大、可靠性高、价格低,在脱机情况下可以永久地保存信息。常用的辅助存储器可有磁表面存储器(硬磁盘、软磁盘和磁带存储器)和光存储器两种形式。

电厂控制级各功能节点计算机一般均应配备硬盘磁存储器或可重写光盘存储器,存储计算机的系统软件、应用软件和各种数据,以支持系统的实时性。另可配备软盘磁存储器或磁带存储器或光盘存储器。作为计算机系统管理用的输入/输出设备,如软件的装载、拷贝软件或数据的脱机备份文件,以备在硬盘磁存储器(或可重写光盘存储器)的文件或数据丢失时,用来恢复硬盘(或光盘)中的文件和数据。这些存储器还可以用来取得系统历史数据的脱机备份文件。各功能节点计算机硬盘磁(或光盘)存储器的容量,需满足该节点在存储系统文件、应用软件和电厂运行数据等方面对存储器容量的要求。电厂运行管理均希望在监控系统中存储大量的较长时期的运行数据(包括历史数据),因此存放这些数据的信息管理工作站应考虑有较大容量的硬盘磁(或光盘)存储器。操作员工作站也应有足以存储监控应用程序、画面、报表等有关软件的硬盘磁(或光盘)存储器。

4)显示器

电厂控制级的操作员工作站、培训站、工程师站或作为操作员工作站后备的工作站等,一般均应配备彩色图形显示器作人机接口设备,以满足电厂实时监控、培训和图形开发要求,其他功能节点的计算机可仅配置字符显示器。目前一般较多采用的显示器是阴极射线管显示器(CRT),根据需要一个操作员工作站可以配两个图形显示器。双屏运行时,仅其中一个作输入屏,可用光标对系统和电厂设备进行操作;另一个为输出屏,仅作监视用。

5）输入设备

电厂控制级各计算机均应配置人机接口的输入设备，常用为键盘、鼠标、跟踪球等。操作员工作站还可以采用专用功能健作为输入设备，用它来发布操作命令，使操作员如同常规控制那样通过计算机对电厂设备进行操作。这种设置方式正逐渐被用光标操作CRT上设置的输入键方式所取代。

键盘由一组键开关矩阵组成，通用键盘一般为101键（AT101型）或102键，某键按下时，键盘驱动电路发出一串代码，由键盘的控制电路接收并向计算机CPU发出中断请求，请求CPU读出此代码。通用键盘主要是作为字符和数字的输入设备，也可以定义键盘上某些键作为专用功能键。电厂控制级各计算机均应配备通用键盘，以作为系统管理、维护和软件开发用。

鼠标器是手持式的屏幕光标控制器，常用为机械式，底部装有金属球，在平面上摩擦使球转动，操纵屏幕光标移动，并使计算机得到光标坐标信息。鼠标上一般配有1～3个按键，由软件定义其功能。

跟踪球与鼠标一样也是屏幕光标控制器，但它是固定于控制台或专用功能键盘上，同时配有由软件定义的按键。

6）输入/输出接口

计算机与外部设备的输入/输出接口依各功能节点的功能要求可有不同的配置。除一般均应有显示器、鼠标和键盘的接口外，尚需根据功能节点的结构配置，配备诸如计算机与电厂控制级网络的接口、打印机接口、时钟同步脉冲输入接口、双机切换和外部通信接口、外接辅助存储器接口、调试外接接口等。

输入/输出接口按输入/输出控制卡与外部设备驱动电路之间交换数据方式可分为串行接口和并行接口。并行接口用于高速的输入/输出设备与主机交换信息，如并行打印机、磁存储器等，一般为短距离的传送。串行接口用于远程通信和低速输入/输出的设备，如外部通信的调制/解调器、串行打印机、键盘、鼠标接口等。

硬盘磁存储器的接口标准一般采用SCSI、SCSI－2、SCSI－3通用标准，传输速率可达10Mb/s以上。这些接口标准还可用于软盘磁存储器、磁带存储器、光盘存储器等。另有ST506、ESDI等接口标准，ST506用于低档磁盘，传输速率5～7Mb/s；ESDI用于高档磁盘、磁带机或光盘存储器等，传输速率可达10Mb/s。串行通信可有同步和异步通信方式，一般采用RS－232C标准接口，传输速率为150～19 200b/s。

计算机的网络接口和显示器接口一般在主机内已配置相应的接口卡（网卡和显示卡），这些卡插入主机总线槽中。显示卡提供专用接口并以专用电缆接至显示器，显示卡应与显示器和显示模式相匹配。网卡应根据网络型式配置，与总线连接的介质有同轴电缆（粗缆或细缆）、光缆或双绞线。

对要求有语音报警或电话查询的水电厂，当采用单独功能节点结构时，可选一台配有语音卡或电话语音卡的工业微机完成此项功能，电话语音卡提供与行政电话和调度电话的接口。

3. 计算机的操作系统

操作系统是计算机系统的一种用于管理计算机资源和控制程序执行的系统软件。系统资源包括硬件资源和信息资源,前者如CPU、主辅存储器和输入/输出设备,信息资源包括程序和数据。从资源管理观点看,操作系统功能可包括处理器管理、存储器管理、文件管理、设备管理和作业管理等。处理器管理如中断处理、处理器调度等,处理器硬件只能发现中断事件并产生中断,但处理中断仅能由操作系统进行。存储器管理如资源管理,包括调度策略和保护措施等。文件管理支持对文件的存储、检索、修改和保护等。设备管理负责管理各类外围设备,包括分配、启动和故障处理等。作业管理包括作业调度和作业控制,为用户提供使用计算机系统资源进行作业的各种服务,这些作业包括用户编辑、运行程序及使用存储器或打印机等。某些操作系统尚提供网络支持软件。

操作系统按功能可分成单用户操作系统、批处理操作系统、实时操作系统、分时操作系统、网络操作系统、分布式操作系统等。单用户操作系统的计算机在同一时间内只能支持运行一个用户程序,执行一个任务,如PC－DOS或MS－DOC操作系统。批处理操作系统目前均为多道程序操作系统,批处理操作系统计算机将某一时间要求处理的一批作业按一定的组合和次序去执行,使计算机可执行多重任务。实时操作系统可以实时响应外部随机事件而进行处理活动,并具有完成处理任务的实时性,例如iRMX操作系统属于实时多任务操作系统。分时操作系统可在短时间内对多个用户进行服务和响应,如小型机上的UNIX操作系统。网络操作系统是提供网络通信和网络资源共享功能的操作系统,使用户可以使用远程计算机资源。分布式操作系统用于管理分布式计算机系统资源。

操作系统对处理器的管理主要是中断处理和处理器调度等。操作系统对中断事件的处理一般是:①保护未被硬件保护的一些必须处理的状态,如将通用寄存器的内容送入主存,以便中断程序使用;②识别各个中断源,即分析产生中断的原因;③处理发生的中断事件,进行各种处理操作;④恢复正常操作,如返回执行原程序。在多道程序操作系统中,一般是使程序分成若干个可同时执行的程序模块,每个程序模块和它执行时所处理的数据称为进程。操作系统对处理器的调度,主要是负责动态地把处理器分配给进程。调度策略可采用优先数法、轮转法和分级调度等。优先数法对每一个进程给出一个优先数,每次选择就绪的进程中优先数最大者占用处理器;轮转法是对每一进程规定一个时间片,各进程轮流地在处理器中按规定的时间片运行;分级调度是将就绪的进程分成多级,相应地建立多个就绪进程队列,分级调度方式是先从高级队列中选取进程,选不到后再从较低级队列中选取。采用轮转法可以使系统对用户有及时的响应。

主存储器的存储空间一般分为两部分:一部分是系统区,存放操作系统以及一些标准子程序、例行程序等;另一部分是用户区,存放用户的程序和数据等。在多道程序操作系统计算机中,主存储器的用户区为多道程序所共用。操作系统的存储器管理是对主存储器用户区空间的分配和去配(回收),实现主存储器的空间共享,对存储器进行保护和实现主存储空间的扩充,即虚拟存储器。在多道程序操作系统中,操作系统对主存储器一般采用多连续存储管理,把主存储器空间分成若干个连续区域,使每个作业占用一个或几个连续区,分配方式可有固定分区方式、可变分区方式、对换方式、分页方式和分段方式等。固定分区方式适用于任务较固定的多道程序系统;可变分区是按作业大小来划分分区,在作业需要占用时,仅在主存有足够的空间时才能进入,否则需要等待,它采用动态定位装入作业并有多种分配内存空间的策略;对换方式一般用于分时操作系统,它是在主存储器中设置一个终端用户程序区,并给每个终端用户分配一个固定的输入/输出缓冲区和一个终端缓冲区,前者用来存放相应终端程序所要求的输入/输出数据,后者存放从终端输入的命令或其他信息,当主存中的终端用户程序运行满规定的时间片后,或它暂时不能运行时,将它换出到辅助存储器上,同时从辅助存储器上将某个等待远行的终端用户程序换进主存的终端用户程序区运行,使计算机对各终端用户有较好的响应;分页方式是将主存分成大小相等的许多区(块),与此对应,编制程序的逻辑地址也分成页,页的大小与块的大小相等,在进行存储分配时,按装入主存的作业页数分配相应的块数,块可以不连续,避免了为得到连续存储空间而进行的移动,并有利于实现多个作业共享程序和数据,提高主存空间的利用率;分段方式存储是将每个程序分成若干段,存储管理为作业按段分配主存空间,每段的主存空间是连续的,各段之间可不连续,这种方式对用户较为方便。

虚拟存储器是将辅助存储器当做主存储器的扩充,构成虚拟存储系统,允许用户使用比主存空间大得多的地址空间来访问主存。在虚拟系统计算机中,程序的指令地址码称为虚拟地址或逻辑地址,程序员按逻辑地址编程,高级语言编译系统按逻辑地址进行翻译。程序运行时,将逻辑地址变换为主存的实存地址或称物理地址,并可以仅将程序的一部分调入主存,其余部分仍暂留辅助存储器中。操作系统对虚拟存储器的管理一般采用分页式、段式或段页式。

操作系统对其他管理内容的管理方式此处不再详述,可参考有关计算机操作系统的书籍资料。

电厂控制级计算机的操作系统,一般应采用实时多任务操作系统或分时操作系统或批处理多道操作系统,操作系统应具有对虚拟存储器进行管理的能力。操作系统可有分时或实时多任务调度或两者兼有,任务调度优先级不应小于 32 级,以保证监控系统对执行多重任务的实时性。操作系统尚应符合开放系统要求,并应提供网络支持、窗口图形支持、汉字支持、高级语言应用和用户程序开发所需的系统支持软件,提供系统软件(包括诊断和故障处理软件)。

计算机操作系统也随着技术的进步在不断发展。目前小型机或工作站的操作系统,一般均同时具有实时和分时调度或批处理多道调度功能,并支持线程调度机制。线程(Threads)是进程的细分,是操作系统可以调度的可并发地执行的最小程序体。进程可以由一个或多个线程组成,在支持线程机制的操作系统中,进程不再是最小调度程序体,而仅仅是系统资源分配的逻辑单位。线程调度机制可更有效地提高处理器的处理能力和对用户有更好的响应。

表 6-2 列出目前电厂常用的计算机操作系统,这些系统已被推荐为符合开放系统环境规范的操作系统。

表 6-2　常用的计算机及其操作系统

计算机	SUN 工作站	DEC ALPHA 工作站	HP 工作站	工业控制微机
操作系统	SOLARIS (SUN UNIX)	Digital UNIX	HP - UX (HP UNIX)	SCO UNIX WINDOW NT iRMX

Digital UNIX 是 DEC 公司为其 ALPHA 工作站配置的操作系统。操作系统兼具有分

时和实时多任务调度功能,40 级分时优先级和 64 级实时优先级,具有虚拟存储器管理功能。操作系统支持线程调度机制;提供文件管理,网络支持包括对 TCP/IP 的支持;提供多种系统管理功能,包括系统文件、磁盘映像等;提供一组运行库函数及一组命令和实用程序,包括编程接口和命令。操作系统支持多种文字,其安全机制符合美国国防部可靠计算机系统评估准则 C2 级(可控安全保护)或 B1 级(标记安全保护)要求。

(四)打印输出设备和同步时钟

1. 打印输出设备

电厂控制级应配置在线打印设备,以完成监控系统的记录功能,满足电厂设备监控、系统管理等的打印输出要求,如事故和故障记录、操作记录、报表和操作票的打印。由于电厂发生事故或故障是随机的,故要求电厂控制级应有若干台打印机在线待用。打印机与电厂控制级的连接方式,可采用与工作站主机连接或采用接在网络上的打印机服务器上。常用的打印机类型一般是点阵针式打印机或激光打印机。

2. 同步时钟

为使计算机系统时钟与标准时间同步,在电厂控制级配置同步时钟。由同步时钟输出的时钟同步信号使电厂控制级计算机和现地控制单元处理机的时钟与标准时间同步。同步时钟脉冲可以仅送至电厂控制级的主机,使主机时钟与标准时间同步,由主机通过计算机网络将同步时钟信号送至电厂控制级其他计算机和各现地控制单元,使整个系统与标准时间同步。同步时钟脉冲也可以在送电厂控制级主机的同时,直接送至各现地控制单元。

同步时钟一般采用卫星同步时钟(GPS)。GPS 是美国的卫星导航全球定位系统,目前已有 24 颗工作卫星在轨运行,空间卫星分布在升交点相距 1 200km 的三条轨道面上,轨道高度 2 000km,周期为 12h。这样在地球上任意点、任意时刻均能接收到 GPS 卫星发射的无线电信号,用户利用接收设备,便能获得三维空间信息、时间信息和速度信息等,实现导航定位和标准时间同步。GPS 时钟由 GPS 信号接收器、微计算机单元和输出接口电路等组成。信号接收器是一个专用模块,用于接收 GPS 信号并进行处理,提供时间秒信号输出和日期。接收器的天线为块式磁天线,应置于户外,一般它能同时接收多个 GPS 卫星信号(如 TF1581 型同步时钟接收器可同时接收 8 颗 GPS 卫星信号)。微机单元主要用来完成各种信息处理,保证信息输出及与其他系统设备进行联机等。输出接口电路负责对各种输出信号进行处理。

GPS 同步时钟可以有两种输出,即由 RS－232C 接口输出的标准时间信息和时间同步脉冲输出。时间信息可有日、时、分、秒、毫秒、钟差、频率差等,并可有多种组合输出。时间同步脉冲可有秒脉冲和分脉冲两种,秒脉冲相对标准时间的误差可达 $\pm 1\mu s$,脉冲信号为直接输出方式,作为计算机的时钟同步信号。同步时间脉冲输出个数可根据用户要求提供,如 TF1581 型 GPS 同步时钟可提供 12 路同步脉冲输出,并可提供 12 路RS－232C 的标准时间信息接口。

五、不同规模水电厂厂级计算机系统的配置实例

(一)大型水电厂的厂级计算机系统实例——李家峡水电厂计算机监控系统

李家峡水电厂总装机容量为 2 000MW,单机容量 400MW,装机 5 台。电厂采用以计

算机监控为主、常规控制为辅的方式，监控系统采用全开放分层分布式，系统分电厂控制级与现地控制级两级。

电厂控制级由厂级站、操作员站、工程师站、通信服务站与GPS系统构成，网络采用双光纤以太网，设备配置如下：

(1)厂级站。由2台厂级计算机组成，配置64位的DEC3000/300X机，互为热备用，承担全厂自动化设备的运行管理，包括自动发电控制(AGC)、自动电压控制(AVC)、全厂经济运行、历史数据保存和运行报表打印。如图6-8所示。

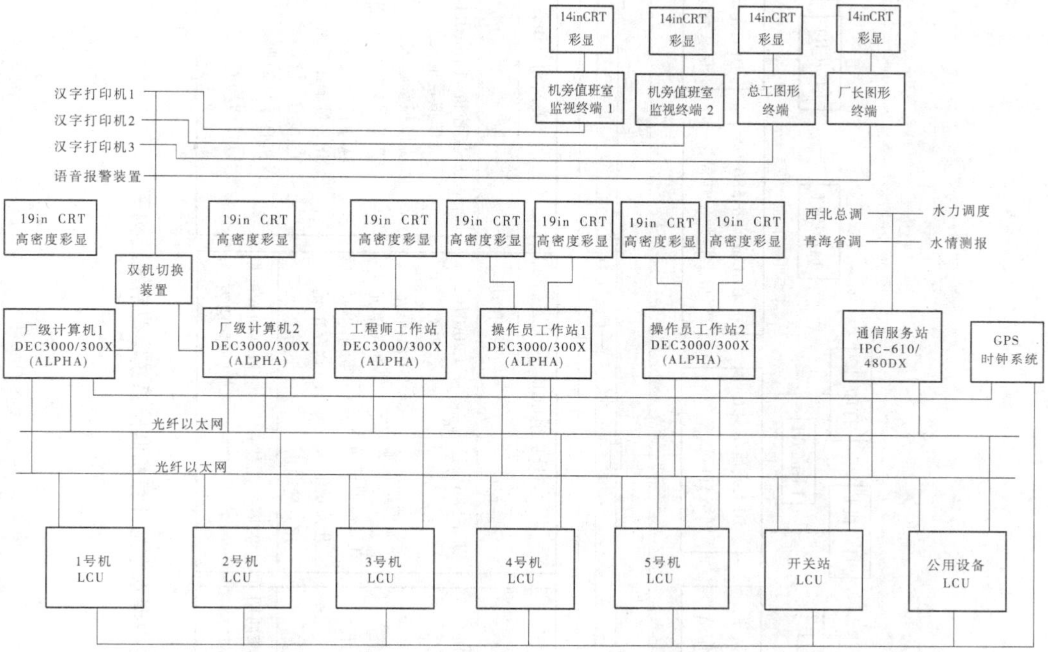

图6-8　李家峡水电厂计算机监控系统

(2)操作员站。设置2个操作员工作站，配置64位的DEC3000/300X机，作为运行操作的平台，完成实时监视与控制。

(3)工程师站。配置一台64位的DEC3000/300X机，作为工程师站，进行系统的维护，兼有操作员站的全部功能。

(4)通信站。采用IPC-610/480DX，负责与外界的通信联系。

(5)GPS时钟系统。

(6)双机切换装置。

(二)中型水电厂的厂级计算机系统

中型水电厂计算机监控系统的配置与大型水电厂相比要适当简化，一方面可以把某些功能站合并，另一方面可以减少计算机的数量或冗余程度。一般，可把主机与操作员工作站合并，或把打印服务与通信服务合并。本例是装机容量60MW、装机5台的水电站的监控系统，如图6-9所示。厂级配置如下：

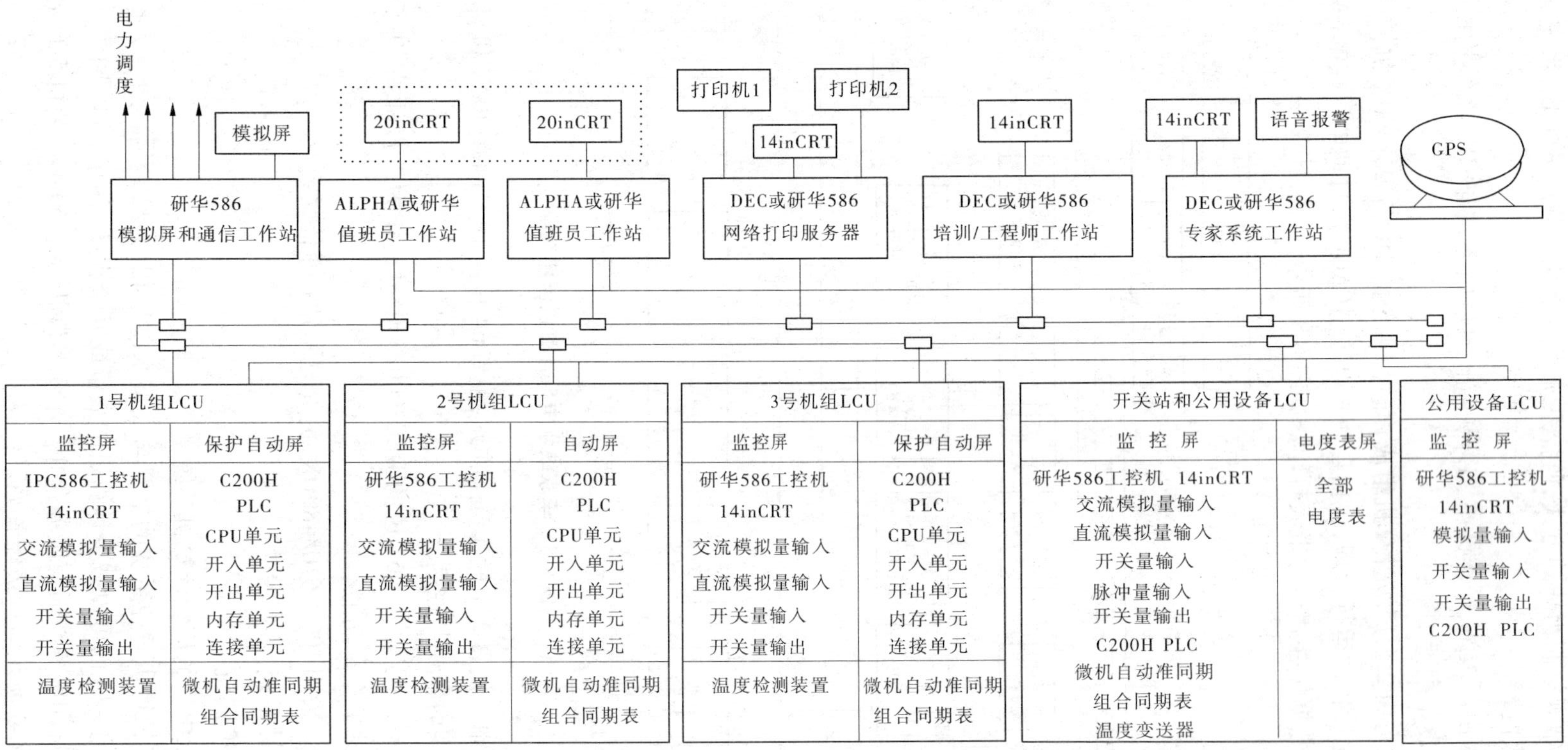

图 6-9 某中型水电站计算机监控系统典型系统结构图

(1)主机兼操作员站 2 台,互为备用,配置 Alpha X 工作站 2 台。

(2)工程师/培训站配置 DEC/研华工控机 1 台。

(3)通信站配置研华工控机 1 台兼模拟屏驱动。

(4)打印服务器 1 台,配置 DEC/研华工控机 1 台。

(5)专家系统工作站 1 套,配置 DEC/研华工控机 1 台。

(6)GPS 时钟系统一套。

(三)小型水电厂的厂级计算机系统

小型水电站的监控系统与电站的机组台数及单机容量的大小有关。一般情况下,单机容量较大和装机台数较多的电站仍采用分层分布式监控系统,而单机容量小和装机台数少的电站可采用集中控制方式。当采用分层控制方式时,厂级计算机系统的配置可采用单计算机作为主控机,也可采用双机作为厂级计算机系统。

单机监控系统的厂级计算机仅设一台,承担全厂的自动化运行管理、历史数据存储、生产报表打印、机组运行状态监测及 AVC、AGC 等多种功能,还可以兼作工程师站。一般,当单机容量不大于 2 000kW、机组台数不超过 4 台时可采取单机分层分布式监控系统。这种情况下,计算机网络可采用简单的 RS－485/422 总线模式,现地单元通过串口通信与主控机进行数据交换。监控系统如图 6-10 所示。对于单机容量大于 2 000kW 的小型水电站,水电站监控系统仍可单机监控系统,但通信模式可采用总线结构,以增强系统的数据交换能力,监控系统如图 6-11 所示。

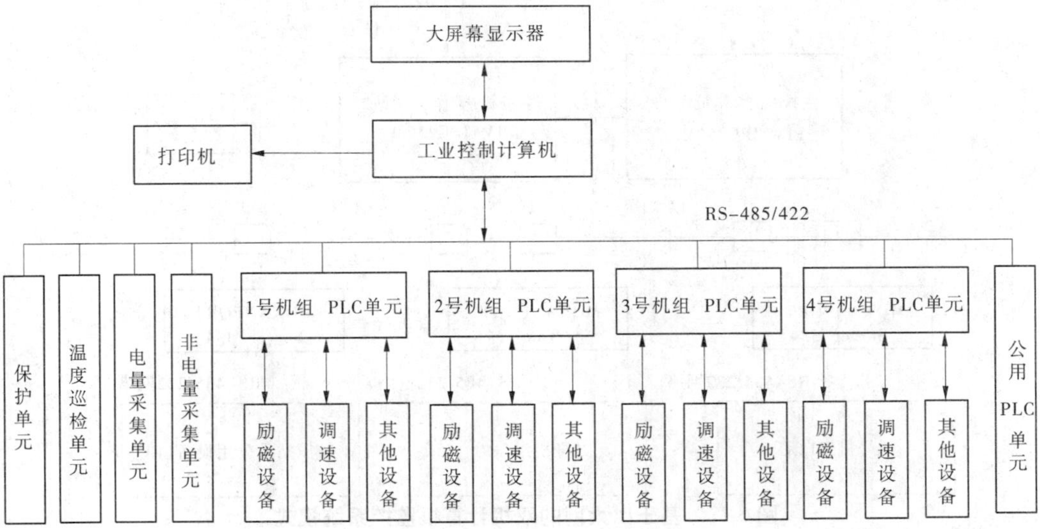

图 6-10 基于 485 总线的单机监控系统模式

双机监控系统用于单机容量 2 000kW 以上,且机组台数较多的小型水电站。厂级计算机系统由 2 台主控计算机构成,两台计算机互为备用,兼作操作员站与打印服务、报警等,网络宜采用以太网,以增强厂级计算机与现地单元的通信能力。双机分层分布式监控系统的结构如图 6-12 所示。

小型水电站监控系统厂级的计算机选用一般的工业控制计算机即可。

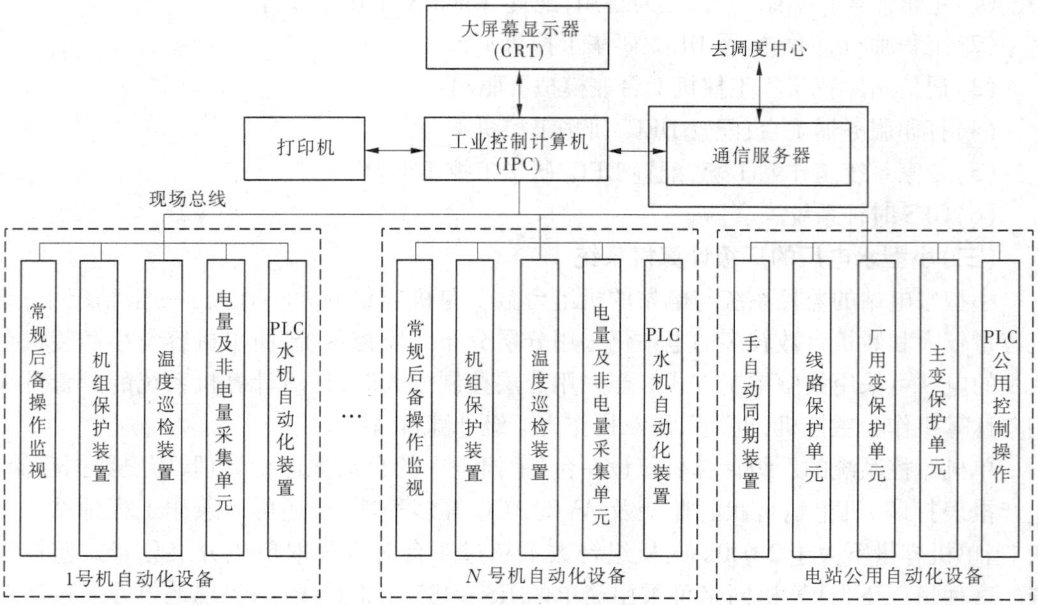

图 6-11　基于现场总线的单机监控系统模式

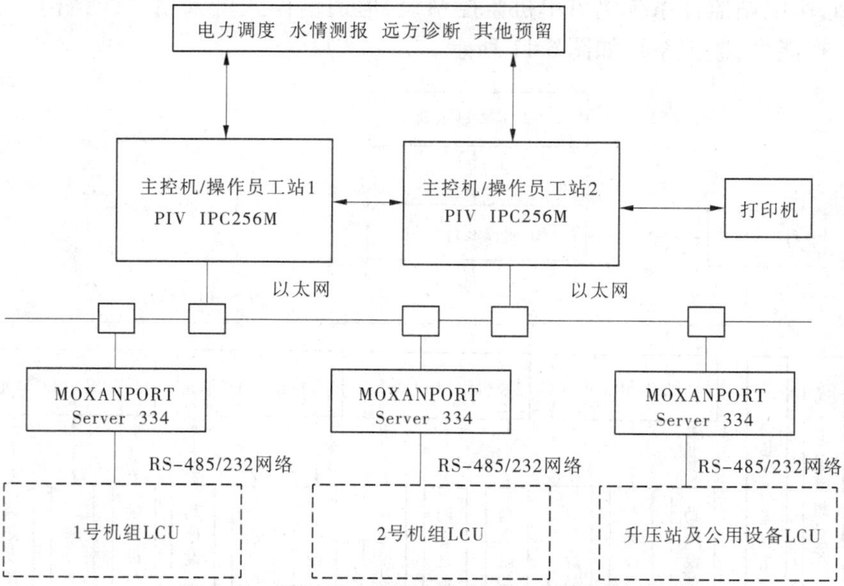

图 6-12　基于以太网的双机计算机监控系统模式

第四节　水力发电厂计算机监控的现地单元

一、水力发电厂现地单元的特点与功能

（一）现地单元的特点

现地控制单元为水电厂计算机监控系统的一个重要组成部分，它构成分层结构中的

现地级。现地级一般包括机组现地控制单元、开关站现地控制单元、公用设备现地控制单元等，如果将泄洪闸门的控制纳入电厂计算机监控系统，则现地级还应包括泄洪闸门现地控制单元。现地级一方面与电厂生产过程联系、采集信息，并实现对生产过程的控制；另一方面与电厂级联系，向它传送信息，并接受它下达的命令。因此，现地控制单元是水电厂计算机监控系统的基础，而机组现地控制单元则更是机组能否安全运行的关键所在。

水电厂机组现地控制装置随着时间的推移，经历了几个不同的发展阶段。最早采用的而且目前很多老水电厂仍然在运行的是用继电器构成的机组自动屏。由于它是有触点装置，动作状态比较直观，在水电厂已经运行多年，因此电厂的运行维护人员对它非常熟悉，一般来说还是可以完成基本功能要求的。但是由继电器构成的系统具有一系列严重的缺点。首先它能完成的功能比较有限，没有计算和存储的功能；其次是这种装置体积庞大，接线复杂，维护工作量大，可靠性差，与计算机连接需要许多中间接口设备。基于上述缺点，它不宜直接构成计算机监控系统的机组控制级。但是，在采用以计算机为主、常规设备为辅的水电厂控制系统中，当计算机监控系统发生故障时，利用它实现对机组的控制，可以提高机组运行的安全性。正是基于这一原因，目前有些水电厂控制系统仍然保留它作为备用手段。虽然这样的系统较易为电厂运行人员所接受，但就整个机组现地控制装置而言，其接线相当复杂，而且可靠性并不一定能得到提高。

后来，发展成采用固态元件构成的布线逻辑装置来完成机组自动控制功能的机组自动屏。有触点控制变成了无触点控制，可靠性得到了增强，维护工作量也减少，实现的功能也可以有所增加。但是它还存在一系列严重的缺点，主要是：

(1)缺少存储功能。电厂级向机组级采集信息是周期性进行的，由于这种布线逻辑装置不能随时向电厂级发送信息且又没有存储功能，因此电厂级只能采集当时的信息，前后两次数据采集之间的信息就不可能被注意，有些重要的事件可能被忽略。

(2)缺乏计算处理功能。电厂生产过程中大多数信息在两次查询之间没有显著变化，机组往上送的信息中有不少是与原先信息没有什么差别的。结果电厂级在数据库管理上浪费了许多时间用于更新这些“无用”的信息，很不经济，而且增加了通道的负载。通道中传送的信息量增大后，出错的机会也随着增加。

(3)增加电厂级计算机的负担。由于这种布线逻辑装置缺乏处理信息的能力，这些处理进程都移到了电厂级计算机或前置处理机，使它们忙于处理这些烦琐的进程，耽误了其他更为重要的进程。

(4)布线逻辑装置普遍存在的缺点，如可扩展性差、灵活性差等。

随着计算机技术的高速发展和其性能价格比的不断提高，以及水电厂计算机监控系统技术的日益成熟，对于20世纪80年代末以来新建的大型水电厂，其控制系统中的现地控制装置相继采用了计算机结构，此时才有了现地控制单元这一专有名词。因此，从某种意义上讲，现地控制单元就是采用了计算机结构的现地控制装置。为了减少运行人员，降低他们的劳动强度，实现少人值班或“无人值班”(少人值守)，降低电厂的生产成本，提高电厂设备运行的可靠性，一些老的水电厂已经做了或正在做这方面的改造工作。采用现地控制单元具有许多优点，主要有以下几点：

(1)硬件接线的简化及计算机的模块化结构设计使可靠性及可维护性大大提高。

(2)功能强,具有计算处理和存储功能。

(3)可变性及可扩充性功能增强。功能的修改和扩充可以通过改变程序的方法实现,而不像采用布线逻辑装置那样更换许多硬件,重新设计电路。在编辑和修改程序方面,不论源程序采用的是梯形逻辑图还是其他高级语言,修改起来均十分方便。

(4)由于微处理器特别是可编程控制器在恶劣条件下运行的适应能力愈来愈强,可以直接布置在靠近生产过程设备的附近,这样便可大大减少控制电缆的数量,节省投资。

(5)可以实现自诊断,及时发现控制系统中的故障,以便采取措施并加以排除,从而提高了系统的可靠性,保证电厂设备的安全运行。

(6)机组的正常开/停具有很大的灵活性,如在执行停机操作时,技术供水系统中的某些水阀就可以不关,这样就可以节省下一次开机的时间。

(7)可以根据轴承瓦温或油槽油温的趋势分析,决定是否停机。

(8)在开机时,可根据相关的统计数据,对冗余设备实现自动选择和操作。在机组运行过程中,当冗余设备中正在运行的设备故障,能自动切换到备用设备上运行,不需要人工干预。

(二)现地单元的功能

水电厂计算机监控系统的现地控制单元一般应具有数据采集、数据处理、控制与调节、通信、时钟同步、自诊断与自恢复、人机接口等功能。

1.数据采集功能

(1)应能自动(定时和随机)采集各类实时数据,数据类型包括模拟量、数字输入状态量、数字输入脉冲量、数字输入BCD码、数字输入事件顺序量(SOE)、外部链路数据。

(2)在事故或故障情况下,应能自动采集事故、故障发生时刻的各类数据。

2.数据处理功能

数据处理应对不同设备和不同数据类型的数据处理能力和方式加以定义。

(1)模拟量数据处理,应包括模拟数据的滤波、数据合理性检查、工程单位变换、数据改变(是否大于规定死区)和越限检测、A/D变换越限检查、RTD断线和趋势检查等,并根据规定产生报警和报告。

(2)状态数据处理,应包括防抖滤波、状态输入变化检测,并根据规定产生报警和报告。

(3)SOE数据处理,应记录各个重要事件的动作顺序、动作发生时间(年、月、日、时、分、秒、毫秒)、事件名称、事件性质,并根据规定产生报警和报告。

(4)数据统计,包括主/备设备动作次数累计、主/备设备运行时间累计。

(5)事故/故障记录。现地控制单元应具有一定的存储容量,用于存储相关的事故/故障信息。有了这些信息之后,即使在电厂级计算机故障退出运行期间,如果本现地控制单元所辖设备出现事故或故障,运行人员仍可根据这些信息进行相应的事故/故障分析和处理。

(6)通道板故障处理。当某一输入通道或输入板故障时,该通道或板应立即禁止扫查;当某一输出通道或输出板故障时,该通道或板应立即禁止输出。对于输入通道或输入板故障还应有自恢复功能。上述功能应含有报警和显示处理的相关部分。

3. 控制与调节功能

现地控制单元一般应设置如下两种控制方式：

(1)设置现地控制单元级/电厂级控制方式。现地控制单元宜装设一个现地/远方控制切换开关来进行控制方式的设置。当切换开关在现地位置时，现地控制单元仅传送数据给电厂级而不接收电厂级的控制和调整命令；当切换开关在远方位置时，现地人机接口中的控制和调整操作功能应均被禁止。

(2)设置运行设备自动/手动控制方式。当切换开关在手动方式时，所有控制和操作只能通过手动执行，自动控制和操作则被禁止；反之，手动控制和操作被禁止，所有控制和操作只能通过计算机执行。

现地控制单元对于接收的控制/调整命令，不论是来自电厂级还是现地人机接口，均应进行控制允许/给定值合理性校核，只有在控制允许/给定值合理性得到确认之后，才发出执行命令(譬如，一个隔离开关的合闸控制允许，要求与其相邻的断路器和接地刀闸必须是打开的，否则，对该隔离开关发布的合闸命令将被自动禁止)。

机组现地控制单元的控制调节功能包括以下四个方面。

(1)机组现地控制单元在现地控制或电厂远方控制均应具有以下控制调节功能：

①机组顺序控制。包括机组开机顺序控制，机组正常停机顺序控制，机组事故自动顺序停机操作，开机过程中冗余设备(如技术供水、高压油泵等)自动选择，机组运行过程中当冗余设备(如技术供水、高压油泵、主备密封水等)中正在运行的设备故障时自动切换到备用设备运行(譬如，机组主轴密封水一般采用二路水源，主用水源为清洁水，备用水源为机组技术供水，在机组运行过程中，当主用水源故障时，机组顺控程序将自动投入备用水源，以保证机组安全运行)，当采用气动剪断销并且剪断销剪断时应能自动关闭气源。

②机组转速及有功功率调节。

③机组电压及无功功率调节。

④对单台被控设备操作。运行人员应能通过电厂级或现地控制单元级的人机接口设备，完成对单台设备的控制。

(2)开关站现地控制单元应具备以下控制调节功能：

①应能实现对单台设备的操作。

②应能实现线路断路器关合(同步)操作。

③对需要进行倒闸操作的开关站，应能实现自动顺序倒闸操作。

(3)公用设备现地控制单元应具备以下控制调节功能：

①应能实现对可操作的单台设备进行操作。

②应能实现主备设备的自动备投操作。

(4)大坝泄洪闸门现地控制单元可根据需要选择是否设置。

4. 通信功能

(1)与监控系统电厂级通信，包括下列内容：

①随机和周期性地向电厂级传送实时过程数据及有关诊断数据。

②接收电厂级下达的控制和调整命令。

(2)与本现地控制单元相关的调速、励磁及保护系统进行通信(可选)。

5.时钟同步功能

各现地控制单元级的时钟同电厂监控系统主站级的时钟应能进行同步控制,供事件顺序记录使用的时钟同步精度应高于所要求的事件分辨率。

6.自诊断与自恢复功能

现地控制单元配置完备的硬件及软件诊断功能,内容如下:

(1)周期性在线诊断。

①对现地控制单元级处理器及接口设备进行周期性在线诊断,当诊断出故障时,应自动记录和发出信号;对于冗余设备,应自动切换到备用设备。

②在现地控制单元在线及人机对话控制下,对系统中某一外围设备能使用请求在线诊断软件进行测试检查。

(2)离线诊断。应能通过离线诊断软件或工具,对现地控制单元设备或设备组件进行查找故障的诊断。

(3)掉电保护。

(4)自恢复功能。包括软件及硬件的监控定时器(看门狗)功能。

7.人机接口功能

现地控制单元应配置必要的人机接口功能,以保证调试方便,在电厂级故障时,电厂运行人员能通过现地控制单元人机接口完成对所属设备的控制和操作,从而达到保证电厂设备的安全及生产的正常运行。必要的人机接口功能是保证现地控制单元能够独立运行的重要条件。

人机接口功能的配置可根据现地控制单元硬件配置的不同而有所区别。一般来说,现地控制单元如果采用了工控机结构,则人机接口功能可考虑配置完善一些,否则,人机接口功能的配置可考虑简化一些,但必须确保现地控制单元调试方便及能够独立运行。

人机接口功能除了要满足实现单项设备控制、闭环控制及顺序控制要求外,还应具有顺序控制等软件的编辑、编译、下装功能,以及现地数据库编辑、下装功能等。

二、水电厂现地单元的结构类型

根据现地单元的功能,现地单元一般应由数据采集处理装置、信息显示装置、顺序控制装置与过程控制装置所组成。进行数据采集与处理可由 PLC 的开关量输入模块与模拟量输入模块承担,也可由专用的智能数据采集装置来承担;顺序控制的功能可由 PLC 的输出模块或专用智能装置的输出模件担负;过程控制与自动化调节的功能则由自动化装置如励磁调节装置、同期装置等来承担。现地单元的数据库及信息显示则要由现地单元的计算机来承担。因此,水力机组的现地单元应由 PLC 或专用智能 I/O 装置、控制计算机(可省)、自动化装置三大类设备构成。

目前,水电厂计算机监控系统的现地控制单元级硬件设备配置大致可以分为以下几种设备构成的结构类型:①以高性能可编程控制器为基础;②以工控机或微处理器为基础(带一般 I/O 或智能 I/O);③工业微机加可编程控制器(以下简称可编程或 PLC)。

下面,我们将主要就上述几种设备构成的机组现地控制单元逐一进行讨论。

(一)以高性能可编程控制器为基础

采用高性能可编程控制器构成的机组现地控制单元硬件配置情况如图 6-13 所示。

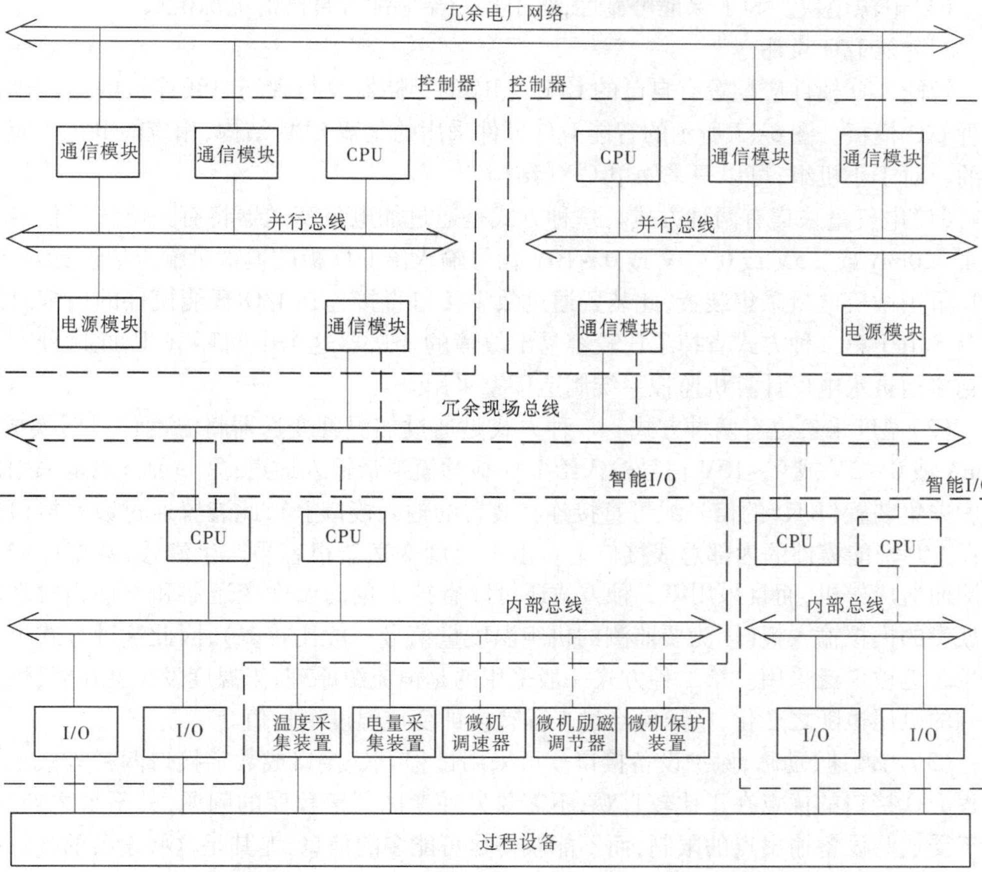

图 6-13　以高性能可编程控制器为基础构成的机组现地控制单元硬件配置框图

这样的机组现地控制单元大致由控制器、智能 I/O 模块以及冗余现场总线、模拟量采集装置等几个部分组成。

1. 控制器

控制器作为核心部件,负责过程设备的数据采集处理、控制和调整以及与电厂级计算机系统的通信。它大致包括以下几个部分:

(1)CPU。为了保证监控系统功能要求,CPU 至少应该是 Intel80186 系列及以上的产品或其他类似的产品。主频一般应不低于 16MHz。对于大、中型机组,一般应采用双 CPU 冗余结构,双 CPU 以主热备用方式运行;对于小型机组,则可考虑只配置一个 CPU。

(2)存储器。每个控制器的 CPU 均应配置存储器,存储器容量配置以满足现地控制单元功能为原则,容量应尽可能配置大一些,用于应用程序编程的存储容量应不小于 80kB。

(3)通信模块。一般每个控制器应配置两个通信模块,用于与计算机监控系统的冗余电厂网络接口,对于采用单总线网络的,则只配置 1 个通信模块。此外,还需配置与智能

I/O 模件接口的通信模块，通信模块与智能 I/O 模件是否采取冗余连接取决于现场总线是否冗余。对于大型机组，一般应采用冗余，以提高可靠性。

(4)电源模块。为了保证可靠性，每个控制器应配置自己的电源模块。

2. 智能 I/O 模件

智能 I/O 模件应配置有自己的 CPU、相应的存储器及与现场总线连接的通信接口和各种 I/O 模板。图 6-13 所示的智能 I/O 模件采用的是双 CPU 结构，相应的电源也应是冗余的。对于小机组，可以只采用单 CPU 结构。

(1)电气量采集有两种方式。一种方式是通过加电量变送器将有关电气量信号转换成 4～20mA 或 ±5V 或 0～5V 或 0～10V 信号输入给 I/O 板的模拟量输入通道；另一种方式是采用微机电量采集装置，此装置通过数字接口直接连在 I/O 智能模件的内部总线接口上。由于第二种方式省掉了比较容易出故障的变送器这个中间环节，因此这种方式越来越多地被水电厂计算机监控系统制造厂家采用。

(2)温度采集也有两种方式。一种方式是通过加温度变送器将温度信号转换成 4～20mA 或 0～5V 或 0～10V 信号输入给 I/O 板的模拟量输入通道；另一种方式是采用微机温度采集装置(RTD 的信号线可直接连在装置的输入接口上)，此装置通过数字接口直接连在 I/P 智能模件的内部总线接口上。由于温度变送器很容易产生漂移，甚至可能由于误测而造成停机，而且采用第二种方式还可以省掉大量的温度变送器和价格相对来说比较昂贵的模拟输入板(因为要监测的机组温度量信号一般比较多)，因此这种方式也就越来越多地被广泛采用。第二种方式一般采用的是恒流源原理，当温度发生变化时，恒流源两侧的电压也随之变化，电压值经过工程转换即变成温度测量值。

(3)与调速、励磁、保护设备接口。可采用过程 I/O 接口或数字接口两种方式。采用过程 I/O 接口的优点在于比较直观，不需要另外考虑通信程序的问题，其不足之处就是，由于受这些设备输出点的限制，而不能获得尽可能多的信息，尤其是这些设备的计算机故障信息。

(4)考虑到 SOE 点对于电厂事故分析的重要性，图 6-12 所示的结构中专门配置了一个高速 I/O 智能模件，以提高 SOE 点的分辨率及记录的可靠性。对于将采集 SOE 点的 I/O 智能模件直接连接到现场总线上这种方式，在以前由于某些厂家不能保证 SOE 分辨率，他们专门增加了一条通信链路用于将此模件直接连接到电厂网络上，以保证事故出现时电厂级能可靠地顺序记录下这些点，以满足 SOE 分辨率要求。

(二)以工控机或微处理器为基础(带一般 I/O 或智能 I/O)

以工控机或微处理器为基础构成现地控制单元的结构型式有两种。一种是工控机或微处理器加一般 I/O 加智能 I/O；另一种是工控机或微处理器加一般 I/O。下面就这两种结构型式加以讨论。

1. 工控机或微处理器加一般 I/O 加智能 I/O 的结构

这种结构一般由主控制器、子控制器和现场总线三部分构成，如图 6-14 所示。

1)主控制器

一般由 CPU(含存储器)、通信模板、I/O 模板等几个部分组成。

(1)CPU 在 20 世纪 90 年代以前一般采用的是 16 位的 80186 系列或类似产品，随着

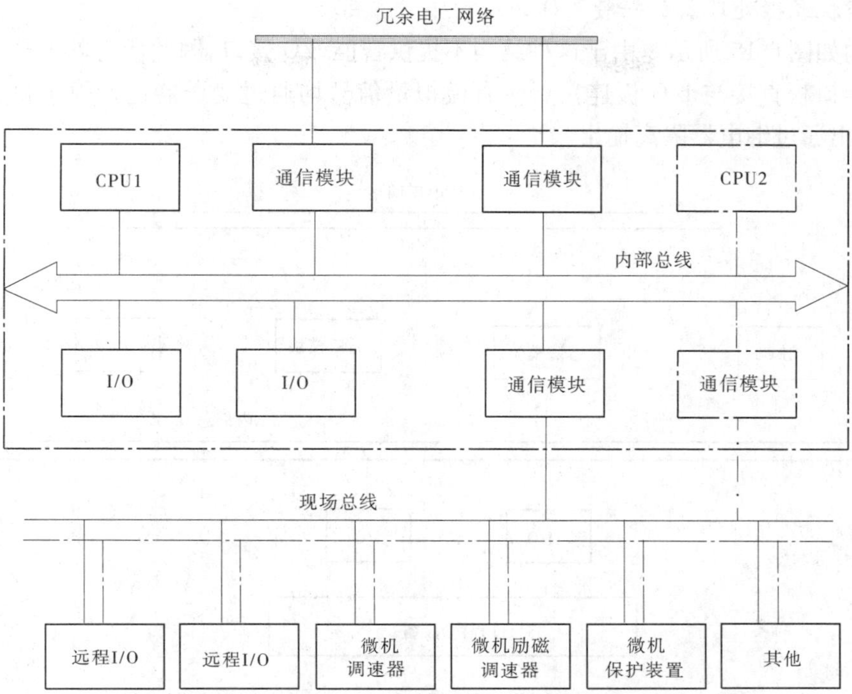

图 6-14　以工控机或微处理器加一般 I/O 加智能 I/O 构成的机组现地控制单元硬件配置框图

CPU 性价比的不断提高,90 年代以后,则大量采用的是 32 位的 80386 系列或类似产品,因此 CPU 应至少是 32 位的产品(对于由多处理器构成的现地控制单元,可根据功能需要,相应配置 80386 和 80186 系列产品)。对于采用全计算机监控系统的电厂,CPU 应尽可能采用冗余配置,对于采用并非全计算机监控系统的电厂或单机容量较小的电厂,则可以考虑只配置一个 CPU。用于应用程序编程的存储容量一般应不小于 512kB。

(2)通信模块。用于电厂网络接口的通信模块一般应采用冗余配置。用于连接现场总线的通信模块可根据需要采取冗余或非冗余配置。

(3)I/O 模板。用于连接过程设备的 I/O 模板,一般根据现地控制单元的 I/O 点数加以配置。

2)子控制器

子控制器可以是远程 I/O、微机调速器、微机励磁调节器、微机保护装置、微机温度采集装置和微机电量采集装置等,有关这方面的情况在这里不作深入介绍。

3)现场总线

现场总线用于将子控制器和主控制器连接在一起,它可以是双总线,也可以是单总线。为了提高抗干扰能力,现场总线可采用光缆。

最近,国内研制开发水电厂计算机监控系统的过程控制公司——电力自动化研究院(原南京自动化研究所)已经研制开发出了类似上述结构且能够直接上网的现地控制单元装置 SJ－600。

2. 工控机或微处理器加一般 I/O 的结构

其结构如图 6-15 所示。由于这种结构不提供智能 I/O 接口,因此所有的 I/O 信号均经过 I/O 接口板直接与 I/O 板连接。所有模拟量信号均通过变送器连接模拟量输入通道,控制输出通过继电器隔离输出。

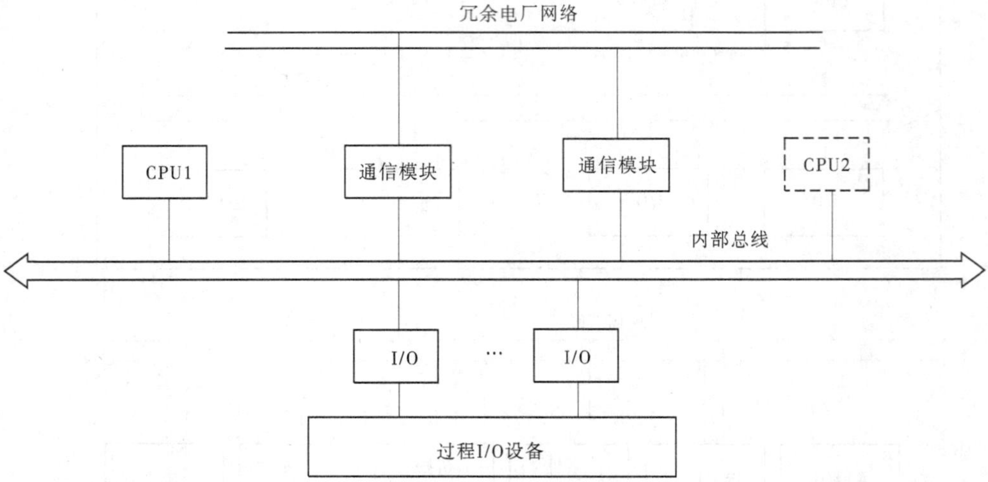

图 6-15　以工控机或微处理器加一般 I/O 为基础构成的机组现地控制单元硬件配置框图

对于这种现地控制单元结构,国外研制开发水电厂计算机监控系统的过程控制公司采取了直接上网的方式,而国内研制开发水电厂计算机监控系统的过程控制公司在 20 世纪 90 年代中期以前大都采取了加工业微机上网的方式(主要是由于以前开发的产品大都是基于工业单板机结构之上,不能直接上网)。对于这种结构,为了防止由于工业微机故障而造成现地级与电厂级通信中断,一般采用了冗余结构。工业微机冗余结构有下面两种方式:

(1)每个现地控制单元直接配置两台工业微机。

(2)采取相邻的两个现地控制单元中的工业微机互为备用方式冗余。

工业微机冗余结构连接方式如图 6-16、图 6-17 所示。

(三)工业微机加可编程控制器

这种结构在外国采用的较少,而在国内采用的较多。这种结构的出现主要有两个原因:一是当初人们对以微机为基础构成的现地控制单元不太放心,总感觉 PLC 比较可靠且易于掌握;二是以前生产的 PLC 不能直接上以太网。由于 PLC 模拟量输入模板较贵,因此在这种结构中,一般采用微机电量装置采集电气量信号,采用微机温度测量装置采集温度信号,微机电量装置和微机温度测量装置与工控机之间采用数据通信接口。有关硬件配置如图 6-18 所示。

工业微机一般采用的是 486 系列及以上产品,不配置 I/O 模板。除温度量和电气量以外的所有其他 I/O 信号一般均通过过程 I/O 与可编程直接接口(与微机调速器、微机励磁调节器、微机保护装置的联系既可通过过程 I/O 与可编程接口,也可以直接采用数

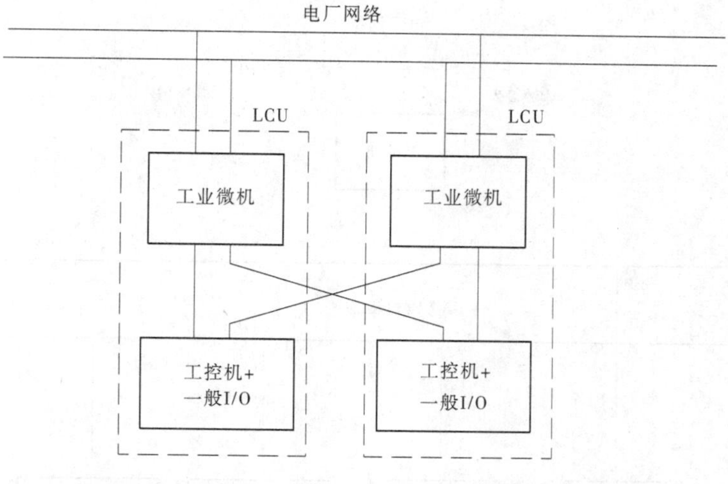

图 6-16　配置一台工业微机的现地控制单元结构示意图

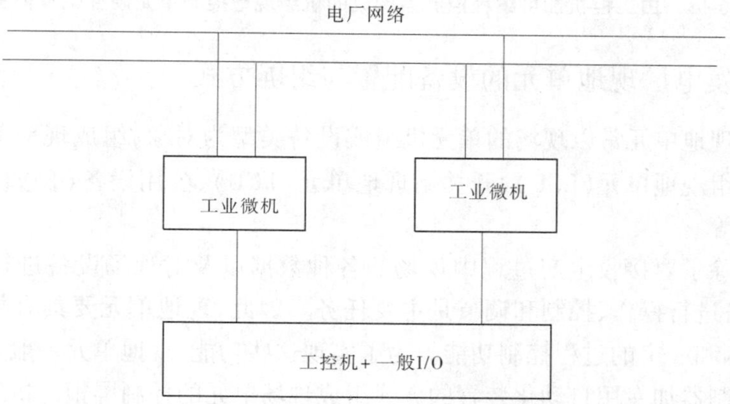

图 6-17　配置两台工业微机的现地控制单元结构示意图

字通信接口与工业微机连接,或者两种方式都采用,以备用方式运行)。机组顺序控制由可编程控制器完成,机组有功、无功调整功能一般分布在工业微机中(如果可编程控制器能够直接采集到机组有功、无功模拟量信号,则调整功能也可直接由可编程控制器完成)。

这种结构相对于只采用可编程控制器构成的现地控制单元具有如下优点:①能够采用当今流行的操作系统和高级语言来编程;②现地人机接口界面可以做得较为丰富;③现地数据库功能可以得到加强。

这种结构的不足在于:①与只采用可编程控制器构成的现地控制单元相比,这种结构多了工业微机这一道中间环节,当其故障时,将会导致现地控制单元失去与主站级计算机的联系,系统的可利用率和可靠性也会降低;②由于温度测量装置直接与工业微机通信,因此可编程控制器无法对有关机组瓦温或油温上升趋势进行分析,这部分工作只能由工业微机来完成。当机组瓦温或油温上升趋势过快需要紧急停机时,只能由工业微机启动可编程控制器中的紧急停机程序来执行紧急停机,这样有可能影响停机的速度。

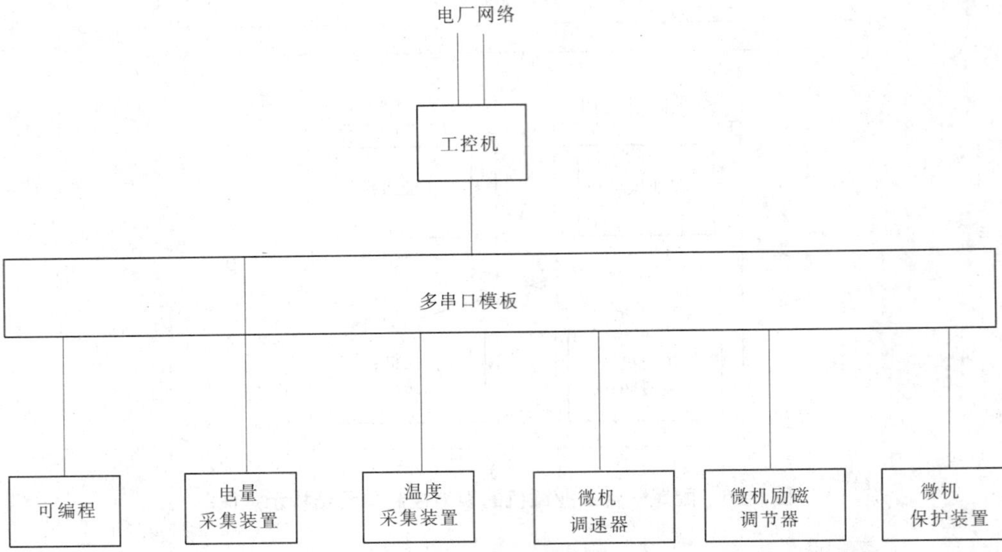

图 6-18　由工控机加可编程控制器构成的机组现地控制单元硬件配置框图

三、水力发电厂现地单元的设备配置与组屏方式

水电厂的现地单元常以现场的单元机组或设备类型为对象，组成现地单元的监控屏柜。一般有机组现地单元（LCU）、开关站现地单元（LCU）、公用设备（例如辅助设备）现地单元（LCU）等。

现地单元除了要接收生产过程中现场的各种数据以及对现场设备进行监视和保护外，对现场设备进行操作、控制和调节是主要任务。因此，现地单元要具有数据采集处理功能、顺序控制和一定的过程控制功能。为了实现这些功能，现地单元一般采用以计算机为基础的主控制器加专用自动化装置的方式组成现场单元的控制屏柜。机组的现地单元一般以工业控制计算机（IPC）、可编程序控制器（PLC 或 PCC）为基础，与微机自动同期装置、微机转速装置、微机温度巡测装置等组成现地单元。另外，各自动化设备制造厂家研制了不少专用的现地单元监控装置，为现地单元的组屏提供了极大方便，也使现地单元的功能更强大。不同类型的机组、不同容量的机组，对现地单元的要求不同，现地单元的组屏方式与设备配置也不同，常用的组屏方式有以下几种。

（一）IPC + 专用智能 I/O 模件 + 自动化装置（同期、转速、温度巡测等）的组屏方式

这种组屏方式（见图 6-19）多用于大中型机组，一般专用的智能 I/O 模件功能较强，硬件及软件系列化和规范化。例如，南京南瑞集团公司开发的 SJ 系列机组自动化模件，由 SJ－100、SJ－400、SJ－500、SJ－600 等系列组成。除了 SJ－100 用于中小型水电站外，SJ－400、SJ－500、SJ－600 是用于大中型水电站的现地单元控制装置。例如 SJ－600 现地监控单元系列是国电自动化研究院 20 世纪 90 年代末为在恶劣工业环境下运行而生产的国产智能分布式现地控制单元，由主控模件、智能 I/O 模件、电源模件以及连接各模件与主控模件的现场总线网组成，已在全国数十个大中型水电厂可靠地运行。SJ－600（见图 6-20）具有以下主要特点：

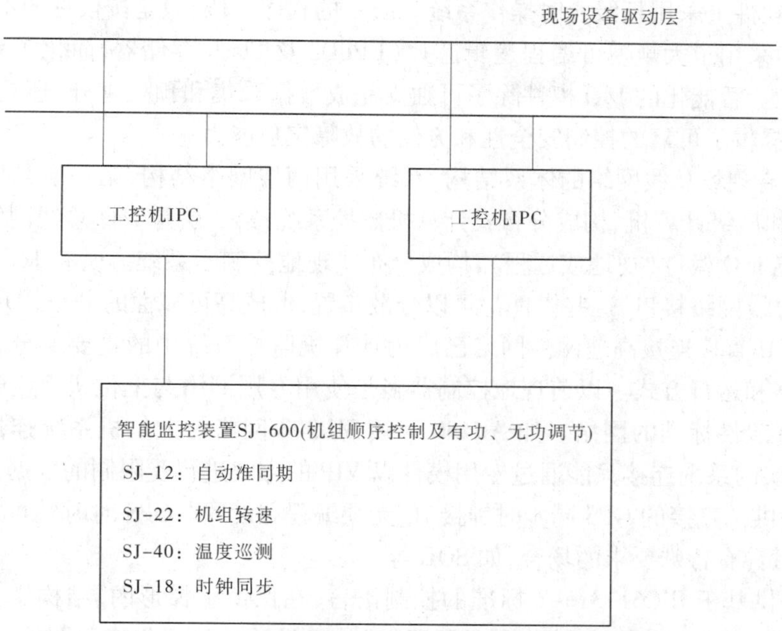

图 6-19　IPC + 专用智能 I/O 模件 + 自动化装置的现地单元

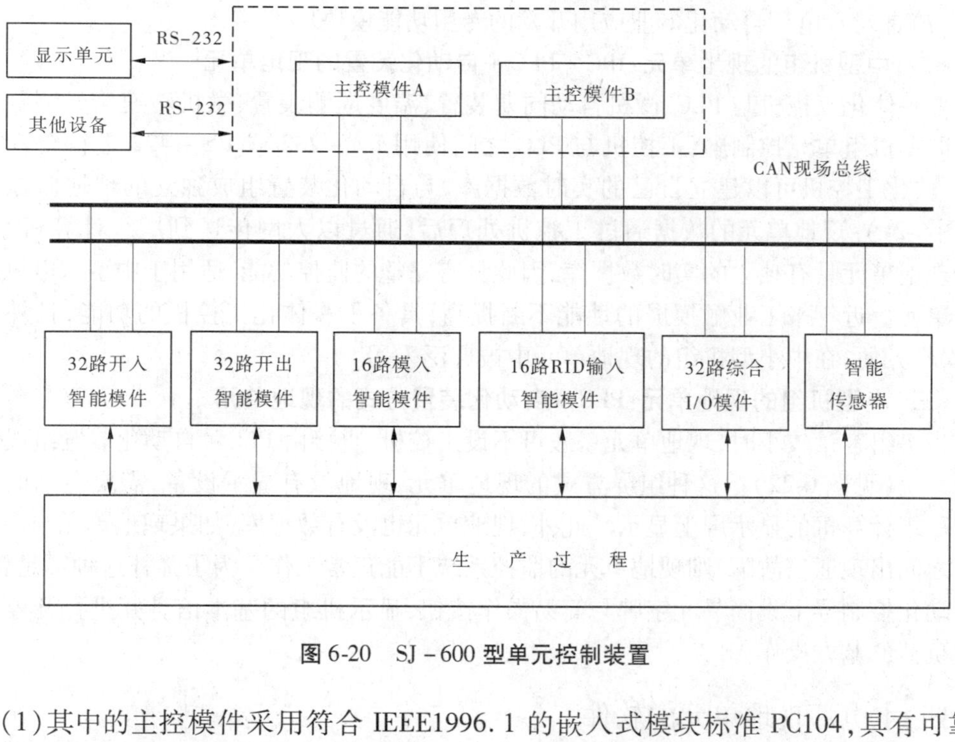

图 6-20　SJ－600 型单元控制装置

(1)其中的主控模件采用符合 IEEE1996. 1 的嵌入式模块标准 PC104,具有可靠性高、现场环境适应性强等特点。使用低功耗嵌入式 CPU,可选 CPU 型号从 486 至 Pentium 系列。

(2)32 位智能 I/O 模件。所有模件采用 32 位嵌入式 CPU,该 CPU 专门为嵌入式控制而设计，软件上采用板级实时操作系统和统一的程序代码，只是按模件的不同而运行相应的任务。采用了大规模可编程逻辑芯片(EPLD)及Flash存储器，简化了系统设计，提高了可靠性。智能化的I/O模件除了可独立完成数据采集和预处理外，还具备很强的自诊断功能，提供了可靠的控制安全性和方便的故障定位能力。

(3)具有现场总线网络的体系结构，系统采用两层网络结构，第一层是厂级控制网，连接LCU和厂级计算机，构成分布式计算机监控系统；第二层是I/O总线网络，连接主控模件和智能I/O模件(现地或远程)，构成分布式现地控制子系统。所有I/O模件均配备两个现场总线网络接口，这些模件都可以分散布置，形成高可靠性的分布式冗余系统。

(4)LCU直接连接高速网。网络已成为计算机监控系统中的重要部分，它涉及到电站控制策略和运行方式。以前现地控制器多是使用专用网络与上位机系统进行连接，而不是符合开放性标准的网络。如AC450采用MB300网络与上位机系统连接，而与采用TCP/IP协议的系统连接只能通过专用模件以VIP的方式进行受限制的数据传输。

(5)提供了直接的GPS同步时钟接口，无须编程和设置。GPS对时钟可直达模件级，满足了对时钟有特殊要求的场合，如SOE等。

(6)提供基于IEC61131－3标准的控制语言，在保留了梯形图、结构文本、指令表等编程语言的基础上，开发了采用“所见即所得”技术设计的可视化流程图编程语言。支持控制流程的在线调试和回放，非常适合复杂的控制流程的生成和维护。

(7)针对水电厂自动化专业应用开发的专用功能模块。

(二)中型机组的现地单元：IPC＋PLC＋自动化装置的现地单元

把一体化工控机与PLC、微机自动同期装置、温度巡测装置、微机转速信号装置等组合到同一机组单元控制屏，工控机与PLC之间使用RS－232或RS－422进行全双工通信，一体化工控机可以建立自己的实时数据库，与自动化装置组成独立的现地监控系统(见图6-21)。现地单元的数据通过工控机处理后，通过以太网传送到厂级计算机系统。由于现地单元具有独立的实时数据库，因此具有完整的监控功能，适用于中型水电机组的现地单元。近年来工业触摸屏的性能不断提高，具备了一体化工控机的功能，且外形美观、操作方便，在中小型机组的现地单元中被广泛采用。

(三)小型机组的现地单元：PLC＋自动化装置方式的现地单元

当机组容量较小时，现地单元一般可不设工控机，直接由PLC＋自动化装置组成现地监控系统(见图6-22)。这种组屏方式的现地单元，现地没有显示设备，需要显示的信息要在厂级计算机的显示屏上显示。此外，现地单元也没有数据库，如果现地单元与厂级计算机之间出现通信故障，则现地单元的监控系统不能正常工作。为了弥补这种不足，在机组自动化控制屏上设简易光字牌与简易操作按钮，显示机组的基本信息并进行开停机与增减负荷的基本操作。

四、水电厂现地单元的软件

(一)操作系统

现地控制单元根据硬件配置不同而采用不同的操作系统。对于采用工控机或微处理器的一般采用UNIX、iRMX for WINDOWS、WINDOWS NT和MTOS多任务实时操作系统

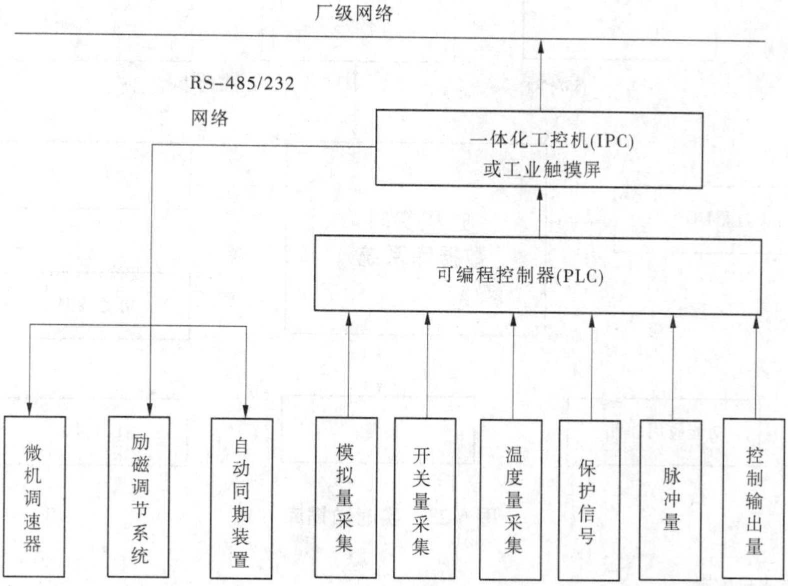

图 6-21　IPC + PLC + 自动化装置的现地单元

中的一种。对于只采用可编程控制器结构的,则一般不存在操作系统。

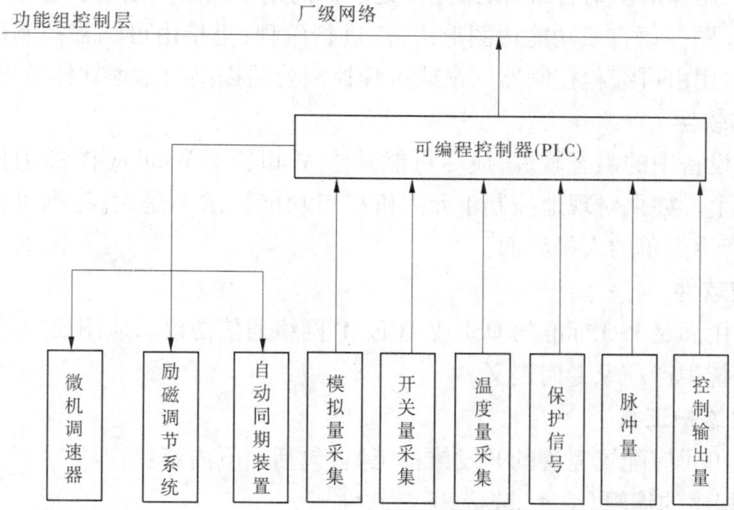

图 6-22　PLC + 自动化装置方式的现地单元

(二)数据库

由工控机或微处理器构成的现地控制单元,可配置比较完善的数据库功能,而仅由可编程构成的现地控制单元,则一般仅配置与过程有关的必不可少的实时数据库。

实时数据库(见图 6-23)与现场设备直接相连,它接收生产过程的数据,实时更新数据库的数据,同时向控制设备、显示设备、网络系统提供数据。目前常用的 DCS 系统称之为以实时数据库为核心的控制系统,可见实时数据库的重要性。

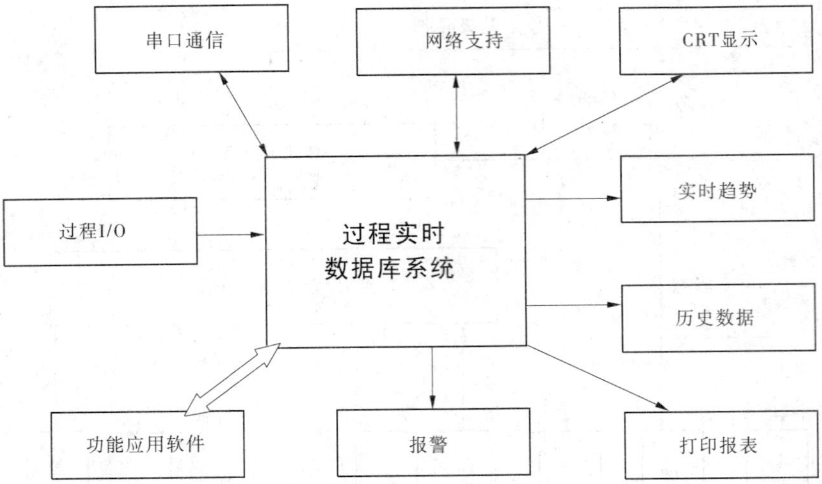

图 6-23　实时数据库

（三）编程语言

由工控机加可编程控制器或微处理器构成的现地控制单元，可用任何一种高级语言、汇编语言编程，目前采用较多的是 C 语言、Fortran 语言或 VB、VC 等可视化语言。对于顺控软件，一般采用梯形图语言编程；采用微处理器的则一般采用由过程控制公司专门开发的编程软件包（顺控语言或功能块图形语言）进行编程；直接由可编程控制器构成的现地控制单元，可采用由可编程控制器厂家或过程控制公司提供的编程软件包进行编程。

（四）组态软件

人机接口设备中的组态软件，应尽可能基于 Motif、X – Window 图形用户界面等商用组态软件基础上。如果对现地控制单元人机接口功能要求不是太高，则可以直接通过高级语言编程，产生简单的人机界面。

（五）通信软件

应尽量采用满足 ISO 标准的 OSI 或 TCP/IP 网络通信协议。应用层通信规约子系统，也可由监控系统生产厂家专门定义。

（六）开发维护工具

现地控制单元应配置完善的开发维护工具，包括如下内容：

（1）应用程序的编辑、编译、链接、下装软件。

（2）数据库的编辑、生成、下装软件。

（3）周期性在线诊断软件。

（4）离线诊断软件。

（5）Debug 软件。

（6）专用的安装拆卸工具。

复习思考题

6-1 水电厂计算机监控系统由哪些部分组成?

6-2 水电厂计算机监控系统有哪些主要任务?

6-3 水电厂有哪些电气量及非电气量需要检测?

6-4 水电厂计算机监控系统的总体要求是什么?

6-5 水电厂计算机监控系统的特点是什么?

6-6 水电厂计算机监控系统的典型模式有哪几种?

6-7 水电厂计算机监控系统的硬件主要包括哪几部分?

6-8 水电厂计算机监控系统的软件主要包括哪几部分?

第七章　火电厂的计算机监控系统

随着大容量、高参数汽轮发电机组的出现,需要监控的参数越来越多,因此计算机监控系统已成为火电厂汽轮发电机组不可缺少的组成部分。为了保证机组的安全、经济运行,对自动化设备的可靠性以及对自动控制系统的性能都提出了更高的要求。本章重点介绍火电厂的计算机监控系统。

第一节　火电厂的信息源与测点分布

一、火电厂的信息源

在发电厂自动化中,从需采集信息的性质来说,可分为模拟量、开关量、脉冲量及各类仪表设备通过串行口输出的“广义”读表数等四大类。实际上,无论何种类型的信息,在计算机内部都是以二进制的形式(即数字形式)存放在存储器中。断路器、隔离开关、继电器的触点、按钮和普通开关、刀闸等设备的工作状态都具有分合两种工作状态,对计算机监控系统可以表示为“0”和“1”数字量的输入和输出。对模拟量的处理也是要先将模拟量转化为数字量,计算机才能接受。

模拟量是指生产过程中随时间连续变化的物理量,如温度、压力、流量、液位、位移、电流等物理量,这些物理量的共同特征是反映它们的变化曲线是连续曲线,模拟量是过程量,模拟量又称模拟量信号。开关量是指反映设备的投入与退出、阀门的打开与关闭、运行参数的正常与超限等状态的变化,一般开关量有两种状态。需要说明的是,现场中有极少量辅助设备,具有正常运行、正常停止和事故停止 3 种状态;而现场中有一类有中间行程的阀门,它具有中间位置(开度的 50%)停止的功能,即三态门。三态门具有三种状态:全关、中停、全开。开关量是状态量,开关量又称开关量信号。脉冲量是指随时间周期性重复出现短暂变化的非正弦量,如汽轮机的转速、给水泵的转速等运行参数。脉冲量是过程量,脉冲量又称脉冲量信号。

机组的各种运行参数绝大部分是模拟量和开关量,还有极少数的脉冲量。

进入数据采集系统(Data Acquisition System,简称 DAS)的参数,既是需要实时监视的参数,同时也应满足计算机应用功能的要求。

具体地说,哪些数据适宜于进入数据采集系统,哪些数据要由数据采集系统输出呢?下面将讨论这个问题。

模拟量是生产过程中连续变化的参量,信号的输入与转换是在 AI 卡件上完成的,计算机对模拟量实行周期性采样。一般来说,除辅助车间工艺系统的某些检测参数(已进入小型巡测装置的检测温度和一些配有专用显示仪表的成分分析、火焰检测等参数)外,模拟量均应输入主数据采集系统。具体来说,包括以下参数:①机组启停、运行及事故处理过程中需要监视和记录的参数;②实时制表所需要的参数;③二次参数计算、参数修正或补偿所需要的相关参数;④主要性能计算和经济分析所需要的参数;⑤重要的风门、挡板开度及油动机行程等参数;⑥主要电气参数。

如果根据模拟量信号种类来分的话,大致上有热电阻信号、热电偶信号、传感器和变送器输出信号等几种类型。

开关量又分为中断型开关量、非中断型开关量。中断型开关量是指当开关状态(闭合或断开)发生变化时向 CPU 发出中断申请,计算机立即将该状态记录下来并做出相应的处理和反应。而对于非中断型开关量,计算机通过定期查询来获得其状态信息。

一个开关量是归为中断型开关量还是非中断型开关量,应根据实际要求确定。一般来说,状态变化时需要立即通知计算机的开关量应归为中断型开关量,如供电电压消失、设备跳闸等,以便在中断服务程序中对其进行及时处理,如跳闸时间追忆、重要数据保存等,以便事后分析与恢复。除此之外的开关量可定义为非中断型开关量。

脉冲量是指一串连续脉冲信号,单位时间内脉冲的数目代表被采样参数的大小,如旋转设备的转速、脉冲流量计输出等。脉冲量通过脉冲输入板(PI 板)输入计算机。

以上所述信号主要指就地设备取来的信号。除此之外,分散控制系统的其他子系统已有的参数,可通过通信网络传入数据采集系统;汽轮机数字电液调节系统的某些参数,宜通过通信接口进入数据采集系统;辅助车间系统,如果采用可编程控制器,也可通过通信接口输入系统,以便运行人员在集控室对全厂运行情况进行监视。

数据采集包含了机组发电过程中几乎全部非电量测量数据(机组控制系统输入/输出量)的处理、显示、报警、记录、存储等基本内容,还包括数据统计、数据分析、操作指导、故障分析等事务,并与模拟量控制系统(MCS)、燃烧管理系统(BMS)、顺序控制系统(SCS)、汽轮机数字电液调速系统(DEH)等构成完整的机组监控系统。

随着发电机组的容量增大,发电过程对数据采集系统的依赖性越来越大,传统的热控系统已不能满足机组安全、经济运行的要求。微机分散控制系统顺应了这一电力发展阶段,使数据采集系统不仅满足了机组运行的基本要求,而且其高智能化、高可靠性的优势,为机组安全经济运行提供了可靠的帮助。

数据采集系统(DAS)通过将机组运行参数如蒸汽压力、温度、流量、阀门或挡板开度等(一般有数百点至数千点)引入计算机,利用计算机强大的计算和逻辑分析能力,实现对机组运行的监督、提示、记录等,有利于机组的安全经济运行。

二、大型火电机组监控主要测点及其分布

要得到被测对象运行参数的信息,必须在被测对象上安装相应的测量元件。测量元件安装的位置称测点,测点又称采样点。锅炉、汽机、发电机以及各个辅机的测点设置,应充分考虑火力发电厂热工控制系统的要求,主要模拟量控制测点冗余设置、测点的设置应具有代表性和准确性。随锅炉、汽机、发电机以及各辅机配供的控制设备应具有先进性和可靠性。安装的测量元件称一次测量元件(简称一次元件)。测点一般由厂商随设备一起提供。

大型火电机组 DAS 系统测点多、分布广,几乎包容了机组及各工艺系统的全部主要

参数和主要设备状态。例如一台300MW的火力发电机组，仅在热机方面的操作控制项目达400～450点，需要监视的测点在1 000点以上。通常来说，以下主要系统的参数应纳入DAS系统。

（一）空气系统

空气系统的主要模拟量输入有：送风机出口风压力、空气预热器后风压力、二次风机总风压力、一次风机出口压力、一次风机总风压力、送风机入口风温度、暖风器出口风温度、空气预热器出口风温度、送风总风量、一次风总风量。

空气系统的主要开关量输入有：送风机润滑油压力、轴流式送风机喘振差压、送风机及相关挡板状态、一次风量及相关挡板状态。

（二）烟气系统

烟气系统的主要模拟量输入有：炉膛压力或负压、空气预热器后烟气压力、除尘器后烟气压力、空气预热器后烟气温度、烟道各段烟气温度、烟气含氧量、炉膛温度。

烟气系统的主要开关量输入有：炉膛压力或负压、引风机润滑油压（或流量）、炉膛火焰监视、火焰检测器冷却空气压力、引风机及相关挡板状态、空气预热器及相关挡板状态。

（三）燃油/制粉系统

燃油/制粉系统的主要模拟量输入有：磨煤机入口风压力、中速磨出口风压力、粗粉分离器后风压力、排粉机入口风压力、磨煤机进出口风压差、锅炉供回油压力、磨煤机入口风温度、磨煤机出口风粉混合物温度、排粉机进口风粉温度、煤粉仓煤粉温度、锅炉燃油温度、燃油流量（进回油）、给煤量。

燃油/制粉系统的主要开关量输入有：磨煤机及相关挡板状态、排粉机及相关挡板状态、燃油雾化蒸汽压力、中速磨密封风差压、中速磨氮气压力、磨煤机润滑油压力、煤粉仓粉位。

（四）蒸汽（主蒸汽、抽汽、辅助蒸汽）系统

蒸汽系统的主要模拟量输入有：汽包饱和蒸汽压力、过热器出口蒸汽压力、汽轮机第一级压力、汽轮机主汽门后蒸汽压力、各段抽汽压力、汽轮机高压缸排汽压力（冷再热汽）、再热器出口蒸汽压力、汽轮机中压缸进汽压力、汽轮机排汽真空、高低压轴封汽压力、给水泵、汽轮机高压进汽压力、给水泵汽轮机低压进汽压力、给水泵汽轮机汽封汽压力、除氧器汽源压力、除氧器压力、汽轮机高低压旁路减压器后蒸汽压力、给水母管水压力、给水泵汽轮机润滑油母管油压力、给水泵汽轮机调速油压力、过热器减温器入口汽温度、过热器减温器出口汽温度、过热器出口汽温度、汽轮机主汽门前汽温度、汽轮机高压缸排汽温度、再热器减温器前温度、再热器减温器后温度、再热器至中压缸进汽温度、汽轮机调节级温度、各段抽汽温度、各段抽汽管上下汽温度、高压缸排汽管上下汽温度、汽轮机排汽温度、汽轮机轴封蒸汽温度、给水泵汽轮机进汽温度、给水泵汽轮机排汽温度、汽轮机高低压旁路减温器后蒸汽温度、给水泵汽轮机转速、给水泵汽轮机油冷却器进出口油温度、给水泵汽轮机轴向位移等。

蒸汽系统主要开关量输入有：蒸汽系统各主要管路的阀门状态。

（五）凝结水系统

凝结水系统主要模拟量输入有：凝结水泵出口水压力、凝结水升压泵出口水压力、凝汽器出口凝结水温度、各低压加热器出口水温度、除氧器水箱水温度、凝汽器热水井水位、除氧器水箱水位、凝结水流量、凝结水补给水流量、除氧器给水含氧量、凝结水导电度。

凝结水系统主要开关量输入有:凝结水处理装置前后差压、高压加热器水位、低压加热器水位、主要工艺阀门状态、凝结水泵状态、凝结水升压泵状态。

(六)给水系统

给水系统主要模拟量输入有:给水泵出口水压力、至锅炉给水压力、再热减温器减温水压力、过热减温器减温水压力、电动给水泵润滑油压力、各高压加热器出口水温度、直流炉中间点温度、电动给水泵润滑油温度、给水泵入口流量、再热减温器减温水流量、过热减温器减温水流量、给水流量、汽包水位、直流炉汽水分离器水位、电动变速给水泵转速。

给水系统主要开关量输入有:给水前置泵入口滤网压差、给水泵入口滤网压差、给水泵滤油器压差、给水管路主要工艺阀门状态、给水泵状态、给水前置泵状态。

(七)循环冷却水系统

循环冷却水系统主要模拟量输入有:凝汽器入口或出口循环水压力、循环水泵出口水压力、循环水母管水压力、凝汽器入口循环水温度、凝汽器出口循环水温度。

(八)汽轮机本体系统

汽轮机本体系统主要模拟量输入有:汽轮机润滑油压力、汽轮机调速油压力、汽轮机支撑轴承温度、汽轮机推力轴承温度、汽轮机转速、汽轮机差胀、汽轮机汽缸膨胀、汽轮机转子轴向位移、汽轮发电机组轴承振动、汽轮机润滑油温度。

汽轮机本体系统主要开关量输入有:润滑油滤网压差、主油箱油位。图 7-1 所示为 300MW 四缸四排汽轮发电机组的测点布置。

(九)发电机氢油水系统

发电机氢油水系统主要模拟量输入有:发电机氢气压力、空气侧密封油压力、氢气侧密封油压力、水冷发电机冷却水压力、氢气侧密封油回油温度、空气侧密封油回油温度、密封油进油温度、发电机进出口氢气或空气温度、定转子冷却水流量。

发电机氢油水系统主要开关量输入有:水冷发电机断水信号。

以上列出了应该进入 DAS 系统的主要测点,除此之外,以下测点亦可考虑进入 DAS 系统:

(1)主厂房内汽水分析站的主要测点。

(2)各主要辅机(如送风机、引风机、一次风机、磨煤机等)的轴承线圈温度。若辅机设备厂家随供有一次元件,而设计中未考虑小型巡回检测装置,应考虑进入 DAS 系统。

(3)过热器管壁温度、再热器管壁温度、汽包壁温度等,若未考虑进入小型巡回检测装置,则应考虑进入 DAS 系统。

(4)发电机定子线圈和铁芯温度等,若未考虑进入小型巡回检测装置,则应考虑进入 DAS 系统。

(5)已进入 DEH 系统的测点,可通过串行通信方式进入 DAS 系统,这些测点主要包括:①汽轮机有关温度测点,包括各轴承温度、调节级温度、汽缸壁温、排汽温度、进水检测有关温度、汽封温度等;②油系统有关参数,包括 EH 油温、润滑油冷却器进出口温度等;③发电机系统有关参数,包括发电机氢气纯度、氢气压力、定子线圈进水导电度、定子进出

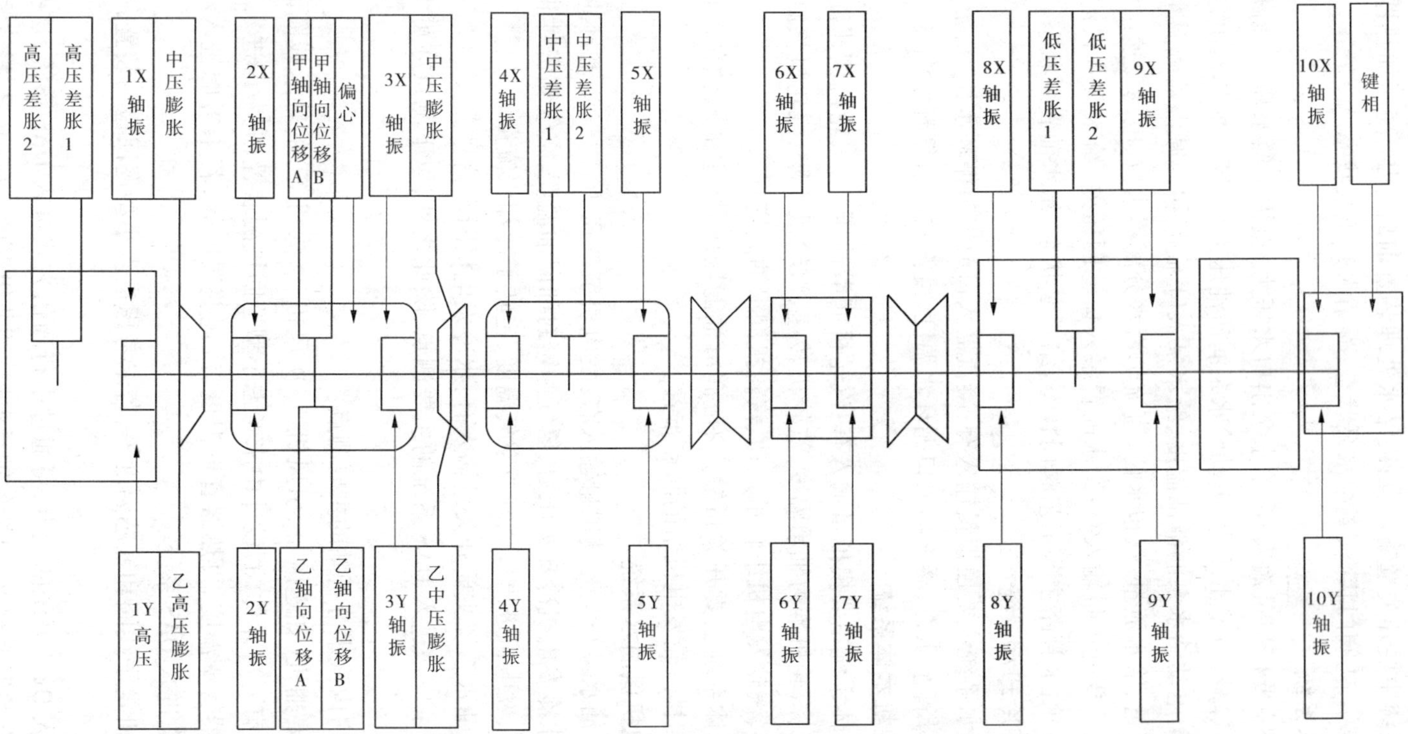

图7-1　300MW四缸四排汽轮发电机组的测点布置

水温度、空气侧密封油温等;④报警用开关量信号,包括 EH 油温低、EH 油温高、EH 油压低、ATC 报警、快速减负荷等。

前面所列与 DEH 通信参数相重复的测点,在采用串行通信方式以后,可不重复设置。

第二节　火电厂电厂级计算机控制系统

一、火电厂电厂级计算机监控系统的主要功能

大型火电单元机组计算机监控系统主要着重于控制(Control)、报警(Alarm)、监测(Monitor)和保护(Protect),简称为 CAMP,这四个方面既相互独立,又相互支持。为满足这四个方面的功能,大型火电机组的过程计算机控制主要包括下列功能系统。

(一)数据采集系统 DAS(Data Acquisition System)

随着单元机组容量的增加,运行中需要监视、操作和调整的参数数量也不断增加,这就需要由数据采集系统对所有模拟量、开关量以及设备状态和运行方式实时地进行周期性的扫描采样,并将采集的信息进行一定的加工处理。通常数据采集系统具有以下功能:

(1)数据采集与 CRT 显示。数据采集就是通过各种测量元件、变送器、开关触点、继电器等将模拟量和开关量信号引入计算机系统并进行一定的加工处理;CRT 显示是通过各种 CRT 画面如系统图、曲线图、成组显示图、报警画面、模拟量控制图、开关量控制图等实现运行人员对生产过程的监控。

(2)越限报警。每一项参数都可设置越限报警值,一旦参数越限,则进行声、光报警。

(3)制表打印。包括定时制表打印(如定期报表、经济指标报表、历史记录报表等)和随机打印(如报警打印、开关量状态变化打印、事件顺序记录、事故追忆打印、CRT 屏幕显示复制等)。

(4)性能计算。主要是定时进行经济指标计算,如锅炉效率、汽轮机效率、热功耗、煤耗、空气预热器效率、给水泵效率、机组容量因数、负荷因数、制粉电耗、厂用电率等,此外,也包括二次参数计算。

(5)操作指导。通过 CRT 屏幕显示具体的操作步骤指导操作人员进行操作,以保证机组的安全、经济运行或启停,包括机组启停操作指导、最佳运行操作指导、预防或处理事故操作指导等。

总之,数据采集系统是整个机组的信息中心,提供可靠、迅速、客观的工况记录,为设备的安全、经济运行提供了有力的依据。

(二)机组协调控制系统 CCS(Coordinated Control System)

机组协调控制系统通常指机、炉闭环控制系统的总体,包括各子系统。原电力部热工自动化标准委员会推荐采用模拟量控制系统 MCS(Modulating Control System)来代替闭环控制系统、协调控制系统、自动调节系统等名称,但习惯上仍沿用协调控制系统。机组协调控制系统是大型火电机组最重要的控制系统之一,对机组的安全运行和参与电力系统调频、调压极为重要。CCS 的功能是接收各类负荷指令,然后根据设备运行方式和健康状况发出机、炉负荷指令,使汽轮机与锅炉之间协调,并使主机与辅机之间的负荷相适

配，保持主要参数稳定。值班人员或电网调度员可向 CCS 发出目标负荷指令及负荷变化速度，以调节整个机组的出力。CCS 需要根据负荷调度指令进行负荷管理，消除运行时机、炉之间的各种扰动，协调控制锅炉的燃烧控制、给水控制、汽温控制与辅助控制子系统，保持锅炉、汽机之间的能量平衡，并在机组主、辅机设备的出力受到限制的异常工况下进行联锁保护。

在 CCS 中，包括下列子系统：

(1)协调控制子系统。包括功率控制、主蒸汽压力控制及联锁保护控制。

(2)燃料控制子系统。包括磨煤机控制、燃油控制、一次风/二次风/辅助风控制、烟气含氧量控制以及引风和炉膛负压控制。

(3)给水控制子系统。包括给水泵控制、汽包水位控制等。

(4)汽温控制子系统。包括主蒸汽温度控制、再热蒸汽温度控制和空气预热器温度控制。

(5)辅机控制子系统。如除氧器水位控制、除氧器保压蒸汽压力控制、燃油黏度控制等。

在 DCS 中做闭环控制的过程控制站，其处理器模件均冗余配置，工作处理器故障，系统自动无扰地切换到冗余处理器模件。

CCS 的工作方式有协调控制、锅炉跟随、汽机跟随、手动四种。

(三)辅机顺序控制系统 SCS(Sequence Control System)

辅机顺序控制系统的主要任务是对电厂单元机组的几百个主要辅机或功能组进行启停控制和联锁保护，以简化和减少操作人员的操作，确保机组启停及运行的安全。

主要辅机(Major Plant Item)是指送、引风机等辅机和挡板、润滑油泵等辅助部件。而功能组(Function Group)则是指为执行某一特定功能所必需的全部设备的组合，一般以某一台主要辅机为中心。

目前，单元机组的顺序控制系统一般分为三级，即机组级、功能组级和设备级。机组级是最高一级的顺序控制，也称为机组自启停系统，它能在少量的人工干预下自动地完成整台机组的启停。功能组级是操作人员发出功能组启动指令后，同一功能组的相关设备将按预先规定的操作顺序和时间间隔自动启动。

SCS 主要包括送风机系统、引风机系统、一次风系统、制粉系统(也可包含在 FSSS 中)、锅炉给水系统、机组蒸汽和疏水系统、冷凝器真空系统、冷凝水和给水加热系统、汽机油系统和盘车系统、汽机疏水系统、辅助蒸汽系统、燃油系统、循环水系统等。

(四)锅炉炉膛安全监控系统 FSSS(Furnace Safeguard Supervisory System)

锅炉炉膛安全监控系统 FSSS 也称为燃烧器管理系统 BMS(Burner Management System)，提供锅炉的安全保护，是大型火电机组最重要的一个保护、控制系统。它连续和密切地监视锅炉在各种运行工况下的状态，随时进行逻辑判断，异常时即发出报警信号乃至停炉。它通过一系列的联锁条件，按预定的逻辑顺序对燃烧设备的有关部件进行操作和控制。

炉膛安全监控系统有锅炉保护和燃烧系统顺序控制两大部分，其主要功能有：①炉膛火焰检测；②炉膛压力保护；③炉膛自动吹扫；④燃料点火及投粉顺序控制，包括油燃烧器管理——油燃烧器监控和切/投顺序控制、油点火准备逻辑、油系统泄漏检测以及煤燃烧器管理——制粉系统监控和切/投顺序控制、煤点火准备逻辑等；⑤锅炉安全管理，包括主燃料跳闸(MFT)、自动减负荷(Runback)、甩负荷(FCB)时燃料控制及其他有关燃料设备的保护和控制等。

(五)汽轮机数字电液控制系统 DEH(Digital Electric Hydraulic Pressure Control)

DEH除用来实现汽轮发电机的转速和负荷控制外，还提供了汽轮机设备的安全保护，其主要功能如下：

(1)由过程计算机实现汽轮发电机组转速和负荷的数字控制，计算机输出经D/A转换后通过模拟/手操电路送到电/液转换器，调节阀门由液压系统操纵。在闭环控制中，反馈信号可以是汽轮机转速信号、发电机输出功率信号和代表汽机负荷的调节级后压力信号。

(2)DEH系统不仅对机组进行参数控制，而且由过程计算机对机组运行中的热力状态和条件进行计算，实现监督控制。特别是在机组启停的过程中，DEH与其他系统配合能实现机组的自动启停。

(3)在机组出现异常情况时，如出现汽机跳闸条件、甩负荷、超速以及主蒸汽压力偏低，DEH能自动进行必要的操作处理和控制，以保护机组的安全。

(4)DEH可通过标准接口接收来自自动调度系统(ADS)及协调控制系统或远方计算机送来的设定值控制信号，调整机组负荷控制设定值，实现机炉协调控制或远方控制。

(六)汽轮机旁路控制系统 BPS(Bypass Control System)

汽轮机旁路控制系统是大中型中间再热机组的重要控制系统之一，包括高、低压旁路压力控制子系统和高、低压旁路温度控制子系统。

其功能是在机组启动阶段协调机组启动，回收工质和热量，保护再热器；在滑压启动时，适应启动参数加快启动速度；在带负荷运行阶段，旁路系统可以允许锅炉维持在热备用状态；负荷变化太大时辅助调节锅炉主蒸汽压力。

(七)汽轮机监视仪表 TSI(Steam Turbine Supervisory Instrumentation)**和汽轮机紧急跳闸系统** ETS(Exigency Tread System)

汽轮机需要在机组启动、运行和停机的过程中采用保护仪表监视其机械运行状态，避免事故的发生。对汽轮机的运行状态进行长期连续地监测和保护可由可靠、精确的监测仪表提供信息，监视的参数包括转速、轴振动、轴承盖振动、轴向位移、偏心度、相对膨胀、汽缸热膨胀等。

汽轮机紧急跳闸系统ETS用做汽轮发电机组危急情况下的保护，它与DEH、TSI一起构成汽轮发电机组的监控保护系统，监视汽轮机转速、轴向位移、轴承润滑油压、凝汽器真空以及电液控制系统的控制油油压、振动等。当这些参数中的任意一个超过运行极限值时，监控系统将关闭汽轮机的所有进汽阀门，使汽轮机跳闸，以保证机组设备的安全。

(八)电气控制系统 ECS(Electrical Control System)

ECS包括发变组控制、厂用电、励磁系统和同期装置的接口等，它主要实现以下功能：

(1)具备厂用系统电气设备控制操作功能。

(2)可以进行工作到备用或备用到工作电源之间的正常切换操作。

(3)具备中央信号及事故报警功能。

(4)可实现所控电气设备开关、隔离开关的状态监视。

(5)记录事故开始时间及各开关、隔离开关等开关量操作的先后顺序。

(6)对所控电气设备的操作实现五防功能。

(7)能反映电流、电压、有功、无功、温度等参数。

(8)具备与单列微机保护、微机励磁调节器、同期装置的通信能力。

(9)与单列微机励磁调节器配合实现调节功能。

二、火电厂计算机监控系统的基本特点

火电厂计算机监控系统具有如下基本特点:

(1)测点立体分布,广而密集,既有模拟量,又有开关量,还有脉冲量,许多参数数值高或变化速度快,对测量质量要求较高。

(2)被控对象热力特性复杂,数量大,互相关联,干扰因素多,互相影响。

(3)每个大系统由若干小系统组成,形成大系统套小系统,一环紧扣一环工艺过程系统性强。

(4)现场热工保护控制要求高,联锁多,既要尽量避免误动,又要坚决避免拒动。总的原则是宁可误动,不可拒动。

(5)监控系统安全可靠,能长时间连续运行。

(6)监控系统电源安全可靠。

(7)热工监控设备采用浮空、光电隔离、防暴防尘等技术,具有很强的抗各种干扰,特别是抗电磁干扰的能力。

三、火电厂分散控制系统

目前,市场上的计算机控制系统包括由分散控制系统 DCS(Distributed Control System),可编程序控制器 PLC 构成的控制系统,监督控制系统,SCADA 系统,以及个人计算机(PC Based)构成的小型监督、控制系统等。火电厂单元机组的热工过程是由许多设备共同完成的,每一设备既具有相对独立的功能和作用,又按照特定的工艺流程与其他设备组成子系统,若干子系统构成相应的系统。系统与系统间、系统与它的子系统间、同一系统的子系统间紧密联系,运行中互相影响,机组的安全经济运行决定于各系统、各子系统间的协调配合。DCS 是以微处理器为基础,全面融合计算机技术、测量控制技术、网络数字通信技术、显示与人机界面技术而成的现代控制系统。其主要特性在于分散控制和集中管理,即对生产过程进行集中监视、操作和管理,而控制任务则由不同的计算机控制装置去完成,因此也将 DCS 称为集散控制系统。DCS 控制方式符合火电生产的热工过程基本特征,因此在新厂建设和老厂技术改造中,获得了大力推广和广泛应用。

DCS 以微处理器群(几台到几十台)为核心,这些功能强弱不同的微处理器有的对子系统的设备或工艺流程进行控制,有的对子系统与子系统间进行协调控制,有的完成系统和子系统间的控制,还有的进行系统间的协调控制,即整个机组的控制目标和任务事先按一定方式分配给各个微处理器,形成功能上的分级,而各个微处理器通过数字通信网络进行联系,交换信息,实现微处理器控制作用分散、显示和操作以及管理集中的有机结合,实现信息资源共享。分散具有广泛的含义,它包括功能分散、控制分散、数据分散、通信分散、设备分散,从而达到危险分散,提高机组的安全运行水平。

随着技术的发展,分散控制系统已经在工业生产过程控制中迅速普及,广泛用于电

力、石化、冶金、建材、制药等各行业，成为过程控制系统的核心。分散控制系统的应用大幅度地提高了生产过程的安全性、经济性、稳定性和可靠性。从电力行业看，我国电力行业在 20 世纪 80 年代末期随引进大型火电机组开始应用 DCS，到今天 DCS 已成为电站控制的标准装备。大到 600MW 的主力单元机组，小到几十兆瓦的循环流化床热电联产机组，到处都有 DCS 在保障其安全运行。

（一）DCS 的构成

DCS 由以微处理器为核心的基本控制单元、数据采集站、高速数据通道、上位监控和管理计算机以及 CRT 显示操作站等组成。采用 DCS 对锅炉、汽轮机、发电机三大主机设备和主要辅机实现 CAMP 的功能系统原理框图如图 7-2 所示。

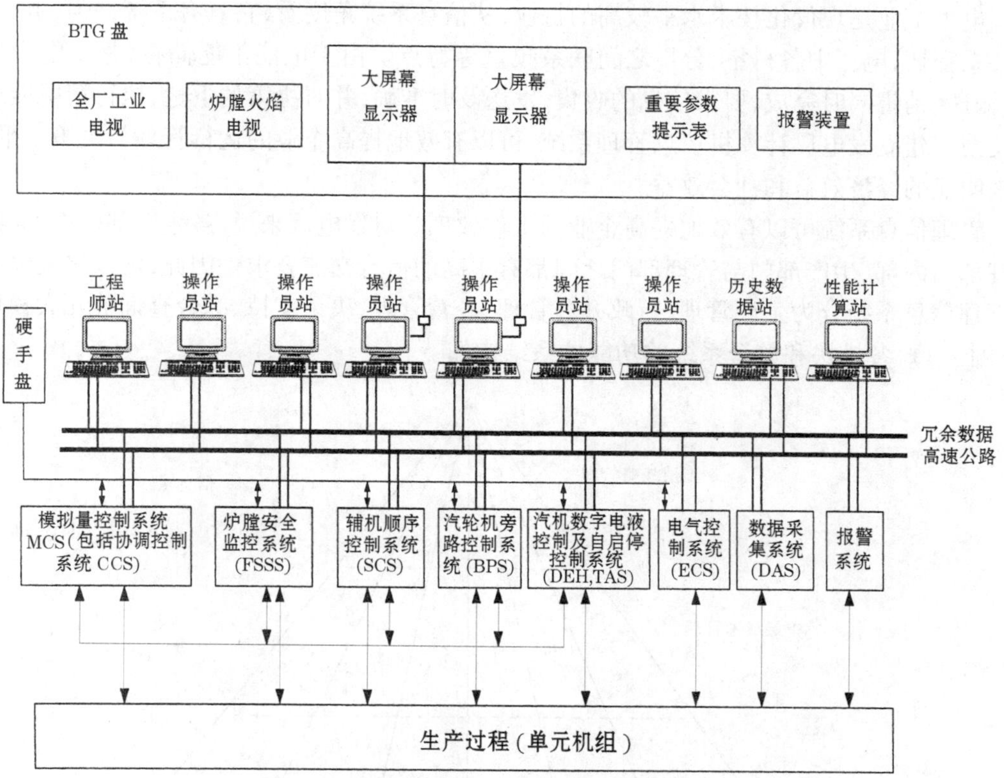

图 7-2 单元机组功能系统的原理框图

（二）DCS 与其他控制装置的接口

（1）汽机紧急跳闸系统（ETS）采用（PLC）实现控制，重要的报警信号以硬接线方式接入单元机组 DCS。

（2）胶球清洗程控系统采用可编程控制器（PLC）实现控制，可在就地控制柜进行监视和操作，重要的监视和报警信号以硬接线方式接入单元机组 DCS。

（3）发电机励磁调压系统、发电机自动同期系统、厂用电快切装置等电气设备均为电气专用装置，以硬接线方式进入单元机组 DCS。

（4）空预器间隙调整装置和空预器火灾报警装置采用可编程控制器（PLC）实现控制，重要信号以硬接线方式接入单元机组 DCS。

(5)汽水分析取样、化学自动加药装置采用可编程控制器(PLC)实现控制,并将重要的监视和报警信号送入单元机组 DCS。

随着自动化水平的不断提高,采用先进的分散控制系统对电厂进行监控已是历史发展的必然趋势。目前新建的大型火力发电机组基本上都不同程度地应用了分散控制系统。

四、火电厂管理信息系统(MIS)

火电厂管理信息系统(Management Information System,简称 MIS)是一个由人、计算机(包括网络)和管理规则组成的集成化系统。该系统为企业或组织的作业、管理和决策提供信息支持。

电力工业是现代化技术水平较高的行业,从信息系统角度看,它具有系统性强,上、下级关系密切,电厂中各科室、分厂之间联系频繁等特点。由于电能不能储存,整个电力生产、输送、销售同时完成,要求信息的收集、发送及时准确,并对决策的下达、执行情况能迅速反馈。建立发电厂计算机信息管理系统,可以有效地提高企业的运行管理与决策水平,带来明显的经济效益和社会效益。

管理信息系统可以有效地提高企业的工作效率。对发电厂来说,各生产部门内部、各管理部门内部、生产部门与管理部门之间都有很高的信息交流要求。因此,可以将发电企业管理信息系统分为生产管理、行政办公管理、经营管理、决策支持、综合查询等几大模块(见图 7-3),各模块和整个系统的功能体系结构如下。

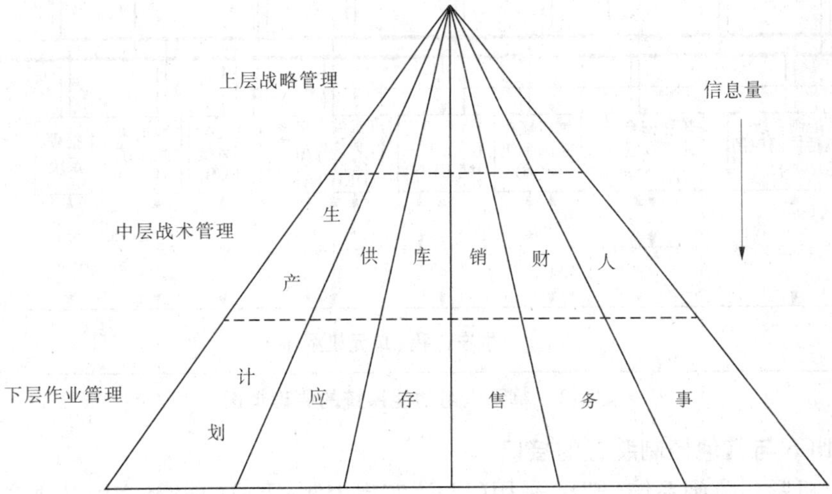

图 7-3 管理信息系统综合机构示意图

(一)生产管理

生产管理系统的特点是数据量大,实时性强。生产数据从现场采集器或 DAS 等系统中获取,并做进一步的分析处理,以满足生产管理与决策的需要。

(1)实时数据采集模块。实时数据采集模块包括运行参数的采集、保存、检索与显示。通过调用该模块,厂长、总工、生产部门、管理部门均能实时观察到机组主要运行参数及设备或系统状态。

（2）生产统计模块。生产统计模块包括能反映企业生产和经营的主要数据，如按一定周期（日、月等）统计出来的发电量、燃料供应情况、生产状况、安全状况、设备利用率、煤耗、线损、负荷率、用电情况、经济效益等。

（3）设备缺陷管理模块。利用该模块，各值班室、网控室的运行值班人员能够将当班发现的设备缺陷及时录入，检修公司专工、生产部、厂长、总工等可随时查看、调阅设备缺陷登记、消除情况。加强了对缺陷发现、申报、鉴定、消除、验收和考核等全过程的有效监管，使设备安全经济地运行。

（4）设备台账管理模块。该模块用于设备台账原始数据的输入、修改及查询，并根据设备的评定级对设备进行统计，以及计算设备的大、小修次数，完成对设备进行日常管理，为电厂的文明生产提供有力保障。

（5）工程管理模块。该模块对厂内的非合同的各项工程进行预算结算管理，输入、查询、统计、打印预算工程，生成预算工程会签单。

（6）节能管理模块。该模块对影响煤耗的主要运行参数（如主汽温度、主汽压力、循环水入口温度、端差、给水温度、真空、锅炉排烟温度等）进行分析，找出影响煤耗偏差因素，为运行人员调整机组运行状态提供了准确、及时的科学依据，并根据各值运行调整情况给出奖惩办法。

（二）行政办公管理

行政办公管理的特点是文字处理功能强，数据大多由人工输入。

（1）计划管理模块。该模块对全厂的生产技术经济指标、财务成本、行政管理、科技进步、质量管理、环境绿化、教育、治安保卫等各种计划按年月进行分类管理，可以增加、修改、调整计划，浏览、按条件查询，统计完成情况，并打印相应的报表。

（2）合同管理模块。该模块对全厂的各类合同进行管理，输入、查询、打印合同台账，检查合同的结算、拖期、告警、变更统计、资金统计等执行情况。实现合同会签单的网上浏览、签字、打印。

（3）人事管理和劳动合同管理模块。该模块包括干部和工人的档案、工资、劳动考核、劳动编制、劳动保护和保险、职工教育培训，以及离退休人员的管理等。对数据进行各种统计分析和查询。厂长、人教部等可通过网络浏览、查询全厂所有人事档案，各部室领导也可查看本部门人员的有关档案。

（4）科技项目管理模块。该模块对年度科技项目进行跟踪管理，检查项目实施经费使用等情况，计算投入的效益。

（5）办公自动化模块。该模块用于实现公文收发、存储、查询的自动化。

（三）经营管理

经营管理的特点是既有人工输入的数据，也有现场采集的数据，对这些数据按照管理需要进行综合处理。

（四）综合查询

综合查询功能用于查询生产运行实时数据、企业经营统计信息、人事材料等。

（五）决策支持

决策支持功能利用综合信息，为决策层制定目标、拟订方案和分析评估等提供依据。

五、火电厂电厂级监控信息系统

厂级监控信息系统（Supervisory Information System of Plant，简称 SIS ）是集过程实时监测优化控制及生产过程管理为一体的自动化信息系统。火电厂 SIS 作为全厂实时生产运行管理中心，从厂内单元机组 DCS 和公用辅助车间级自动化系统（包括灰渣系统、输煤系统、化水系统等）等子系统的数据源中读取实时/历史数据，送入各功能模块实时分析，并保存历史数据。它以实时信息管理为主，同时具有统计和分析的作用，以经济性为其首要目标，为生产管理人员分析和决策提供支持，主要是为全厂综合优化服务。

SIS 可以为发电企业管理决策层提供更真实、可靠的生产实时和历史数据，为市场运作下的发电企业提供科学、准确的生产经济性指标。SIS 所管理的数据很多都是与发电企业生产成本和报价信息相关的重要基础资料。从管理的角度来看，SIS 首先为企业的安全稳发、控制企业成本、提高企业的生产力提供了真实而重要的现场实时数据，同时又能高效、准确地保存企业生产的大量珍贵的历史数据。配合先进、科学、有效数据发掘工具，精确、专业的计算分析模型，SIS 所保存和管理的历史数据将会成为企业安全、经济运行的宝贵资源。

近年来，随着 DCS、PLC 等计算机控制系统在发电厂生产过程中的广泛应用，生产管理人员能够方便、及时地获得机组运行的实时数据。这些数据从根本上反映了机组历史、现状及发展趋势，是制定机组生产计划、指导机组优化运行的宝贵资源。由于技术、资金等条件的制约，目前投入的计算机控制系统大多处于单一机组的过程控制与过程管理阶段，距机组乃至全厂、全公司的整体优化还有较大差距。监控信息系统正是在这一背景下产生的。虽然监控信息系统提出的时间并不长，但从其出现开始，就成为发电企业关注的热点问题之一。相信随着电力体制市场化进程的深入，监控信息系统在提高机组运行安全经济性、增强企业竞争力方面将发挥越来越大的作用。

（一）监控信息系统的主要功能

监控信息系统的主要功能如图 7-4 所示，现简要介绍如下。

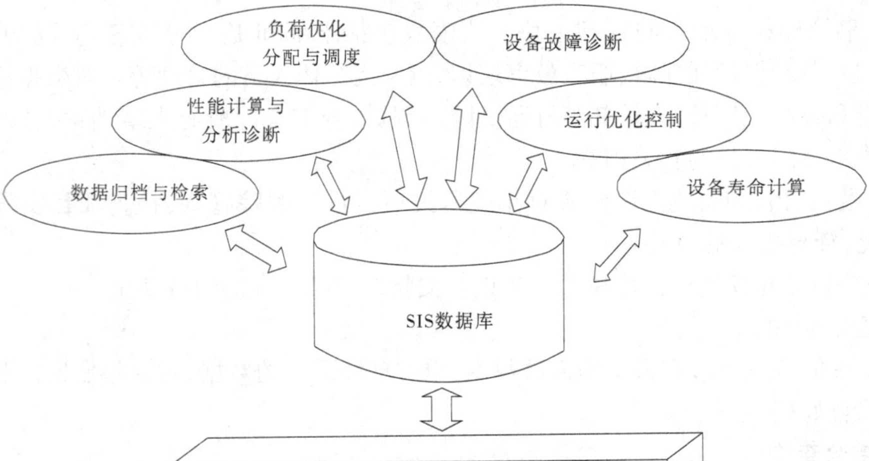

图 7-4 监控信息系统的主要功能

1. *数据归档与检索*

监控信息系统采集全厂实时数据，实现对全厂生产过程的实时监控和管理，它通过采集电厂各生产过程控制系统包括DCS、输煤辅助系统控制网络、辅助公共控制系统、除灰辅助系统控制网络、电气网络监控系统(SCAD)、电网远程发送单元(RTU)、电能计量系统、锅炉检漏控制系统、连续烟气监测系统、汽轮机诊断管理系统TDM、自发电控制系统AGC等的实时生产数据,对各生产流程进行统一的监视和查询。对生产数据进行综合处理以形成全厂生产报表;同时建立全厂实时和历史数据库,以满足MIS和各相关管理部门快速、高效地对现场过程数据进行查询和处理的要求。DCS中,数据的显示操作仅通过有限的操作员站进行,且数据的归档与检索受DCS的约束,难以满足实时数据长期保存,全厂数据统一管理,相关人员均可检索、查阅的要求。全厂实时数据显示、归档与检索功能从不同的硬件平台自动获取生产数据,以实时数据库为基础,覆盖整个电厂,电厂的工作人员在任何一台联网的PC机上都可以观察甚至创建实时的过程图形、趋势和报告,其主要功能包括:

(1)机组实时监视。通过模拟图、趋势图、棒图、相关画面、测点一览表、动态图符、模拟量文本、开关量文本等实时显示,以及模拟量、开关量、模拟量越限和开关量跳变等一览实时显示,使生产管理人员对各机组进行实时监视。

(2)历史曲线处理。检索显示、打印存储在企业数据仓库服务器中的各发电机组、电气系统等的模拟量测点的历史曲线。

(3)有关生产数据、报表的生成和查阅、检索、统计等。

2.性能计算与分析诊断

在线监测锅炉、汽轮机、泵和风机以及整个热力系统相关参数,实时分析整个热力系统的热经济性,并定量地查找热耗偏高的部位和原因,准确地对热力设备和系统的技术改造以及运行方式的改进提供指导,实现全厂生产过程监视和管理,从而提高电厂的运行和管理水平,以达到机组安全经济运行的目的。

3.全厂负荷优化分配与调度

随着国民经济的发展,电网中用电负荷的峰谷差日益增大,致使火电厂的负荷需经常地、较大幅度地进行调整。在这种背景下如何保证火电厂的运行经济性,实施合理的全厂机组负荷分配,已成为火电厂运行中一个迫切需要解决的问题。全厂负荷优化分配和调度系统接受电网调度中心发出的全厂负荷指令,根据全厂主、辅系统和设备运行状态,在确保机组安全运行的基础上实现对全厂负荷的优化分配和调度。这种调度方式是目前广泛采用的“调度到机”方式(调度中心的能量管理系统通过电厂RTU直接控制单台机组,进行AGC调节)的完善与提高,具有如下优点:

(1)调度所与厂级计算机网络间的通信量大大减少。

(2)通过厂内负荷经济分配,提高了全厂经济效益。

(3)符合电力调度分级管理的原则。

4.主机和主要辅机的故障诊断

故障诊断功能根据机组当前及历史信息,及时发现主、辅机设备运行中出现的各种故障,甚至具有故障预测功能。基于数据库及专家系统的故障诊断模块能够实时诊断出故障发生的原因和故障点,提供排除故障的指导意见,供运行和检修人员参考。通过对机组运行数据的分析判断,可以尽早提供与将要发生的故障有关的信息,使操作人员尽可能在故障发生之前对该问题进行纠正。因此,故障诊断系统也是实现机组状态维修的基础。

5. 运行优化控制

由于电厂工艺过程复杂、可以节能增效的点很多,因而可从多个方面对其进行优化。在监控信息系统基础上进行运行优化,符合先进的管控一体化思想,不但可以充分利用监控信息系统完备的全厂实时数据库,还把运行优化控制从回路级、机组级扩大到厂级,从而给电厂带来更加明显的经济效益,提高电力企业的运行管理水平。典型的运行优化控制模块有控制系统分析与优化整定系统、锅炉燃烧优化与指导系统、锅炉吹扫优化控制系统、智能控制系统等。

6. 设备寿命计算和分析

作为监控信息系统的一个有机组成部分,设备寿命计算和分析系统可根据工艺系统和设备本体参数的变化,对工作在恶劣环境下的重要部件和设备进行寿命计算、分析和预测;也可按一定周期对过程的历史数据进行评估并将计算结果存储、积累起来,以便从中推导出总体损坏因数。设备寿命计算和分析系统对于实现电厂的状态检修,提高设备的可用率和健康水平,降低检修费用,降低发电成本,增强电力企业的市场竞争力将起到重要的作用。

(二)SIS 组成

1. SIS 网络

SIS 的通信特点是信息量大,要求数据通信能力强;对应的网络接口和系统种类较多,即与机组 DCS 系统以太网、灰网、煤网等辅助车间程控系统,SCADA 及 MIS 等都存在接口。目前,以太网是国内外应用最广泛的一种网络,已成为网络技术的主流。以太网按其传输速率可分成 10、100、1 000Mb/s 以太网,每种以太网又根据不同物理介质有多种物理子标准,形成一个 IEEE802. 3 标准系列。SIS 可采用网络主干为1 000Mb/s、支干为100Mb/s 的以太网。

2. 实时/历史数据库

实时/历史数据库是整个 SIS 的核心。它的存储容量及存储效率直接关系到下层数据采集的范围和精度。由于生产过程数据量大,精度要求高,并且带有时标,因此不宜采用关系数据库,国内外一般采用专用的实时/历史数据库服务器。按照实时数据库的内核来划分,实时数据库可分成采用专用内核与关系数据库内核两类。前者的典型代表为 AspenTech 公司的 PI 及 Instep 公司的 eDNA;后者的典型代表为 Wonderware 公司的 FactorySuite2000 及 Honeywell 公司的实时数据库产品。

对采用专用内核的实时数据库而言,由于它们是面向工业过程开发的产品,故系统的响应速度、可靠性、容量及对面向过程应用的支持方面有极大优势。对采用关系数据库内核的实时数据库而言,由于它们是在关系数据库的基础上增加了实时数据采集和调用机制及面向过程的可视化界面的产品,故系统的开放性、通用性和与关系数据库的互操作性较强。

六、SIS 与 MIS、DCS 的关系

SIS 系统是一种决策支持系统,SIS 强调面向用户,其主要任务是辅助决策,通过对火电厂生产过程数据的实时监测和分析,充分协调全厂主辅设备的潜力,使整个电厂工艺系统运

行在最佳工况，并且通过对数据的挖掘，为电厂实行状态检修和故障诊断等提供决策依据，并强调系统的有效性。MIS 系统是信息管理系统，MIS 的主要任务是信息处理，强调管理系统内信息流程的整体性，为全厂运营、生产和行政管理人员提供所需的信息，主要完成设备和维修管理、生产经营管理、财务管理、办公自动化以及市场营销等，并强调其系统性。

厂级实时监控系统与机组分散控制系统（DCS）的关系：大多数 DCS 也都提供机组性能分析模块，但 DCS 毕竟是一个过程控制系统，数据发掘技术和历史数据的保存都存在相当大的限制，运行人员通过 DCS 实现对设备的控制功能，它强调的是运行的准确，以稳定性和安全性为其首要目标，频繁修改模块是不可思议的。SIS 作为全厂生产运行实时的统一指挥调度中心，从机组 DCS、网控系统、辅助车间程控系统（PLC）等过程控制系统以及其他数据源中集成实时过程信息和历史数据，长期保存、动态分析，以整个系统为控制对象，强调的是运行的质量，以经济性为其首要目标，为生产管理人员的分析和决策提供支持。

SIS 和 MIS 可以是设置在一个网络中的两个功能，共用计算机单元和服务器，也可以将 SIS 网和 MIS 网用网关（Gateway）或其他分隔成两个网，分别设置相应的计算机单元和服务器，以提高 SIS 网的安全性。

厂级 SIS + MIS 是厂级自动化系统，是电厂管控一体化建设的具体内容，对内实现生产过程自动化和管理现代化，对外实现电网运营和调度；另一方面厂级 SIS + MIS 也是电网公司在厂侧的调度支持系统。

七、火电厂单元机组辅助车间程控系统案例

除与单元机组关系密切、已纳入单元机组 DCS 控制的辅助车间外，其余辅助车间按水、煤、灰、脱硫分区设置各自的控制网络。在锅炉补给水车间的水系统控制室设 2 台操作员站监控整个水系统；在电除尘综合配电楼的除灰渣系统控制室设 2 台操作员站监控整个除灰渣系统；在烟气脱硫区的脱硫控制室设 3 台操作员站监控整个脱硫系统。

（1）水控制网包括循环水处理控制系统、锅炉及热网补给水处理控制系统、凝结水精处理控制系统、工业废水处理控制系统、油水处理系统等。汽水分析取样、化学自动加药装置采用可编程序控制器（PLC）实现控制，重要的监视和报警信号以硬接线方式接入凝结水精处理控制系统。

（2）除灰渣控制网包括气力输灰控制系统（包括灰库、气化风机、除灰空压机等）、机械除渣控制系统。

（3）输煤程控系统、电除尘程控系统。

（4）烟气脱硫控制系统。

燃煤机组的烟气脱硫多数采用石灰石 - 石膏湿法脱硫装置（FGD）。

全厂烟气脱硫系统拟采用一套可编程序控制器（PLC）实现集中控制。在脱硫车间控制室设 3 台操作员站、1 台工程师站及 1 台打印机等，通过操作员站实现对全厂烟气脱硫系统的集中监控。

烟气脱硫 PLC 控制系统，烟气脱硫就地控制设备及烟气脱硫工业电视监视系统均由脱硫岛成套供货。分析仪表、变送器、电动/气动执行机构等拟采用进口设备。烟气脱硫 PLC 控制系统的 I/O 点数、就地仪表的数量根据脱硫供货厂商所供的工艺系统和设备确

定，待脱硫岛招标时最终确定。

(5)其他辅助车间(如厂外中水升压泵房、泡沫消防泵房、生活消防泵房等)拟采用常规就地控制方式。

第三节　火电厂单元机组的协调控制系统

单元机组在运行中，锅炉和汽轮发电机组既要共同保证外部的负荷要求，又要共同维持内部运行参数的稳定。机组实际输出的电功率是否满足外界负荷要求，反映了机组与外部电网之间的能量供求平衡关系；而主蒸汽压力是否稳定，却反映了机组内部锅炉与汽轮机之间的能量供求平衡关系。单元机组的协调控制系统 CCS(以下简称协调控制系统)是解决负荷控制中的内、外两个能量供求平衡关系的一种控制系统。

协调控制系统的基本组成原理框图如图 7-5 所示，它由负荷管理控制中心 LMCC、机炉主控制器、锅炉控制系统、汽轮机控制系统组成，其中 LMCC 和机炉主控制器组成协调控制级，是协调控制系统的核心；锅炉控制系统、汽轮机控制系统是协调控制系统的基础控制级。

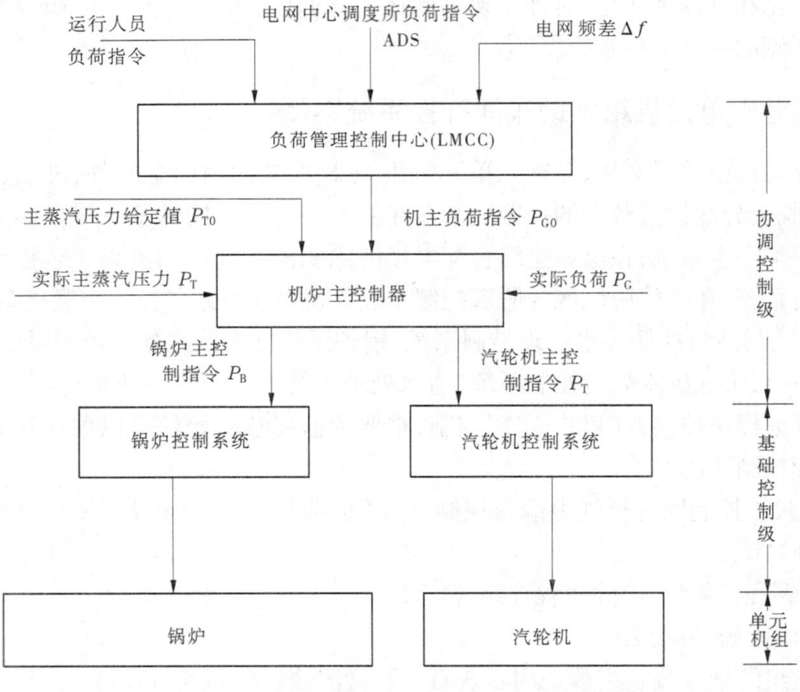

图 7-5　协调控制系统的基本组成原理框图

协调控制系统是把锅炉、汽轮机作为一个整体进行控制，使锅炉、汽轮机同时按照电网负荷的需求和内部主要运行参数(如反映机、炉输入/输出能量平衡的主蒸汽压力)的偏差要求协调运行，使机组对外具有较快的功率响应和一定的调频能力，对内维持主汽压力偏差等在允许范围。因此，当协调控制系统接收电网中心调度所的负荷指令(ADS，以下简称中调指令)、运行人员的负荷指令和电网频差信号后，为满足负荷改变的需求，维持机组各项输入/输出的能量平衡和质量平衡，机炉主控制器发出的锅炉主控制指令 P_B（以下简称锅炉主控指令）必然使锅炉控制系统的各有关系统，如燃料主控制系统、送风量调节系统、炉膛压力调节系统、一次风压控制系统、过热蒸汽温度调节系统、再热蒸汽温度调节系统、给水（汽包水位）控制系统等，发出对相关设备的调节、控制指令，对各有关参数进行协调控制。同理，机炉主控制器发出的汽轮机主控制指令 P_T（以下简称汽轮机主控指令）也必然使汽轮机控制系统的各有关系统，如除氧器水位和压力控制系统、高压分散控制系统（DCS）担负了单元机组运行过程中的水、汽、煤、油、风、烟等系统的主要过程变量的闭环调节任务。根据单元机组的特点，DCS 将锅炉和汽机作为一个整体进行调节控制，在确保机组内部参数稳定的基础上，锅炉和汽轮机共同响应外界负荷的要求，构成单元机组的协调控制系统 CCS。协调控制系统要协调锅炉、汽轮机之间的有效和合理的配合，由于锅炉和汽轮机热力特性的不同，机炉两系统热力设备众多、结构复杂，这些情况决定了协调控制系统是一个涉及面广且结构复杂的控制系统。

单元机组的输出电功率与负荷要求是否一致反映了机组与外部电网之间能量供求的平衡关系；主汽压力反映了机组内部锅炉和汽轮发电机之间能量供求的平衡关系。CCS 就是为完成这两种平衡关系而设置的，它将单元机组的锅炉和汽轮机作为一个整体进行控制，使机组对外保证有较快的负荷响应和一定的调频能力，对内保证机组主要运行参数的稳定。

一、协调控制系统的功能

协调控制系统的主要控制功能包括如下几方面：

（1）接受电网总调的负荷自动调度，参与调峰、调频。

（2）进行锅炉、汽轮机的能量平衡控制。

（3）进行锅炉内部燃料、送风、引风、给水等子系统控制动作的协调。

（4）消除各种工况扰动，稳定机组运行。

（5）进行机组出力与主、辅机设备实际能力的协调。

（6）具有多种可供运行人员选择的控制系统与运行方式。

（7）与其他控制系统的通信、接口。

二、协调控制系统的组成

单元机组协调控制系统的组成原理框图如图 7-6 所示。

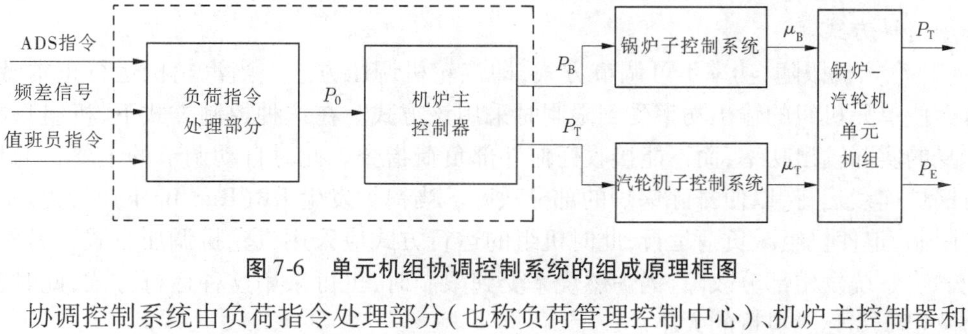

图 7-6　单元机组协调控制系统的组成原理框图

协调控制系统由负荷指令处理部分（也称负荷管理控制中心）、机炉主控制器和机炉子控制系统三部分组成。前两部分通常也称为主控系统,它是单元机组协调控制系统的核心。负荷指令处理部分的主要作用是对各种外部指令(ADS 指令、频差信号、值班员指令)进行选择和处理,形成机组主辅机负荷能力和安全运行所能接收的机组负荷指令,作为机炉的功率给定值 P_0。机炉主控制器接收负荷指令处理部分的机组负荷指令,根据机组当前的运行条件及要求,选择不同的控制方式,并发出汽轮机调门开度和锅炉燃烧率指令,对单元机组实现调节,以适应外界负荷变化并保证机组安全稳定运行。

三、协调控制系统的运行方式

单元机组协调控制系统的运行方式是指主控系统的运行方式。单元机组协调控制系统可根据机、炉的运行状态和承担的负荷调节任务,选择不同的运行方式,主要有以下几种。

(一)基本方式

在这种方式下,锅炉和汽轮机都处于手动控制方式,而主控系统中的机组负荷指令则跟踪机组实发功率,为切换到其他运行方式做好准备。这种运行方式用于机组的启动、停止或当机组发生快速减负荷 FCB 状态时。

(二)锅炉跟随方式

这种方式又可分为两种:

(1)锅炉跟随、功率可调节方式。这种方式为典型的炉跟机运行方式,汽轮机负荷调节处于手动状态,由运行值班员手动调节机组功率,锅炉主控器为自动方式,自动维持主汽压力稳定。这种运行方式具有负荷适应快的优点,它可用于机组的正常运行,机组启动时也可用此运行方式。

(2)锅炉跟随、功率不可调节方式,即锅炉调压方式。当锅炉运行正常而汽轮机局部异常,使机组的输出功率受到限制时采用该方式,在这种控制方式下,自动调节的主要目的是维持汽轮机的稳定运行,机组的输出功率为实际所能输出的功率(即汽轮机所能承担的负荷),不接收任何外部负荷指令。这种运行方式也适用于机组启动。

(三)汽轮机跟随方式

这种方式又可分为两种:

(1)汽轮机跟随、功率可调节方式。这种方式为典型的机跟炉运行方式,锅炉负荷调节处于手动状态,由运行值班员手动调节机组功率,汽轮机主控器为自动方式,自动维持压力稳定。这种运行方式适应负荷需求的速度慢,故当机组带基本负荷时,可采用这种运行方式。另外,这种运行方式对机组稳定运行有利,当运行经验不足或机组尚不稳定时也可采用这种方式。

(2)汽轮机跟随、功率不可调节方式,即汽轮机调压方式。当汽轮机运行正常、锅炉异常而使单元机组的输出功率受到限制时采用该方式。在这种控制方式下,机组只能维持本身的实际输出功率,而不能接收任何外部负荷指令。此时自动调节的主要目的只是维持锅炉连续运行,以便排除锅炉的部分故障。当锅炉发生 RB(Run Back)时,锅炉出力受到限制,迫使机组减负荷运行,此时机组的运行方式应采用汽轮机调压方式。另外,在锅炉燃烧系统发生部分故障、锅炉燃烧率受到限制时,也可采用这种运行方式,此时机组出力决定于实际燃料量的大小。

（四）协调控制方式

机、炉负荷调节均处于自动状态。当单元机组运行情况良好，机组带变动负荷或基本负荷时，可以采用该运行方式。这种机组可参加电网调频，接收调度所自动负荷指令及机组值班员手动负荷指令。采用该方式时，锅炉、汽轮机的各自动调节系统应都投入运行，整个机组处于协调控制。协调控制方式又可分为以炉跟机为基础的协调控制方式和以机跟炉为基础的协调控制方式。

DCS 控制系统将自动调节、逻辑控制、联锁保护有机结合，协调控制系统（CCS）的任务是实现机组与外部电网之间能量供求的平衡及机组内部锅炉和汽轮发电机之间能量供求的平衡，它将单元机组的锅炉和汽轮机作为一个整体进行控制，使机组对外保证有较快的负荷响应和一定的调频能力，对内保证机组主要运行参数的稳定。协调控制系统的运行方式主要有基本方式、锅炉跟随方式、汽轮机跟随方式和协调控制方式。在 DCS 中，通过直接能量平衡控制系统（DEB）或直接指令平衡控制系统（DIB）等现代协调控制技术，将自动调节、逻辑控制、联锁保护有机结合，并考虑机炉控制对象的不同特性和满足不同运行方式、不同工况下的控制要求，充分利用前馈、补偿、校正等手段，构成了前所未有的复杂控制系统。

四、协调控制系统的功能层

协调控制系统按其功能组成可分为四个层次：执行层、基础自动层、组控层和协调层。其功能组态如图 7-7 所示。

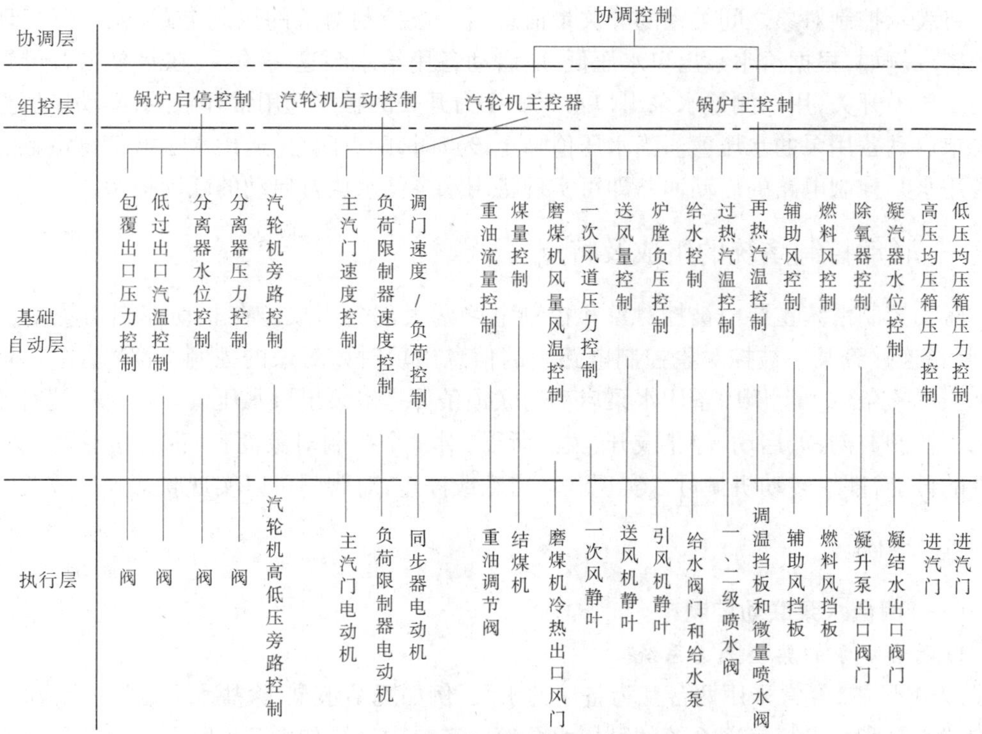

图 7-7　协调控制系统原则性功能框图

执行层:是自动调节系统的执行机构,如调节阀门、挡板等伺服机构。它接受基础自动层的控制输出信号而动作。

基础自动层:是直接控制执行层的各调节装置。它们分为单回路调节装置和串级调节装置。其中有的是独立调节回路,有的受组控层信号控制以协调动作。

组控层:是由基础自动层中有关的调节回路的主控制器组成的。例如锅炉主控制器、汽机主控制器、汽轮机启停控制、锅炉启停控制等。

协调层:是对主控制器的协调控制。它完成对机组负荷指令的计算及机组运行方式的管理以及机组异常工况的处理等。

第四节　火电厂单元机组的联动控制

一、联动控制的基本概念

大容量单元机组的所有控制对象都具有远方控制手段,可以在控制室内完成控制。根据这些控制对象间的简单关系,将它们的控制电路通过简单的连接,使之相互联系在一起,并使这些对象的控制相互联系形成联锁,从而实现自动控制。此种控制称为联锁控制或联动操作。

二、联动控制的实现方法

将表示控制对象之间关系的开关量信息引入被控制对象的控制电路,就可以实现联动控制。例如,根据给水泵出口水压低,应启动备用给水泵这一关系,在水泵出口母管上安装一压力开关,用以测量水泵出口水压。压力开关的触点选用常开触点,其动作值整定在要求启动备用泵的水压值。当水压值降至该点时,触点闭合,送出水压低信息将触点接到备用水泵控制电路的启动回路即可实现备用水泵低水压自启动的联动控制。

三、联动控制系统的组成及特点

联动控制系统主要由被控对象和控制电路两大部分组成。在联动控制系统中,“联动”是指连接到某一被控对象控制电路中的信息出现时该对象的控制电路“动作”,该信息称为联锁条件。上例中备用水泵启动的联锁条件是水泵出口水压低。任何被控对象都有两个控制方向,如启动、停止或开、关。所以,对每个控制对象而言,都有接受两类联锁条件的可能,即对转动机械可以实现联动启动或停止,对阀门可以实现联动开启或关闭。

四、举例

(一)两台水泵联动控制

1. 两台水泵的典型热力系统

火电厂中,经常采用两台互为备用的水泵,例如凝结水泵、除盐水泵、补充水泵、发电机冷却水泵和发电机氢冷系统的升压水泵等。其热力系统如图 7-8 所示。泵的入口水门是在检修水泵时作隔离用的,在正常情况下是全开的。泵的运行方式如下:正常运行,一

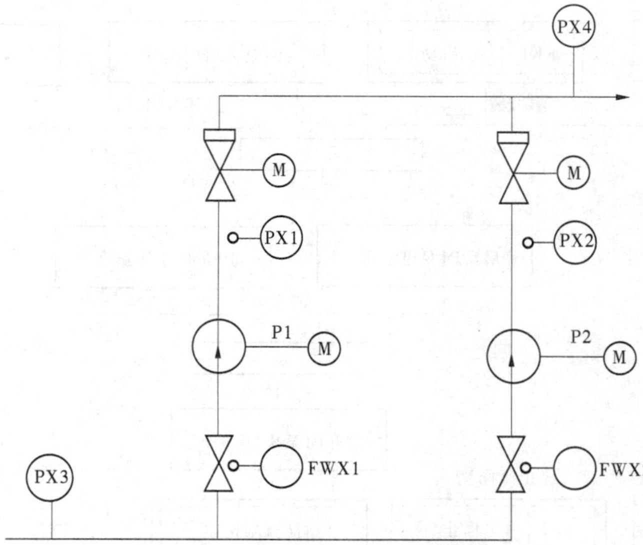

图 7-8　两台水泵的热力系统

P—泵；PX—压力开关；FWX—阀位开关

台泵工作，另一台泵备用。泵首次启动时，为防止过载，应在出口门关闭情况下启动。作为备用泵，为缩短启动时间尽快使系统正常工作，允许在出口门开启情况下启动。启动前有止回阀与系统隔离。泵的入口门始终全开，为防止出错，泵入口门的全开状态由阀位开关 FWX 提供信息，引入泵启动回路，作为闭锁出错条件。

2. 两台水泵联动控制

图 7-9 是两水泵联动控制框图。由此框图，可以列出联动控制系统中每一控制对象的联锁及闭锁条件，将列出的联锁及闭锁条件引入各控制对象的控制电路，即可实现两台给水泵的联动控制。图中 KK1 为控制开关，它有启动和停止两个状态。

两台水泵联动的对象包括水泵的电动机及出口水门。

（二）汽轮机润滑油泵系统的联动控制

1. 汽轮机润滑油泵系统

汽轮机润滑油泵主要由同轴的两个电机驱动（一台交流电机、一台直流电机）。汽轮机润滑油泵系统原理如图 7-10 所示。

在汽轮机运行过程中，润滑油泵主要作为油压低时的备用。当汽轮机轴承润滑油压降至低值（异常值）时，将自动启动交流电机驱动润滑油泵，并伴有声、光报警信号。若交流润滑油泵因故障而跳闸或汽轮机轴承润滑油压继续降至低值（危险值）时，则启动直流润滑油泵电机，同时停止交流润滑油泵电机，并伴有声、光报警信号。在汽轮机未启动前，交流润滑油泵一方面为汽轮机轴承提供润滑油，另一方面为盘车系统提供润滑油。油泵初次启动时，必须将出口门关闭。从备用状态启动时，出口门要开启，以加快恢复油压。交流电动泵只有当调速油泵启动后或盘车系统退出工作后才能停止。

2. 汽轮机润滑油泵系统的联动控制对象及联动控制

（1）汽轮机润滑油泵系统的联动控制对象。汽轮机润滑油泵联动控制对象主要包括驱动油泵的交流电机、直流电机以及泵的出口阀门电机。

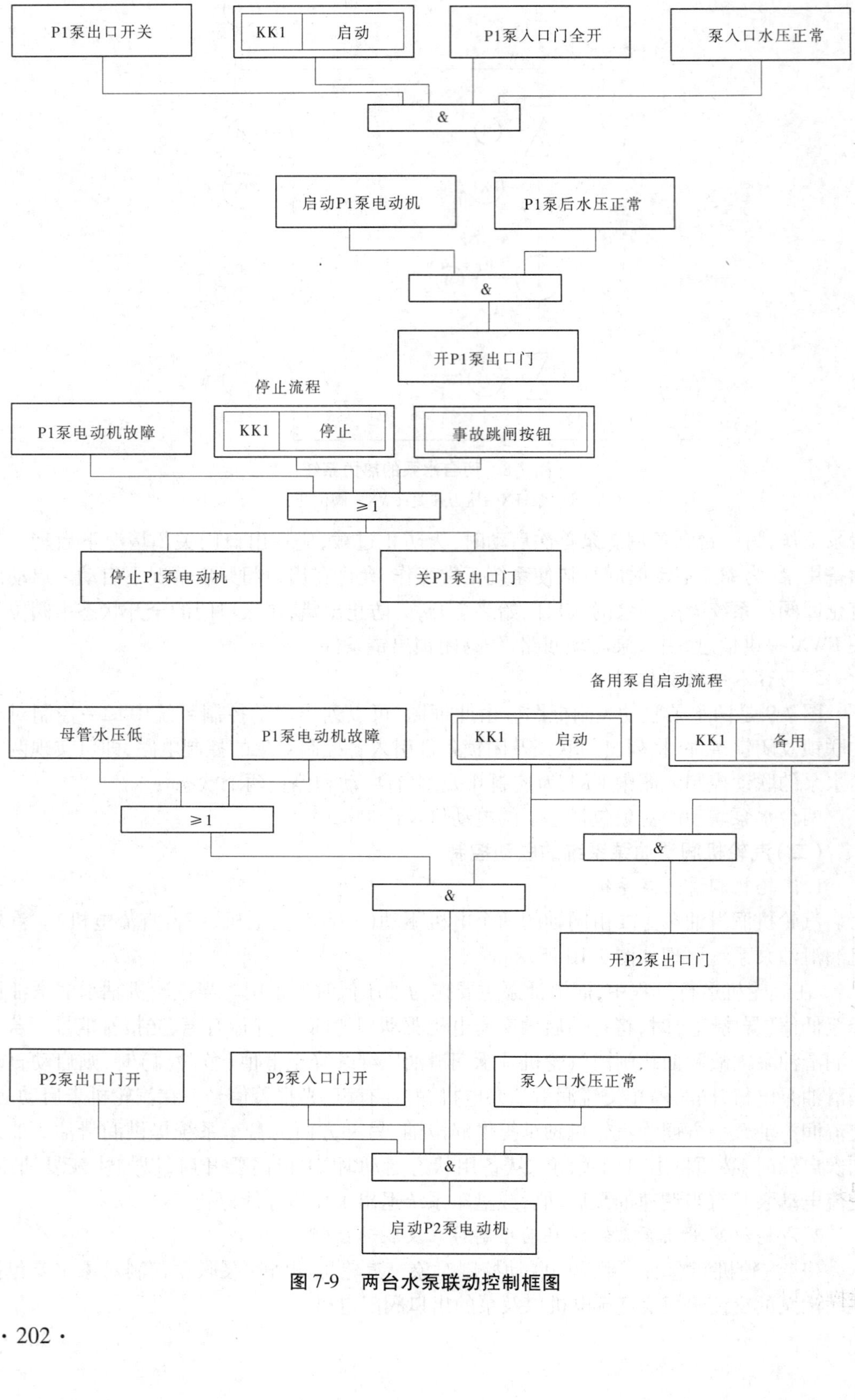

图 7-9　两台水泵联动控制框图

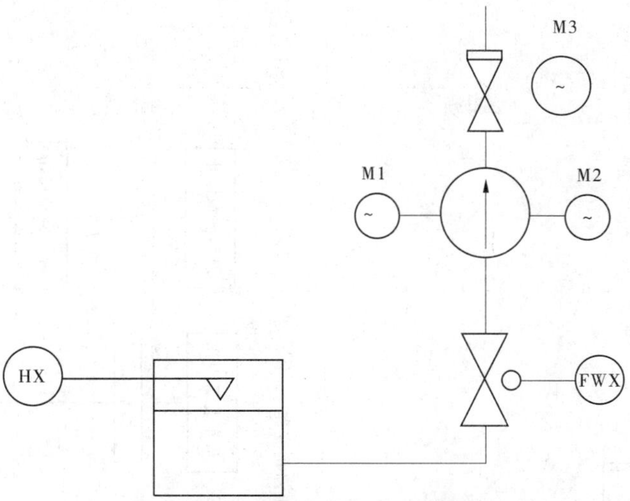

图 7-10　汽轮机润滑油泵系统原理

(2)汽轮机润滑油泵系统的联动控制。汽轮机润滑油泵联动控制方框图如图 7-11 所示。

第五节　火电厂顺序控制系统

一、顺序控制系统的功能

大型火电单元机组顺序控制系统(Sequence Control System,简称 SCS),其功能是对大型火电单元机组热力系统和辅机(包括电动机、阀门、挡板)的启、停和开、关进行自动控制。这种操作尽管量值关系简单,但随着机组容量的增大和参数的启停过程中,操作的对象高,辅机数量和热力系统的复杂程度大大增加,对机组的启/停多且操作步骤复杂,人工操作工作量大,难免出现差错,而采用顺序控制后,对一个热力系统和辅机的启/停操作只需按下一个按钮,则热力系统的辅机和相关设备按安全启/停规定的顺序和时间间隔自动动作,运行操作人员只需观察各程序步骤执行的情况,从而减少了大量复杂的操作。同时,由于在顺序控制系统设计中,各个设备的动作都设置了严密的安全联锁条件,无论是自动顺序操作,还是单台设备手动,只要设备的动作条件不满足,设备将被闭锁,从而避免了运行操作人员的误操作,保证设备的安全运行。

二、顺序控制的基本类型

由于被控设备操作过程包含的设备内容区别较大,其顺序控制的繁杂程度也不同,一个工艺过程中设备相互之间的联系有复杂的,也有简单的,所以应根据工艺过程的具体情况来设计顺序控制的基本类型。

(一)元件控制

元件控制是一种一对一的操作,即一个启/停操作指令对应一个驱动装置。这种单一性操作可通过计算机键盘上相应键的操作来完成。

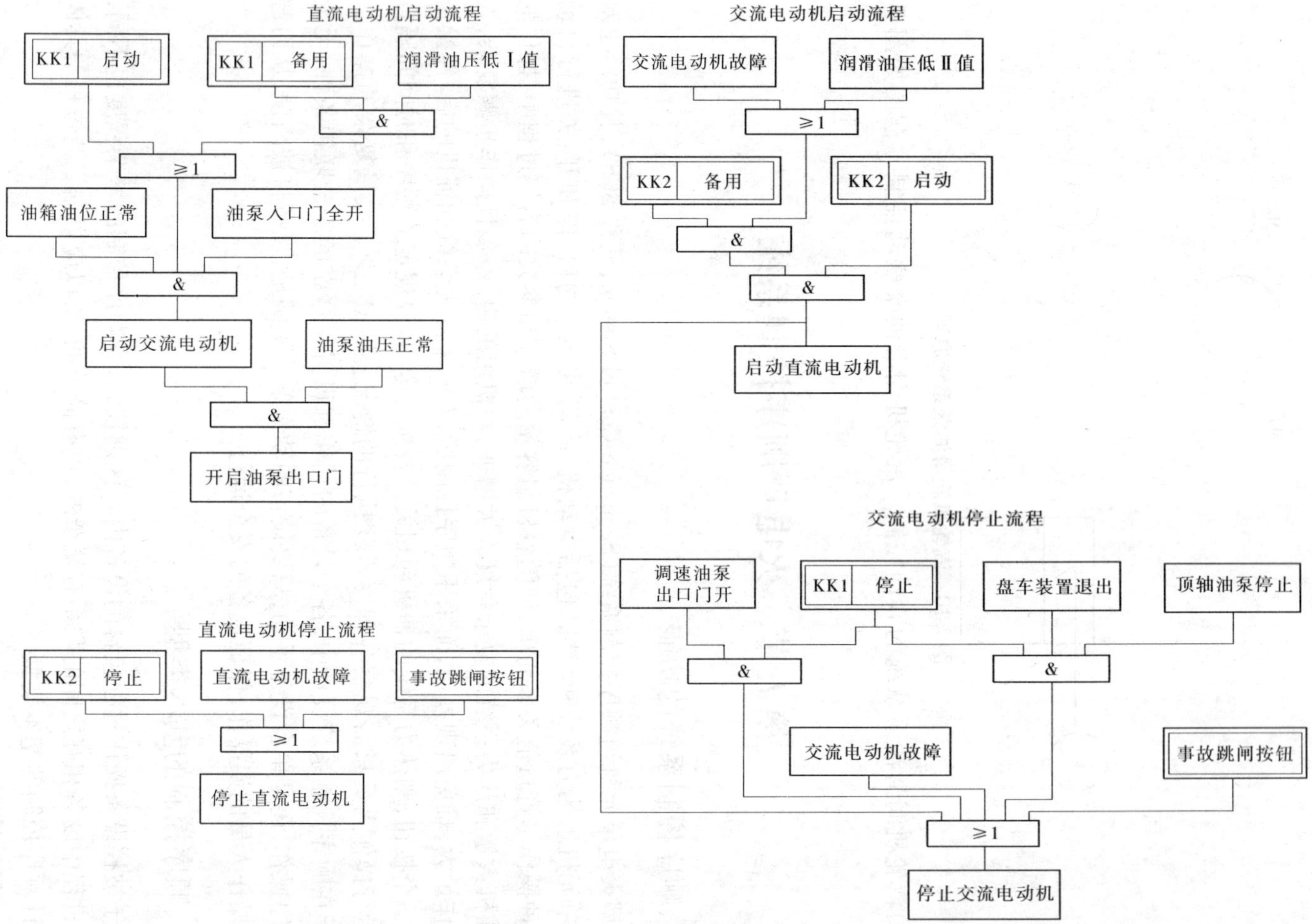

图 7-11　汽轮机润滑油泵联动控制框图

（二）设备级控制

设备级控制又称驱动级控制，是顺序控制系统中最基本的控制回路。每个需要顺序控制的辅机如电动机、阀门、挡板等，都各有一个设备级控制回路，一般要求设备级控制可通过 CRT 屏幕监视设备的受控状态，可在集控室控制台或操作键盘上进行操作。

（三）功能级控制

功能级控制是顺序控制中的一个重要的中间环节。它以完成生产过程中的一个特定功能为目标，以某一台重要辅机为中心实施顺序控制。功能级控制接收机组级下发的启动、停止、联锁、跳闸信号，也接收其他相关功能级的联锁、跳闸等信号，再根据功能级自身的顺序控制要求和条件进行逻辑判断和运算，然后将操作指令送至设备级控制。

功能级的操作有三种形式。第一种操作是启/停和自动/手动切换。第二种操作是闭锁和释放切换，当控制顺序被置于“释放”状态时，可对功能级进行启/停操作。当功能级在执行启动指令时，若控制方式被置于“闭锁”状态，则控制顺序被停止执行，转入设定的闭锁状态。第三种是“首台控制设定”操作，这是指对有备用辅机的系统，可通过本操作选择其中某一台作为首先启动的设备，在首台辅机启动完成后，若功能级控制仍处于自动状态，则系统会根据预先设置的条件和运行工况进行比较判断，待启动条件满足后即自动启动备用辅机。

（四）机组级控制

机组级控制是顺序控制系统结构中最高层的控制。其设计要求是：在少数人工干预的条件下完成整套机组的启动和停止操作。当顺序控制系统接到启/停操作指令后，机组级控制的一个主要任务是按设定的逻辑综合实际运行工况的要求，判断应采用何种启动方式（例如温态、热态和冷态）或停机。随后再对各有关的功能级下发相应的启/停操作指令，使机组从初始状态逐步启动到某一负荷，或从某一负荷渐渐减负荷或解列直到机组停止状态。设置机组控制并非将机组启/停全部自动控制，机组级控制的自动启/停操作还需有必要的人工干预，必须在一些重要的操作开始前或结束后设置中断点，由运行操作人员进行确认操作或给予新的指令，在得到确认或指令后，机组级才继续下一步的顺序控制。

三、操作手段的设置

对采用顺序控制的辅机设备和系统，在操作手段的设置上一般可采用如下方式：

（1）凡由主控设备进行顺序控制的辅机，其操作手段以集控室控制台或控制键盘操作为主，对非重要辅机一般不设置就地操作手段。

（2）对非主控设备的辅助设备小顺序控制，保留其就地操作功能，同时将设备的受控状态信号引入主控设备的顺序控制，由主控设备的顺序控制系统操作这些小顺序控制。

（3）对不需要紧急操作的重要辅机和系统，如送风机、引风机等，可以设置就地操作手段，供调试和故障处理时使用。为防止误操作，保障设备安全，原则上就地操作仅提供手段,被控设备仍要由主控设备根据设定的逻辑和条件进行顺序控制。

(4)对在机组事故状态下需紧急操作的重要辅机,必须在集控室控制台上设置操作手段。例如汽轮机直流润滑油泵的启动操作按钮,便于运行操作人员遇紧急情况时可直接操作。

四、顺序控制系统的控制范围

实现顺序控制的项目很多,一般包括如下控制范围。

(1)制粉系统:此系统又分若干子系统,包括磨煤机、给煤机、排粉机、相关风门等。

(2)送风机子系统:包括相关风门、润滑油泵、调节油泵、阀门等。

(3)引风机子系统:包括相关风门、润滑油泵、调节油泵、阀门等。

(4)空气预热器子系统:包括主电动机、辅助电动机、相关挡板等。

(5)电动给水泵子系统及前置泵、辅助油泵和相关阀门等。

(6)汽动给水泵子系统及辅助油泵系统和相关阀门、主给水泵等。

(7)辅助蒸汽子系统:包括辅助蒸汽系统及相关阀门。

(8)过热器排汽系统。

(9)锅炉清洗及启动充水系统。

(10)凝汽器抽真空子系统:包括真空泵及相关阀门。

(11)凝结水泵子系统:包括泵的启/停操作。

(12)汽轮机轴封子系统。

(13)小汽轮机轴封子系统。

(14)高压加热器子系统:包括给水进出口门、旁路门、进汽门、疏水门等。

(15)除氧器子系统。

(16)低压加热器子系统:包括凝结水进出口门、旁路门、进汽门、疏水门等。

(17)汽轮机疏水子系统:包括主汽旁路、再热汽管路、抽汽管路和汽轮机本体疏水门等。

(18)小汽轮机疏水子系统:包括小汽轮机所有疏水门等。

(19)汽轮机油子系统:包括抗燃油、顶轴油等油系统的油泵和相关阀门。

(20)汽轮机低压缸喷水控制子系统。

(21)发电机冷却气密封油子系统。

(22)发电机定子冷却水子系统。

(23)其他在集控室远方操作的所有电动门、电磁阀、挡板等。

五、SCS 系统流程举例

引风机启动 SCS 流程(甲、乙侧相同),如图 7-12 所示。

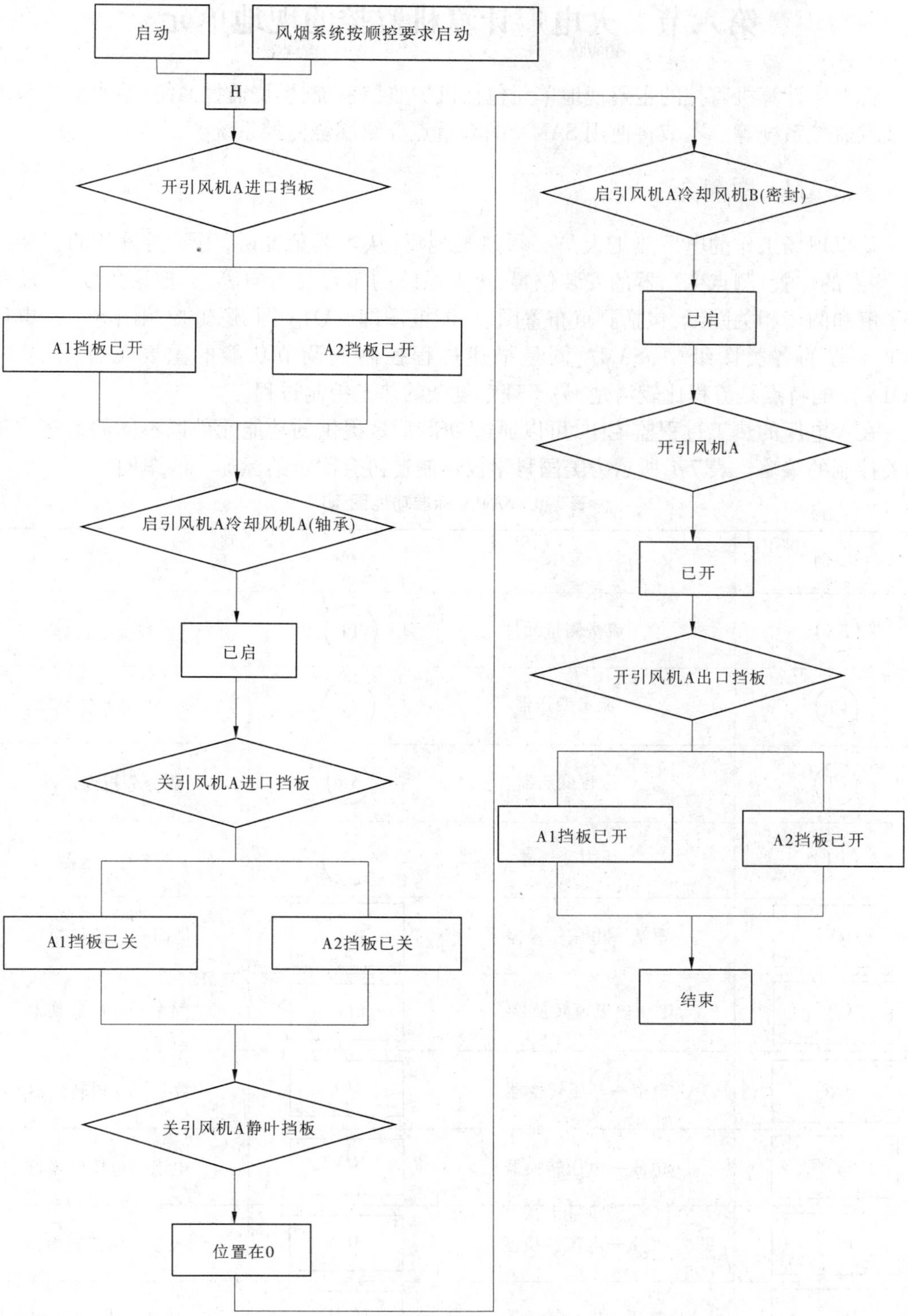

图 7-12　引风机启动 SCS 流程图

第六节　火电厂计算机监控的现地单元

火电厂计算机监控的主要现地单元包括机炉监控系统、燃烧监控系统、给水监控系统及蒸汽监控系统等。本节将使用 SAMA 图来重点介绍燃烧监控系统。

一、SAMA 图简介

从事现场工作的电厂热工人员必须熟悉现场，从实践角度讲，主要指设备的安装位置、测点的位置、测点变送器的安装位置、热力系统的布置与走向等；从理论角度讲，就是要了解和阅读相关图纸，包括测点布置图、功能框图即 SAMA 图、逻辑控制图等。在电厂热工工程的各类图纸中，SAMA 图是描述过程控制或调节功能的重要工程图之一。SAMA 图的特点是流程比较清楚，易于理解复杂的热工控制过程。

在火电厂的热工过程监控中，可以通过 DCS 厂家提供的功能元件以不同的组态实现相关控制的策略。表 7-1 所示为美国科学仪器制造协会制定的标准功能图例。

表 7-1　SAMA 标准功能图例

图例	名称	图例	名称
(FE)	流量测量元件	(TT)	温度变送器
(FT)	流量变送器	(ZT)	位置变送器
(LT)	液位变送器	(AT)	成分分析变送器
(PT)	压力变送器	(ST)	速率变送器
[I/V]	电流—电压转换器	[R/I]	电阻—电流转换器
[V/I]	电压—电流转换器	[F/V]	频率—电压转换器
[I/P]	电流—气压转换器	[D/L]	数字—逻辑转换器
[V/V]	电压—电压转换器	[R/V]	电阻—电压转换器
[P/I]	气压—电流转换器	[D/A]	数字—模拟转换器
[P/V]	气压—电压转化器	[A/D]	模拟—数字转换器

续表 7-1

图例	名称	图例	名称
C/L	触点-逻辑转换器	L/D	逻辑-数字转换器
≯	高限信号限制器	≮	低限信号限制器
H/	高限信号监视器	/L	低限信号监视器
/LL	低低限信号监视器	HH/	高高限信号监视器
≮ ≯	高、低限信号限制器	H/L	高、低限信号监视器
V ≯	速率或速度限制器	Σ	加法器
Σ/t	积算器	$\int$	积分控制器
$f(x)$	未制定或非线性函数发生器	×	乘法器
Δ	比较器、差值	+/−	偏值器
d/dt	微分控制器	$f(t)$	时间函数发生器
÷	除法器	Σ/n	均值器
K	比例控制器	±	偏值、加或减
< >	中值信号选择器	>	高值信号选择器
<	低值信号选择器	$f(x)$	未注明的执行机构
MO	电动执行机构	HO	液动执行机构

二、燃烧监控系统

目前我国火力发电厂的大型锅炉多数以煤炭为主要燃料，在锅炉运行过程中，由于煤质变化、低负荷运行和启动、运行过程中的操作不当等多种原因，都可能引起燃烧情况发生波动。电站锅炉燃烧的基本要求在于建立和保持稳定的燃烧火焰。燃烧不稳定，不仅会降低锅炉热效率，产生污染物和噪声，而且在极端情况下会引起锅炉炉膛灭火，如处理不当就会诱发炉膛爆燃，造成事故。为了能及时、灵敏、可靠地检测炉内燃烧情况，防止在点火、低负荷等燃烧不稳定工况下发生炉膛爆炸事故，电站锅炉必须配备功能齐全、性能可靠的锅炉炉膛安全监控系统（Furnace Safeguard Supervisory System，简称 FSSS）。燃烧火焰是表征燃烧状态稳定与否最直接的反映。炉膛安全监视系统投运成功与否，在很大程度上，取决于所用的火焰检测器和炉膛灭火保护装置是否可靠与完善。因此，准确、可靠地检测炉膛火焰，是防止炉膛爆炸、确保锅炉安全运行的重要手段。

燃烧控制系统包括燃料量控制系统、送风控制系统和炉膛压力控制系统等。下面就燃烧控制系统的原理和功能做简单介绍。

（一）燃料量控制系统

火电机组能量的输入是靠燃料的及时供给和炉膛内良好的燃烧来保证的。燃料量控制系统的任务是控制进入机组的燃料量，使燃料所提供的热能满足蒸汽负荷的需求。燃料量控制系统的结构方案与制粉系统的设备的选型以及设计有关。以 300MW 机组普遍采用的中速磨煤机直吹式制粉系统的燃料量控制系统为例分析其控制系统，图 7-13 所示为其燃料量控制系统的基本组态。

1. 系统的工作原理

燃料控制系统接收主控制器送来的锅炉负荷指令 P_B，P_B 指令给水温度校正和总风量交叉限制后，得到总燃料量指令，总燃料量指令减去实际燃油指令所得到的是燃料量指令。燃料量指令作为给定值在 PID 调节器入口与经过发热量校正后的总给煤量信号进行比较，其偏差值经 PID 运算、手动/自动站、速率限制后，形成控制在役给煤机的指令，控制给煤机的转速，进而改变给煤量，以维持总该给煤量与给定值一致，满足汽轮机蒸汽负荷对锅炉热能的需求。除此之外，燃料量指令还作为给煤量的前馈控制信号，通过函数器作用于 PID 调节器，用以提高系统的动态适应性。函数器是用来设置前馈作用的强度，其设置原则为：在机组主控器和燃烧系统处于自动状态下，要求机组出力改变时，应使燃料量控制一开始有足够的幅度，使主蒸汽压力能尽快恢复给定值，且控制的过渡过程动态偏差较小，但又不能使燃料量波动太大而影响燃烧的稳定性。

2. 给水温度对锅炉负荷指令的校正

给水系统加热器的投入和切断对水温的影响很大，亦即给水温度可以反映锅炉侧对能量的需求。因此，在如图 7-13 所示，应用了给水温度校正信号对锅炉负荷指令 P_B 进行校正。给水温度校正信号是给水温度实际值的差值通过函数器产生的，它与锅炉负荷指令相乘，使之在对锅炉燃烧率进行控制之前得以校正。如当给水温度低于其设计值时，适当增强锅炉负荷指令，适当增加燃料和风量，以满足锅炉的能量需求。这种校正措施对燃烧过程和协调控制系统而言，是提高系统的适应性和稳定性。

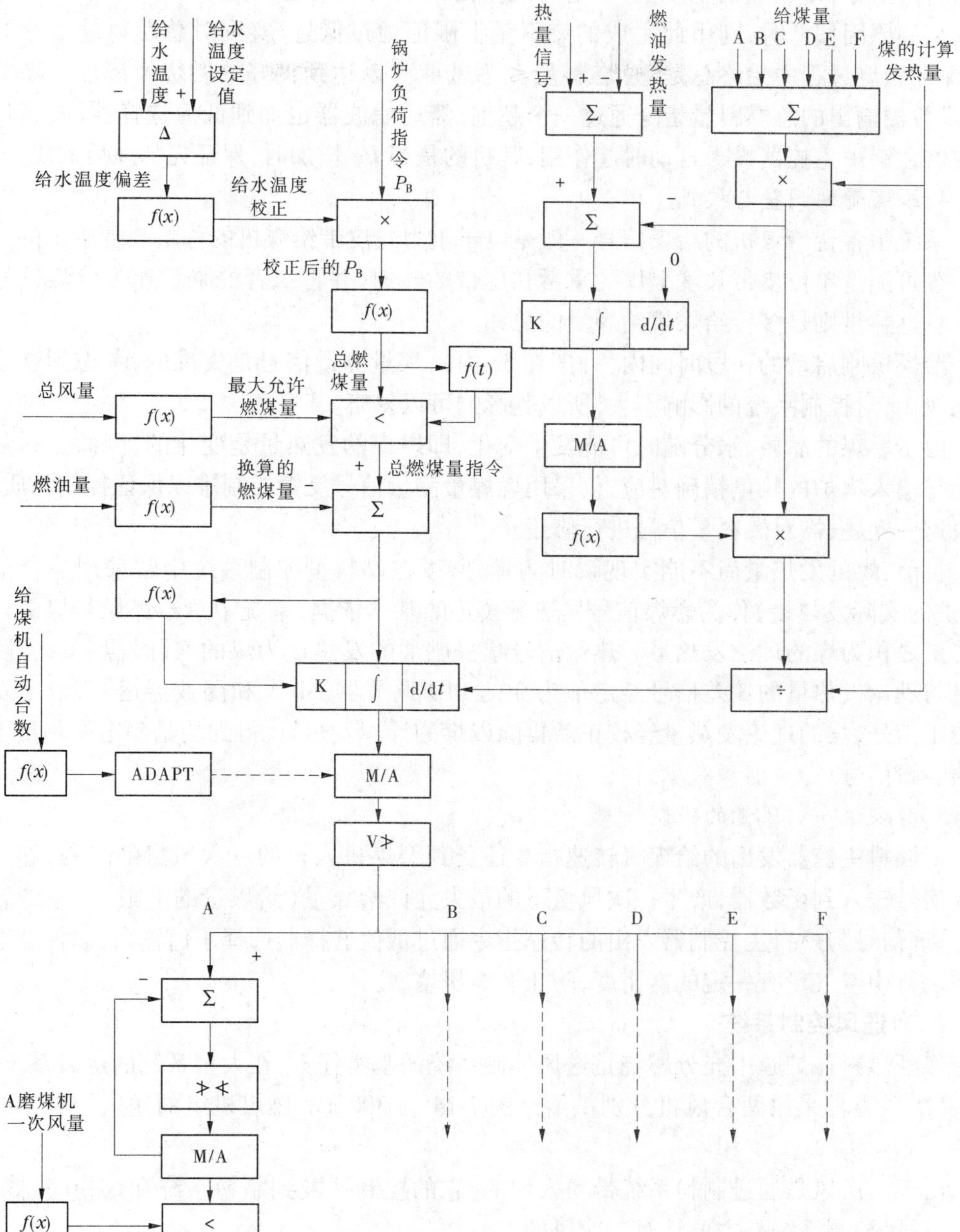

图 7-13　燃料量控制系统的 SAMA 图

3. 总风量的限制作用

正常的燃烧过程总要求"总燃料量≤总风量"，一旦出现"总燃料量＞总风量"的情况，燃料控制系统必须降低其控制输出，减少燃料量，以避免因燃料的自发性扰动造成不完全燃烧，或引起锅炉烟道积粉而发生二次燃烧。在本系统中，经给水温度校正的锅炉负荷指令通过函数器转换为总燃料量指令，而锅炉的总风量信号通过函数器转换为最大允许燃料量指令(燃料量的上限值)。总燃烧量指令及其最大允许值指令输入低选值器,风量因某种原因偏低时,则由此生成的燃料量上限值通过低选,实现对总燃料量指令的限制,保证燃烧过程中始终总是"总燃料量≤总风量",以达到良好的燃烧经济性。除此之外,函数器输出的总燃料量指令通过一个超前/滞后滤波器也加到低值选择器的入口端,滤波器在锅炉主控器投入自动时起作用,其目的是当 P_B 增加时,保证先加风后加煤。

4.给煤量的测量与校正

系统中各台给煤机的给煤信号一般是电子重力式皮带给煤机的称重装置给出的。称重装置可测量单位皮带长度上煤的重量和皮带的转速,并将二者的乘积作为给煤信号输出。总燃料量则是多台给煤机给煤量的总和。

给煤机刚启动的一段时间内(一般在5s内),煤量测量信号是失准的,考虑到这段时间比较短,对控制系统的影响不大,所以其影响可以忽略。

由于燃煤的品质、水分随时可能发生变化,即燃煤的发热量是变化的,因此燃料量并不能与输入锅炉的热量精确对应,仅采用燃煤量测量信号反馈控制难以保证控制品质,为解决这一问题,需对燃料量信号进行修正。

目前,煤的发热量尚不能实现瞬时测量,所以在燃料量控制系统中常采用热量信号(锅炉的实际发热量)作为燃煤信号发热量校正的基本依据,系统中总给煤量与煤的计算发热量之积为煤的理论发热量。热量信号减去燃油的发热量为煤的实际发热量,实际发热量与理论发热量的偏差信号经定值为0的PID调节器、M/A和函数器运算,输出发热量校正信号,煤的理论发热量经校正后再除以煤的计算发热量,得到的是额定发热量下的总给煤量信号。

5.磨煤机一次风量的限制

从燃料主控器发出的给煤机转速指令还受到磨煤机入口的一次风量的限制,即一次风量信号输入到函数器,产生一次风量下的最大允许给煤量(给煤量的上限)对应的转速信号,该信号与燃料主控制器发出的转速指令通过低值选择器选择小值输出,以保证磨煤机在运行中空气量有一定的富裕度,防止磨煤机堵塞。

(二)送风控制系统

保证燃料在炉膛中充分燃烧是送风控制系统的基本任务,在大型系统的送风系统中,一、二次风通常采用两台风机分别供给。图7-14为300MW燃煤机组的送风控制系统原理图。

由于一次风是通过制粉系统带粉入炉的,它的控制涉及到制粉系统和煤粉喷燃的要求,即送风控制系统是主要针对二次风的。

国产300MW机组的送风控制系统一般是这样设计的:通过调整送风机动(静)导叶的开度直接控制进入炉膛的二次风量,利用二次风挡板来维持二次风箱压力为给定值。也有少数进口机组的送风控制系统设计成通过调整送风机动(静)导叶的开度来维持二次风箱的压力为给定值、利用二次风挡板控制进入炉膛的二次风量的控制方式。

大型火力发电机组一般采用具有氧校正的送风控制系统,它是一个简单的单回路系统,送风调节器(PI)接收经过氧校正的总风量给定值与实际风量的反馈信号的偏差值,对此进行运算控制,其输出与为加强送风控制、保证送风量及时适应燃烧需要的前馈信号叠

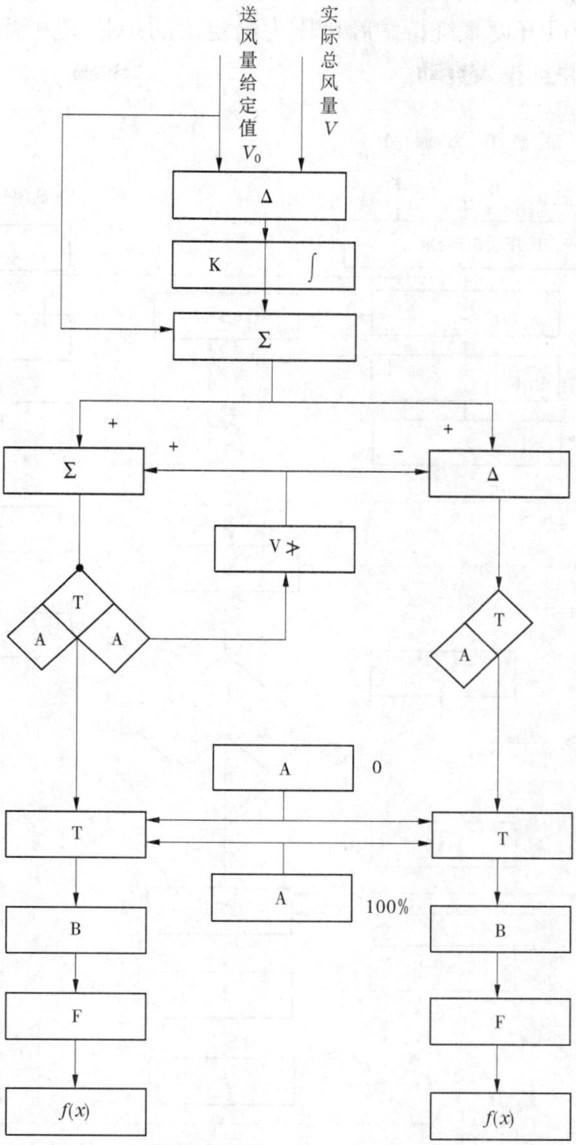

图 7-14　送风控制系统的 SAMA 图

B—闭锁指令增/减回路;F—防喘振回路

加后,形成送风机控制指令,分别送到两台送风机的手动/自动控制站。在手动/自动控制站中根据送风机控制站设定的偏差值,分别对送风机动导叶控制指令进行偏差处理,然后经切换器、闭锁指令增/减回路去改变送风机动导叶的开度,从而控制进入炉膛的二次风量,最终使风量达到给定值。

(三)炉膛压力调节系统

单元机组的每台锅炉一般配置两台引风机,炉膛压力的调节是通过调节引风机动导叶或入口挡板来维持炉膛压力为给定值。炉膛压力的调节范围的基本任务是保证炉膛内燃料燃烧状况的稳定和锅炉的安全,减少对环境的影响。图 7-15 为某 300MW 机组通过调节两台引风机动导叶开度来维持炉膛负压为给定值的炉膛压力调节系统的 SAMA 图。假设系统设备完好,并且投入自动。

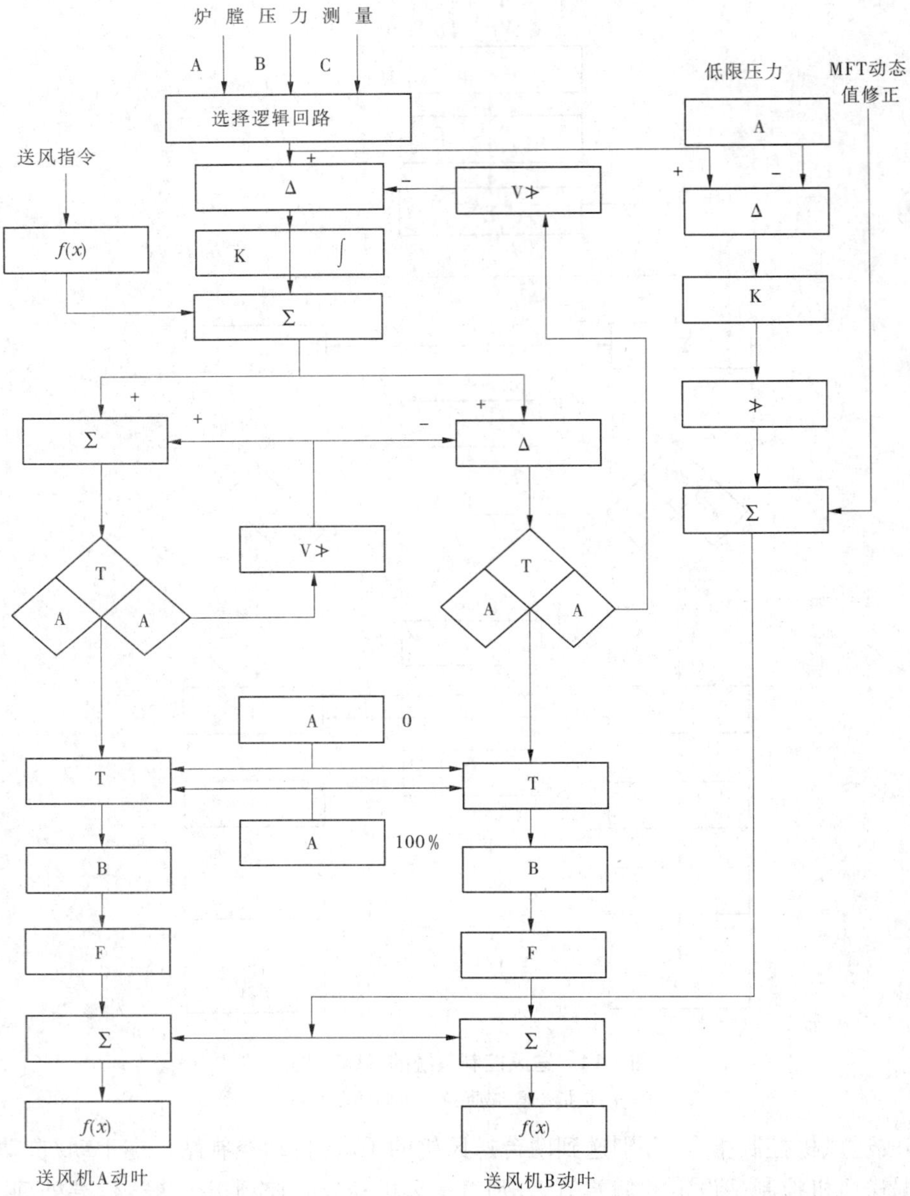

图 7-15　炉堂压力调节系统 SAMA 图

B—闭锁指令增/减回路;F—防喘振回路

从图 7-15 可以看出,炉膛压力测量信号与炉膛压力的给定值经比较,形成压力偏差信号,引风机调节器对其进行运算,形成引风量调节指令,该指令与经 $f(x)$ 转换的送风指令前馈叠加形成引风量最终调节指令。引风量最终调节指令经运行人员设定的动叶偏置处理后，分别形成 A、B 两台引风机动导叶调节指令，经切换器、防喘振回路、闭锁指令增/减回路和加法器后输入 A、B 引风机动导叶执行机构，去改变两台引风机动导叶片的开度，调节引风量，最终使炉膛压力的测量值等于给定值。

第七节 典型火电厂分散控制系统及应用

为了对实际应用中的 DCS 系统从总体上了解，本节选择了在火电厂计算机监控系统中常见的爱默生－西屋过程控制公司的 Ovation 系统、ABB 贝利公司的 Symphony 系统和我国上海新华控制技术有限公司的 XDPS－400 系统进行介绍。

一、Ovation 系统

Ovation 系统是爱默生－西屋过程控制公司推出的面向 21 世纪的新一代分散控制系统，该系统集过程控制及企业管理信息技术为一体，融合了当今世界先进的计算机与通信技术，它采用了高速度、高可靠性、高度开放的通信网络；控制器使用灵活方便，功能强大，易于升级；用户接口可靠先进，灵活多样；配有强大的相关数据库管理系统和高性能的工具库。Ovation 系统结构图如图 7-16 所示。

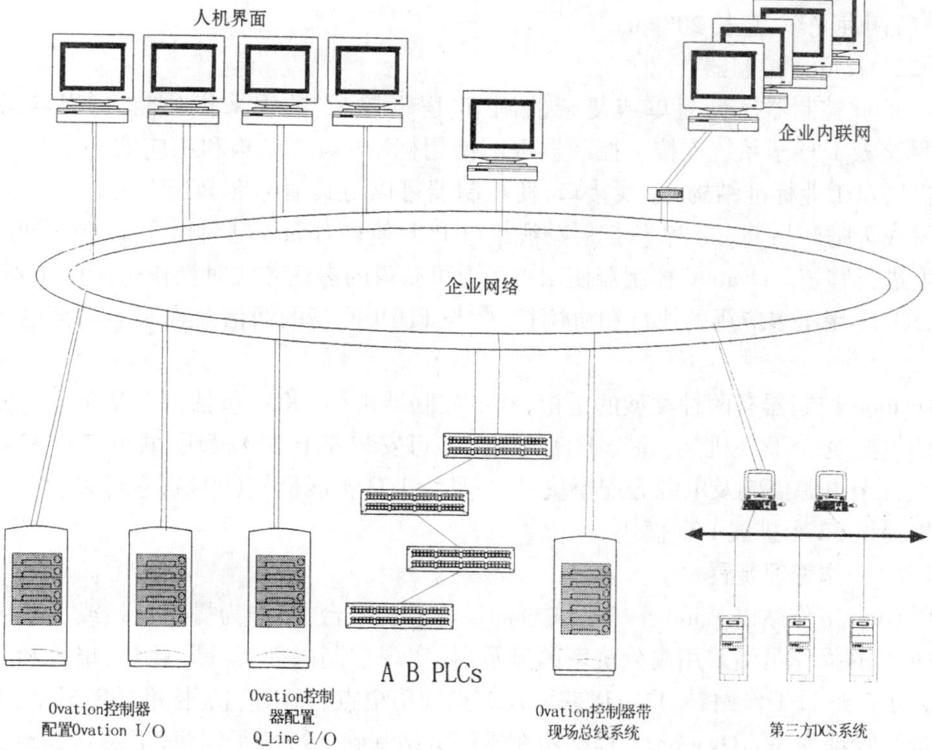

图 7-16　Ovation 系统结构图

(一)通信网络

Ovation 标准通信网络以 FDDI(光纤分布式数据接口)为基础，严格遵循 ANSI(美国国家标准化组织)的标准,是一种适用于实时过程控制的通信网络。Ovation 的 FDDI 网络废弃了常见的过程控制系统中连接工厂 LAN 数据高速公路所需的复杂的网桥结构,用户可用 Ovation 的统一网络,在确保过程控制完全安全的前提下,使过程控制功能和企业的信息系统完美地结合起来,并提供与企业内部 LANs、WANs 和 Intranets 的完全联通。Ovation 的高速 FDDI 网络是一个完全确定性的实时数据传输网络,即使在工况扰动的情况下也不会丢失、衰减或延迟信号。此外,按照 ANSI 标准,FDDI 提供全冗余的反转双环,并且在双环电缆中断时,使用自动重新组态功能以屏蔽发生错误的部分。Ovation 允许最终用户来组织它们的信息集合,而不用考虑协议、网络管理和操作系统等。基于开放式的通信协议,Ovation 系统已经成功地将全厂区域自动控制和信息组成了一个整体,并且在 Ovation 系统中能方便地集成其他厂商的产品。

Ovation 系统通信网络特性如下:

(1)通信速率为 100Mb/s。

(2)通信介质可采用光纤型和铜质电缆组成形式,有 UTP 型、多线光纤型和单线光纤型。

(3)站点容错组合能力,检测和诊断出错信息。

(4)压缩式中枢,串级,多层拓扑。

(5)支持 500 个双附加结点。

(6)每秒 200 000 个实时信息。

(7)两种光缆,总长 200km。

(二)Ovation 控制器

Ovation 控制器执行简单或复杂的调节、逻辑控制、数据采集功能,可以与 Ovation FDDI网络及 I/O 子系统连接。控制器内部使用标准的 PC 结构和相应的 PCI/ISA(周边元件扩展口工业标准结构)总线接口,使控制器可以与其他标准 PC 产品连接并运行,用于奔腾或奔腾产品 PC 的 32 位扩展总线接口 PCI,使得 Ovation 控制器可以在不同的硬件平台上进行移植。Ovation 控制器使用市场上可获得的多任务实时操作系统(RTOS)处理数据,RTOS 用于多应用的执行和协调控制、与 FDDI 网络的通信及控制器内部的全面资源管理。

Ovation 控制器有两种类型的机柜,基本控制器机柜(903)包括一个带单一或冗余控制器的机架、4 个 I/O 机架(每个 I/O 机架最多可安装 8 个 I/O 模块,共可安装 32 个 I/O 模块)、冗余电源供应及电源分配模块;另一种为 I/O 扩展机柜(904),它可以为基本控制器机柜提供 32 个扩展 I/O 模块。

(三)操作管理装置

Ovation 工作站以 Windows NT 或 Solaris 为系统平台,可作为操作员站或工程师站使用。Ovation 操作员站采用高分辨率的显示器,实现控制画面、诊断、趋势、报警和系统状态的显示。通过工作站,用户可以获取动态点和历史点、通用信息、标准功能显示、事件记录及报警管理程序。Ovation 工程师站在操作员站基础上增加了创建、下装和编辑过程图像,控制逻辑和过程点数据库等的工具。

Ovation 历史站对整个 Ovation 过程控制系统的过程数据、报警、SOE、记录和操作员的操作提供大容量的存储和检索,历史数据库的快速存取、高性能和灵活性使得其能组织大量实时过程数据和信息并将之提供给操作员站、工程师站和系统维护人员。

所有的过程数据可以以0.1s或1s的时间间隔扫描和存储数据，以备今后检索和分析。收集的数据可在工程师/操作员站上显示、打印或归档。

（四）工程应用实例

某电厂一期工程为2×600MW燃煤机组，锅炉采用哈尔滨锅炉厂生产的HG-2008/17.5-YM5型锅炉，亚临界参数、一次中间再热、控制循环、单炉膛、四角喷燃和平衡通风的燃煤锅炉，直流式燃烧器四角切圆燃烧方式。汽机为日本株氏会社日立制作所生产的TC4F-40.0型亚临界、一次中间再热、三缸四排汽、单轴冲动式和双背压冷凝式汽轮机。发电机为三相交流两极同步发电机。每台锅炉配六台MBF24型磨煤机，五运一备，同时配备六台耐压电子称重式给煤机。两台100%容量的密封风机供磨煤机制粉系统使用，一运一备。另外，每台锅炉配两台双吸单速离心式一次风机、两台动叶可调轴流式送风机和两台静叶可调轴流式吸风机。空气预热器为三分仓回转双密封再生式空气预热器。每台汽机安装一套高压和低压两级串联汽轮机旁路系统，其容量为锅炉最大连续蒸发量（BMCR）的40%。设置两台50%容量的汽动给水泵和一台30%容量的电动启动/备用给水泵，三台高压加热器采用电动关断公用旁路系统。每台机组安装两台100%容量的电动凝结水泵。中压凝结水精处理装置（每机一套）包括两台50%容量的前置过滤器和两台高速混床，两台机组合用一套再生装置。分散控制系统（DCS）采用美国西屋公司的Ovation系统。

单元机组采用分散控制系统，辅助生产车间采用可编程控制器及屏幕显示技术，在此基础上设置厂级监控信息系统（SIS），SIS是全厂生产运行实时的统一指挥调度中心，实时协调各机组、车间的运行和生产管理。分散控制系统包括单元机组的DCS及SIS，同时，SIS与各单元机组的DCS、各辅助生产车间及公用系统的自动化控制系统有机地联系在一起，并与电厂管理信息系统（MIS）、网络监控系统（NCS）等有通信接口。

DCS的监控范围包括锅炉及其辅助系统、汽轮发电机及其辅助系统、除氧给水系统、低压厂用电系统、发电机变压器组等。同时，DCS还与汽轮机数字电液调节系统DEH、汽机瞬态数据管理系统（TDM）、凝结水精处理系统、空压机系统、发变组保护系统、电除尘程控系统、全厂BOP系统（水、煤、灰控制点）等进行通信，从而实现全厂统一的监控管理。

DCS主要功能包括：厂级监控信息系统（SIS）、值长站、数据采集系统（DAS）、模拟量控制系统（MCS）、顺序控制系统（SCS）、锅炉炉膛安全监控系统（FSSS）、人机接口（MMI）、工程师工作站及历史数据站等。

二、Symphony系统

20世纪80年代初期，ABB贝利控制公司推出了其第一代DCS NetWork-90，并为分散控制系统建立了一个基于不断采用新技术、保持先进控制与管理功能、系统向上兼容和技术透明及发展无断层的准则。1988年推出的INFI-90和1994年推出的INFI-90 Open，以良好的性价比，与以前的分散控制系统一起，成功地在各类工业领域应用上万套，已成为过程控制工业中人人皆知的分散控制系统。1998年，ABB进一步完善了系统结构，强化了系统中各设备的功能，使INFI-90Open的优势进一步发挥，形成了Symphony 系统。为了适应信息化技术的不断发展,ABB 适时提出了 Industrial IT 的概念,并于2004 年推出了 Industrial IT Symphony 系统作为 Symphony 系统的更新换代产品,它充分体现了现代企业对过程自动化的需求,它既是控制系统,更是企业进行过程优化管理的延伸。Symphony 系统的组成如图 7-17 所示。

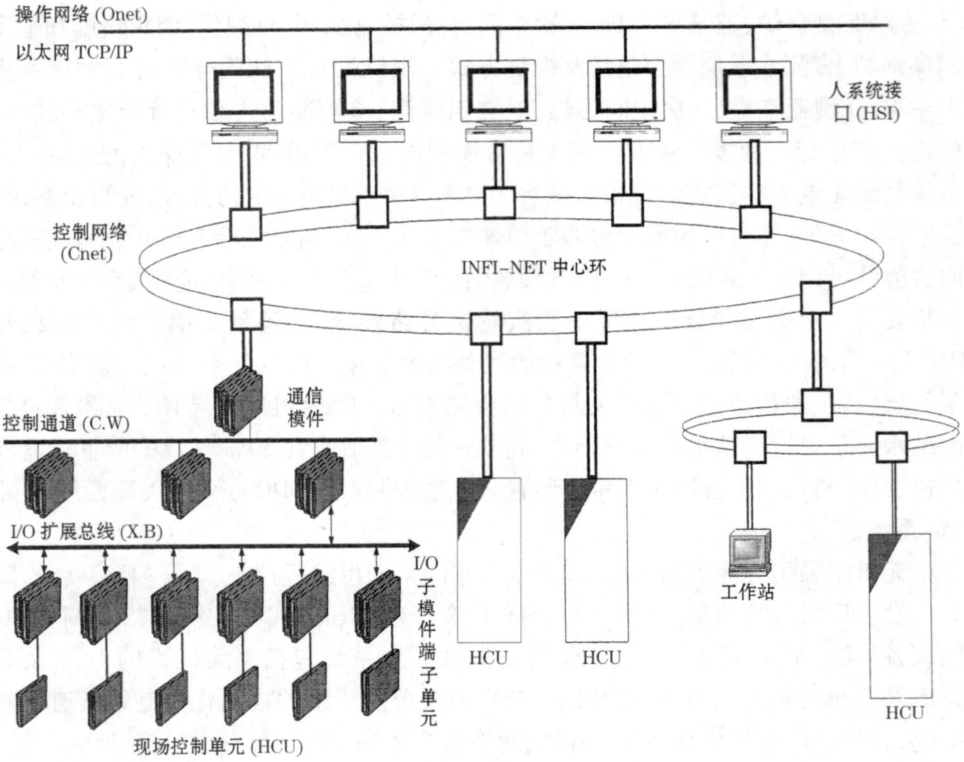

图 7-17 Symphony 分散控制系统的结构

(一)Symphony 系统的主要结构

1. 系统硬件

1)节点

在 Symphony 系统中,按照通信系统对通信设备的定义,通信网络中的硬件设备称为节点(Nodes)。一般分布式系统中的节点类型有现场过程控制设备、人系统接口设备、计算机设备及工程工具接口、网络结构等方面的节点。

2)现场控制单元

用于过程控制,实现物理位置相对分散、控制功能相对分散的主要硬件设备,称为现场控制单元(Harmony Control Unit,简称 HCU)。

3)多功能处理器

在一个 HCU 中,配置数个以高性能处理器为核心,能进行多种过程控制运算,并通过子总线和相关 I/O 模件连接的智能模件型控制器称为多功能处理器(Multi - Function Processor,简称 MFP)。

4)人系统接口

用于过程监视、操作、记录等功能,以及报警、数据处理、数据归档、数据交换和通信等管理功能,并以通用计算机为基础的硬、软件有机结合的设备,称为人系统接口(Human System Interface,简称 HSI)。它的型号为 Conductor,故在 Symphony 系统中,HSI 设备也被称为 Conductor 系列人系统接口产品(或设备),其中包括操作员 Conductor NT。

5)网络到计算机接口

Symphony 系统与其他包括系统工程工具在内的其他第三方计算机以及有关控制设备接口,称为网络到计算机接口(Network to Computer Interface,简称 NCI)。

6)系统工具

采用通用计算机和操作系统以及完整的专用组态软件系统,为过程控制应用完成软件组态、系统监视、系统维护等任务,并能够在线或离线工作的设备,称为系统工具(Composer)。

7)通信系统

用于系统通信,把现场控制单元 HCU、人系统接口 HSI 等硬件设备构成一个完整的分布式控制系统,并使分散的过程数据和管理数据成为整个系统的共同财富的硬、软件结构称为通信系统(Communication Network),它是包括控制网络(Control Network)在内的多层网络结构。

2. 系统软件

Symphony 系统有以下几种系统软件。

1)功能码

功能码是已固化在多功能处理器 MFP 中的 ROM 内,可供系统设计、组态时,完成过程控制、数据采集的标准子程序。在系统工程工具内,它将存储在对象交换的文件内。

2)功能块

功能块是一种在多功能处理器中、非易失的 NURAM 的存储空间内,用来描述控制策略的数据库。

3)组态软件包

组态软件包是用于给系统设备如现场控制单元 HCU、人系统接口 HIS 等组态的专用软件。其中给 HCU 的控制器组态的软件称为 Automation Architect,给人系统接口 Conductor VMS 组态的软件称为 GDC,给 Conductor NT 画面组态的软件(或编辑器)称为 Grafx。

4)通信接口软件

用来与其他第三方计算机或现场控制、数据采集设备进行通信的专用软件称为通信接口软件(Communication Interface - Software),如 DDE、OPC 等。

5)操作系统

在人系统接口 Conductor 系列中使用了不同的操作系统,如 Conductor NT 使用了 Windows NT 操作系统,Conductor VMS 使用了 OPENVMS 系统。

(二)Symphony 系统的通信

1. Symphony 系统通信网络的结构

Symphony 系统通信网络为多层、各自独立、采用不同通信方式与信息类型的网络结构。

最上层的通信结构为总线网络,主要用来构成管理层数据交换的结构,通过通信介质与多种类型的计算机连接,构成企业需要的有关生产、财务、人事、培训、维护、备件及市场管理等多种内容的管理功能。第二层网络主要用于进行现场 I/O 状态采集、过程控制操作、过程及系统报警等管理数据交换的工作,其名称为控制网络 Cnet(Control Net Work)。Cnet 为环型结构,使用了高效、安全的存储转发协议,主要用来连接现场控制单元 HCU、人系统接口 Conductor NT、系统工程设计工具 Composer 等类型的节点,它主要承担过程管理等信息传播功能。

在 HCU 内部的第一层网络结构为控制总线 CW(Control Way),总线结构,使用简捷、快速的自由竞争协议。它主要承担本节点内智能多功能处理器模件间的通信,它也是冗余布置的。每个 HCU 内可以安装多对冗余配置的多功能处理器 MFP,控制总线 CW 负责同一个 HCU 内的 MFP 之间的通信,每对 MF、P 可以组态不同的控制策略,实现不同的控制功能。Control Way 通过 NPM 和 NIS 两种网络接口模件与 Cnet 连接实现与其他节点通信的功能。

在 HCU 结构内的第二层网络结构为扩展总线 EB(Expander Bus),并行结构,受智能模件控制(没有标称协议),它主要承担智能多功能处理器模件与它所配置的 I/O 子模件间的通信,完成相应的数据采集和执行相应的控制动作。

2. Symphony 系统通信使用的技术

为了防止通信信道的堵塞,保证通信传输的畅通和提高网络的通信效率,以及最有效地利用信息传输中的每一信息字节,在整个通信系统组合中,均使用了三种有效的通信技术,即例外报告技术、信息压缩技术及确认重发技术。

(三)Symphony 系统的应用

1. 概况

某电厂二期扩建工程建设两台 600MW 燃煤火力发电空冷机组。锅炉采用东方锅炉厂 DG2060/17.6 - Ⅱ1 型亚临界、自然循环、前后墙对冲燃烧方式、一次中间再热、单炉膛平衡通风、同态排渣、紧身封闭、全钢结构的 π 型汽包炉。汽轮机采用哈尔滨汽轮机厂 NZK600 - 16.7/538/538 型亚临界、中间再热、四缸四排汽、直接空冷凝汽式机组。发电机采用哈尔滨电机厂 QFSN - 600 - 2YHG 型 600MW 水氢氢汽轮发电机和自并励静止励磁系统。机组采用两机一控方式,两台机组设一个集中控制室,集中控制室位于两炉之间的集中控制楼 13.7m 层。集中控制室后面布置工程师室、电子设备间。

集中控制室内布置两台机组及辅助车间的控制盘台、全厂工业电视控制盘台、消防报警盘、值长操作台等,两台机组的控制盘台布置为折线形式。辅助车间监控系统和全厂电视监视系统的控制盘台布置在两台单元机组控制盘台中间。

DCS 系统采用 ABB 贝利公司 Symphony 系统。为使单元机组的控制具有较高的热工自动化水平,其要求如下:

(1)设置厂级监控信息系统(SIS)。SIS 将与全厂管理信息系统(MIS)、各单元机组 DCS、全厂辅助车间监控网络等留有通信接口,以使全厂逐步实现统一管理。

(2)单元机组炉、机、发 - 变组、厂用电以及电气公用系统,实现单元机组的统一监控与管理。在集中控制室内,单元机组以 DCS 的操作员站及大屏幕显示器为主要监视和控制手段,不设常规控制盘,实现全 CRT 监控。仅在 DCS 操作台上配置炉、机、发-变组的硬接线紧急停止按钮及少量设备的硬接线操作按钮,以保证机组在紧急情况下安全快速停机。单元机组将由一名值班员和两名辅助值班操作员完成对炉、机、电单元机组的运行管理。

(3)采用技术先进且经济实用、符合国情的优化控制和分析软件,特别是机组性能分析、优化运行软件,以使机组始终处于最优运行状态。

(4)单元机组应能接收来自电网调度系统的机组负荷指令,实现自动发电控制(AGC)功能。另外,电网调度系统也可将负荷指令送至 SIS,经处理和优化后,分送各单元机组,完成 AGC 功能。

(5)设置两台机组公用系统控制网,厂用电等公用系统的监控接入该网。ABB 采用单独的公用环作为两台机组公用控制系统的环网,公用系统的 HCU 挂在该网上,两台单元机组的环网分别通过冗余的 ILL - 网桥与公用环网连接,并且在网桥内有隔离,使单元机组环与公用环无电耦合,在两台机组的操作员站上应可同时监视公用系统的运行,并且通过软件闭锁,保证只有一台机组能控制公用系统的运行。

(6)空冷凝汽器系统的监视/控制采用物理分离方案,控制系统随空冷岛主设备成套供货,采用与单元机组 DCS 相同的硬件,控制机柜布置在空冷岛就地电子设备间,系统接入单元机组 DCS,通过单元机组 DCS 的操作员站实现空冷系统的集中监控,由 DCS 操作员站完成对其工艺系统的程序启/停、中断控制及单个设备的操作。

(7)汽轮机电液控制系统随汽轮机成套供货,采用与单元机组 DCS 相同的硬件,控制机柜布置在集控室电子设备间,系统接入单元机组 DCS,与单元机组 DCS 无缝连接,通过单元机组 DCS 的操作员站实现 DEH 系统的集中监控,由 DCS 操作员站完成对其工艺系统的程序启/停、中断控制及单个设备的操作。

(8)锅炉的脱硫系统随脱硫岛成套供货,在脱硫电空楼设控制室(留有另一台机组脱硫控制设备的安装位置)。脱硫控制系统采用与单元机组 DCS 相同的硬件,全部 DCS 机柜及操作员站、工程师站等设备布置在脱硫控制室和电子设备间内。脱硫 DCS 系统通过通信接口与机组 DCS 系统相连接,在系统调试和运行初期,运行人员可在脱硫控制室内值班;当系统运行稳定后,可在机组集中控制室内由操作员站监控。

(9)空调系统、锅炉吹灰系统、水汽取样及化学加药系统等主厂房内辅助系统在集中控制室控制,就地不设运行值班人员,控制机柜布置在主设备附近。控制系统均采用 PLC,通过通信接口与 DCS 相连,由 DCS 的操作员站完成对其工艺系统的程序启/停、中断控制及单个设备的操作。

(10)锅炉炉管泄漏监测系统与机组 DCS 间设置通信接口,可在单元控制室内 DCS 操作员站上监视锅炉炉管的泄漏情况。

2. 控制范围

DCS 实现的主要功能有数据采集系统(DAS)、模拟量控制系统(MCS)、顺序控制系统(SCS)、电气控制系统(ECS)、锅炉炉膛安全监视系统(FSSS)、汽轮机危急遮断保护系统(ETS)、人机接口(HMI)与其他控制系统接口。此外,DEH 系统(约 500 个 I/O 点)、空冷控制系统(约 1 700 个 I/O 点)和脱硫控制系统(约 1 500 个 I/O 点)由供货商提供,这些系统是 DCS 监控的组成部分,DCS 系统总点数包括这些 I/O 点。

3. 网络与系统配置

两台机组的 DCS 系统网络采用超级环路的形式,每台机组分别采用两个环形控制网络,一个用于单元机组的控制,另一个是空冷控制系统。设置单独的公用环作为两台机组公用控制系统的环网,公用系统的 HCU 挂在该网上,脱硫控制也采用单独的环路,合计六个环路分别通过冗余的 ILL－网桥与超级环路连接,并且在网桥内有隔离,使单元机组环之间无电耦合,在两台机组的操作员站上可同时监视公用系统的运行,并且通过软件闭锁,保证只有一台机组能控制公用系统的运行。

4. 人机接口站

Symphony 系统的人机接口站包括人系统接口 Conductor 和工程师站 Composer。Conductor 仍采用通用计算机和操作系统,用于过程监视、操作、记录等功能。Composer 采用通用计算机和操作系统并配以完整的专用组态工具,担负软件组态、系统监视、系统维护等任务。

该电厂两台单元机组分别配置四套操作员站、两套工程师站,其中一套用于空冷控制系统。

三、XDPS－400 系统

XDPS 是新华分散处理系统(XinHua Distributed Processing System)的缩写,从出口巴基斯坦 3×210MW 机组第一套 DAS－100 计算机监控系统开始,随着计算机和通信技术的发展,通过 CPU 和通信接口的系统升级,形成了 XDPS－ 400 分散型控制系统系列产品。这套系统已在 50、100、125、200、300MW 机组上广泛应用,与目前国内已经进口的 DCS 系统相比,功能相当,并在组态与人机界面上超过了进口 DCS 系统,是我国电站 300MW 火电机组上应用的第一个中国品牌的 DCS 系统。XDPS－400 系统结构如图 7-18 所示。

(一)网络子系统

XDPS－400 系统采用了通行的分层分级网络结构体系。在网络中大量采用标准工业以太网技术。

(1)现场级:XDPS－400 现场级网络包括支持其远程 I/O 的网络、支持 PLC 的 MODBus 网络和支持现场总线系统的网络等。

(2)控制级:XDPS－400 控制级网络包括冗余实时通信网络和控制器柜内总线系统。在最新推出的 XDPS－400＋系统中,上述两种网络均采用了标准的工业以太网技术。冗余实时通信网络通过网络交换机实现了光纤环网。

(3)监控级:采用交换式快速以太网技术,用于 HMI 站间数据交换。

(4)管理级:随着一体化和集成化技术的发展,XDPS－400＋系统进一步向厂级信息系统延伸,部署了工厂局域网以支持的 SIS 系统。

(二)过程控制子系统

XDPS－400 的过程控制系统被称为分布式处理单元 DPU(Distributed Processing Unit),用于完成数据采集、过程控制和保护功能。DPU 包括主控制器、I/O 站系统和连接

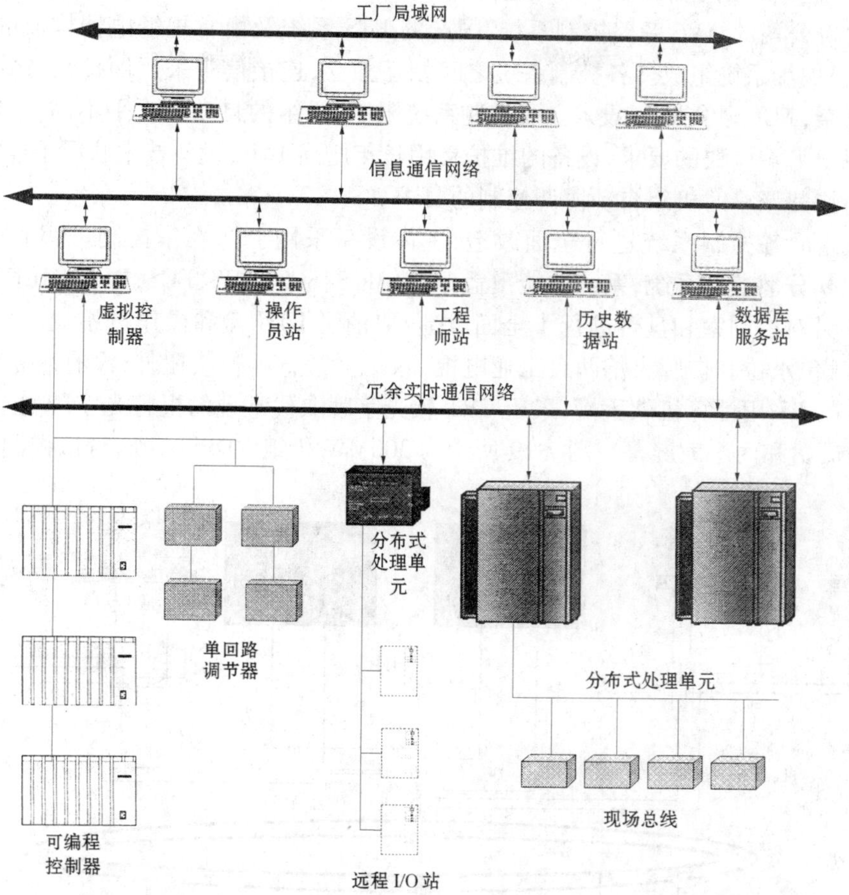

图 7-18　XDPS－400 系统结构

二者的柜内总线系统或远程 I/O 总线。

（三）HMI 子系统

XDPS－400 的 HMI 子系统由操作员站、工程师站、历史记录站和 SIS 管理计算机等构成，全部采用基于 Windows NT 的高性能 PC 机。

（四）XDPS－400 系统的工程应用

1. 概况

某电厂 1 号 300MW 燃煤汽轮发电机组建于 20 世纪 90 年代初，三大主机由哈尔滨三大动力厂提供。锅炉为亚临界、中间再热、自然循环、直吹式汽包炉，四角喷燃切圆燃烧。汽轮机为单轴、亚临界、再热、凝汽式汽轮机，中速磨正压直吹制粉系统，送、引、一次风机为动叶可调轴流式风机。给水系统配用两台 50% 气动给水泵、一台 50% 电动调速给水泵和 40% 高低压二级旁路。过热汽温采用二级喷水降温，再热汽温采取摆动燃烧器为主、事故喷水为辅的调节方式。原有机组的热工控制系统主要由美国西屋公司的 WDPF－Ⅱ系统（用于 CCS），美国福尼公司的 AFS－1000 系统（用于 BMS），上海新华控制工程有限公司的 DEH－Ⅲ型高压抗燃油数字式纯电液调节系统、给水泵汽轮机电液调节系统(MEH)、瑞士苏尔寿公司的 AV6 旁路控制系统,国产的 ETS 系统及由常规继电器构成的程控、顺控、联锁保护等系统组成。各控制系统之间相互独立,连接信号采用硬接线方式实现,系统接口复杂,AGC 功能难以投入。受控制系统限制,机组的自动化水平不高,不能满足电网对机组出力响应快的要求,设备的维护费用长年居高不下,设备技术状况不能适应大范围变负荷快速调峰时机组自动协调控制的要求。

对机组原各控制系统进行全面改造,主体设备采用上海新华控制工程有限公司的 XDPS－400 分散控制系统,系统功能覆盖 DAS、MCS、SCS、BMS、ECS、DEH、MEH、ETS、TSI 等系统。另对控制室和盘台进行了全面改造:取消了 BTG 盘和操作员站,设置大屏幕显示系统,汽包水位和炉膛火焰两台工业电视,除 9 个紧急后备按钮外,没有后备手操和常规仪表,全部采用计算机软手操,采用 CRT 软光字牌取代常规的报警光字牌,控制室共设 4 个操作员站和两个大屏幕。图 7-19 所示为 300MW 机组 XDPS－400 分散控制系统。

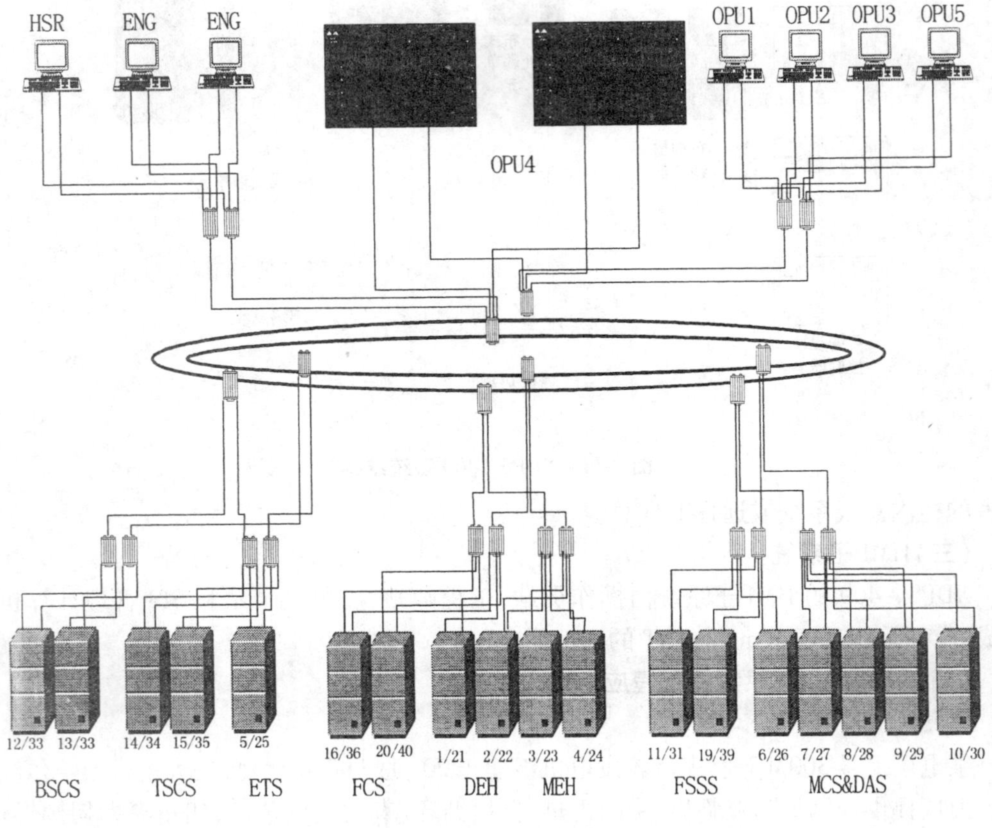

图 7-19　300MW 机组 XDPS－400 分散控制系统

2. DCS 网络体系构成

1)DCS 主干通信网络结构

该电厂 DCS 采用上海新华控制工程有限公司的 XDPS－400 系统,网络类型为以太网,网络结构为总线型,传输速率为 10Mb/s,传输介质是 50Ω 无源同轴电缆,带站能力最大 254 个,通信约定协议为广播式,点与点结构。

XDPS－400 以一个高速的冗余实时数据网络(A 网、B 网)和一个信息网(C 网)为基础,由多个节点构成。挂网的处理节点由数据处理站(DPU)和 MMI 站(工程师站、操作员站、历史数据站、中间计算站、外部系统接口站)构成一个具有过程控制、顺序控制和数据监视功能的分布式控制系统。实时数据网络共分四段,每段间用同轴电缆集线器连接,并转换为双绞线连接到切换型集线器(Switch Hub)与总线连接。信息网用于连接 MMI 的各种站点,并用于操作系统支持的文件传送及打印共享。

2)DPU 分散处理单元低层通信网络结构

DPU 低层通信采用高速串行总线的位总线连接 DPU 与 I/O 单元,通信协议符合 EIA RS－485 规范,通信传输速率 375kb/s,通信介质是屏蔽双绞线 STP,采用命令/响应通信方式主从式通信结构。

3. XDPS－400 系统网络通信特点

高速数据通信网是整个系统的核心,节点间自由通信,节点可配置在系统中的任何位置,非常灵活。实时数据与实时状态对各节点是透明的,数据的传送采用周期传送和例外传送的数据交换形式,以降低网络的通信负荷,保证了可靠性。网上的各种节点由单板或用通用的工业 PC 构成,网卡也是通用的以太网卡,具有兼容的升级换代能力。由于信息高速公路采用标准的以太网和 TCP/IP 通信协议,因而系统也易于容纳其他产品。

XDPS－400 系统网络通信技术特点如下:

(1)提供广播所有网上设备的高速数据链路。所有节点共享整个 XDPS 分布式全局数据库,无通信瓶颈。

(2)XDPS－400 实时数据高速公路信息的传播不需要中间站的存储或转发,使得通信网络的维护极为方便。

(3)所有 DPU 站和 MMI 站均挂接于实时数据高速公路实现数据通信,而所有 MMI 站又与信息以太网连接,使非实时管理信息与实时控制信息彼此分开,真正实现信息控制。

4. 系统功能

DCS 功能覆盖 DAS、MCS、SCS、BMS、ECS、DEH、MEH、ETS、TSI 等系统,并将发电机变压器组及厂用电系统的操作及有关参数监视纳入 DCS 中,实现了集过程控制、顺序控制、数据采集和监视于一体,达到了机、炉、电一体化的目标。各子系统采用统一的软硬件,均具有数据采集、连续控制和逻辑控制功能,并通过数据高速公路实现数据共享,解决了改造前不同厂家设备之间接口的问题。DCS 系统达到机组级程控分阶段启停水平,通过 AUS(Auto Unit Sequence)顺控系统,根据机组的不同工况(冷态、热态、极热态)采用相应的顺序控制逻辑,实现从锅炉清洗,锅炉上水,建立风烟,锅炉点火,给水旁路和主路可相互切换,单冲量和三冲量的相互切换,汽机自动冲转升速,阀切换自动并网带负荷,厂用电切换,小机自启停,高、低压加热器加自投入等的自动控制。

复习思考题

7-1 什么是分散控制系统?新一代分散控制系统的特点是什么?

7-2 分散控制系统的基本功能是什么?

7-3 分散控制系统工程师站的主要功能是什么?

7-4 数据采集系统的主要功能包括哪些?

7-5 熟悉各现地单元控制系统的组态原理图。

7-6 分散控制系统 DCS 与现场总线控制系统 FCS 有何区别与联系?

7-7 大型火电机组应用计算机控制的主要功能系统包括哪些?各自的主要功能是什么?

7-8 火电厂计算机控制的发展趋势是什么?

第八章 发电厂自动化装置及其在监控系统的应用

发电厂计算机监控系统的功能是实现以计算机为基础的自动化控制与操作,但是,机组调整与控制的许多功能是由专用的自动化装置去实现的。发电厂常用的自动化装置有:调速器,担负机组有功功率的调节;同期装置,担负机组并入系统的任务;励磁调节装置,担负无功功率的调节。此外,还有温度自动巡测、转速测量、事故录波、机组机械保护等。我国电力行业标准《水力发电厂计算机监控系统设计规定》中指出:"励磁调节、调速、继电保护、水力机械保护、故障录波等功能一般不由监控系统承担,而由专设的专门功能装置完成。监控系统仅以简单的信息交换方式与之联系,例如,向励磁调节器和调速器发送给定值或调整脉冲,接收继电保护装置的动作信号等。如果那些专用装置微机化,则也可用串行通信方式实现这些装置与监控系统的通信。"由此可见,专用的自动化装置虽然不是计算机监控系统的组成部分,但它们与计算机监控系统协同工作,才能完成发电厂监视、控制、保护等系统功能。

第一节 微机自动巡回检测装置

一、微机自动巡回检测系统概述

一个自动控制系统在控制生产过程中,往往需要测量和监视生产现场的几个、几十个或更多的参数,虽然这一任务可以用常规模拟仪表来完成,但由于检测点太多,需要安装大量的仪表,耗费资金较多,并且占用很多的仪表盘空间,使得维护工作量很大。随着计算机技术的发展,计算机性能的不断提高,特别是高运算速度和大存储量的计算机,完全可以采用一台计算机来对几十个点甚至几百个点进行检测,这就克服了采用模拟仪表的缺陷,提高水电站自动化程度和运行管理水平。

(一)巡回检测系统

所谓巡回检测,就是对生产过程设备各物理量参数,以一定周期进行的测量。在任一检测周期过程中,计算机利用多路采样开关对输入通道的物理参数逐个采样,依次处理,并将结果输出显示、定时打印制表,对判断越限的参数进行报警。一个巡回检测系统的结构示意如图 8-1 所示。

(二)巡回检测中模拟量采集程序

模拟量参数的数据采集可由任务管理程序调用,当按等采样周期对 N 个模拟量进行数据采集时,程序流程可参考图 8-2。设有 N 个待采集量通道,某一物理量需要采集 S 次(为做算术平均滤波计算所需)。当通道地址指针指定了被采通道后,计算机随即启动

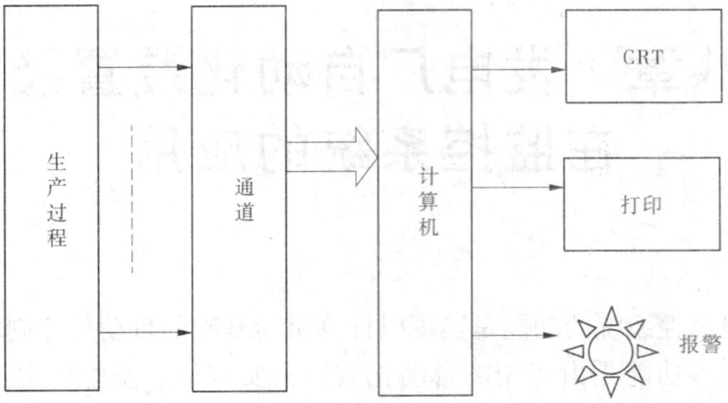

图 8-1　巡回检测系统结构示意图

A/D 转换,并可根据查询(或中断请求)来判断 A/D 转换是否完毕。一旦 A/D 转换完,CPU 便将得到的数字量存入数据存储器的指定单元中。上述采样过程按要求进行 S 次后,即转去执行该采集量的数据处理。

接着调整地址指针,通道数 N 减 1,判断 $N=0$ 否？如不为 0,则根据调整后的通道地址,重复上述 A/D 转换过程,一直到 $N=0$ 为止,完成了对 N 个参数采样的一次循环。程序返回任务管理,等待下一次采样周期到来,再重复上述过程。

在图 8-2 所示的框图中,还示出了有关数据处理等方面的内容,包括:数据滤波、标度变换以及根据需要安排的综合运算;对有的参数设置有上、下限,在越限的情况下,程序转向越限处理,如无越限参数,则按需要将得到的数据送显示器。

二、数据处理

(一)数据滤波

在进行数据采集的过程中,为了提高采集数据的准确性,对于同一个参数往往需要采集 S 次,然后对这 S 次采集到的数据进行滤波,把进行滤波处理后的数据作为最后数据。常用的滤波方法有算术平均滤波和中值滤波等。

1. 算术平均滤波

设对某一参数 x 采集 S 次,采集到的数据分别为 $x_1, x_2, \cdots, x_S$,则对这 S 个数进行算术平均滤波为:

$$x = \frac{1}{S}\sum_{i=1}^{S} x_i \tag{8-1}$$

即将这 S 个数的平均值作为最后数据。

2. 中值滤波

同样,设对某一参数 x 采集 S 次,采集到的数据分别为 $x_1, x_2, \cdots, x_S$,将这 S 个数按照从大到小或从小到大的顺序排列,取中间值作为最后数据,即为中值滤波。

(二)标度变换

生产过程中存在各种各样的物理量,如温度、压力、液位、流量、电流及电压等,它们有着不同的数值和量纲。所有这些待测参数经过变送器转换成 A/D 所能接收的信号值,其范围在 0～5V 之间,再经 A/D 转换成数字量,对应的 8 位数字量用十六进制数表示其范围为 0 ~ FF,它相当于十进数为 0 ~ 255。可见,在计算机中,生产过程中的参数都是以一个相同的二进制数位范围中的数值存放在计算机中,有如图 8-3 所示的变换关系。

为了进行显示、记录、打印以及报警,满足运行人员监视和控制的需要,必须把这些存放的二进制数字量转换成对应不同量纲的物理量数值,所进行的这种转换称做标度变换。

最基本的标度变换可分为两类。

1. 线性参数标度变换

对于线性仪表(传感和变送器件),由图 8-3 关系有等式:

$$\frac{A_x - A_0}{A_m - A_0} = \frac{D_x - D_0}{D_m - D_0} \qquad (8\text{-}2)$$

式中:A_0 为一次测量仪表的下限;A_m 为一次测量仪表的上限;A_x 为实际测量值;D_0 为仪表下限所对应的数字量;D_m 为仪表上限所对应的数字量;D_x 为测量值所对应的数字量。

A_0、A_m、D_0、D_m 对某一个固定的被测量参数来说,它们是常数,不同的参数有着不同的值,将式(8-2)改写成:

$$A_x = A_0 + \frac{A_m - A_0}{D_m - D_0}(D_x - D_0) \quad (8\text{-}3)$$

这时给定一个实测的二进制数字量 D_x,可算得实际物理参数的测量值 A_x,式(8-3)即为线性参数标度变换的基本算式。令 $k = \frac{A_m - A_0}{D_m - D_0}$,称为标度变换系数,对不同的测量参数有不同的 k 值,可预先置于内存单元中。这样,在计算机测取的数字量 D_x 已知的情况下,即可由式(8-3)算得该参数的实际工程物量值 A_x,再经二进制到十进制变换后,输出显示和打印;这个值与设定的上、下限值比较,便可判定是否越限,进行报警处理。

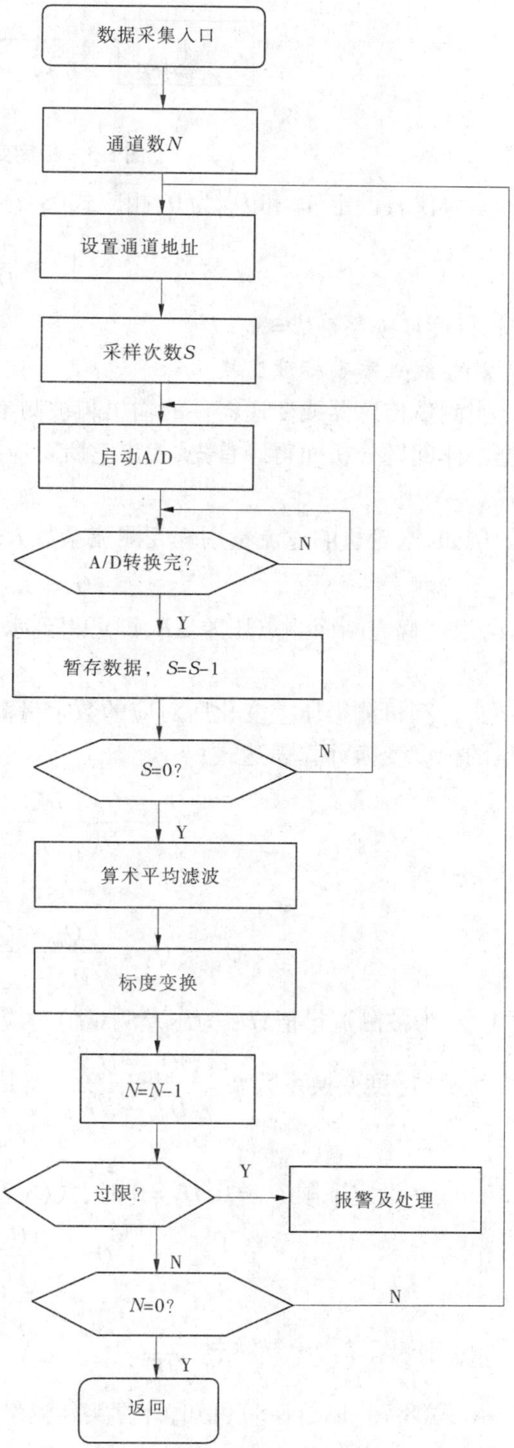

图 8-2 模拟量采集程序流程

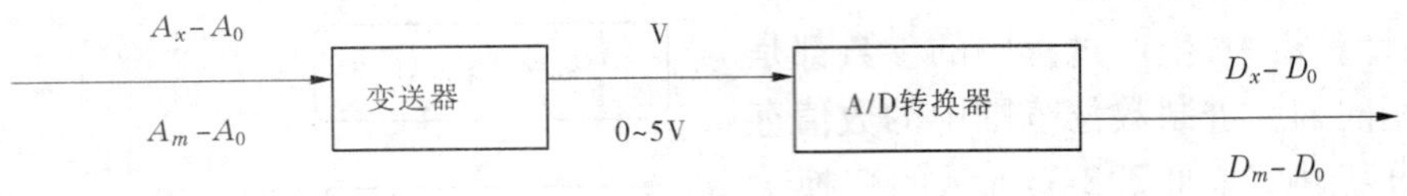

图 8-3 标度变换示意图

多数仪表设定 A_0 和 D_0 为 0，相应式(8-3)变为：

$$A_x = \frac{A_m}{D_m}D_x \tag{8-4}$$

这时，标度变换系数 $k=A_m/D_m$。

2. 非线性参数标度变换

当测量传感器或变送器件的输出与被测参量是非线性关系时，则其标度变换算式应根据具体问题分析而得。首先，找出它所对应标度变换的基本关系；然后，写出其计算表达式。

例如，水轮机的过流量用蜗壳测流系数 K，可按下式计算水轮机流量：

$$Q = K\sqrt{\Delta P} \tag{8-5}$$

这样，根据蜗壳断面测点压差 ΔP，即可得到水轮机的流量 Q。显然，这是一个非线性的关系。

当计算机测得压差变化所对应的数字量范围为 $D_0 \sim D_m$ 时，即可由式(8-5)写出测量流量的标度变换计算表达式：

$$\frac{Q_x - Q_0}{Q_m - Q_0} = \frac{K\sqrt{D_x} - K\sqrt{D_0}}{K\sqrt{D_m} - K\sqrt{D_0}} \tag{8-6}$$

解得：

$$Q_x = Q_0 + \frac{Q_m - Q_0}{\sqrt{D_m} - \sqrt{D_0}}(\sqrt{D_x} - \sqrt{D_0}) \tag{8-7}$$

式中：Q_x 为被测流量值；D_x 为压差测量值对应的数字量。

可见，标度变换系数 $k=\frac{Q_m - Q_0}{\sqrt{D_m} - \sqrt{D_0}}$。利用式(8-7)在已知 D_x 的情况下可以算得 Q_x 值。

一般在设定下限 $Q_0=0$、$D_0=0$ 时，式(8-7)变为：

$$Q_x = \frac{Q_m}{\sqrt{D_m}}\sqrt{D_x} \tag{8-8}$$

式中：k 为标度变换系数，$k=\frac{Q_m}{\sqrt{D_m}}$。

由式(8-7)和式(8-8)可知，计算实际流量时，必须对 D_x 做开方运算。

三、越限报警处理

除参数的实时监视、定时打印外，越限报警也是巡回检测系统的一项重要功能。为了保证水电站生产安全运行，对一些重要的参数，一般设有上、下限检查和越限报警处理装置，当设备运行在非正常情况时，以提醒运行人员注意或采取应急措施。

越限报警参数的程序设计比较简单，主要采用比较作出判断的方法。例如，某采样参数经过滤波以及标度变换后，与该参数设定的上、下限进行比较判断，当大于上限或小于下限时，则程序转向报警，即输出该项参数标志、发出声光信号；对于一类重要的物理参数（如转速飞逸、冷却水压消失断水等），可设定以若干次判断，如都处于越限状态，即可给出人工干预的操作指导。

越限处理程序与越限参数有关，设计处理程序与设备有着密切的关系，对象不同，其处理方法可能有很大的差别。由于篇幅限制，此处不一一阐述。

四、微机温度巡测装置

微机温度巡测装置是发电厂中常用的自动化检测装置，用于测量发电机组定子、转子及机组各轴承轴瓦的温度。微机温度巡测装置由单片机、A/D 采样、数据滤波等电路所组成，温度巡测装置可接收以热电阻或热电偶温度敏感元件的信号。热电阻输出的阻值或热电偶输出的热电势由输入回路变换的电压信号，经抗干扰电路滤去高频干扰后送入多路开关，由 CPU 控制多路开关将各输入信号巡回送入放大单元，经放大到预定值后输出到 A/D 转换单元。经过 A/D 转换器转换成相应的数字信号，送入 CPU 进行相应的校正计算与标度转换，运算结果转换为相应的标准输出信号送到 LED 显示装置或模拟输出接口。温度巡测装置除自身显示各测点温度之外，还常以国际标准的模拟信号 4 ~ 20mA、1 ~ 5V 等形式输出，作为标准模拟信号送到计算机监控系统；同时，还常以串行输出的方式与上位机进行通信。

我国的发电厂自动设备生产厂商研制了不同型号的微机温度巡测装置，如南京自动化控制研究院南瑞自动公司生产的 SJ－40 型温度巡测装置，测量通道为 24 ~ 96 点。温度巡检装置除正常监视机组各测点的温度之外，还具有报警输入功能，当某测点的温度高于某限度时，可输出报警信号，并为机组的温度保护提供信号。

第二节　微机交流电量采集装置

交流电量测量是发电厂自动化中的基本环节。经过实际应用证明，用微机来直接采集交流电量，可以使系统结构简化，采集数据的精度高，运行性能稳定。

一、微机交流电量测量的原理和算法

（一）原理

微机交流电量测量是按一定规律对被测电量（连续周期函数）的瞬时值进行连续采样（见图 8-4），然后通过一定的算法，计算出该被测电量的有效值。

与采用变送器测量电量不同，微机交流电量测量是用软件功能来代替模拟电路变送器，以达到转换、测量的目的。

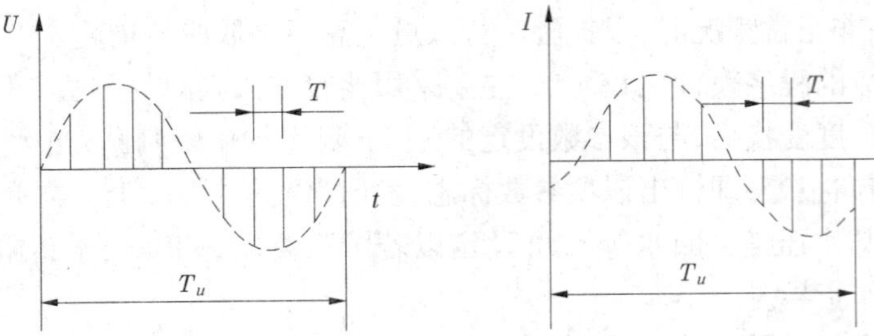

图 8-4　连续周期函数(电压和电流)采样波形

(二)交流电量测量的软件算法

将交流电量测量转换为有效值测量的软件算法,根据不同精度要求,有不同的计算方法,目前最常用的是均方根计算法,下面仅对此方法作一描述。

如对连续周期正弦函数电压和电流以等采样周期采集若干个离散的瞬时值 u_j 和 i_j(其下标为连续采样时刻的序号,$j=1,2,\cdots,N$;N 为采集个数),则其电压的有效值离散表达式为:

$$U = \sqrt{\frac{1}{N}\sum_{j=1}^{N} u_j^2} \tag{8-9}$$

电流的有效值离散表达式为:

$$I = \sqrt{\frac{1}{N}\sum_{j=1}^{N} i_j^2} \tag{8-10}$$

式中:u_j 为第 j 次采样电压值;i_j 为第 j 次采样电流值。

实际应用中 N 次采样是在一个工频正弦波周期中完成的。为了保证计算的准确性,N 的次数应尽可能多。由于电力线路上不存在偶次谐波分量,常采取以奇数点等分一工频周期的方法来确定各次采样时刻。

(三)有功功率、无功功率的算法

为了计算有功、无功等参数,根据测量系统软件和硬件的配置情况,可采用以下两种算法。

1. 求积法

由连续周期性电量函数的功率定义,单相电路功率计算的离散表达式为:

$$P = \frac{1}{N}\sum_{j=1}^{N} u_j i_j \tag{8-11}$$

式中:u_j、i_j 分别为对应 j 时刻采样值,如图 8-4 所示。

通过计算可得无功功率,即:

$$Q = \sqrt{S^2 - P^2} \tag{8-12}$$

式中:S 为视在功率。

由式(8-9)及式(8-10)的结果得:

$$S = UI \tag{8-13}$$

对于三相电路的功率,可分别由 A、B、C 三相分别计算后求和得到,即:

$$\left.\begin{aligned} P &= P_a + P_b + P_c \\ Q &= Q_a + Q_b + Q_c \\ S &= S_a + S_b + S_c \end{aligned}\right\} \tag{8-14}$$

功率因数为：

$$\cos\varphi = \frac{P}{S} \tag{8-15}$$

2. *求功率因数角法*

当测得功率因数角 φ 后，即可利用式(8-9)及式(8-10)结果，通过下式计算得到有功及无功功率，对于单相电路有：

$$P = IU\cos\varphi \tag{8-16}$$

$$Q = IU\sin\varphi \tag{8-17}$$

φ 角的测量原理参见图 8-5。

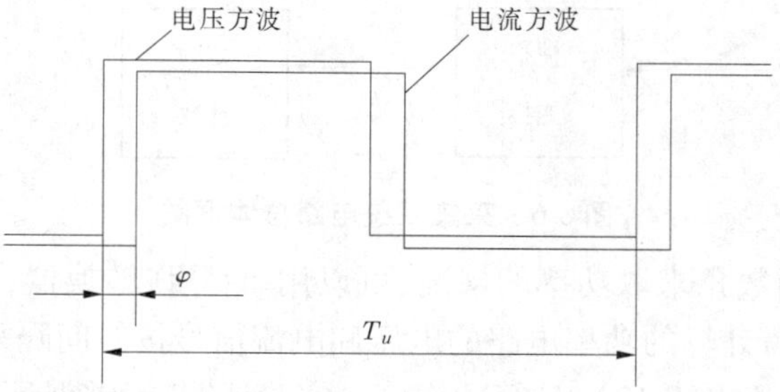

图 8-5　功率因数角测量原理图

它通过硬件电路把电流和电压正弦波变换为方波，由方波的上跳沿分别记录 u 和 i 正弦波上升过零时刻 t_u 和 t_i，求其时间差 Δt，可以计算出功率因数角 φ 为：

$$\varphi = \frac{2\pi}{T} \times \Delta t \tag{8-18}$$

式中：T 为被测信号的周期。

Δt 可以利用式(8-19)求得：

$$\Delta t = M\tau \tag{8-19}$$

式中：M 为利用计数器记录的在 t_u 和 t_i 时刻之间的时钟频率的周期数，由计算机提供；τ 为计数时钟周期。

二、交流电量测量的软件和硬件实现方法

（一）数据采集系统电路

当用求积法来计算功率时，需要测取各对应时刻电压和电流的采样值，按式(8-11)进行计算。为此要配备双 A/D 转换器，分别同时对电压、电流进行采样，如图 8-6 所示。来自现场二次回路的电压和电流信号经过专门绕制的 PT 和 CT 单元变换为 A/D 转换的输入电压。在采样时刻由 CPU 发出控制信号，同时启动双 A/D 进行转换；转换完毕后，计算机分别读取转换的电压值和电流值，并将结果存入数据相应的内存单元中。为了确定

采样周期，设置了测频电路，以便跟踪锁相工频频率的变化，随即计算出连续交流电量的周期 T_u。在已知采样次数 N 时，可得采样间隔（采样周期）为：

$$T = \frac{T_u}{N} \tag{8-20}$$

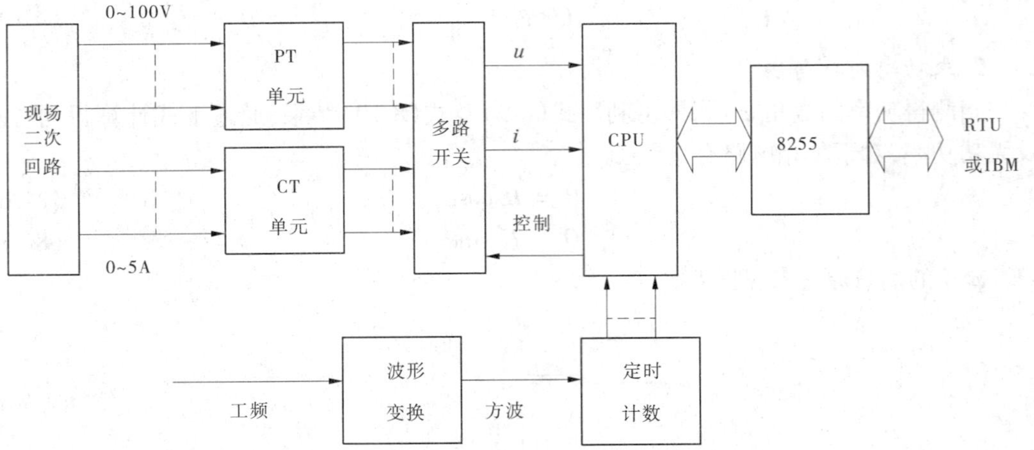

图 8-6　采集系统电路总体框图

对于用测功率因数角求取功率的情况，可以用单 A/D 转换器，由多路开关在相继的两个周期中，分别对需计算的功率电路的电压和电流信号按等间隔采样 N 次，将算得的 U 及 I 值代入式（8-16）及式（8-17），计算功率值。实验证明，能够保证测量精度。

（二）软件设计

交流电量采集软件程序，一般都包含以下三方面的内容：对工频信号锁相测算出周期 T_u，从而计算在一个工频周期中的采样间隔 $T=\frac{T_u}{N}$；按照所得的采样周期间隔 T 对每一通道信号进行 N 次采样；用式（8-9）~式（8-20），根据算法要求，计算出有关电量值。主程序流程参见图 8-7。

中断服务程序设置两级：高级为采样数据，由等间隔时间 T 定时触发；次级为工频锁相计数触发，正常运行工况下约为 20ms。

除了上述软件内容外，程序编制还可完成包括用平均功率对时间积分计算电量、稳定性分析及系统诊断等多方面的工作。

除上述问题外，为满足转换速度和精度的要求，应选用高速 A/D 转换器件，一般可选用 AD571，分辨率为 10 位；或 AD574，分辨率为 12 位，转换时间为 25μs。AD571 及 AD574 都具有双极性的模入，这对用来测量周期变化的工频信号瞬时量是很实用的。为保证在模数转换过程中，输入信号不变及功率计算要求下 u_j、i_j 的同时采样，应采用 LF398 保持器。

三、发电厂常用的交流电量采集装置

采用交流采样技术，可以节省大量的电量变送器，降低自动化设备的成本，提高其可

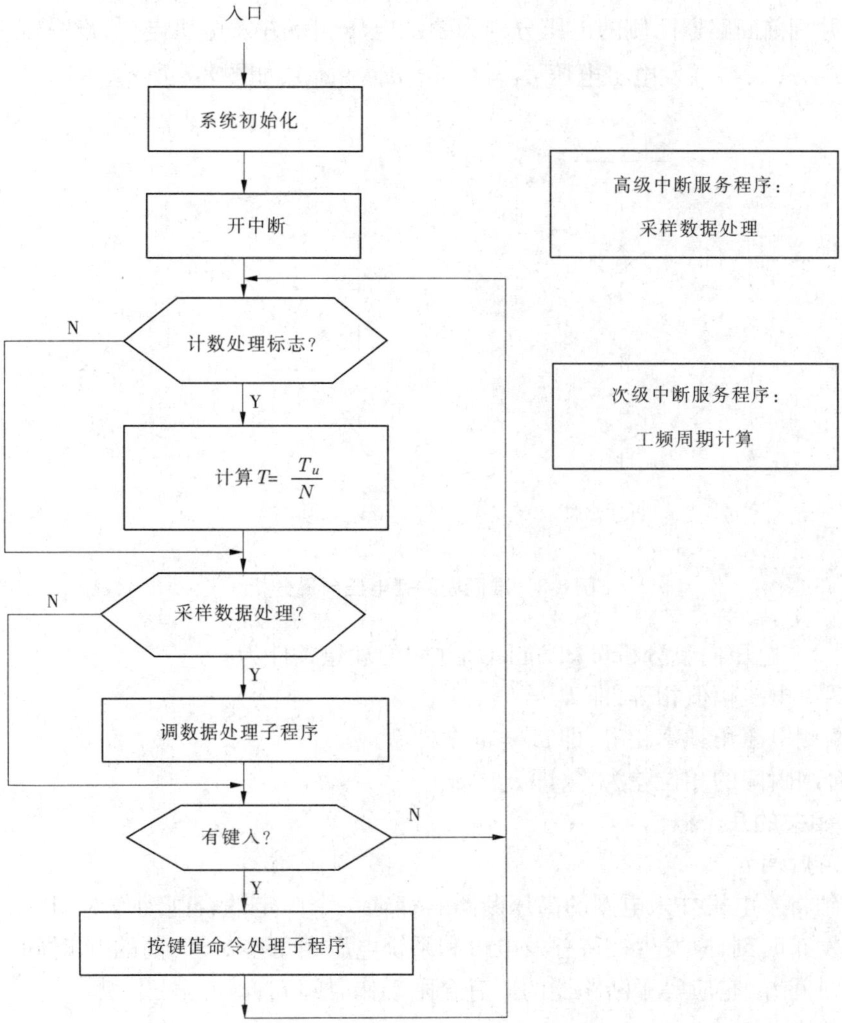

图 8-7　主程序流程

靠性。目前，交流采样技术已在电力系统测量中得到广泛应用，大中型水电厂设置有专门的采样屏，采用交流采样技术测量电压、电流、功率等参数。南京自动化研究院南瑞控制公司生产的 ACS－1 型智能交流采样装置用于 SJ－500 型大中型电厂微机监控系统中。

第三节　微机同期装置

一、微机自动准同期原理

电力系统中，同期操作是一种既频繁又重要的操作，这种操作在绝大多数发电厂中，都是借助于自动准同期装置来实现的。

(一)准同期并列的条件

同期并列前断路器两侧的电压分别为系统电压和待并发电机电压,设系统电压 $\dot{U}_X = U_X\sin(\omega_X t + \varphi_X)$,待并发电机电压 $\dot{U}_F = U_F\sin(\omega_F t + \varphi_F)$,如图 8-8 所示。

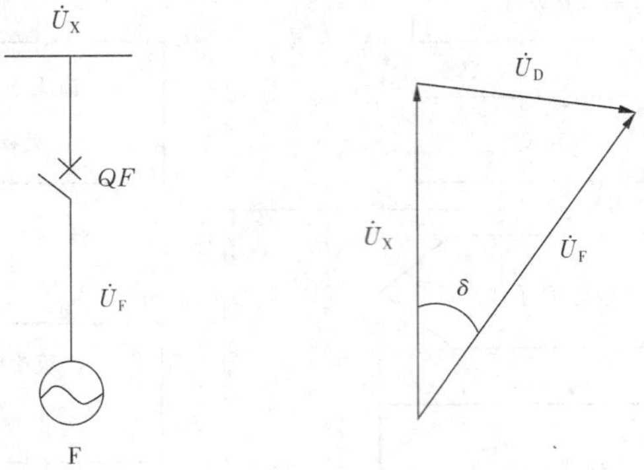

(a)示意图　　(b)相量图

图 8-8　准同期并列电压向量分析

由图 8-8 电压向量分析可知,准同期并列的理想条件为:

(1)两侧电压幅值相等,即 $U_F = U_X$;

(2)两侧电压角频率相等,即 $\omega_F = \omega_X$;

(3)合闸瞬间的相位差为零,即 $\varphi_F = \varphi_X$。

(二)相关的几个概念

1. 导前时间 t_D

考虑到将发电机并入电网的高压断路器存在一个固定的合闸动作时间,因此理想的合闸命令发布时刻,应发生在待并发电机和系统电压相角差 $\delta = 0°$前的 t_D 时间,这个时间称为导前时间 t_D,它应等于断路器的固有合闸动作时间 t_H,即 $t_D = t_H$。

2. 滑差角频率 ω_S

在待并发电机并入系统前,它们各自以角频率 ω_X 和 ω_F 旋转,其中,角频率 ω_X 和 ω_F 的差值即 $\omega_S = \omega_X - \omega_F$ 称为滑差角频率。

3. 提前合闸相位差

$\delta = 0$ 是理想的并列时刻,它表示在电压差和频率差都满足并列条件时,给并列点高压断路器发出合闸脉冲时刻应提前时间 t_D。在 ω_S 等于常数的情况下,可以写出提前合闸相位差:

$$\delta_D = \omega_S t_D = \omega_S t_H \tag{8-21}$$

恒定导前时间合闸的模拟式自动准同期装置的实现,就以此为根据。实际上,发电机的并列过程中,ω_S 并非恒定,通常是使发电机处于从低速到额定速升速过程。因此,以 ω_S 等于常数而得到的导前合闸角,难免存在附加的合闸误差 $\Delta\delta_D$。

微机自动准同期是根据发电机与系统间同期并列时存在频率差及频率差变化的实际情况,以无冲击并列条件来建立数学模型,可以保证好的同期效果。但是,用微机实现自动准同期，目前在投运中所采用的各种实现方法差异很大，其表达的数学模型和装置的软、硬件结构都有所不同，同期操作的效果也不尽一样。此处介绍的微机自动准同期原理和方法以及所构成的装置，通过在几个电站的运行实践表明，它能满足快速、准确、可靠地实现同期操作的要求。

考虑到待并发电机与系统之间同时存在频差和频差变化率，当忽略高阶微分时，理想导前合闸角应写成：

$$\delta_D = \omega_S t_D + \frac{1}{2}\frac{d\omega_S}{dt}t_D^2 \tag{8-22}$$

式中：$\frac{d\omega_S}{dt}$是频差的一阶导数，反映频差的变化率，其值可正可负。

式(8-22)即为所介绍的微机自动准同期导前合闸的依据，显然与式(8-21)相比，式(8-22)更为成熟和切合实际。

(三)模拟式自动准同期装置存在的问题

目前发电厂多采用 ZZQ－3A 型模拟电路式的自动准同期装置。实际电站运行表明：由于模拟电子电路元件参数的稳定性较差，长期运行将会影响同期的准确性；同时，该装置在同期过程中不易捕捉到适当的合闸动作时间，以致延长了同期并列的过程；另外，在同期并列的过程中，不仅存在频差也存在频差的变化，而上述模拟装置无法反映频差变化对同期带来的影响。

由于模拟式自动准同期装置在设备元器件和原理上存在的缺陷，因而往往使得并列过程时间延长；同期合闸有可能存在一定的相角偏差，产生一定的冲击电流，有时甚至发生危及发电机安全的误并列。

(四)微机自动准同期原理

微机自动准同期克服了模拟式自动准同期存在的问题，具有如下特点：

(1)在原理上保证合闸时的无冲击(即保证合闸冲击电流接近于0)。

(2)可以实现对待并发电机电压和频率的调节，加快并列速度。

(3)灵敏度高，可控制准同期条件第一次出现时就能准确地将发电机投入系统，保证快速地同期并列。

(4)结构简单，方便扩充功能。

微机自动准同期，利用微机高速测取发电机和系统的电压及频率值，经过数据处理和逻辑判断，在满足电压差和频率差要求的条件下，按照设定的数学模型实时地求出合闸的导前相差 δ_D，当实测相位差 δ 等于 δ_D 时，发出合闸命令，将发电机并入电网。

微机自动准同期执行同期过程的流程如图 8-9 所示。计算机扫描各发电机同期标志，当某发电机有请求标志时，取该待并发电机导前时间 t_D、允许电压差 ΔU_Y 及允许频差 ω_{SY}值。接着采样待并发电机端电压 U_F 和系统相应相的电压 U_X；检查 U_F 与 U_X 的电压差 ΔU，如 ΔU 超出允许值，则对发电机进行调压，直至 ΔU 在允许范围内；计算并检查 ω_S 是否超出允许值 ω_{SY}，如超过则对水轮机进行转速调整，一直到 ω_S 等于或小于 ω_{SY} 为止。根据算得的 ω_S 和$\frac{d\omega_S}{dt}$，以及给定的 t_D 值，按式(8-22)算出理想提前合闸角 δ_D，同

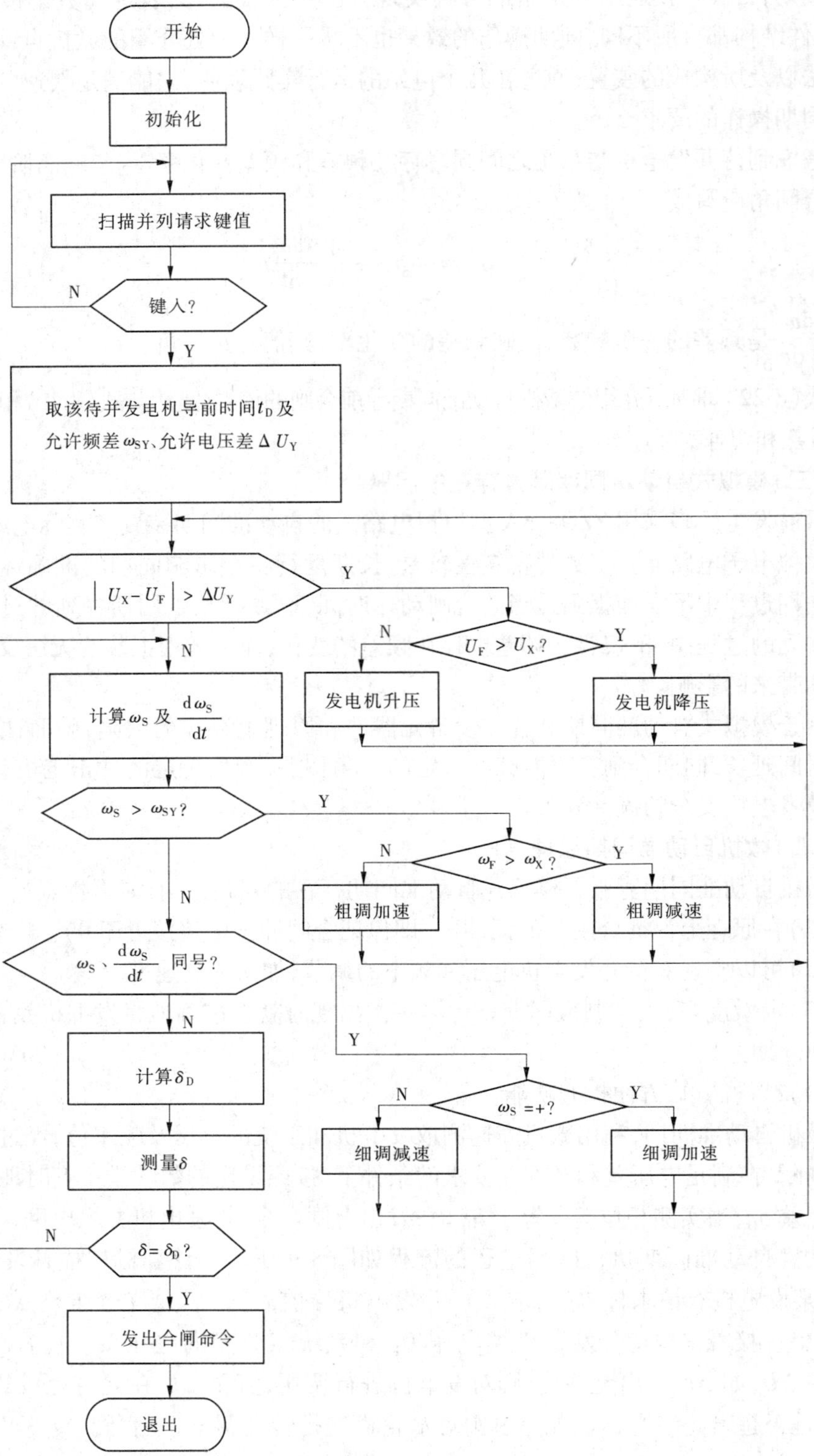

图 8-9　微机自动准同期执行同期过程的流程

时检测并计算每一时刻实际的相位差 δ，与 δ_D 相比较，当 $\delta=\delta_D$ 时，即发出合闸命令。

要完成上述并列过程，包括信息的测量、数据的处理、合闸过程的逻辑判断等，都要进行一些特殊的技术处理工作，现仅对一些主要方面加以介绍。

二、微机自动准同期实现的一些技术问题

（一）发电机电压的调节

考虑到所有发电机都配备了自动调节的励磁装置，因此同期过程中发电机电压调节工作只作粗调，细调可以由自动励磁调节器完成。

（二）频率调节

频率调节也分成粗调和细调。当 $\omega_S>\omega_{SY}$ 的情况下，为尽快达到同期要求的频率条件，计算机输出控制量对频率进行粗调；而当 $\omega_S\leqslant\omega_{SY}$ 时，为了保证在同期条件第一次出现时就能不失时机地进行并列操作，因此即使 ω_S 已在允许范围内，仍有调速问题，称为细调。细调操作过程为：如果计算机算得 $\omega_S=\omega_X-\omega_F$ 为正（表示发电机频率低于系统频率），且 $\frac{d\omega_S}{dt}$ 也为正值（即发电机在减速），则微机输出控制水轮机加速；如果 ω_S 为正，但 $\frac{d\omega_S}{dt}$ 为负值，这时依靠原动机的剩余力矩将会使发电机频率增加，则微机停止调速。当 ω_S 为负时，同样可得到类似于上面的分析。于是，可以制成 $|\omega_S|\leqslant\omega_{SY}$ 时细调逻辑表，如表 8-1 所示。

表 8-1　细调发电机频率控制逻辑

ω_S	$\frac{d\omega_S}{dt}$	控制加速	控制减速	不调速
+	+	✓		
+	−			✓
−	+			✓
−	−		✓	

从表 8-1 可以看出，当 ω_S 与 $\frac{d\omega_S}{dt}$ 同号且都为"＋"时，就要控制加速；同号且都为"－"时，则控制减速；如为异号时，就不需调速。

（三）同期合闸导前相角 δ_D 的计算

由式(8-22)可见，测取 ω_S 和 $\frac{d\omega_S}{dt}$ 是求得导前合闸相角 δ_D 的基础。为了实时地测算 ω_S，提高操作速度、简化硬件，微机同期装置没有采用 A/D 转换器，而采用了简单的波形变换电路，再辅助以适当的软件来完成对 ω_S、$\frac{d\omega_S}{dt}$ 的计算，其电路原理如图 8-10 所示。

由图 8-10 可见，首先将两个正弦波电压 U_X、U_F 变换为矩形波电压 V_X、V_F，随后经过

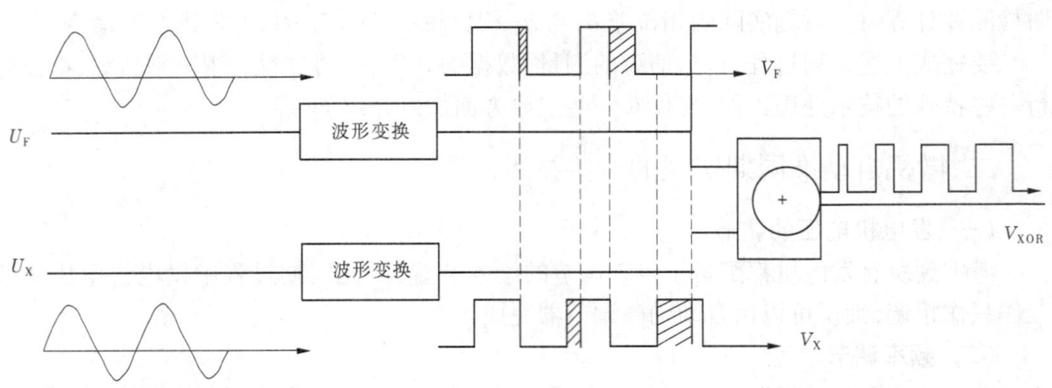

图 8-10　求取 ω_S 及 $\frac{d\omega_S}{dt}$ 的波形变换电路

异或逻辑运算，其所得 V_{XOR} 波形脉宽，即为两正弦电压的相位差 δ，这样频差可表达为：

$$\omega_S = \frac{d\delta}{dt} \tag{8-23}$$

因此，可以测取异或波形的脉宽，将两相邻脉宽差值与相应时间差值相除，即可由式(8-23)算得 ω_S 值，再通过给定时段间隔 ω_S 的差值算得 $\frac{d\omega_S}{dt}$。于是，可以由式(8-22)算得 δ_D 值。

脉冲宽度的测量，可以用异或方法来作为门控，用它的上升沿引起中断，由定时/计数器对给定的频率进行计数来求取。因此，ω_S 和 $\frac{d\omega_S}{dt}$ 的分辨率取决于对定时器所设置的时钟频率。在本系统的应用中，以定时 20ms 计算一个输出异或脉宽，即每一周期计算一次 ω_S 及 $\frac{d\omega_S}{dt}$ 值。

（四）实时相位差角 δ 的测量

从图 8-11 可以看出，V_X 与 V_F 的相位差角 δ 在不断地变化着，这个值从 0°到 180°又返回 0°，我们必须逐个计算出这些值，并不失时机地与相应时刻计算的 δ_D 相比较，以做出是否发出合闸命令的决定。

图 8-12 用来说明求取实时相位差角 δ 算式的原理。φ_F 和 φ_X 分别表示发电机电压 V_F 及系统电压 V_X 在某一时刻的相位角，而它们的差值 $\varphi_F - \varphi_X$ 就是这一时刻两者的相位差角 δ，其绝对值为：

$$\delta = |\varphi_F - \varphi_X| \tag{8-24}$$

我们把计算 δ 的时刻选定在 V_{XOR} 波形的每一个跳沿处，这个跳沿必定和 V_F 或 V_X 中的某一个跳沿相重合，也就是说，φ_F 或 φ_X 总有一个 0°或 180°。

图 8-12 中 τ_h 及 τ_l 分别为 V_{XOR} 波形高电平和低电平的脉宽，τ_u 及 τ_d 分别为 V_{XOR} 波形变化（即 δ 值）在 180°～0°范围内时，τ_u 等于发电机电压 V_F 的半个周期，而 τ_d 等于系统电压 V_X 的半个周期，见图 8-11(a)；当发电机频率高于系统频率时则相反，见图 8-11(b)。

δ 值可以利用 V_{XOR} 波形的下跳沿或波形的上跳沿所对应系统和发电机之间的相位

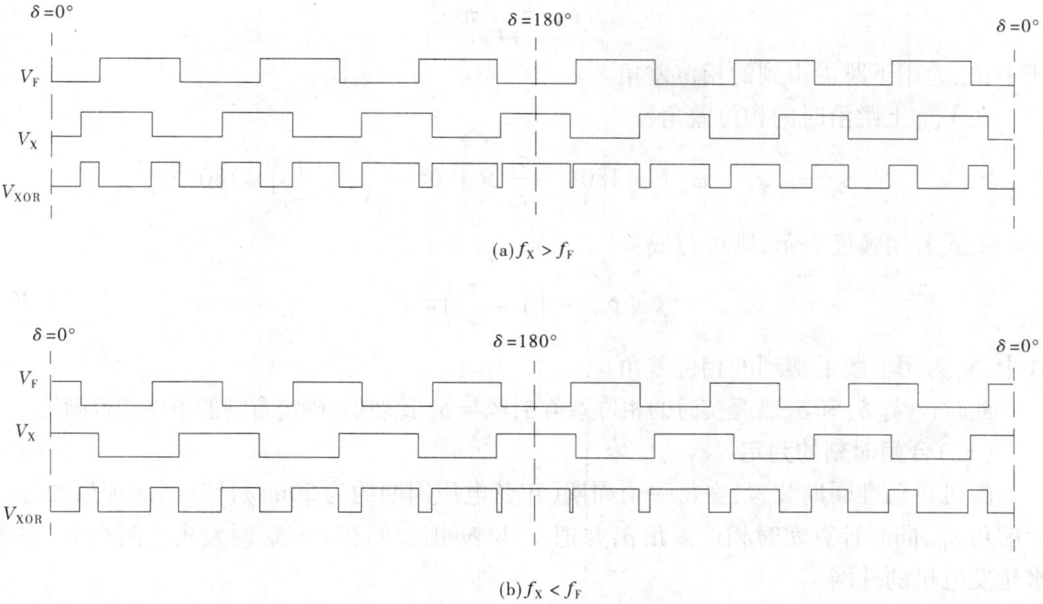

图 8-11　波形图

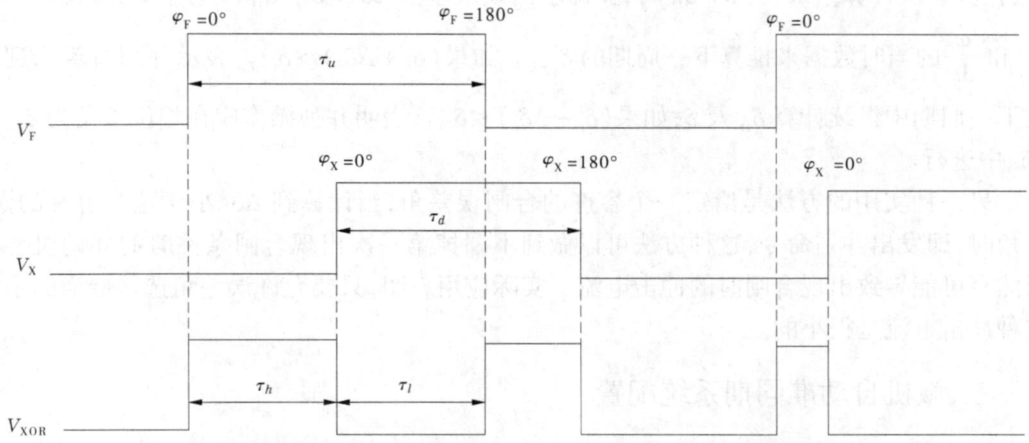

图 8-12　计算 δ 值的波形用图

差值来算得。

在 V_{XOR} 下跳沿时的相位差角：

$$\varphi_X = 0°(\text{或 } 180°)$$

$$\varphi_F = \frac{\tau_h}{\tau_u} \times 180°\left(\text{或 } \varphi_F = 180° + \frac{\tau_h}{\tau_u} \times 180°\right)$$

所以：
$$\delta_{de} = |\varphi_F - \varphi_X| = \frac{\tau_h}{\tau_u} \times 180°$$

上式若用弧度表示，则可写为：

$$\delta_{de} = \frac{\tau_h}{\tau_u}\pi \tag{8-25}$$

式中:δ_{de}为用下跳沿得到的相位差角。

在 V_{XOR}上跳沿时的相位差角:

$$\delta_{ue} = |\varphi_F - \varphi_X| = 180° - \frac{\tau_l}{\tau_d} \times 180° = \left(1 - \frac{\tau_l}{\tau_d}\right) \times 180°$$

上式若用弧度表示,则可写成:

$$\delta_{ue} = \left(1 - \frac{\tau_l}{\tau_d}\right)\pi \tag{8-26}$$

式中:δ_{ue}为用上跳沿得到的相位差角。

此时,计算 δ_{de}和 δ_{ue}就是实时的相位差角 δ,经与 δ_D 比较后,确定合闸的条件是否满足。

(五)合闸时刻的判定

微机自动准同期装置,在每一个周期(正弦电压周期约为 20ms)计算一次理想的合闸导前角 δ_D,同时计算实时相位差角 δ,并把 δ_D 与 δ 相比较,当 $\delta = \delta_D$ 时发出合闸命令,完成水轮发电机的并网。

但是,由于出现 $\delta = \delta_D$ 的情况几乎是不可能的,从而有可能把应该并列的时机丧失掉。为了能准确无误地把握发电机在相位差角 $\delta = 0$ 时并入电网,程序编制作了如下推算:比较该次计算结果,当 $\delta \neq \delta_D$ 时,立即求出该次差值 $\Delta\delta_i = \delta_i - \delta_{Di}$($i$ 为第 i 次),再根据 ω_S 和$\frac{d\omega_S}{dt}$的当时数据来推算下一周期的 δ_{i+1}。如果$(\delta_i + \Delta\delta_i) > \delta_{i+1}$,表示并列时刻未到,在下一周期中继续计算 δ_D 及 δ;如果$(\delta_i + \Delta\delta_i) \leqslant \delta_{i+1}$,表明并列操作应在相位差角为 $\delta_i + \Delta\delta_i$ 中进行。

另一种实用的方法是给定一个容许的合闸误差角,当计算到 $\Delta\delta_i$ 小于这个容许的误差角时,即发出并列命令,这种方法可以做到不漏掉第一次出现合闸条件时的并列机会,当然有可能导致出现合闸时的冲击电流。实际应用表明,只要允许误差角选得恰当的小,这种冲击电流是很小的。

三、微机自动准同期系统配置

微机自动准同期系统,原则上可采用 8 位或 16 位微处理器芯片,需要 4K EPROM 和 1K RAM、定时器及计算器,以及 I/O 接口。上述微机硬件配置采用 MCS-51 或 MCS-96 系列单片机是很合适的。设计成最小系统,其原理如图 8-13 所示。由发电机出口电压互感器和母线电压互感器二次侧取得电压矢量信息。计算机根据测到的电压差和允许频率差与给定允许电压差和允许频率差进行比较,以确定是否要发出调速或调压控制信号,并在电压和频率都满足的条件下,计算出 δ_D 及 δ,当 $\delta_D = \delta$(在容许范围内)时即发出合闸令。

四、发电厂常用的微机同期装置

我国自动化设备生产厂家针对不同类型的发电厂研制了不同类型的微机同期装置。

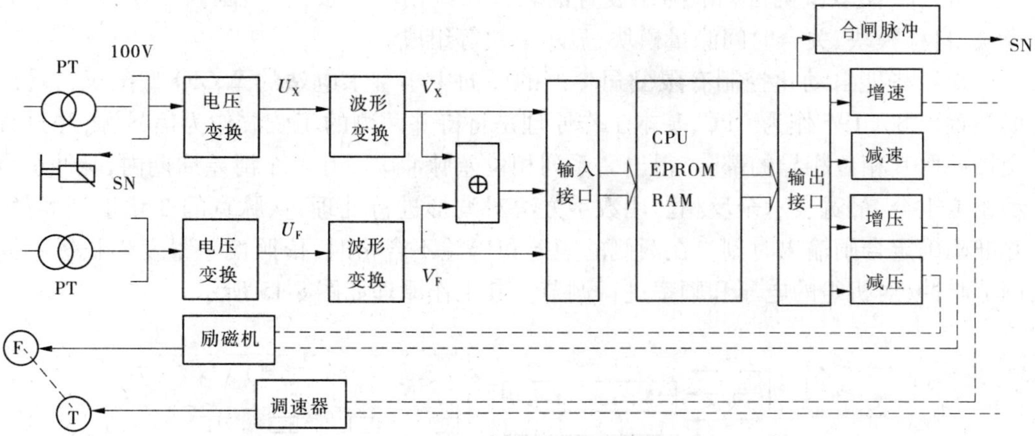

图 8-13　微机自动准同期系统原理

南京电力自动化研究院研制的 SJ－12 型双微机自动准同期装置为并联双机系统，从电压互感器后双机相对独立，输出信号经继电器触点相与后输出，提高了设备的可靠性，装置的 CPU 采用 8031 单片机，电路由输入部分、输出部分、主机电路、显示电路和参数设置部分构成。输入部分主要由频差测量和电压测量电路组成。频差测量电路将系统电压 U_S 和机组电压 U_G 分别滤波整流为与各自频率成反比的方波信号，再将此两信号相异或形成与相角差成正比的矩形波送至 CPU 的中断口，供 CPU 测量相角差的大小。电压测量电路量将 U_S、U_G 分别整流形成与各自电压幅值成正比的直流电压信号，经比较器决定电压差值。输出电路主要是光电隔离器，由 CPU 片上输出的控制信号全部经光电隔离器送出，可驱动继电器，也可与外部电路耦合。主机回路由 8031、LS373、2764、8155 等计算机芯片组成。CPU 负责输出信号的管理，8155 负责电压差的测量和参数整定电路的管理。其工作原理图如图 8-14 所示。

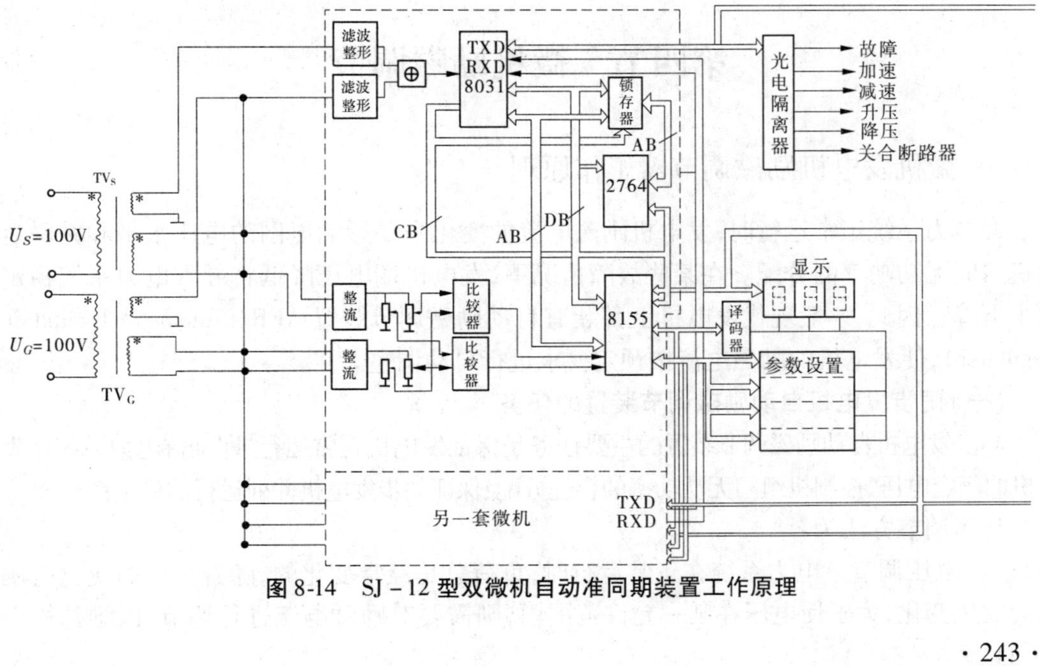

图 8-14　SJ－12 型双微机自动准同期装置工作原理

SJ－12 型双微机自动准同期装置的软件系统由主同步模块、副同步模块、中断处理模块、自检模块、关合时间测量模块、显示模块等组成。

长沙华能自动化控制有限公司生产的面向中小型水电站的 WZZQ 型微机自动准同期装置以 80C196 作为 CPU，基本工作原理是将待并两侧的正弦波作为信号源，经过方波交换后取其相位相异的部分，得出一系列相位差脉冲串。在一个滑差周期内，脉冲最窄表示相位重合，最宽表示全反相。用数字方法对波形进行处理，从脉宽的变化量判断频差，并准确确定合闸输出时刻。在两侧的频差和压差不合格时，依照偏差量发生长短不同的调节脉冲，对机组的电压和频率进行调节。其工作原理如图 8-15 所示。

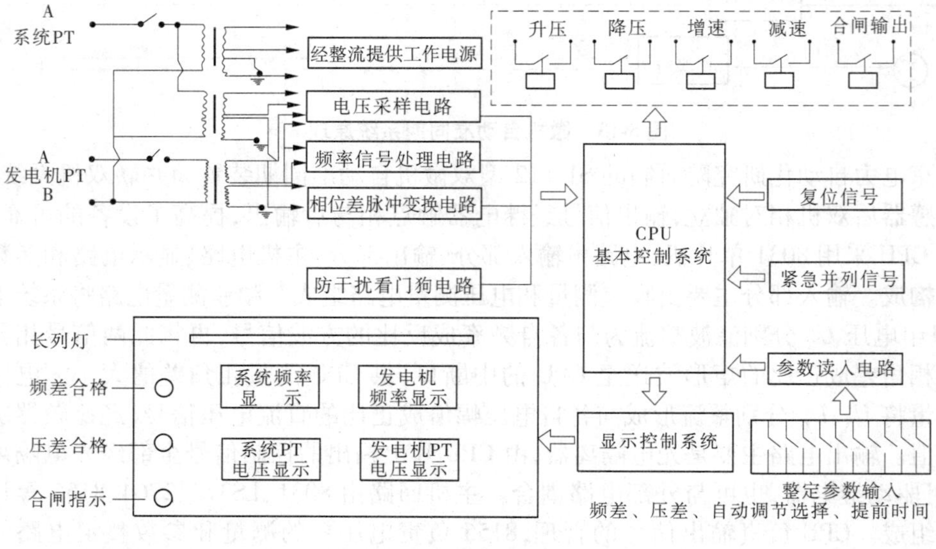

图 8-15　WZZQ 型微机自动准同期装置工作原理

第四节　微机励磁调节

一、微机发电机励磁调节器工作原理

在电力系统正常运行时，发电机励磁电流的变化主要影响电网的电压水平和并联运行机组间无功功率的分配。在某些故障情况下，发电机端电压降低将导致电力系统稳定水平下降。因此，一般现代发电机上都装有自动励磁调节装置 AER（Automatic Excitation Regulater），使发电机的励磁电流按预定要求进行自动调整。

（一）同步发电机自动励磁调节装置的任务

同步发电机自动励磁调节装置的主要任务是保证发电机正常运行，即维持电力系统中发电机的额定电压、控制机组间无功功率的合理分配、保证同步发电机并列运行的稳定性。

具体调节方法为：

（1）电压调节。电力系统在正常运行时，负荷总是经常变化的，随着负荷的变化电压就会发生变化，为了使电压在某一允许范围内，则需要对励磁电流进行调节，以维持机端或系统中某点电压在给定的水平，励磁控制系统必须承担维持电压水平的任务，同步发电机的励磁自动调节器就是通过不断地调整励磁电流来维持发电机端电压为给定水平的。

(2)无功功率的合理分配。电力系统中有许多发电机并列运行，为了保证电力系统的电压水平和无功的合理分配，要求发电机输出的无功功率应合理，同时要求当电力系统电压发生变化时，发电机输出的无功功率也要随之进行自动调节，并能满足运行的要求。在实际运行中，改变发电机的励磁电流不仅改变了机端电压和无功功率，而且将影响与之并列运行机组的无功功率，因此同步发电机励磁自动控制系统还担负着并列运行机组间的无功功率合理分配的任务。

(3)提高电力系统运行的稳定性。电力系统在运行中随时都可能受到各种干扰。在各种扰动后，发电机组能够恢复到原来的运行状态或者过渡到另一个新的运行状态，称为系统是稳定的。电力系统稳定分为静态稳定和暂态稳定。电力系统静态稳定是指电力系统在正常运行状态下，经受小扰动后恢复原来运行状态的能力。电力系统暂态稳定是指电力系统在某一正常运行状态下突然受到大的扰动后，能否过渡到一个新的稳定运行状态或恢复到原来的运行状态的能力。在故障情况下，自动电压调节通过提高励磁电压，可使励磁电流上升到比额定值大得多的数值(即强励)，从而改善暂态稳定。

(二)可控硅励磁调节装置

近年来，随着半导体技术的飞速发展，大型机组也都采用了可控硅励磁装置取代直流励磁机，使得系统动态、静态品质都得到了改善，可靠性得到提高，而且该装置成本低廉、运行维护方便。

可控硅励磁装置包括功率电路和调节电路两部分。功率电路用来提供励磁电流，所需功率常常从发电机出口的整流变压器得到。可控硅的控制是由调节电路来实现的。随着单机容量的增大，对可靠性和调节品质的要求愈来愈高，使得由布线逻辑电路励磁调节器难以有满意的效果。微机励磁调节器的出现，把同步发电机励磁调节技术提高到一个新水平，主要表现在：一方面，微机励磁调节器的调节功能可以通过软件实现，特别是对于模拟式励磁调节器难以实现或无法实现的功能，用微机励磁调节显得比较容易；另一方面，可以有较强的自检和自诊断能力，同时配置良好的容错技术以及重构设备，保证了较高的可靠性。

我国从20世纪80年代才开始进行微机励磁调节器的研制工作，至今已有了几种产品和样机，有的已经过试验并投入现场运行，证明其性能可以满足实际运行要求。本教材以一种典型系统结构，介绍微机励磁调节器的工作原理，如图8-16所示。该装置可以应用于所有采用可控硅为输出功率单元的其他控制调节系统。

1.调节装置主机配置方式

调节装置主机为8086或8085芯片。设计考虑了两种配置方式，即双机方式和单机方式。前者具有两套自动通道调节器，一机工作，一机备用；工作机和后备机之间完全电隔离，它们之间的切换是根据检测系统检测到的软件、硬件及电源的故障来进行处理的。后者为单机配置方式，另设有手动通道作为备用；手动控制通道以励磁电流 I_f 为控制量，在调节器为自动通道方式时，手动控制通道随时跟踪自动通道。一旦从自动向手动切换时，励磁电流可以非常平滑，几乎不引起无功的波动。

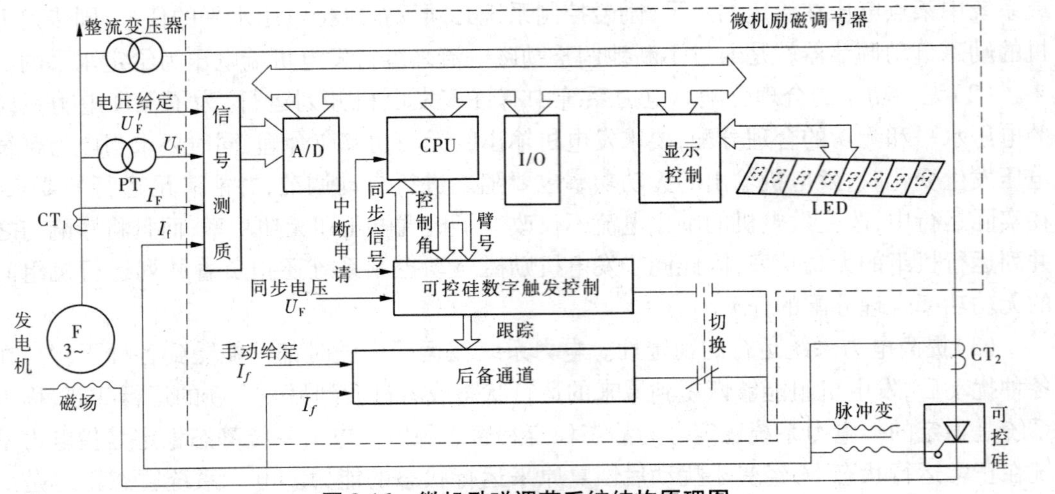

图 8-16　微机励磁调节系统结构原理图

2. 微机调节器的通道输入信号

微机调节器的通道输入信号有 4 个模拟量，它们是发动机端电压 U_F、有功功率 P、无功功率 Q 以及励磁电流 I_f。这些量通过变送器转变为直流电压的模拟量，然后送到 A/D 转换器转换为数字量。除了发电机的 4 个量外，还有一个电位器产生的端电压给定值 U'_F。计算机还采用有关的几种状态量，它们是同步向量、开机命令、转速信号、油开关位置及故障和事故动作的信号等。为了达到快速励磁和高频值响应的性能要求，A/D 转换选用 12 位，变送器选用 0.5% 的精度，使输入信号时间控制在 40ms 以内。

3. 调节器的具体调节过程

调节器控制规律设计为 P 或 PI 或 PID 运算规律，可以根据需要选择使用。控制器是根据发电机端电压 U_F 和给定电压 U'_F 值的偏差来进行计算的。

正常调节开始后，由对应于交流电压波形的自然换相点作为向 CPU 提出的中断请求，微机接到中断请求后，即依次接通各模拟量通道，进行数据采集；接着采集状态量。将上述的各参数数据和开关状态存入指定存储单元，然后计算机进行发电机的无功补偿，即调差计算。控制系统的调差率是发电机自然调差率及控制器调差特性的综合，而控制器调差环节设在无功功率反馈通道中（见图 8-17）。在单机运行时调节结果为 $U_e = U'_F -$

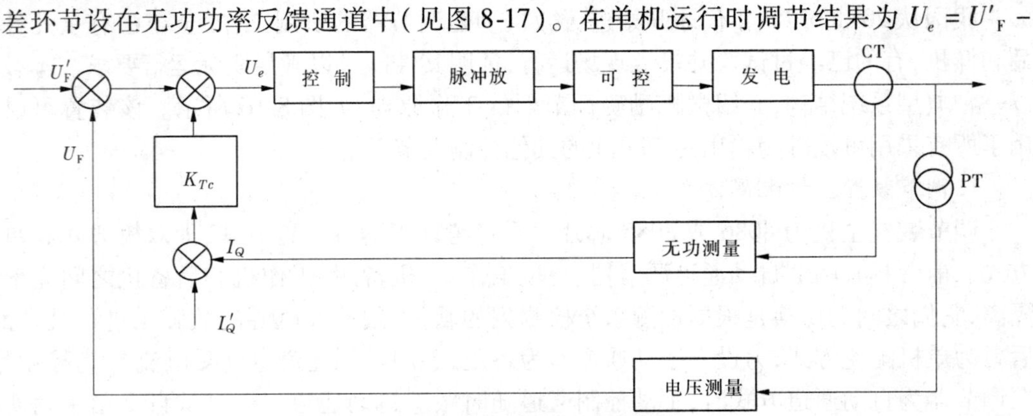

图 8-17　励磁自动控制调差信号

$U_F=0$，即要求 $U'_F=U_F$；并列运行时有：

$$U_e = U'_F - U_F - (I'_Q - I_Q)K_{TC} = 0$$

式中：K_{TC} 为静差系数，改变 K_{TC} 可以使静特性的斜率改变，改变 I_Q 可以使静特性平移，如果 $U_e \neq 0$，则 α 偏差值进行调节计算。由 PID 调节计算出与可控硅控制角 α 相对应的控制电压量 U_a，同时按同步区间号和控制角所在范围，查出此时应触发的可控硅臂号 $SCR_i(i=1\sim6)$，并输出控制量，随后退出中断。剩下的时间供励磁系统进行限制、保护等计算和处理工作。完成上面的任务后，计算机等待下一次中断的到来，并重复上述工作。

4. 微机励磁调节器在设计原理上应注意的问题

微机励磁调节器用来控制可控硅，在设计原理上应注意的问题及其相应的必要处理如下：

(1) 由于可控硅整流桥输出电压与控制角 α 之间的关系不是线性的，而是非线性的 $\cos\alpha$ 关系。如果输出装置的控制电压 U_K 与 α 采用线性关系，则 U_K 与可控硅整流桥输出电压之间就不再是线性关系，为此需对 U_K 作进一步处理，由式(8-27)可算得：

$$U_\alpha = \beta\cos^{-1}(KU_K) \qquad (8\text{-}27)$$

式中：β 与 K 为比例系数；U_α 为移相触发电路输出的触发控制量。

这样，可控硅整流的输出与控制电压 U_K 之间就是线性关系了。式(8-27)的非线性处理由专门的程序来执行。

(2) 三相全控整流桥在工频为 50Hz 下工作。为了保证对 6 个可控硅的顺序触发，每秒需要 300 次触发脉冲，如果对每个脉冲都进行计算控制，则每秒钟执行采样、计算、控制的同样程序共 300 次，这对计算机来说工作显得太繁忙。实际应用中采用每周波计算一次触发控制角，用计算得到的触发控制角，即以相继的 6 个触发脉冲保持相同差值的相位角(60°)触发相应的可控硅。这样，上述的调节计算每秒只需进行 50 次，多余的时间可让计算机去判断是否应作限制和保护的处理工作。

二、调节器的软件概述

调节器的软件是调节器功能的程序化。此处将对应用程序中的主程序、调节程序以及限制判断程序流程作一描述。

微机励磁调节器上电后即进入主程序(见图 8-18)，首先判断水轮发电机是否已经

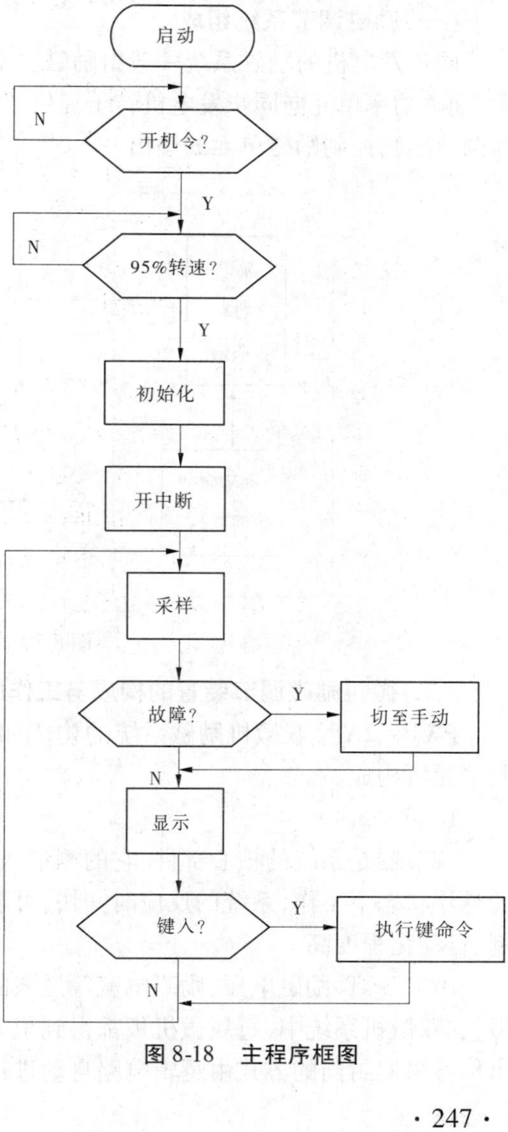

图 8-18　主程序框图

开启，转速是否已达到95%，当满足条件时，随即对微机有关芯片初始化，并开放中断。然后程序进入一个循环过程程序块，在这个循环块中对有关物理量进行采样，随后判断通道电流是否发生故障，并确定是否需要切换手动控制；在判断无故障后，显示器显示出调节器运行状态和参数，判断有否键入。当有键入时，根据键入值要求合适修改显示内容（显示端电压或无功功率值等）。

在自然换相点处产生脉冲，CPU 得到中断请求时，程序转去执行中断服务程序。中断服务程序中执行自动调节、限制判断功能。当执行完中断功能后，返回主程序中。

三、发电厂常用的微机励磁调节装置

我国已针对不同类型、不同容量的发电厂研制了不同类型的微机励磁调节装置。这里以长沙华能自动化控制有限公司生产的 PWL－2A 型微机励磁装置为例说明其结构与性能特点。

（一）励磁调节系统组成

同步发电机的励磁系统一般由励磁功率单元和励磁调节器两部分组成，如图 8-19 所示，励磁功率单元向同步发电机转子提供了直流电流，励磁调节器则根据输入信号和给它的调节准则控制励磁单元的输出。

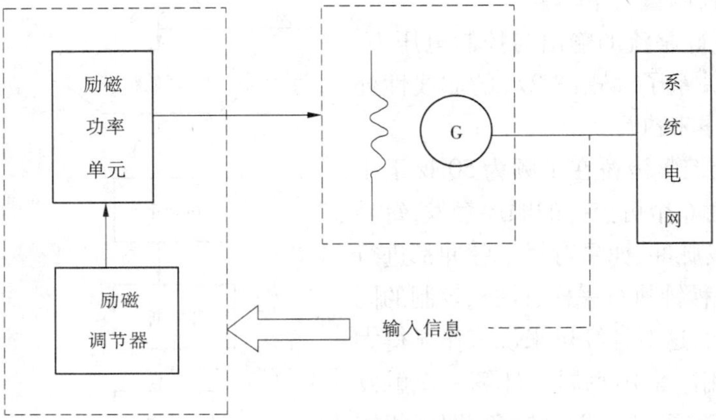

图 8-19　励磁系统图

（二）微机励磁调节装置的构成与工作原理

PWL－2A 型双微机励磁系统的构成如图 8-20 所示，由调节器、回路、电源回路及检测单元所构成。

1. 调节器

调节器是系统的核心部件，它的测量回路，选用霍尔传感器隔离，CPU 处于前后隔离的悬浮状态下工作，系统的反应时间快，可靠性高；系统软件丰富、模块化设计、自适应控制、自动化程度高。

由 PT、CT、励磁电压、励磁电流等送来的模拟及数值信号先进隔离变换，再送到微机板，在双微机系统中，每块微机板都得到了完全相同的输入信号，运算处理也相同。其输出信号采取封门的方式由逻辑电路自动进行切换，两套微机板都在线工作，若运行微机发

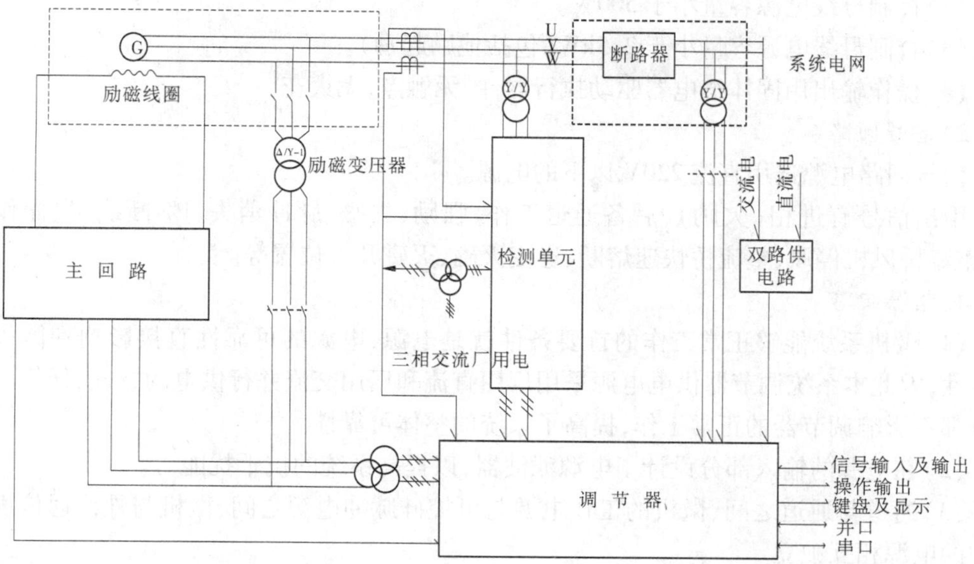

图 8-20 PWL－2A 型双微机励磁系统的构成

生故障，立即自动切换到另一套微机，切换无扰动。微机的输出信号经过隔离放大后去推动执行器件。另外，系统还考虑了模拟通道作后备，模拟通道与主控制通道独立，按励磁电流闭环控制方式调节。

在与计算机监控的接口方面，系统除考虑了常规的接口方式外，还设计有串行通信口（RS－232/RS－485），便于与上位机进行监控和通信。

系统用软件实现无功调差（兼硬调差）、可控硅控制脉冲移相、最大励磁电流顶值限制、强励反时限限制、欠励限制、F/V 限制、PSS 控制，能自动跟踪系统电压运行，能实现残压启励和自动他励启励。可按机端电压给定值、励磁电流给定值、功率给定值调节。操作简单（一键开机），便于使用和维护。

2. 主回路

（1）PWL－2A 型微机励磁带装置的主回路采用可控硅三相全控桥式整流方式，在整流桥的每个支路配有快速熔断器和信号熔断器，以供保护和发信号之用。可控硅阳极设计有阻容保护和压敏电阻浪涌吸收回路，用于吸收尖峰脉冲，可控硅的直流侧设计有氧化锌压敏电阻，以保护转子和可控硅的安全。

（2）灭磁开关选用 DM 系列或 DW 系列型灭磁开关。正常停机采用逆变灭磁方式，事故情况可直接作用于跳灭磁开关，此时为线性电阻＋非线性电阻相结合的灭磁方式，既可靠地保护了转子的安全，又保护了灭磁开关和功率桥，提高了灭磁开关的使用寿命。

（3）主回路的检测采用了直流传感器，直接测量励磁电流，提高了检测精度和系统的可靠性。

（4）励磁变压器的接线采用△/Y－1 点钟接法，以减少谐波干扰。

3. 信号及操作回路

1）操作回路

（1）装置的操作电源选用厂用直流（110/220V）供电。

(2)控制母线电源容量小于500W。

(3)合闸母线电源容量小于2.5kW(包括他励起励)。

(4)操作输出用固体继电器驱动执行器件,无触点,无火花。

2)信号回路

信号回路电源选用直流220V以下的电源。

引出信号有进相(欠励)、后备通道工作、强励、失磁、脉冲消失、PT断线、失操作电源、整流桥风机停风、整流桥快速熔断、逆变灭磁、灭磁开关位置等。

4.电源回路

(1)微机系统能够正常工作的首要条件就是电源,电源的可靠性直接影响到微机的可靠性,因此本系统调节器供电电源采用厂用直流和厂用交流并行供电的方式,任何一路掉电都不影响调节器的正常工作,提高了系统的整体可靠性。

(2)在电源的输入部分设计了电源滤波器,以提高系统的抗干扰能力。

(3)通道与通道之间、微机的工作电源与可控硅脉冲电源之间、微机与外设通信设备之间的电源相互独立。

5.软件说明

根据自并励同步发电机的运行特点,同时根据国标和行业标准的要求,励磁应主要以电压调节为主、其他调节为辅。PWL－2A型微机励磁的控制软件主要考虑了以下几种运行状态。

1)停机状态

当发电机处于静止状态或转速小于80%额定值时,对励磁来讲可以认为发电机是处于停机状态的。

2)起励状态

起励就是为了给发电机建压。当励磁接收到投励信号(开机令)且转速大于90%额定转速时,励磁将自动投励进入起励过程,这时微机将自动检测发电机的残压是否大于1%的额定电压,若小于该值,则自动将他励起励电源投入,一般他励起励电源设计在10A,当发电机端电压大于5%额定值时,微机将解除他励,直到发电机端电压为给定值的95%时,起励过程结束,如果人工设置,初始给定值为额定值,起励过程一般小于5s,若超过20s,则认为起励失败,程序将再次转入停机状态,并设一内部标志,禁止重复起励,该标志掉电可解除。

3)单机运行状态

其主要任务在于维持发电机端电压为给定值。当起励正常结束后,程序就进入单机运行状态,以维持发电机端电压为恒定,若励磁接收到停机令(灭磁)就进入灭磁过程,若检测到灭磁开关分闸,就进入停机待令状态,若检测到转速小于80%额定值,将会自动灭磁,若检测到发电机出口断路器(油开关)闭合,则转入并网运行状态。

4)并网运行状态

励磁在并网运行状态的主要任务在于合理分配并列运行机组之间的无功,并维持网络的稳定。

在并网运行状态,若励磁检测到发电机出口断路器(油开关)分闸,程序就转入单机运行状态，若接收到停机令，就会自动减磁到空载，此时若跳油开关，就会进入灭磁过程，若检测到灭磁开关已跳则转入停机待令状态。

5）灭磁过程

在单机运行状态，励磁收到停机令（灭磁）即进入灭磁过程，灭磁过程的结束以将发电机端电压减到小于3%额定值为正常结束，一般灭磁过程需要3～5s。在灭磁过程中，若超时，5s内未将端电压减到小于3%的额定值，或反而过压，则程序将自动将灭磁开关跳掉，并设一停机故障的内部标志，阻止下次开机，该故障标志掉电可清除，以便检测人员检查不能正常灭磁的原因，若灭磁开关已跳也标志着灭磁过程的结束，程序转主停机状态。

同时，PWL－2A型微机励磁的控制软件流程如图8-21所示。

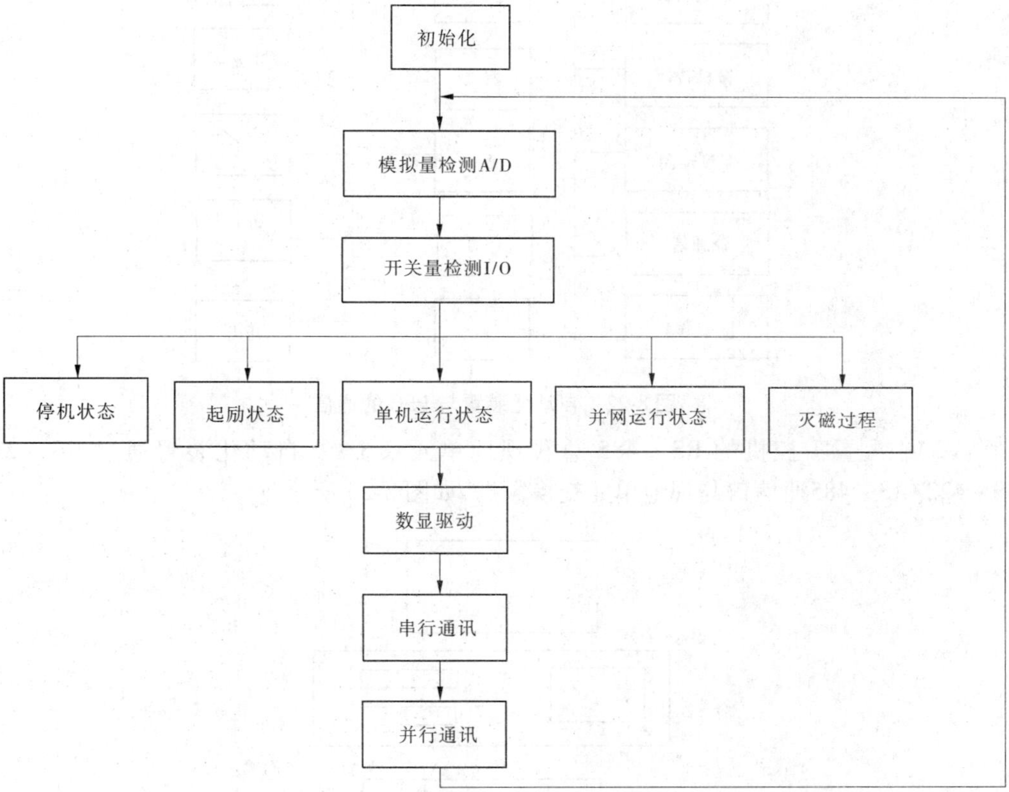

图8-21　PWL微机励磁的控制软件流程

第五节　自动化装置与计算机监控系统的通信

除了以上介绍的自动化装置外，发电厂常用的自动化装置还有微机调速器、微机测速装置等，这些自动化装置可以独立运行，为机组的自动化和运行状态监视、机组保护提供方便，也可以与计算机监控系统之间进行通信，形成发电厂的综合自动化系统，保障电站的安全高效运行。

根据各计算机监控系统结构的不同，自动化装置与计算机监控系统的通信方式也不尽相同。自动化装置一般与现地控制单元进行直接通信。

(1)在使用 PLC 的现地单元中,自动化装置通过 PLC 的通信模块以 RS－485 接口方式直接与 PLC 通信,如图 8-22 所示。

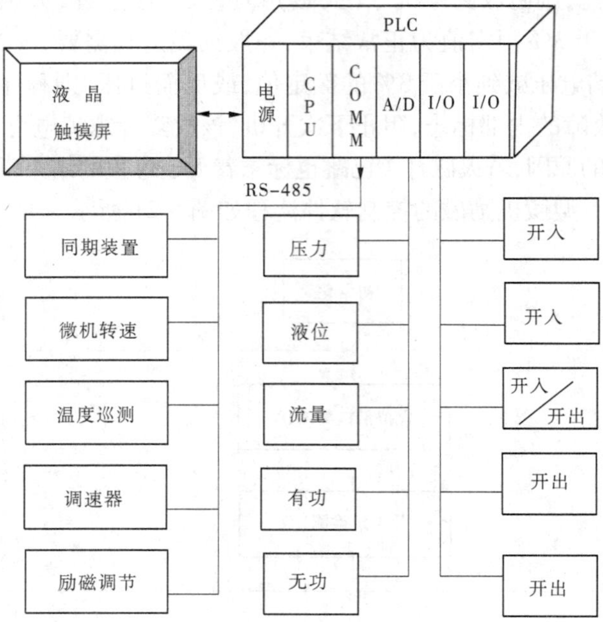

图 8-22　自动化装置与 PLC 的通信

(2)在配置工控机的 RS－485 总线现地单元系统中,自动化装置通过 RS－232/RS－422/RS－485通信口与现地单元交换数据,如图 8-23 所示。

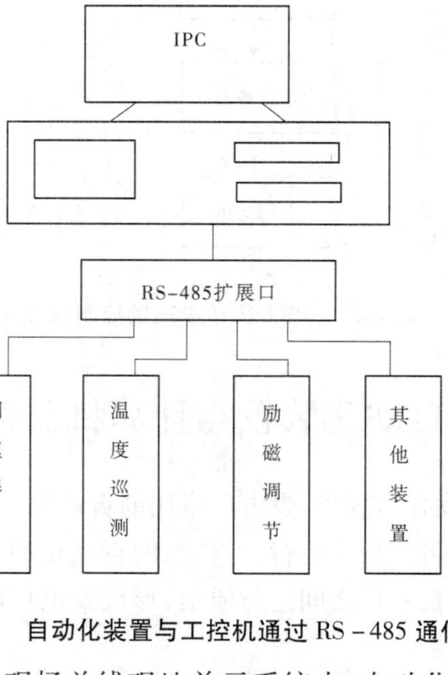

图 8-23　自动化装置与工控机通过 RS－485 通信

(3)在配置工控机的 RS 现场总线现地单元系统中,自动化装置作为现场总线的一个设备通过相应的现场总线与工控机通信，如图 8-24 所示。

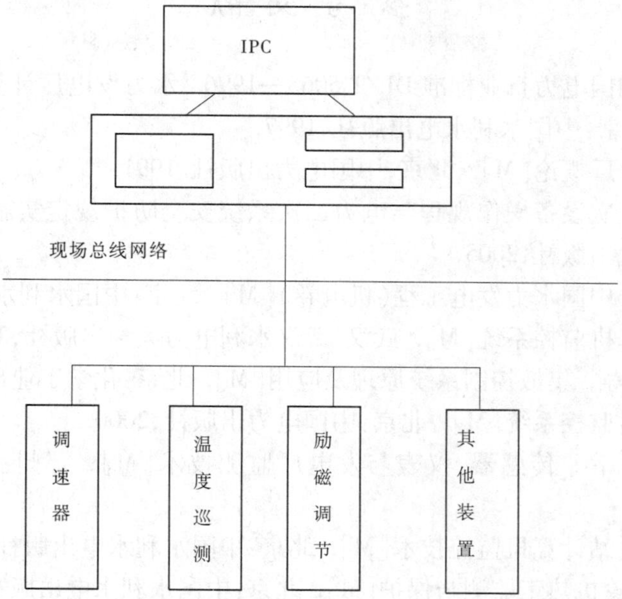

图 8-24　自动化装置通过现场总线与工控机通信

复习思考题

8-1　水电厂机组现地单元常用的自动化装置有哪些？

8-2　水电厂中微机自动巡回检测装置的作用是什么？

8-3　简单说明微机自动准同期原理。

8-4　微机励磁调节装置由哪些部分构成？

参 考 文 献

[1] 中华人民共和国电力行业标准 DL/T 5065—1996. 水力发电厂计算机监控系统设计规定[M]. 北京:中国水利水电出版社,1997.

[2] 李朝阳. 发电厂概论[M]. 北京,中国电力出版社,1991.

[3] 梁严伟电力二次设备操作规程与电力二次系统安全防护规定实施手册[M]. 北京:中国科技文化出版社,2005.

[4] 王冰,杨德晔. 中国水力发电工程(机电卷)[M]. 北京:中国水利水电出版社,2000.

[5] 陈光大. 计算机监控系统[M]. 武汉:武汉水利电力大学出版社,2000.

[6] 何衍庆,俞金寿. 集散控制系统原理及应用[M]. 北京:化学工业出版社,2002.

[7] 高伟. 计算机监控系统[M]. 北京:中国电力出版社,2000.

[8] 陈德新,于纪幸. 传感器、仪表与发电厂监测技术[M]. 郑州:黄河水利出版社,2000.

[9] 谢云敏. 水电站计算机监控技术[M]. 北京:中国水利水电出版社,2006.

[10] 谢柏曾. 汽轮机热工监测与保护[M]. 北京:中国水利水电出版社,2003.

[11] 薛弘晔. 计算机控制技术与应用[M]. 西安:西安电子科技出版社,2003.

[12] 苏小林. 计算机控制技术[M]. 北京:中国电力出版社,2004.

[13] 陈邑怀. 水电站计算机控制[M]. 武汉:武汉水利电力大学出版社,1994.

[14] 廖常初. PLC 基础及应用[M]. 北京:机械工业出版社,2003.

[15] 徐锦才. 小型水电站计算机监控技术[M]. 南京:河海大学出版社,2005.

[16] 郭敬枢,庄继东,孔峰. 微机控制技术[M]. 重庆:重庆大学出版社,1994.

[17] 甘肃省电力工业局. 水轮发电机组运行技术[M]. 北京:中国电力出版社,1995.

[18] 四川省电力工业局,四川省电力教育协会. 水电站综合自动化[M]. 北京:中国电力出版社,1998.

[19] 陈光大,蔡维由,等. 小型水电站综合自动化系统的模式探讨[J]. 中国农村水利水电,2001(12):30 - 32.

[20] 阳宪惠. 现场总线技术及其应用[M]. 北京:清华大学出版社,1999.

[21] 王慧锋,何衍庆. 现场总线控制系统原理及应用[M]. 北京:化学工业出版社,2006.

[22] 邹益仁. 现场总线控制系统的设计和开发[M]. 北京:国防工业出版社,2003.

[23] SIEMENS. SIMATIC S7 - 200 可编程序控制器产品手册.

[24] SIEMENS. SIMATIC S7 - 300 可编程序控制器产品手册.

[25] 杨劲松,张涛. 计算机工业控制[M]. 北京:中国电力出版社,2003.

[26] 何衍庆,俞金寿. 集散控制系统原理及应用[M]. 北京:化学工业出版社,2002.

[27] 阳宪惠. 工业数据通信与控制网络[M]. 北京:清华大学出版社,2003.

[28] 王定一,等. 水电厂计算机监视与控制[M]. 北京:中国电力出版杜,2001.

[29] 水电站机电设计手册[M]. 北京:水利电力出版社,1984.

[30] 王锦标,方崇智. 过程计算机控制[M]. 北京:清华大学出版社,1992.

[31] 杨树兴,等.计算机控制系统——理论、技术与应用[M].北京:机械工业出版社,2006.
[32] 王大为.火力发电厂分散控制系统应用基础[M].北京:中国电力出版社,2007.
[33] 郭巧菊.计算机分散控制系统[M].北京:中国电力出版社,2005.
[34] 刘志远.火电厂计算机控制[M].北京:中国电力出版社,2007.
[35] 张栾英,等.火电厂过程控制[M].北京:中国电力出版社,2000.
[36] 樊泉桂,等.火电厂锅炉设备及运行[M].北京:中国电力出版社,2001.
[37] 牛玉广,范寒松.计算机控制系统及其在火电厂中的应用[M].北京:中国电力出版社,2003.
[38] 陈邕怀.水电站计算机控制[M].北京:中国水利水电出版社,1994.